普.通.高.等.学.校
计算机教育“十二五”规划教材
立体化精品系列

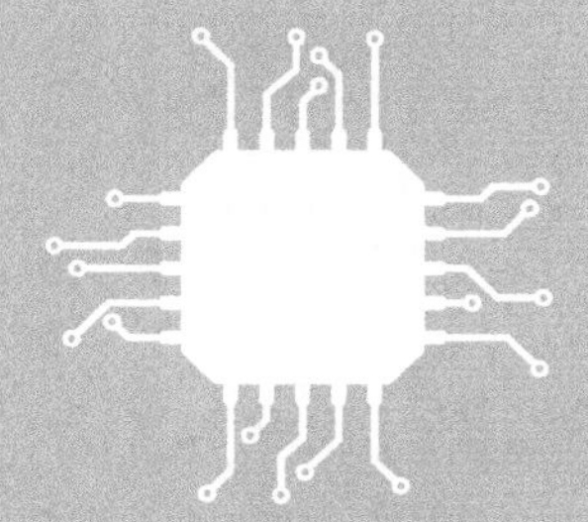

Excel 2010 应用教程

赵春兰 主编
段盛 钱丽璞 副主编

人民邮电出版社
北京

图书在版编目（CIP）数据

Excel 2010应用教程 / 赵春兰主编. -- 北京 : 人民邮电出版社, 2015.7(2021.3重印)
普通高等学校计算机教育“十二五”规划教材
ISBN 978-7-115-39003-5

Ⅰ. ①E… Ⅱ. ①赵… Ⅲ. ①表处理软件－高等学校－教材 Ⅳ. ①TP391.13

中国版本图书馆CIP数据核字(2015)第077876号

内 容 提 要

本书主要讲解Excel 2010的应用，内容主要包括Excel 2010的基本操作、Excel数据的输入与编辑、Excel单元格与工作表的管理、Excel表格格式的设置、Excel公式与函数的使用、Excel表格数据的分析与统计、Excel表格数据的管理、Excel图片与图形的使用、Excel图表的使用、Excel迷你图与数据透视图表的使用、Excel的其他应用。本书在最后一章和附录中结合了所学的Excel知识制作了多个专业性和实用性较强的Excel表格。

本书内容翔实，结构清晰，图文并茂，每章均以理论知识点讲解、课堂案例、课堂练习、知识拓展、课后习题的结构详细讲解相关知识点的使用。其中大量的案例和练习，可以引领读者快速有效地学习到实用技能。

本书不仅可供普通高等院校，独立院校及高职院校Excel电子表格处理相关专业作为教材使用，还可供相关行业及专业工作人员学习和参考。

◆ 主　　编　赵春兰
副 主 编　段　盛　钱丽璞
责任编辑　邹文波
执行编辑　吴　婷
责任印制　彭志环

◆ 人民邮电出版社出版发行　北京市丰台区成寿寺路11号
邮编　100164　电子邮件　315@ptpress.com.cn
网址　http://www.ptpress.com.cn
固安县铭成印刷有限公司印刷

◆ 开本：787×1092　1/16
印张：18　2015年7月第1版
字数：459千字　2021年3月河北第6次印刷

定价：49.00元（附光盘）

读者服务热线：(010)81055256　印装质量热线：(010)81055316
反盗版热线：(010)81055315

前　言

随着近年来本科教育课程改革的不断发展，也随着计算机软硬件日新月异的升级，以及教学方式的不断发展，市场上很多教材的软件版本、硬件型号、教学内容等很多方面都已不再适应目前的教授和学习。

有鉴于此，我们认真总结了教材编写经验，用了2~3年的时间深入调研各地、各类本科院校的教材需求，组织了一批优秀的、具有丰富的教学经验和实践经验的作者编写了本教材，以帮助各类本科院校快速培养优秀的技能型人才。

本着“学用结合”的原则，我们在教学方法、教学内容和教学资源3个方面体现出了自己的特色。

教学方法

本书精心设计“学习要点和学习目标→知识讲解→课堂练习→拓展知识→课后习题”5段教学法，激发学生的学习兴趣，细致而巧妙地讲解理论知识，对经典案例进行分析，训练学生的动手能力，通过课后练习帮助学生强化巩固所学的知识和技能，提高实际应用能力。

◎ **学习目标和学习要点**：以项目列举方式归纳出章节重点和主要的知识点，帮助学生重点学习这些知识点，并了解学习这些知识的必要性和重要性。

◎ **知识讲解**：深入浅出地讲解理论知识，着重实际训练。理论内容的设计以“必需、够用”为度，强调“应用”，配合经典实例介绍如何在实际工作中灵活应用这些知识点。

◎ **课堂练习**：紧密结合课堂讲解的内容给出操作要求，并提供适当的操作思路以及专业背景知识供学生参考，要求学生独立完成操作，以充分训练学生的动手能力，并提高其独立完成任务的能力。

◎ **拓展知识**：这部分可以让学生更加深入、综合地了解一些应用知识。

◎ **课后习题**：结合每章内容给出大量难度适中的上机操作题，学生可通过练习，强化、巩固每章所学知识，从而能温故而知新。

教学内容

本书的教学目标是循序渐进地帮助学生掌握Excel 2010的应用知识。全书共12章，可分为如下几个方面的内容。

◎ **第1章~第4章**：主要讲解Excel 2010的基础知识，包括Excel 2010的基本操作、Excel数据的输入与编辑、Excel单元格与工作表的管理、Excel表格格式的设置等知识。

◎ **第5章~第7章**：主要讲解Excel的数据计算与处理功能，包括Excel公式与函数的使用、Excel表格数据的分析与统计、Excel表格数据的管理等知识。

◎ **第8章~第10章**：主要讲解Excel的图形与图表功能，包括Excel图片与图形的使用、Excel图表的使用、Excel迷你图与数据透视图表的使用等知识。

◎ **第11章**：主要讲解Excel的其他应用，包括共享工作簿、链接与嵌入对象、超链接的使

用、打印表格数据等知识。

◎ **第12章**：以一个工资管理系统为综合案例，从了解实例目标、专业背景到实例分析，逐步完成工资管理系统的制作过程。

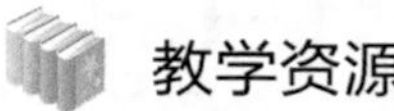

教学资源

提供立体化教学资源，使教师得以方便地获取各种教学资料，丰富教学手段。本书的教学资源包括以下3个方面的内容。

（1）配套光盘

本书配套光盘中包含图书中实例涉及的素材与效果文件、各章节课堂案例及课后习题的操作演示动画和模拟试题库3个方面的内容。模拟试题库中含有丰富的关于Excel 2010应用的相关试题，包括填空题、单项选择题、多项选择题、判断题和操作题等多种题型，读者可自动组合出不同的试卷进行测试。另外，还提供了两套完整模拟试题，以便读者测试和练习。

（2）教学资源包

本书配套精心制作的教学资源包，包括PPT教案和教学教案（备课教案、Word文档），以便老师顺利开展教学工作。

（3）教学扩展包

教学扩展包中有方便教学的拓展资源以及每年定期更新的拓展案例两个方面的内容。其中拓展资源包含Excel教学素材和模板，以及相关的教学演示动画等。

特别提醒：上述第（2）、（3）项教学资源可访问人民邮电出版社教学服务与资源网（http://www.ptpedu.com.cn）搜索下载，或者发电子邮件至dxbook@qq.com索取。

本书由赵春兰任主编，段盛、钱丽璞任副主编。赵春兰负责第1章~第5章的编写，段盛负责第6章~第9章的编写，钱丽璞负责第10章~第12章的编写。虽然编者在编写本书的过程中倾注了大量心血，但恐百密之中仍有疏漏，恳请广大读者不吝赐教。

编者

2015年4月

目 录

第1章

Excel 2010的基本操作

Excel 2010是Microsoft公司推出的Office 2010办公软件的核心组件之一，使用它不仅可以制作各类表格，而且可以计算、管理和分析表格数据。为了使读者能熟练使用Excel 2010，本章将详细讲解Excel 2010的基本操作，包括初次使用Excel 2010、自定义Excel 2010工作界面以及创建并管理工作簿等知识。

学习要点

- ◎ 启动与退出Excel 2010
- ◎ 熟悉Excel 2010的工作界面
- ◎ 自定义Excel 2010工作界面
- ◎ 创建并管理工作簿

学习目标

- ◎ 了解并掌握初次使用Excel 2010所需的知识
- ◎ 掌握自定义Excel 2010工作界面的操作方法
- ◎ 熟练掌握创建和管理工作簿的操作方法

1.1 初次使用Excel 2010

要使用Excel 2010，必须先启动Excel 2010，熟悉其工作界面后，可在其中编辑相应的数据，完成后退出Excel 2010。

1.1.1 启动Excel 2010

启动Excel 2010的方法主要有3种：一是通过“开始”菜单启动；二是双击桌面快捷图标启动；三是双击已有的Excel文件启动。

◎ **通过“开始”菜单启动**：在桌面左下角单击按钮，选择【所有程序】→【Microsoft Office】→【Microsoft Excel 2010】菜单命令，如图1-1所示。

◎ **双击桌面快捷图标启动**：安装Office 2010组件后，系统不会自动在桌面上创建Excel 2010快捷图标，用户可手动添加，其方法为在桌面左下角单击按钮，选择【所有程序】→【Microsoft Office】菜单命令，在其子菜单的“Microsoft Excel 2010”命令上单击鼠标右键，在弹出的快捷菜单中选择【发送到】→【桌面快捷方式】命令，完成后在桌面上可看到Excel 2010快捷图标，如图1-2所示，双击该图标即可启动Excel 2010。

◎ **双击已有Excel文件启动**：在计算机中找到并打开存放有Excel文件的窗口，然后双击需打开的Excel文件，如图1-3所示，即可启动Excel 2010并打开该文件。

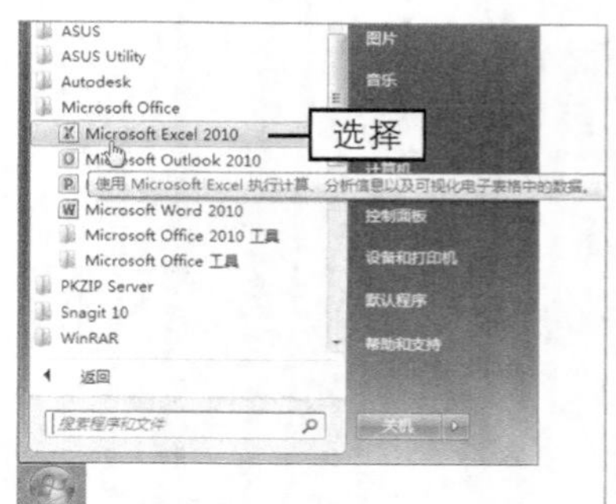

图1-1 通过“开始”菜单启动

图1-2 双击桌面快捷图标启动 图1-3 双击已有Excel文件启动

操作技巧

将桌面上的Excel 2010快捷图标拖动至任务栏后释放鼠标，以后单击任务栏中的Excel 2010图标也可快速启动Excel 2010。

1.1.2 熟悉Excel 2010的工作界面

启动Excel 2010后即可进入Excel 2010的工作界面，熟悉该工作界面对表格数据的编辑非常重要。Excel 2010的工作界面主要由快速访问工具栏、标题栏、“文件”菜单、功能选项卡与功能区、编辑栏、工作表编辑区、状态栏和视图栏等部分组成，如图1-4所示。下面分别介绍各组成部分的功能。

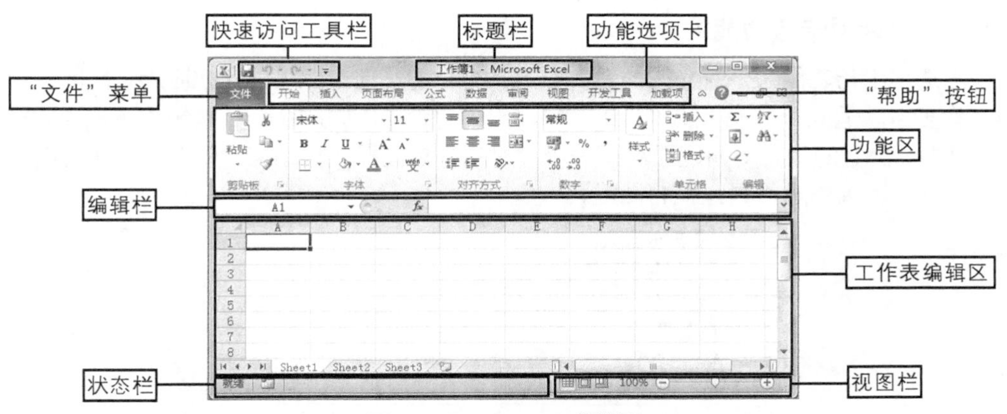

图1-4 Excel 2010工作界面

1. 快速访问工具栏

默认情况下，快速访问工具栏中只显示Excel中常用的"保存"按钮、"撤销"按钮和"恢复"按钮，单击相应的按钮可快速执行所需的操作。在快速访问工具栏左侧有一个程序控制图标，单击该图标，在弹出的快捷菜单中选择相应的命令还可执行移动、最小化、最大化或关闭界面等操作。

2. 标题栏

标题栏主要用来显示文档名工作簿1和程序名Microsoft Excel。在标题栏右侧有一个窗口控制按钮组，在其中单击"最小化"按钮可缩小窗口到任务栏并以图标按钮显示；单击"最大化"按钮可满屏显示窗口，且按钮变为"向下还原"按钮，再次单击该按钮将恢复窗口到原始大小，单击按钮可退出Excel 2010程序。

3. "文件"菜单

"文件"菜单与早期版本中的"文件"菜单大体相同（Excel 2007工作界面中的Office按钮除外），其中包含了对表格执行操作的命令集，如"保存""打开""关闭""新建""打印"等菜单命令，如图1-5所示。

4. "帮助"按钮

单击"帮助"按钮可打开"Excel 帮助"窗口，如图1-6所示，在其中单击所需的超链接，或在下拉列表框中输入需查找的帮助信息，然后单击搜索按钮，在打开的窗口中再单击需要的超链接，可详细查看帮助信息。

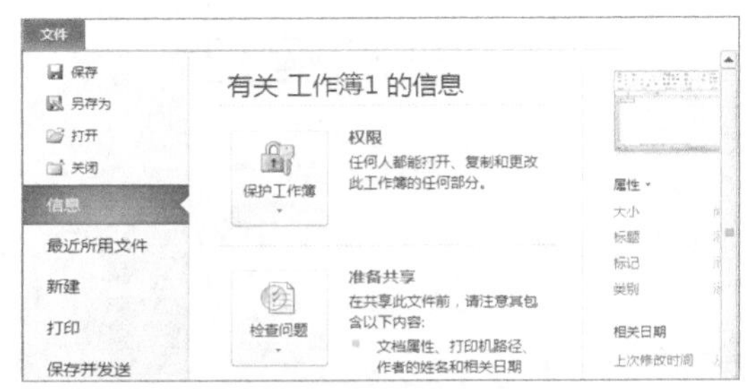

图1-5 "文件"菜单

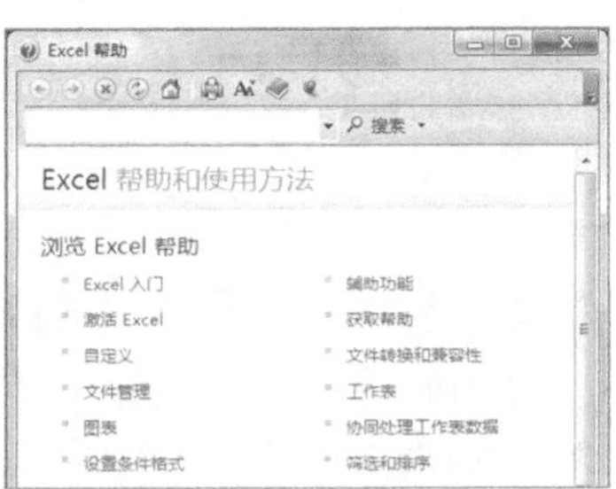

图1-6 "Excel 帮助"窗口

5. 功能选项卡与功能区

功能选项卡与功能区是对应的关系，单击某个功能选项卡即可展开相应的功能区。在功能区中有许多自动适应窗口大小的工具组，每个组中包含了不同的命令、按钮或下拉列表框等，如图1-7所示。有的组右下角还显示了一个“对话框启动器”按钮，单击该按钮将打开相关的对话框或任务窗格进行更详细的设置。

图1-7 功能选项卡与功能区

◎ **选项卡**：功能区顶部默认有9个选项卡。每个选项卡代表Excel执行的一组核心任务，并将其任务按功能不同分成若干个组，如“开始”选项卡中有“剪贴板”组、“字体”组和“对齐方式”组等。

◎ **组**：组是将执行特定类型的任务时可能用到的所有命令按钮集合到一起，并在整个任务执行期间一直处于显示状态，如“字体”组中的“加粗”按钮B、“倾斜”按钮I以及“填充颜色”下拉按钮等。

◎ **命令按钮**：组中的命令按钮是最常用的。Excel根据执行的操作将同一类命令按钮显示在相应的组中。如“对齐方式”组中显示了“左对齐”按钮、“居中对齐”按钮和“右对齐”按钮等。另外，随着Excel工作界面的大小改变，组中命令按钮的显示效果也会改变。

知识提示　当对执行的任务类型有所帮助时，在功能区中将出现上下文工具选项卡。它能对页面上选择的对象进行操作。如表、图片或绘图。选择对象时，相关的上下文工具将以突出颜色显示，并出现在标准选项卡的右侧。

6. 编辑栏

编辑栏用来显示和编辑当前活动单元格中的数据或公式。默认情况下，编辑栏中包括名称框、“插入函数”按钮和编辑框。若在单元格中输入数据或插入公式与函数时，编辑栏中还将显示“取消”按钮和“输入”按钮，如图1-8所示。

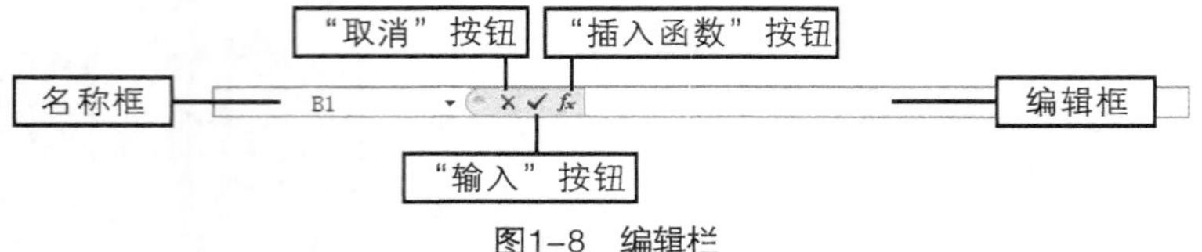

图1-8 编辑栏

◎ **名称框**：用来显示当前单元格的地址或函数名称，如在名称框中输入“A3”后，按【Enter】键表示选择A3单元格。

◎ **“取消”按钮**：单击该按钮表示取消输入的内容。

◎ **“输入”按钮**：单击该按钮表示确定并完成输入的内容。

◎ **"插入函数"按钮**fx：单击该按钮，将快速打开"插入函数"对话框，在其中可选择相应的函数插入到表格中。

◎ **编辑框**：用来输入、编辑和显示单元格中的数据或公式。

7. 工作表编辑区

工作表编辑区是Excel编辑数据的主要场所，它包括行号与列标、单元格、滚动条、工作表标签等，如图1-9所示。

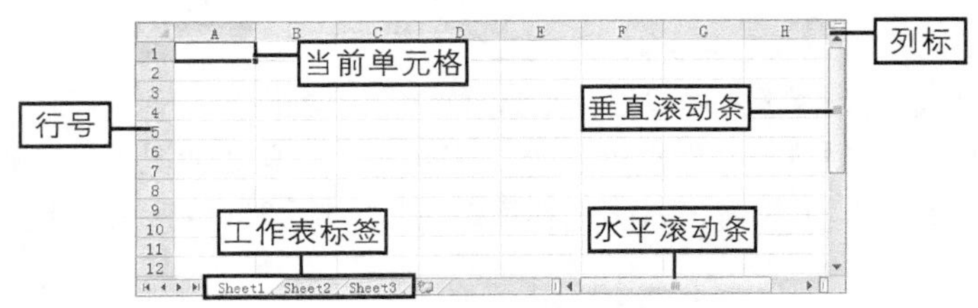

图1-9 工作表编辑区

◎ **行号与列标**："1，2，3……"等阿拉伯数字用来表示行号，"A，B，C……"等大写英文字母用来表示列标。一般情况下，"列标+行号"表示单元格地址，如位于第A列第1行的单元格可表示为A1单元格。

◎ **滚动条**：包括水平滚动条和垂直滚动条。当Excel窗口中的左右内容不能完全显示时，可拖动水平滚动条；当上下内容不能完全显示时，可拖动垂直滚动条。

◎ **工作表标签**：用来显示工作表的名称，如"Sheet1""Sheet2""Sheet3"等，单击相应的工作表标签，即可选择并切换到所需的工作表。在工作表标签左侧单击◂或▸按钮，当前工作表标签将返回到最左侧或最右侧的工作表标签，单击◂或▸按钮将向前或向后切换一个工作表标签。

操作技巧

在工作表标签滚动显示按钮上单击鼠标右键，在弹出的快捷菜单中选择任意一个工作表名称也可切换到所需的工作表。

8. 状态栏与视图栏

状态栏位于窗口最底端的左侧，其中显示当前工作表或单元格区域的相关信息。视图栏位于状态栏的右侧，在其中单击视图按钮组中的相应按钮可切换视图模式；单击当前显示比例按钮100%，可打开"显示比例"对话框调整显示比例；单击⊖按钮、⊕按钮或拖动滑块可调节页面显示比例，方便用户查看表格内容。

1.1.3 掌握Excel 2010的基本概念

在Excel中工作簿、工作表、单元格是构成Excel的支架，也是Excel中的主要操作对象，因此了解它们的概念及其相互之间的关系，将有助于在Excel中执行相应的操作。

一个工作簿中包含了一张或多张工作表，工作表又是由排列成行或列的单元格组成，由此可见，单元格依附在工作表中，而工作表则依附在工作簿中，因此它们3者之间存在着包含与被包含的关系，可表示为图1-10所示的效果。

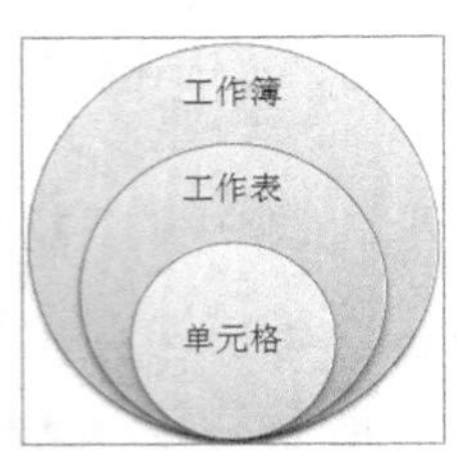

图1-10　工作簿、工作表和单元格的关系图

1. 工作簿

工作簿用来存储和处理数据的主要文档，也称为电子表格。在计算机中工作簿以文件的形式独立存在，Excel 2010创建的文件扩展名为“.xlsx”。在默认情况下，新建的工作簿以“工作簿1”命名，若继续新建工作簿将以“工作簿2”“工作簿3”等命名，且工作簿名称将显示在标题栏的文档名处。

2. 工作表

工作表是Excel的工作场所，用来显示和分析数据，它总是存储在工作簿中。默认情况下，一张工作簿中只包含3张工作表，分别以“Sheet1”“Sheet2”“Sheet3”进行命名。

3. 单元格

单元格是Excel中存储数据的最基本元素，它通过行号和列标进行命名和引用。单个单元格地址可表示为列标+行号；而多个连续的单元格则称为“单元格区域”，其地址表示为：单元格:单元格，如B3单元格与D7单元格之间连续的单元格可表示为B3:D7单元格区域。

1.1.4　退出Excel 2010

完成表格数据的编辑后，即可关闭窗口并退出Excel程序。退出Excel 2010的方法主要有以下4种。

◎ 在Excel 2010工作界面中选择【文件】→【退出】菜单命令，如图1-11所示。

◎ 在标题栏右侧单击“关闭”按钮。

◎ 在桌面任务栏的工作簿控制按钮上单击鼠标右键，在弹出的快捷菜单中选择“关闭窗口”命令，如图1-12所示。

◎ 按【Alt+F4】组合键。

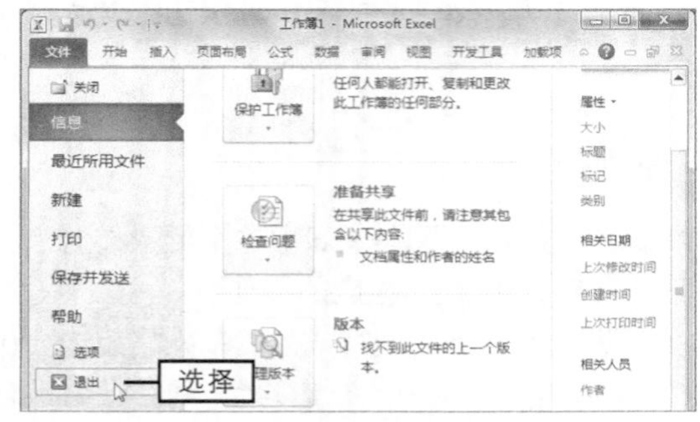

图1-11　通过“文件”菜单退出

图1-12　通过任务栏的工作簿控制按钮退出

操作技巧

在Excel 2010工作界面的左上角双击Excel程序控制图标，或在标题栏上单击鼠标右键，在弹出的快捷菜单中选择“关闭”命令也可退出Excel 2010。

1.2 自定义Excel 2010工作界面

每个人使用软件的习惯不一样，因此为了满足用户的使用习惯，使操作更方便，Excel 2010提供了自定义工作界面的功能，包括自定义快速访问工具栏、自定义功能区、自定义表格视图、隐藏或显示表格中的选项等。

1.2.1 自定义快速访问工具栏

在快速访问工具栏中用户不仅可以添加常用的命令按钮或删除不需要的命令按钮，还可改变快速访问工具栏的位置，从而实现快速访问工具栏的自定义。

◎ **添加命令按钮**：在快速访问工具栏右侧单击按钮，在打开的下拉列表中选择常用的选项，如选择“打开”选项，如图1-13所示，即可将该命令按钮添加到快速访问工具栏中。

◎ **删除命令按钮**：在快速访问工具栏的命令按钮上单击鼠标右键，在弹出的快捷菜单中选择“从快速访问工具栏中删除”命令即可将相应的命令按钮从快速访问工具栏中删除，如图1-14所示。

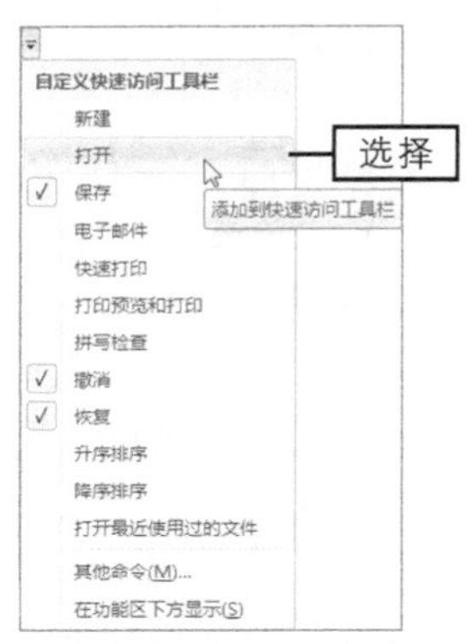

图1-13 添加命令按钮

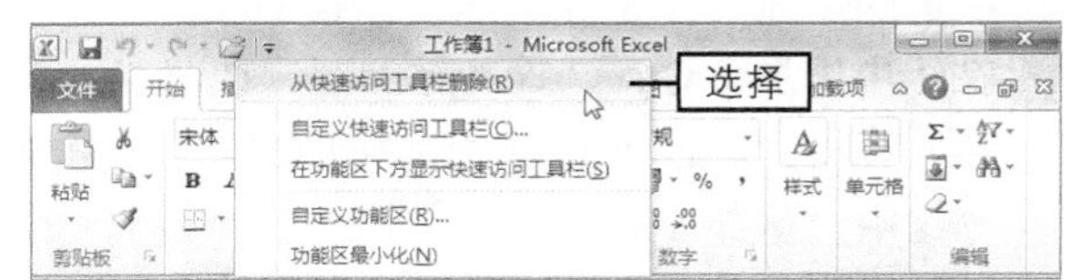

图1-14 删除命令按钮

◎ **改变快速访问工具栏的位置**：在快速访问工具栏右侧单击按钮，在打开的下拉列表中选择“在功能区下方显示”选项可将快速访问工具栏显示到功能区下方；再次在下拉列表中选择“在功能区上方显示”选项可将快速访问工具栏还原到默认位置。

知识提示

在Excel 2010工作界面中选择【文件】→【选项】菜单命令，在打开的“Excel 选项”对话框中单击“快速访问工具栏”选项卡，在其中也可根据需要自定义快速访问工具栏。

1.2.2 自定义功能区

在Excel 2010工作界面中用户可选择【文件】→【选项】菜单命令，在打开的“Excel选项”对话框中单击“自定义功能区”选项卡，在其中根据需要可显示或隐藏相应的功能选项卡，创建新的选项卡、组和命令等，如图1-15所示。

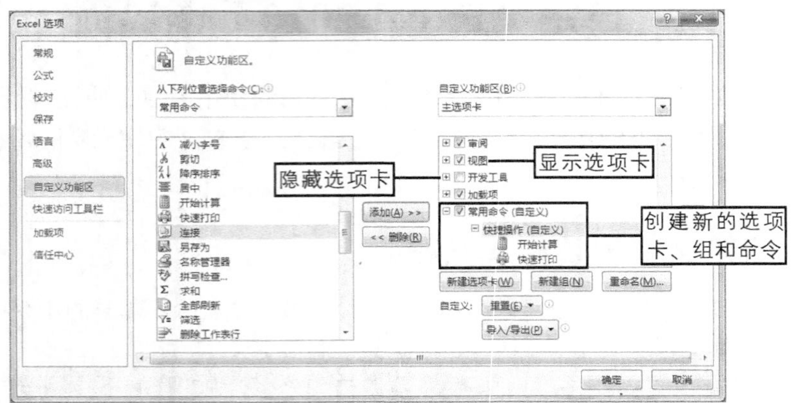

图1-15　自定义功能区

◎ **显示或隐藏功能选项卡：** 在“Excel选项”对话框右侧的列表框中单击选中或撤销选中相应的主选项卡对应复选框，即可在功能区中显示或隐藏相应的主选项卡。

◎ **创建新的选项卡：** 在“自定义功能区”选项卡中单击新建选项卡(W)按钮，在“主选项卡”列表框中可创建“新建选项卡（自定义）”复选框，然后单击选中创建的复选框，再单击重命名(M)...按钮，在打开的“重命名”对话框的“显示名称”文本框中输入名称，单击确定按钮，将为新建的选项卡重命名。

◎ **创建组：** 选择新建的选项卡，在其中选择创建的组，单击重命名(M)...按钮，在打开的“重命名”对话框的“符号”列表框中选择一个图标，在“显示名称”文本框中输入名称，单击确定按钮，将为新建的组重命名。若需创建其他组，可单击新建组(N)按钮，在所选的选项卡下继续创建组，然后进行重命名。

◎ **在组中添加命令：** 选择新建的组，在“自定义功能区”选项卡的“从下列位置选择命令”下拉列表框下的列表框中选择需要的命令，然后单击添加(A) >>按钮即可将命令添加到组中。这样，新建选项卡中的一个组就创建完成了。

◎ **删除自定义的选项：** 在“自定义功能区”选项卡的“自定义功能区”下拉列表框下的列表框中，单击选中自定义选项卡对应的复选框，然后单击<< 删除(R)按钮即可将自定义的选项卡或组删除。若要一次性删除所有自定义的选项，可单击重置(E)按钮，在打开的下拉列表中选择“重置所有自定义项”选项，在打开的提示对话框中单击是(Y)按钮，将所有自定义项删除，恢复Excel 2010默认的功能区效果。

知识提示

双击某个功能选项卡，或单击功能选项卡右端的“功能区最小化”按钮，可将功能区最小化显示；再次双击某个功能选项卡，或单击功能选项卡右端的“功能区最小化”按钮可将其显示为默认状态。

1.2.3 自定义表格视图

在Excel的视图栏中单击视图按钮组中的相应按钮，或在【视图】→【工作簿视图】组中单击相应的按钮都可控制工作簿视图。不同的工作簿视图，其作用也不同，下面分别介绍每个工作簿视图的作用。

◎ **普通视图：**普通视图是Excel中的默认视图，如图1-16所示，用于正常显示工作表，在其中可以执行数据输入、数据计算、图表制作等操作。当切换到其他视图后，要返回普通视图，可在视图栏中单击▦按钮，或在【视图】→【工作簿视图】组中单击“普通”按钮▦。

◎ **页面布局视图：**在视图栏中单击▣按钮，或在【视图】→【工作簿视图】组中单击“页面布局”按钮▣，可切换到页面布局视图，在该视图模式下每一页都会同时显示页边距、页眉、页脚，如图1-17所示，用户可根据需要在其中编辑数据、添加页眉和页脚，并通过拖动上边或左边标尺中的浅蓝色控制条设置页边距。

广告公司应聘成绩表

编号	姓名	电脑操作	平面设计	沟通能力	广告知识	考试总分
001	刘珊珊	90	40	30	40	200
002	孙晓丽	80	60	50	70	260
003	张翰	80	40	60	30	210
004	李潇	90	30	60	50	230
005	汪俊	40	90	60	60	250
006	王贵	60	80	70	80	290
007	徐佳	70	60	80	90	300
008	刘雪	40	70	80	30	220
009	胡邦宇	50	90	90	80	310
010	罗娟	30	40	90	20	180

图1-16　普通视图

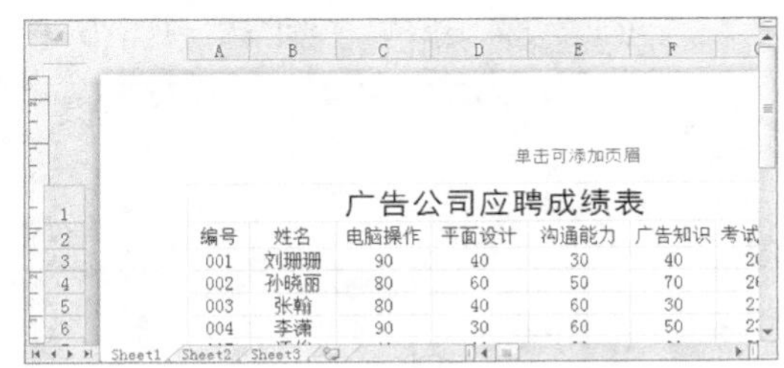

图1-17　页面布局视图

◎ **分页预览视图：**在视图栏中单击▥按钮，或在【视图】→【工作簿视图】组中单击“分页预览”按钮▥，可切换到分页预览视图，在该视图模式下可以显示蓝色的分页符，如图1-18所示，用户可用鼠标拖动分页符以改变显示的页数和每页的显示比例。

◎ **全屏显示视图：**要在屏幕上尽可能多地显示文档内容，可切换到全屏显示，在【视图】→【工作簿视图】组中单击“全屏显示”按钮▣，即可切换到全屏显示，在该视图模式下，Excel将不显示功能区和状态条等部分，如图1-19所示。

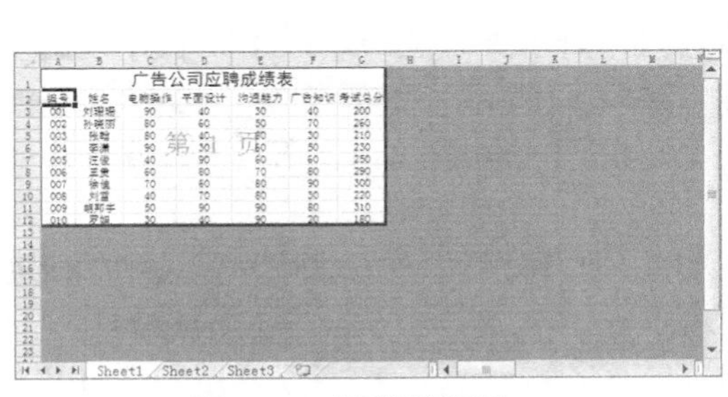

图1-18　分页预览视图

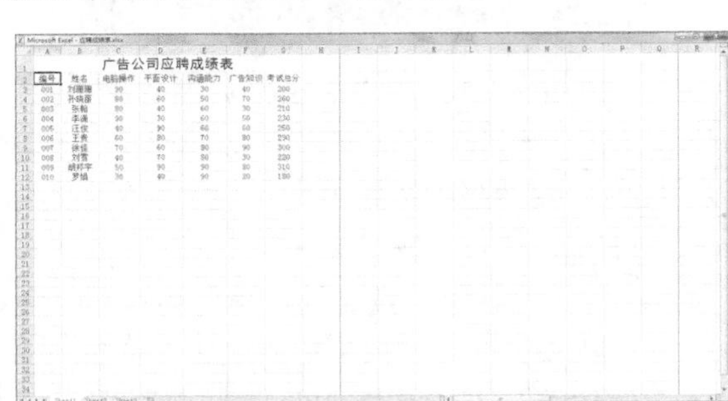

图1-19　全屏显示视图

知识提示

在【视图】→【工作簿视图】组中单击“自定义视图”按钮▣，在打开的“视图管理器”对话框中用户可以对同一部件(包括工作簿、工作表以及窗口)定义一系列特殊的显示方式和打印设置，并将其分别保存为视图。当需要以不同方式显示或打印工作簿时，就可以切换到任意所需的视图。

1.2.4 显示或隐藏表格选项

在Excel工作界面中包含了多个Excel显示选项，如标尺、网络线、编辑栏、滚动条、工作表标签等，为了简化界面，方便操作，用户可根据实际需要隐藏一些不需要的元素，待需要时再将其显示出来。显示或隐藏表格选项的方法有以下两种。

◎ **通过"视图"选项卡显示或隐藏**：在【视图】→【显示】组中单击选中或撤销选中标尺、网络线、编辑栏、标题对应的复选框即可在工作界面中显示或隐藏相应的Excel显示选项，如图1-20所示。

◎ **通过"Excel选项"对话框显示或隐藏**：在"Excel选项"对话框中单击"高级"选项卡，然后向下拖动右侧的滚动条，分别在"显示"栏、"此工作簿的显示选项"栏、"此工作表的显示选项"栏中单击选中或撤销选中"显示编辑栏""显示水平滚动条""显示垂直滚动条""显示工作表标签""显示行和列标题""显示分页符""显示网格线"对应的复选框，完成后单击确定按钮，即可显示或隐藏Excel中相应的显示选项，如图1-21所示。

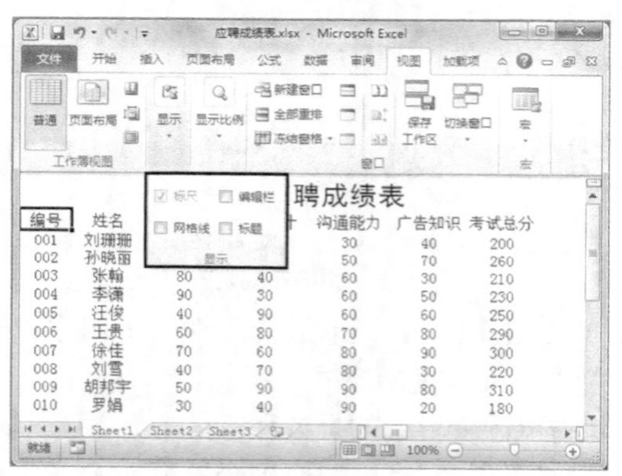

图1-20 在"视图"选项卡中显示或隐藏选项

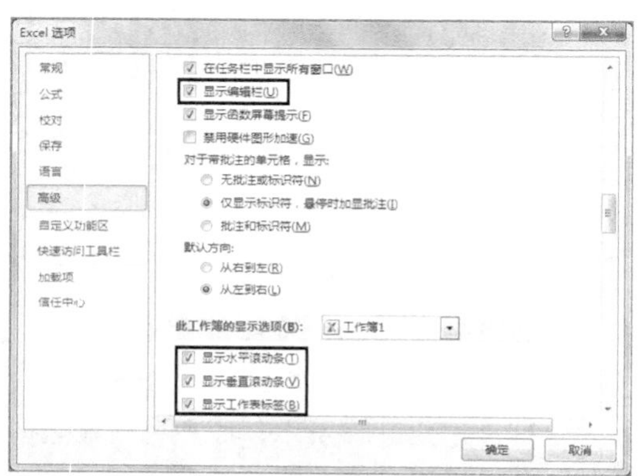

图1-21 在"Excel选项"对话框中显示或隐藏选项

1.2.5 调整表格的显示比例

不同的情况下，用户对表格数据的显示比例的要求也不相同。当Excel工作界面不能完全显示表格内容时，可缩小表格的显示比例；当表格内容太多显示得不够清晰时，可放大表格的显示比例。要调整表格显示比例，除了在视图栏中单击相应的按钮外，还可在【视图】→【显示比例】组中执行相应的操作，相关参数含义如下。

◎ **"显示比例"按钮**：单击该按钮，在打开的"显示比例"对话框中单击选中相应的单选项可适当地缩放表格大小，也可单击选中"自定义"单选项，在其后的数值框中自定义表格显示比例，如图1-22所示。

◎ **"100%"按钮**：单击该按钮，可将缩放后的表格大小恢复到正常大小100%。

◎ **"缩放到选定区域 "按钮**：单击该按钮可将所选的单元格区域缩放到整个窗口。

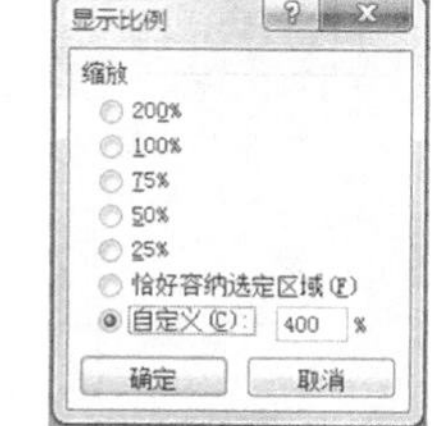

图1-22 "显示比例"对话框

1.2.6 课堂案例1——自定义适合的工作界面

本案例将练习启动Excel 2010、自定义快速访问工具栏、显示或隐藏表格选项、自定义功能区和退出Excel 2010等，自定义工作界面后的参考效果如图1-23所示。

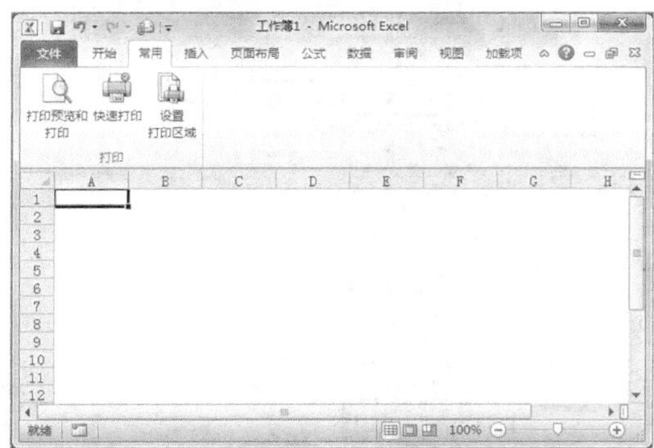

图1-23 自定义的工作界面

视频演示 光盘:\视频文件\第1章\考勤卡.swf

（1）在桌面左下角单击按钮，选择【所有程序】→【Microsoft Office】→【Microsoft Excel 2010】菜单命令启动Excel 2010，如图1-24所示。

（2）在快速访问工具栏右侧单击按钮，在打开的下拉列表中选择“电子邮件”选项，如图1-25所示，即可将“电子邮件”命令按钮添加到快速访问工具栏中。

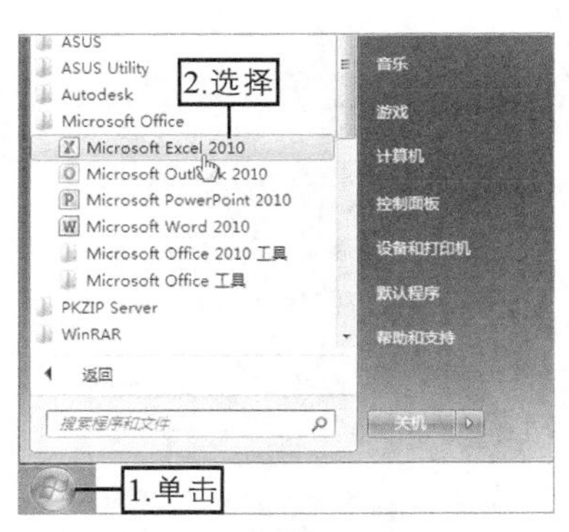

图1-24 启动Excel 2010

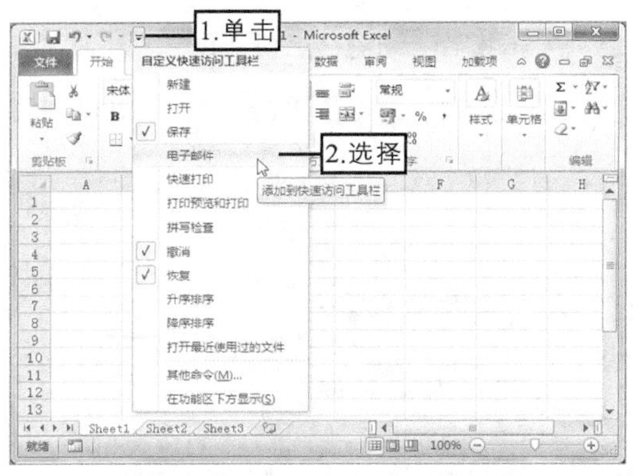

图1-25 添加“电子邮件”命令按钮到快速访问工具栏

（3）选择【文件】→【选项】菜单命令，如图1-26所示。

（4）在打开的“Excel选项”对话框中单击“高级”选项卡，然后向下拖动右侧的滚动条，分别在“显示”栏、“此工作簿的显示选项”栏和“此工作表的显示选项”栏中撤销选中“显示编辑栏”“显示工作表标签”“显示网格线”复选框隐藏Excel中的选项，如图1-27所示。

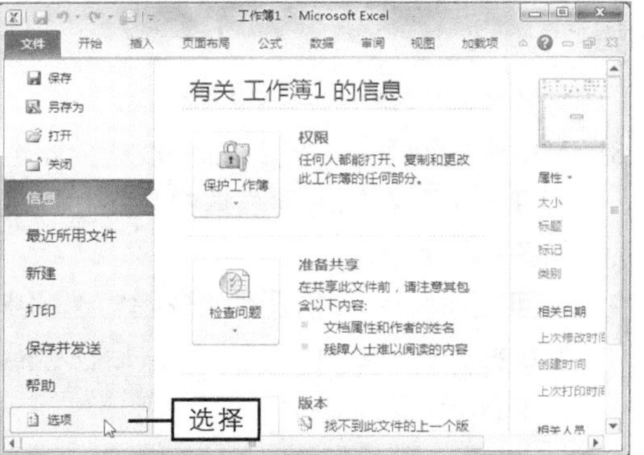

图1-26 选择菜单命令

（5）单击“自定义功能区”选项卡，在右侧的“主选项卡”列表框中选择新建选项卡的位置，这里默认选择“开始”选项卡，然后单击新建选项卡(W)按钮在“开始”选项卡下新建选项卡，如图1–28所示。

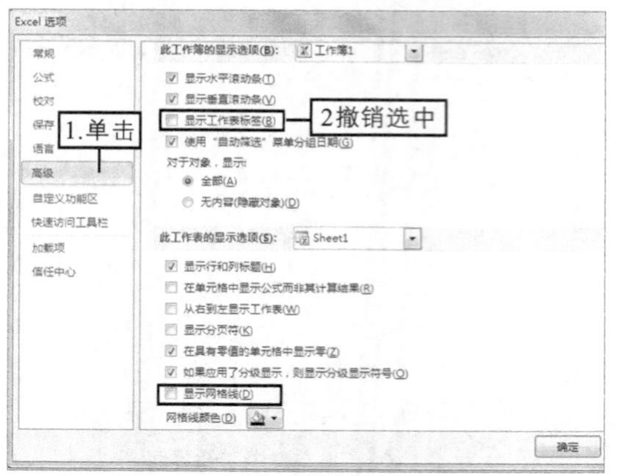

图1–27　隐藏Excel表格选项

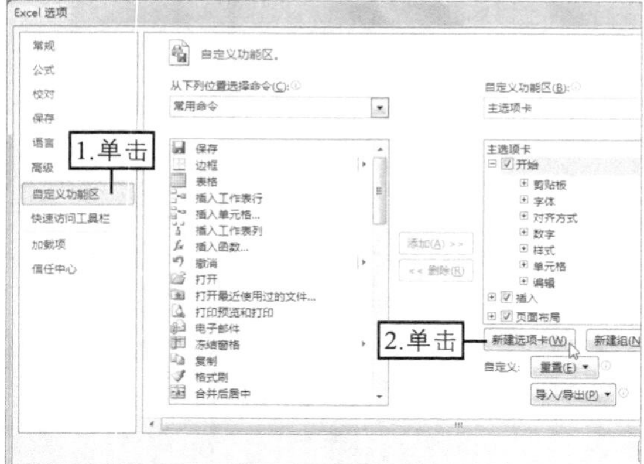

图1–28　新建选项卡

（6）选择“新建选项卡（自定义）”选项，单击重命名(M)...按钮，在打开的“重命名”对话框的文本框中输入文本“常用”，完成后单击确定按钮，如图1–29所示。

（7）选择“新建组（自定义）”选项，单击重命名(M)...按钮，在打开的“重命名”对话框的“符号”列表框中选择“🖶”符号，然后在其下的文本框中输入文本“打印”，完成后单击确定按钮，如图1–30所示。

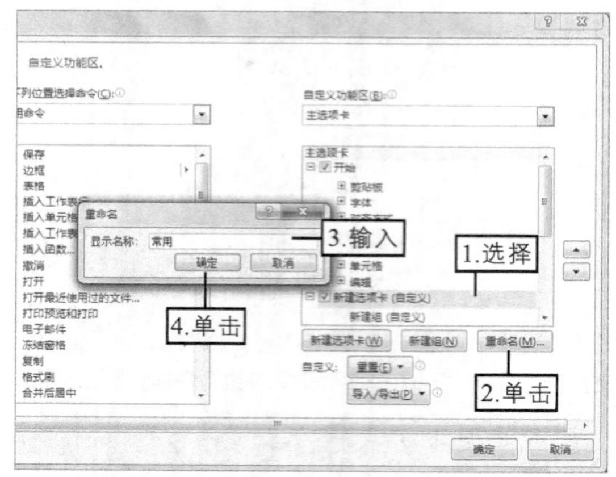

图1–29　为新建选项卡重命名

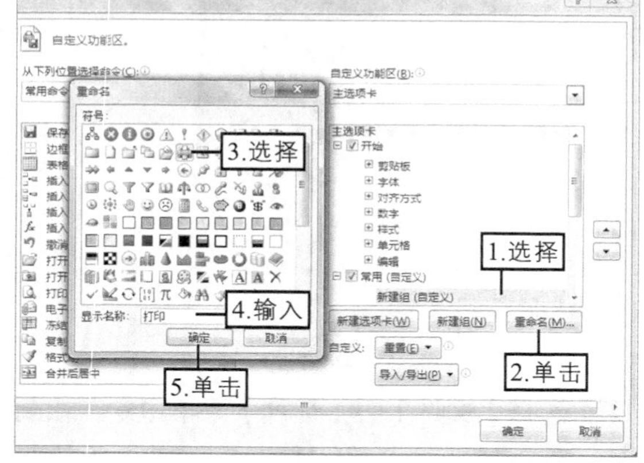

图1–30　为新建组重命名

（8）在中间的列表框中选择命令按钮，如选择“设置打印区域”选项，然后单击添加(A) >>按钮，将其添加到右侧的列表框中。用相同的方法添加其他命令按钮，完成后单击确定按钮，如图1–31所示。

（9）返回工作簿中，可看到“开始”选项卡后多了一个“常用”选项卡，且其中包含了添加命令按钮的“打印”组。完成后在标题栏右侧单击“关闭”按钮⊠退出Excel 2010，如图1–32所示。

图1-31　为新建组添加命令按钮　　　　图1-32　退出Excel 2010

1.3　创建并管理工作簿

工作簿的创建与管理是Excel的基本操作之一，用户必须熟练掌握其操作方法，方便日后制作相应的表格。创建与管理工作簿主要包括新建、保存、关闭、打开等操作。

1.3.1　新建工作簿

要使用Excel制作表格，首先应学会新建工作簿。新建工作簿的方法分为两种：一是新建空白工作簿，即新建无模板样式的工作簿；二是新建基于模板样式的工作簿。

1. 新建空白工作簿

启动Excel后，系统将自动新建一个名为“工作簿1”的空白工作簿。为了满足需要用户还可在其基础上新建更多的空白工作簿。其具体操作如下。

（1）选择【文件】→【新建】菜单命令，在窗口中间的“可用模板”列表框中选择“空白工作簿”选项，在右下角单击“创建”按钮，如图1-33所示。

（2）系统将新建一个名为“工作簿2”的空白工作簿。

图1-33　新建空白工作簿

操作技巧

按【Ctrl+N】组合键可快速新建空白工作簿，在桌面或文件夹的空白位置处单击鼠标右键，在弹出的快捷菜单中选择【新建】→【Microsoft Excel 工作表】命令也可新建空白工作簿。

2. 新建基于模板样式的工作簿

Excel自带了许多具有专业表格样式的模板。这些模板具有固定的格式，用户在使用时只需填入相应的数据或稍作修改即可快速创建出所需的工作簿，这样大大提高了工作效率。新建基于模板样式的工作簿的具体操作如下。

（1）选择【文件】→【新建】菜单命令，在窗口中间的“可用模板”列表框中选择“样本模板”选项。

（2）在展开的列表框中选择所需的模板，如图1-34所示，然后单击“创建”按钮即可新建所选模板样式的工作簿。

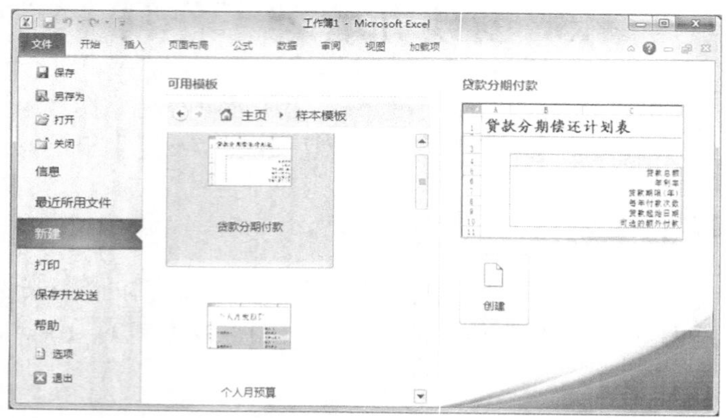

图1-34　新建基于模板样式的工作簿

知识提示

向下拖动窗口中间的“可用模板”列表框中的垂直滚动条，在“Office.com模板”栏中选择相应的模板样式，可在网络中快速搜索所需的模板样式，下载后可使用该模板样式新建工作簿。

1.3.2 保存工作簿

在Excel中，创建的工作簿必须通过保存操作才能存储在计算机中，否则退出Excel后其中的所有内容将消失。若对已新建的表格进行了修改，也要进行保存，否则所做的修改无用。因此在编辑Excel表格时必须养成保存工作簿的习惯。

1. 直接保存工作簿

为了方便以后查看和编辑Excel表格数据，可将新建工作簿保存到计算机中的指定位置，并为其输入容易记忆的文件名。其具体操作如下。

（1）选择【文件】→【保存】菜单命令。

（2）在打开的“另存为”对话框左侧的列表框中依次选择保存路径，在顶端左侧的下拉列表框中可查看保存路径，在“文件名”下拉列表框中输入文件名称，如图1-35所示。

（3）完成后单击保存(S)按钮应用设置。

图1-35 “另存为”对话框

操作技巧

在快速访问工具栏中单击“保存”按钮或按【Ctrl+S】组合键可快速保存工作簿。对已保存过的工作簿再次进行保存时，将不再打开“另存为”对话框，而是将修改结果直接保存到已保存过的工作簿中。

2. 另存工作簿

若需对已保存过的工作簿进行编辑，但又不想影响原来工作簿中的内容，可以将编辑后的工作簿保存到其他位置，或以其他的名称进行保存。其具体操作如下。

（1）选择【文件】→【另存为】菜单命令。

（2）在打开的“另存为”对话框左侧的列表框中依次选择保存路径，在顶端左侧的下拉列表框中可选择保存路径，在“文件名”下拉列表框中输入文件名称。

（3）完成后单击保存(S)按钮应用设置。

知识提示

要将另存的工作簿与原工作簿保存在同一文件夹中，必须将其重命名，否则另存的工作簿将覆盖原工作簿；若以原来的工作簿命名进行另存，则需将其保存到其他文件夹下。

3. 自动保存工作簿

为了避免在编辑表格数据时遇到停电或死机等突发事件造成数据丢失的情况，可以设置自动保存工作簿，即每隔一段时间后，Excel将自动保存所编辑的数据。其具体操作如下。

（1）选择【文件】→【选项】菜单命令。

（2）在打开的“Excel选项”对话框中单击“保存”选项卡，在右侧单击选中“保存自动恢复信息时间间隔”复选框，在其后的数值框中输入相应的时间，如图1-36所示，完成后单击确定按钮应用设置。

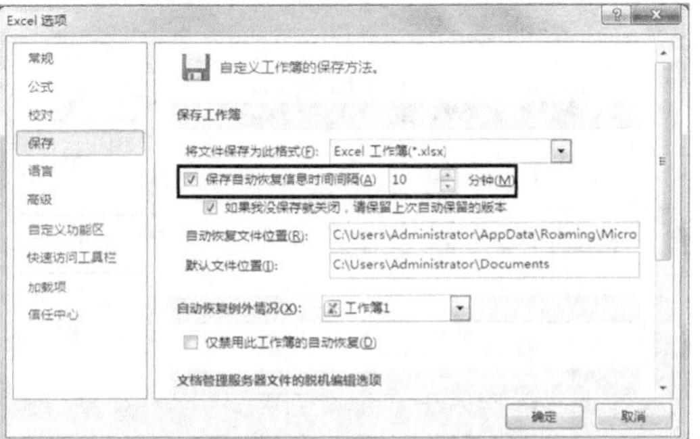

图1-36 设置自动保存时间间隔

知识提示

设置工作簿的自动保存时间间隔时，时间设得太长容易因各种原因造成不能及时保存数据；设的太短，又可能因频繁的保存影响数据的编辑，因此一般以10～15分钟为宜。

1.3.3 关闭并打开工作簿

完成表格数据的编辑与保存后，可关闭工作簿。当需要再次查看或编辑保存在计算机中的Excel文件时，可打开相应的工作簿。

1. 关闭工作簿

关闭工作簿即关闭当前编辑的工作簿文件，并不是退出Excel程序。关闭工作簿的方法主要有以下两种。

◎ 在Excel工作界面中选择【文件】→【关闭】菜单命令。

◎ 在功能选项卡右侧单击“关闭”按钮⊠。

2. 打开工作簿

要查看或编辑保存在计算机中的Excel文件时，必须先打开该工作簿，其具体操作如下。

（1）在Excel工作界面中选择【文件】→【打开】菜单命令，或按【Ctrl+O】组合键。

（2）在打开的“打开”对话框左侧的列表框中依次选择保存路径，在顶端左侧的下拉列表框中查看保存路径，在中间的列表框中选择需打开的文件，然后单击打开(O)按钮，如图1-37所示。

图1-37 “打开”对话框

操作技巧

在计算机中双击需打开的Excel文件，或在Excel工作界面中选择【文件】→【最近所用文件】菜单命令，在右侧“最近的位置”栏的列表框中显示了最近打开过的工作簿的保存路径，在中间“最近使用的工作簿”列表框中单击需要打开工作簿的名称链接都可打开所需的工作簿。

1.3.4 课堂案例2——创建“考勤卡”工作簿

本案例将新建一个基于“考勤卡”模板样式的工作簿，并将其以“考勤卡”为名进行保存，完成后关闭该工作簿，其参考效果如图1-38所示。

效果所在位置 光盘:\效果文件\第1章\课堂案例2\考勤卡.xlsx

视频演示 光盘:\视频文件\第1章\考勤卡.swf

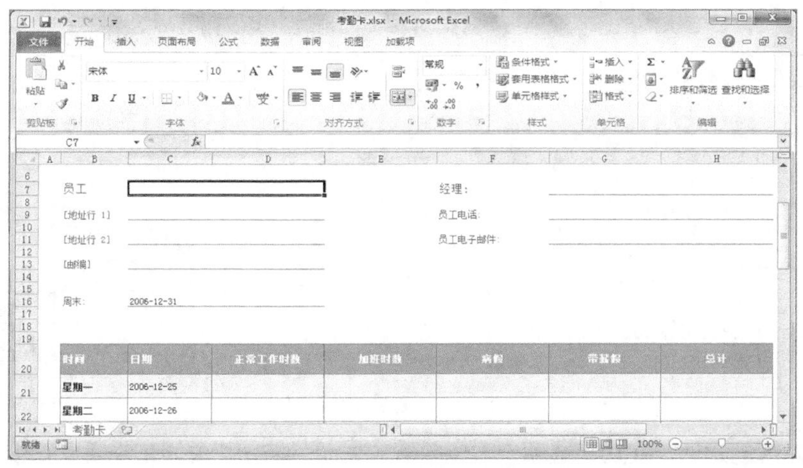

图1-38　“考勤卡”参考效果

（1）启动Excel 2010，在其工作界面中选择【文件】→【新建】菜单命令，在窗口中间的“可用模板”列表框中选择“样本模板”选项。

（2）在展开的列表框中选择“考勤卡”模板，然后单击“创建”按钮，如图1-39所示，完成后将新建以“考勤卡1”为名的模板样式工作簿。

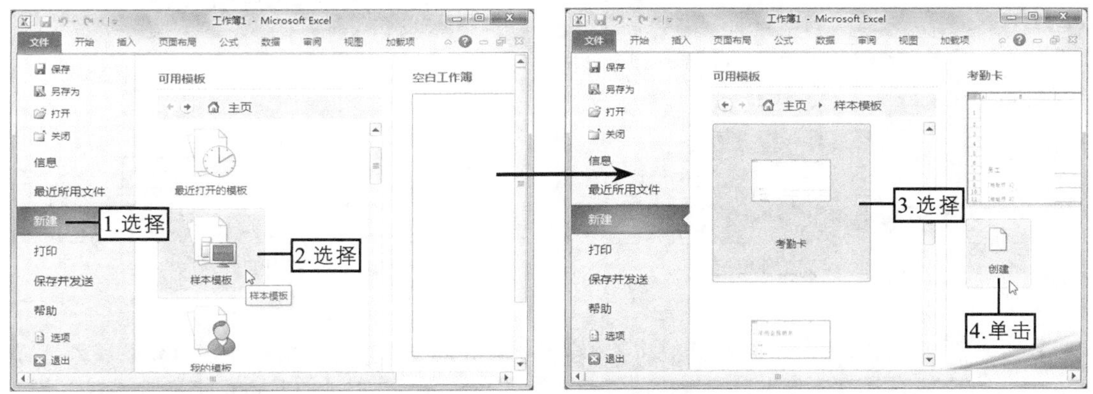

图1-39　新建模板样式的工作簿

（3）选择【文件】→【保存】菜单命令。

（4）在打开的“另存为”对话框左侧的列表框中依次选择保存路径，在顶端左侧的下拉列表框中可查看保存路径，在“文件名”下拉列表框中输入文件名称“考勤卡”，完成后单击保存(S)按钮，如图1-40所示，返回工作簿，在标题栏中可看到文档名变成了“考勤卡”，且在计算机的保存位置也可找到保存的工作簿文件。

知识提示

在“另存为”对话框的“保存类型”下拉列表框中列出了多种选项，默认情况下为“Excel 工作簿（*.xlsx）”选项，但用户可根据需要选择其他选项，将工作簿保存为所需的文件类型，如“Excel 启用宏的工作簿（*.xlsm）”“Excel 二进制工作簿（*.xlsb）”“Excel 97-2003工作簿（*.xls）”等。

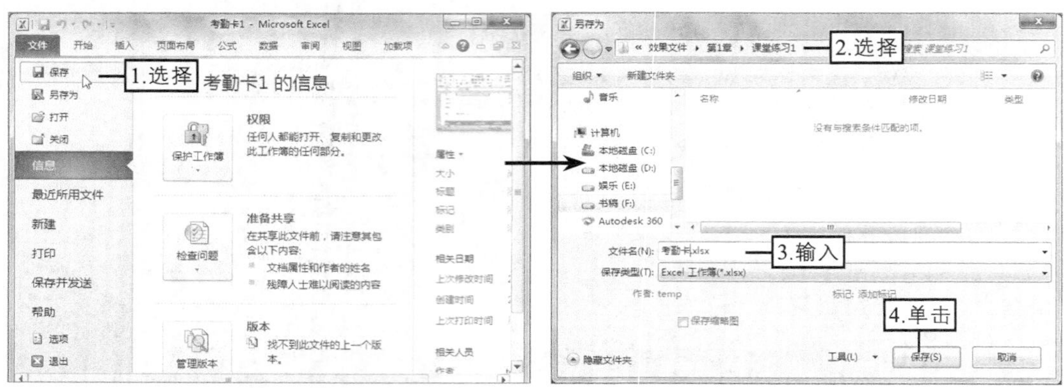

图1-40　保存工作簿

（5）完成工作簿创建后，在功能选项卡右侧单击“关闭”按钮⊠关闭工作簿，如图1-41所示。

（6）若需再次打开该工作簿，可按【Ctrl+O】组合键，在打开的“打开”对话框中依次选择保存路径，在中间的列表框中选择“考勤卡”文件，然后单击 打开(O) 按钮，如图1-42所示。

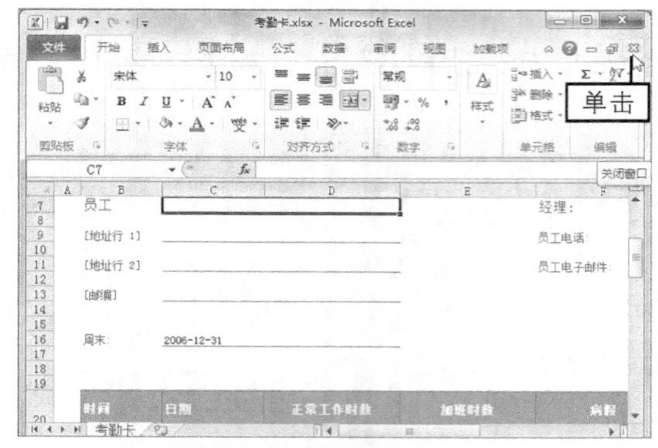

图1-41　关闭工作簿

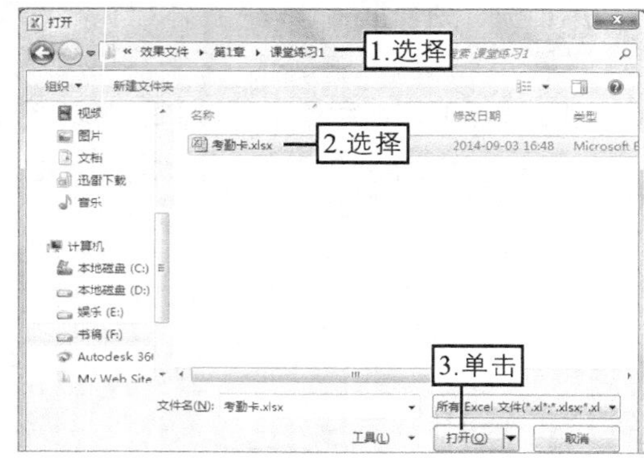

图1-42　打开工作簿

知识提示

单击 打开(O) 按钮右侧的▾按钮，在打开的菜单中可以选择相应的命令以不同的方式打开工作簿，若选择“打开并修复”命令，在打开的对话框中单击 修复(R) 按钮可修复损坏的工作簿，若不能修复，可单击 提取数据(E) 按钮提取表格中的数据。

1.4　课堂练习

本课堂练习将分别使用不同的方法启动并退出Excel 2010，以及创建并管理收支管理表，通过综合练习本章学习的知识点，读者应能熟练掌握Excel 2010的基本操作。

1.4.1　使用不同的方法启动并退出Excel 2010

1．练习目标

本练习的目标是使用不同的方法启动并退出Excel 2010，然后指出Excel 2010工作界面中各部分的作用，并根据需要自定义工作界面。

2. 操作思路

完成本实训需要启动Excel 2010、熟悉Excel 2010工作界面、自定义Excel 2010工作界面、退出Excel 2010等，其操作思路如下。

（1）使用不同的方法启动Excel 2010，从中选择一种快速且适合自己的启动方法。

（2）指出Excel 2010工作界面中各部分的作用，并根据需要自定义工作界面。

（3）使用不同的方法退出Excel 2010。

1.4.2 创建并管理收支管理表

1. 练习目标

本练习的目标是创建“个人收支管理表”工作簿，并将该工作簿以“公司收支管理表”为名进行另存，完成后关闭该工作簿。本练习完成后的参考效果如图1-43所示。

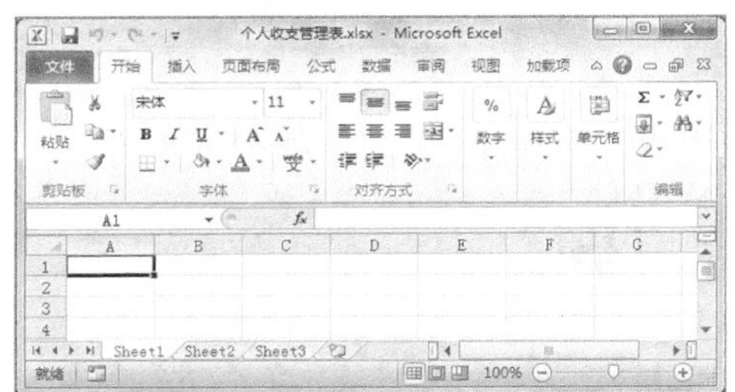

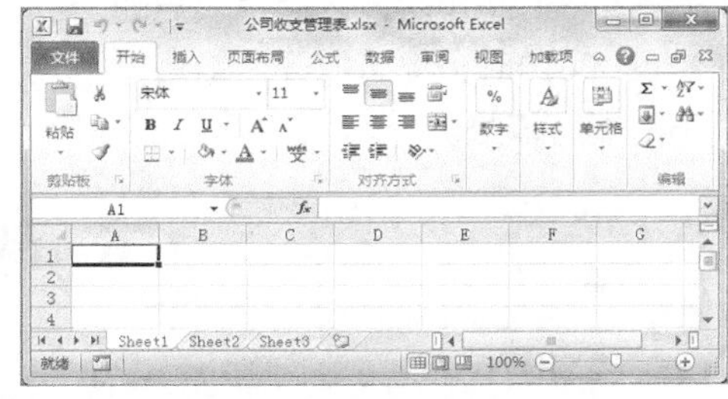

图1-43　创建“个人收支管理表”和“公司收支管理表”的参考效果

效果所在位置　光盘:\效果文件\第1章\课堂练习\个人收支管理表.xlsx、公司收支管理表.xlsx

视频演示　光盘:\视频文件\第1章\创建并管理收支管理表.swf

2. 操作思路

完成本实训主要需要执行新建工作簿、保存工作簿、另存工作簿、关闭工作簿等操作，其操作思路如图1-44所示。

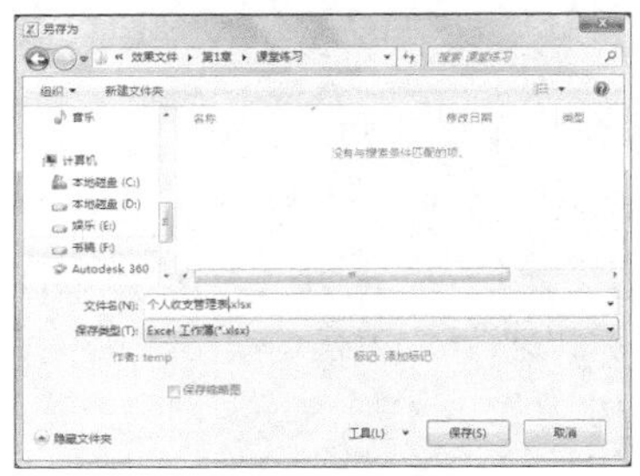

① 保存工作簿

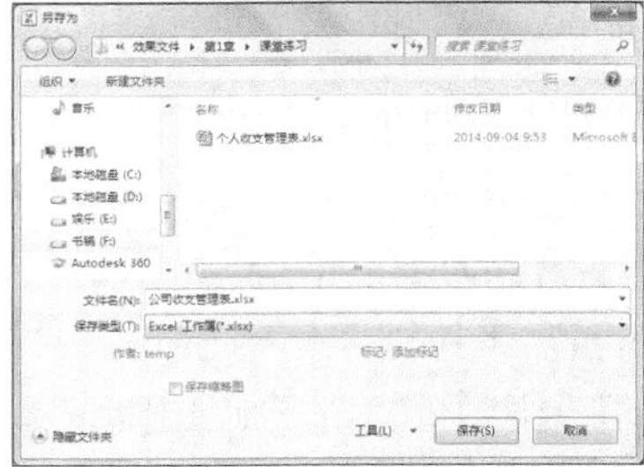

② 另存工作簿

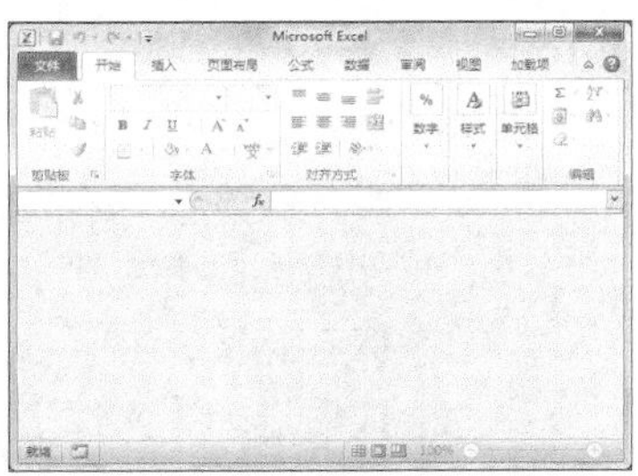

③ 关闭工作簿

图1-44　“个人收支管理表”和“公司收支管理表”的创建思路

（1）启动Excel 2010，将新建的空白工作簿以“个人收支管理表”为名进行保存。

（2）将“个人收支管理表”工作簿以“公司收支管理表”为名进行另存。

（3）关闭工作簿并退出Excel 2010。

1.5 拓展知识

有些Excel文件用户随时都需要查阅，如日程安排表、课程表等，那怎样才能让每天都需要使用的表格在启动Excel 2010的同时自动打开呢？其实方法很简单，其具体操作如下。

（1）启动Excel 2010，选择【文件】→【选项】菜单命令。

（2）在打开的“Excel选项”对话框中单击“高级”选项卡，在“启动时打开此目录中的所有文件”文本框中输入每天都需要打开表格的路径，完成后单击确定按钮，如图1-45所示。

（3）退出Excel 2010后，以后每次启动Excel 2010时，都将打开所输路径下的所有表格。

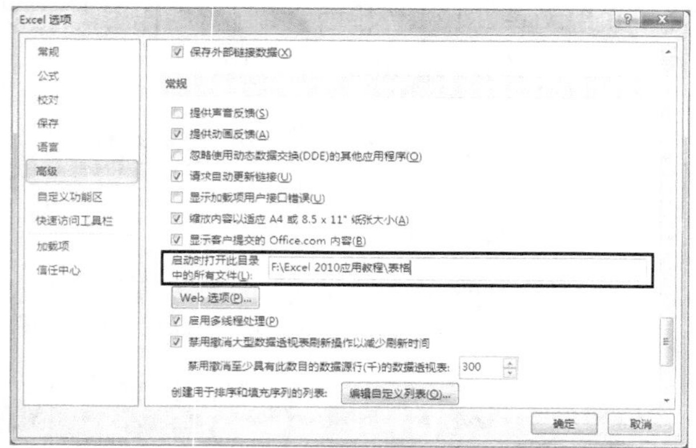

图1-45　设置启动Excel时自动打开所需表格

1.6 课后习题

（1）练习用不同的方法启动Excel 2010，并将其以“个人日程安排表”为名进行保存，完成后关闭工作簿。

提示： 启动Excel 2010，选择【文件】→【保存】菜单命令，在打开的“另存为”对话框中依次选择保存路径，在“文件名”下拉列表框中输入“个人日程安排表”，然后单击保存(S)按钮，完成后选择【文件】→【关闭】菜单命令关闭工作簿。

效果所在位置　光盘:\效果文件\第1章\课后习题\个人日程安排表.xlsx

视频演示　光盘:\视频文件\第1章\保存与关闭工作簿.swf

（2）打开“通讯录”工作簿，并将其以“公司通讯录”为名进行另存，完成后退出Excel 2010。

提示： 在Excel工作界面中选择【文件】→【打开】菜单命令，在打开的“打开”对话框中依次选择保存路径，在中间的列表框中选择“通讯录”选项，单击打开(O)按钮。然后选择【文件】→【另存为】菜单命令，在打开的“另存为”对话框中依次选择保存路径，在“文件名”下拉列表框中输入“公司通讯录”，单击保存(S)按钮，完成后选择【文件】→【退出】菜单命令退出Excel 2010。

素材所在位置　光盘:\素材文件\第1章\课后习题\通讯录.xlsx

效果所在位置　光盘:\效果文件\第1章\课后习题\公司通讯录.xlsx

视频演示　光盘:\视频文件\第1章\另存工作簿.swf

第2章

Excel数据的输入与编辑

在Excel中，表格数据可以直观地展示表格内容。本章将详细讲解Excel数据的输入与编辑操作。读者通过学习应当能够综合利用选择单元格、输入数据、快速填充数据、编辑数据等知识制作简单的Excel表格。

学习要点

◎ 选择单元格
◎ 输入数据
◎ 快速填充数据
◎ 移动与复制数据
◎ 查找与替换数据
◎ 撤销与恢复数据

学习目标

◎ 熟练掌握单元格的选择、输入不同类型的数据以及快速填充相同或有规律的数据的操作方法
◎ 熟练掌握编辑数据的操作方法，如清除与修改数据、移动与复制数据、查找与替换数据等

2.1 输入数据

要制作Excel表格，首先应选择相应的单元格或单元格区域输入所需的数据，常见的数据类型有文本、数字、日期与时间、符号等。

2.1.1 选择单元格

在工作表中可以选择单个单元格、所有单元格、多个单元格、整行或整列单元格，各自的选择方法如下。

◎ **选择单个单元格：**用鼠标左键单击单元格，或在名称框中输入单元格的列标与行号后按【Enter】键即可选择所需的单元格。所选的单元格将被黑色方框包围，且名称框中也会显示该单元格的名称，其行列号也会突出显示，如图2-1所示。

◎ **选择所有单元格：**单击行标记和列标记左上角交叉处的“全选”按钮，或按【Ctrl+A】组合键，即可选择工作表中所有单元格，如图2-2所示。

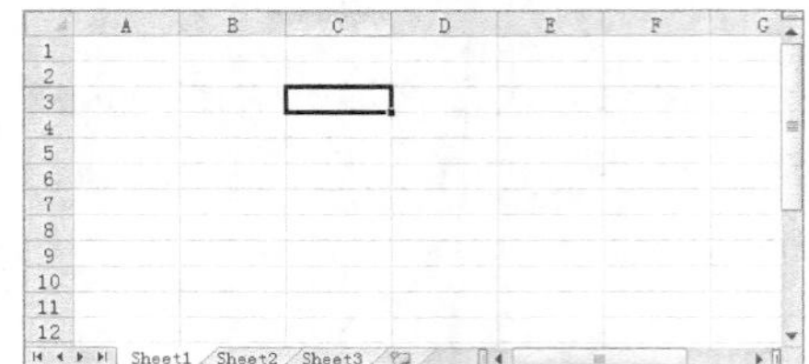

图2-1　选择单个单元格

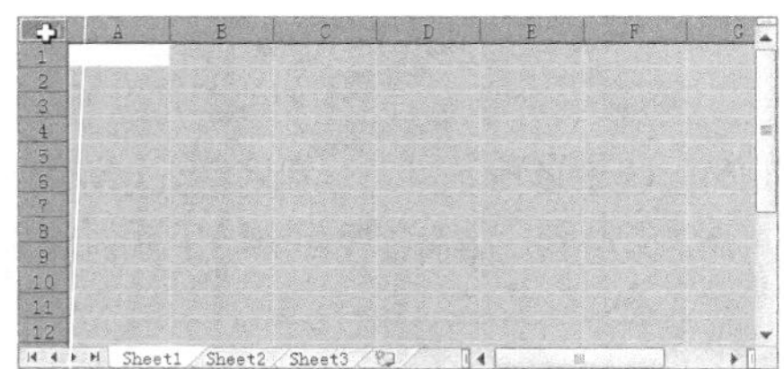

图2-2　选择所有单元格

知识提示　在工作表中选择一个有数据的单元格，按【Ctrl+A】组合键将选择工作表中全部带有数据的单元格。选择空白单元格，按【Ctrl+A】组合键将选择工作表中的所有单元格。要取消单元格的全选状态，只需单击工作表中的任意单元格即可。

◎ **选择单元格区域：**先选择一个单元格，然后按住鼠标左键不放并拖动至目标单元格再释放鼠标（或按住【Shift】键不放，单击选择目标单元格），即可选择以这两个单元格为对角线的矩形所在范围内的所有单元格，如图2-3所示。

◎ **选择不连续的单元格或单元格区域：**按住【Ctrl】键不放，然后依次选择所需的单元格或单元格区域即可同时选择多个不相邻的单元格或单元格区域，如图2-4所示。

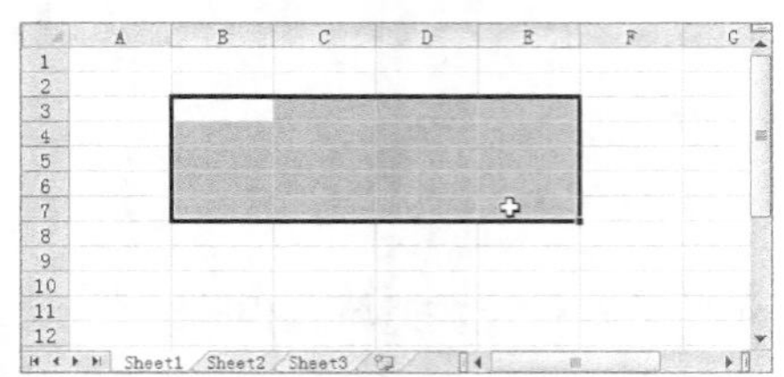

图2-3　选择单元格区域

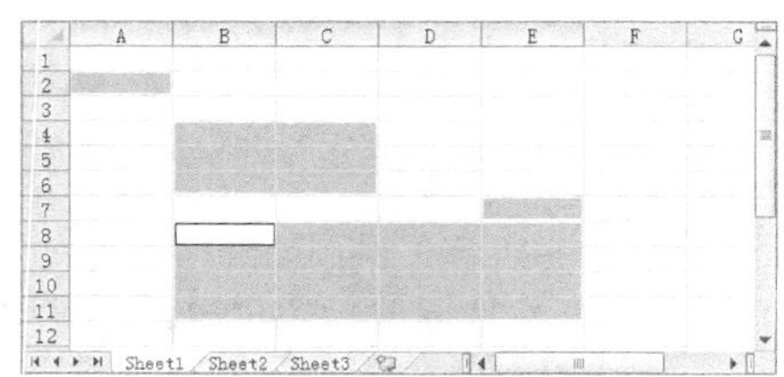

图2-4　选择不连续的单元格或单元格区域

知识提示　选择所有单元格或选择单元格区域后，第一个被选择的单元格将呈白色显示，表示该单元格呈可编辑状态，在其中可直接输入数据。

◎ **选择整行**：将鼠标光标移至需选择行的行号上，当鼠标光标变为➡形状时，单击鼠标左键即可选择该行的所有单元格，如图2-5所示。

◎ **选择整列**：将鼠标光标移至需选择列的列标上，当鼠标光标变为⬇形状时，单击鼠标左键即可选择该列的所有单元格，如图2-6所示。

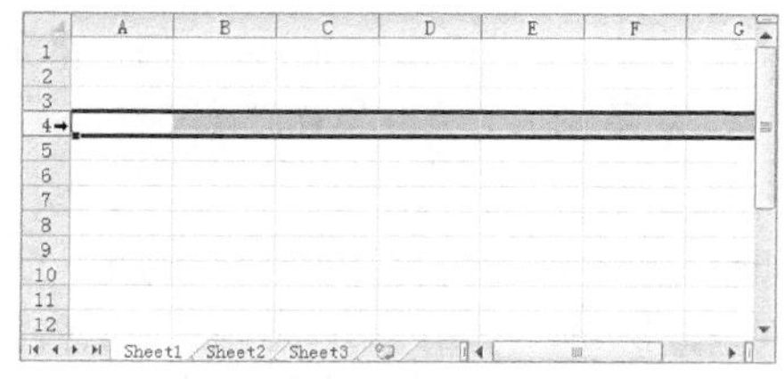

图2-5　选择整行

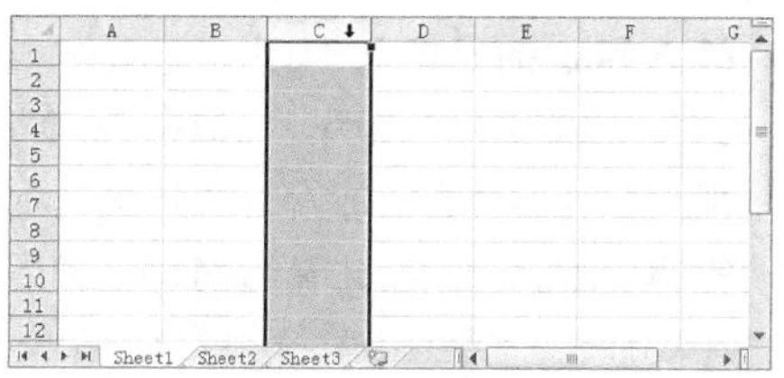

图2-6　选择整列

2.1.2　输入文本与数字

文本与数字是Excel表格中的重要数据，文本用来说明并解释表格中的其他数据，数字则用来直观地描述表格中各类数据的具体数值，如序列编号、产品价格、销售数量等。图2-7所示为输入文本与数字的效果。

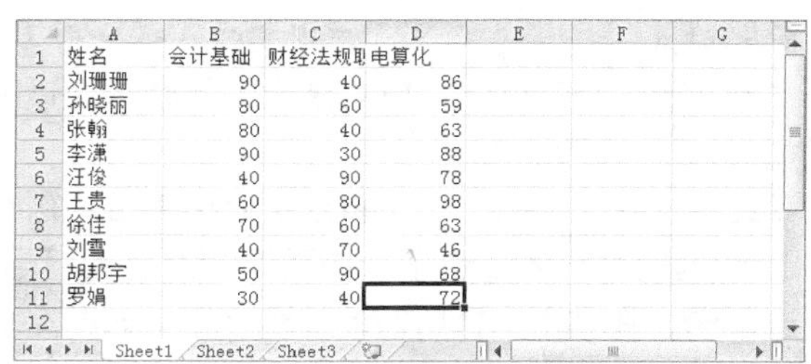

	A	B	C	D	E	F	G
1	姓名	会计基础	财经法规职	电算化			
2	刘珊珊	90	40	86			
3	孙晓丽	80	60	59			
4	张翰	80	40	63			
5	李潇	90	30	88			
6	汪俊	40	90	78			
7	王贵	60	80	98			
8	徐佳	70	60	63			
9	刘雪	40	70	46			
10	胡邦宇	50	90	68			
11	罗娟	30	40	72			
12							

图2-7　输入文本与数字后的效果

在单元格中输入文本与数字的方法相同，主要有以下3种。

◎ **选择单元格输入**：单击需输入文本或数字的单元格，然后切换到相应的输入法，直接输入文本或数字后，按【Enter】键或单击其他单元格即可。此方法是最快捷的数据输入方法。

◎ **双击单元格输入**：双击需输入文本或数字的单元格，将文本插入点定位到到其中，然后在所需的位置输入相应的文本或数字，完成后按【Enter】键或单击其他单元格即可。此方法适合用来编辑单元格中的某个数据。

◎ **在编辑栏中输入**：选择需输入文本或数字的单元格，然后将鼠标光标移至编辑栏中单击，并在文本插入点处输入所需的数据，完成后单击✔按钮或按【Enter】键即可。此方法适合用来输入并编辑较长的数据。

知识提示

在单元格中输入数据后，按【Enter】键可完成输入，按【Tab】键可选择当前单元格右侧的单元格，按【Ctrl+Enter】组合键可完成输入同时保持当前输入数据单元格的选择状态。

2.1.3 输入日期与时间

在单元格中除了输入文本与数字外，还可输入日期与时间。在默认情况下，输入的日期格式显示为“2014–9–10”，输入的时间格式显示为“0:00”。输入日期与时间的方法主要有以下两种。

◎ **输入指定的日期与时间：**在工作表中选择需输入指定日期与时间的单元格，然后输入形如“2014–9–10”“2014/9/10”的日期格式以及输入形如“0:00”的时间格式，完成后按【Enter】键系统将自动显示为默认格式。

◎ **输入系统的当前日期与时间：**在工作表中选择需输入当前日期与时间的单元格，按【Ctrl+:】组合键系统将自动输入当天日期，按【Ctrl+Shift+:】组合键系统将自动输入当前时间，完成后按【Enter】键完成输入。

知识提示

在输入日期时必须使用合法的日期格式，否则不能被识别或显示不正确。如果以整数形式输入时间，则在设置时间格式时将不能正确显示输入的时间。

2.1.4 输入特殊符号

在Excel表格中经常需要输入一些特殊符号，如§、●、※、◎等，这些符号有些可以通过键盘输入，有些却无法在键盘上找到与之匹配的键位，此时可通过Excel提供的“符号”对话框进行输入，其具体操作如下。

（1）选择需输入符号的单元格，在【插入】→【符号】组中单击“符号”按钮Ω。

（2）在打开的“符号”对话框的“符号”选项卡中可选择所需的符号，如图2–8所示，也可单击“特殊字符”选项卡，在其中选择所需的特殊字符，如图2–9所示，然后单击 插入(I) 按钮插入一个所选的符号；若多次单击 插入(I) 按钮则插入多个所选的符号；若需输入其他符号，可继续选择所需的符号，单击 插入(I) 按钮。

（3）完成后单击 关闭 按钮关闭“符号”对话框，返回工作表中可看到插入符号后的效果。

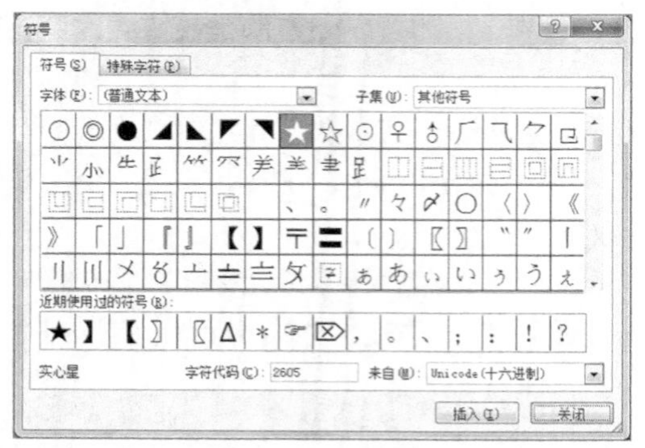

图2–8 在“符号”对话框中选择符号

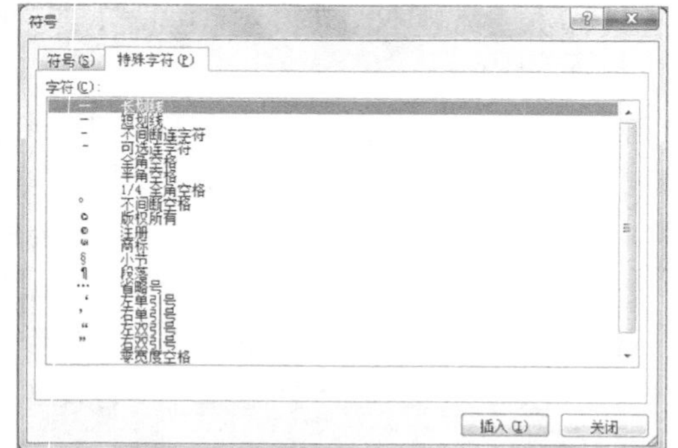

图2–9 在“符号”对话框中选择特殊字符

操作技巧

在输入法状态条的▦图标上单击鼠标右键，在弹出的快捷菜单中选择软键盘类型，在打开的软键盘中选择所需的特殊符号也可将对应符号插入表格中。

2.1.5 课堂案例1——输入客户资料

本案例将创建一个“客户资料表”，并在其中输入文本、数字、日期和符号等数据，完善表格内容。完成后的参考效果如图2-10所示。

效果所在位置　光盘:\效果文件\第2章\课堂案例1\客户资料表.xlsx

视频演示　光盘:\视频文件\第2章\输入客户资料.swf

	A	B	C	D	E	F	G	H	I	J	K	L
1	客户资料表											
2	客户编号	公司名称	联系人	联系人职务	联系方式	城市	通信地址	邮政编码	电话与传真	合作性质	建立合作时间	信誉等级
3	1	竞技体育用	田吉利	市场部经理	1354685**	上海	建设路体育	200000	021-2388*	供应商	2005-9-5	★★★★
4	2	大都汽车商	贾简	卖场经理	1313864**	成都	高新西区创	610000	028-8347*	供应商	2005-9-10	★★★
5	3	天才电脑培	樊伟	行政部主任	1594692**	成都	高新西区创	610000	028-8332*	一级代理商	2006-4-10	★★★
6	4	姐弟服饰	邓宝	市场部经理	1304598**	成都	武侯大道1	610000	010-8607*	供应商	2006-10-1	★★
7	5	同星电器送	车多星	采购部科长	1387123**	上海	高新区创业	200000	021-2273*	二级代理商	2007-1-10	★★★
8	6	龙凤超市	孙建英	市场部经理	1324537**	重庆	解放路金城	400000	023-6386*	供应商	2007-8-15	★★★★
9	7	嘉茂国际	汪俊宇	市场部经理	1359964**	成都	高新南区嘉	610000	028-8694*	一级代理商	2008-5-25	★★
10	8	婀娜女性之	李雪	公关部经理	1593798**	成都	武侯大道1	610000	028-6622*	二级代理商	2008-8-18	★★★★
11	9	美雪化妆品	汪美雪	公关部经理	1315562**	成都	南山阳光城	610000	028-8211*	一级代理商	2009-1-20	★★★
12	10	达鑫贸易	李鑫	采购部副经	1335698**	北京	深湾万达贸	100000	010-6237*	供应商	2009-3-10	★★★★
13	11	庆丰实业	程庆丰	采购部科长	1314535**	成都	高新西区创	610000	028-6653*	一级代理商	2009-8-15	★★
14	12	嘉星科技有	谢嘉	技术部经理	1369458**	重庆	南山阳光城	400000	023-6361*	一级代理商	2010-9-20	★★★★
15	13	易博电脑科	张易博	采购部经理	1386868**	成都	高新南区银	610000	028-8333*	供应商	2013-5-20	★★★★
16	14	宜家五金城	王晨	卖场经理	1334659**	成都	高新南区光	610000	028-8217*	一级代理商	2013-8-23	★★★
17	15	安信电子有	母晓安	技术部经理	1593844**	上海	高新区创业	200000	021-2273*	二级代理商	2014-4-25	★★★★

Sheet1 / Sheet2 / Sheet3

图2-10　“客户资料表”参考效果

职业素养

客户资料表是专门收集客户与公司联系的所有信息资料以及客户本身的内外部环境信息资料，可帮助公司正确的分析和决策，赋予最大化客户收益率。一般情况下，客户资料表中记录了客户名称、地址、联系方式、合作性质、信誉等级等基本信息。在制作客户资料表时越详细越好，这样尽可能多地了解客户的基本信息，做到知己知彼，将有助于公司进行商务谈判和信用保证。

（1）启动Excel 2010，将新建的工作簿以“客户资料表”为名进行保存，保持A1单元格的选择状态，输入表题文本“客户资料表”。

（2）按【Enter】键完成输入，并选择A2单元格，如图2-11所示。

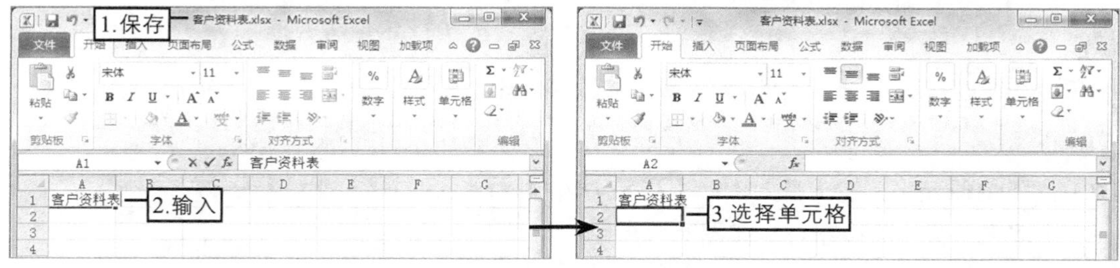

图2-11　输入表题文本

（3）输入文本“客户编号”，按【Tab】键选择当前单元格右侧的单元格，即选择B2单元格，用相同的方法依次在B2:L2单元格区域中输入表头文本，如图2-12所示。

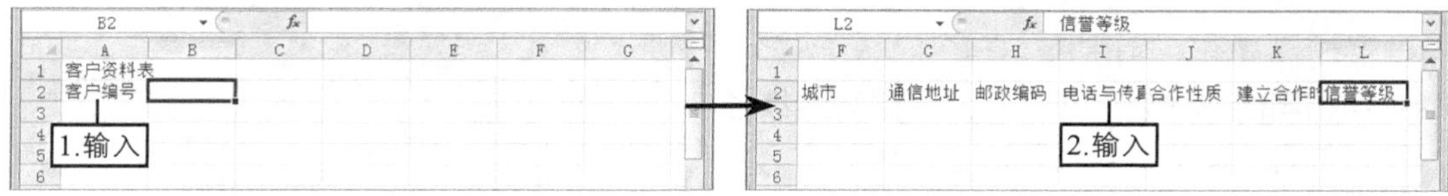

图2-12　输入表头文本

（4）选择A3单元格，输入数字“1”，按【Enter】键完成输入，然后用相同的方法在A4:A17单元格区域中依次输入序列数字，如图2-13所示。

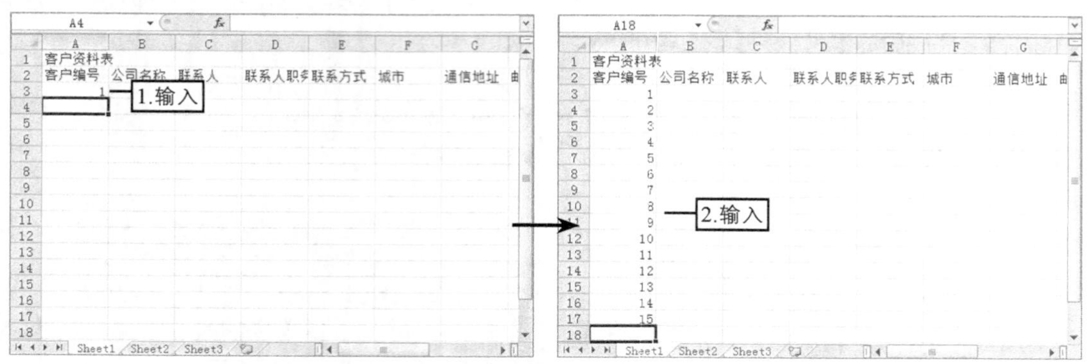

图2-13　输入客户编号

（5）用相同的方法在B3:J17单元格区域中输入相应的文本与数字，如图2-14所示。

（6）选择K3单元格，输入日期“2005-9-5”，按【Enter】键，然后用相同的方法在K4:K17单元格区域中输入其他日期，如图2-15所示。

图2-14　输入其他文本与数字　　　　图2-15　输入日期

为了保护客户的联系方式不外泄，这里用“*”符号代替了后4位数字，但在实际工作中应如实填写，这里的“*”和“#”符号都可直接在键盘上输入。

（7）选择L3单元格，在【插入】→【符号】组中单击“符号”按钮Ω，如图2-16所示。

（8）在打开的“符号”对话框的“符号”选项卡下选择符号图标“★”，单击 插入(I) 按钮将其插入到所选单元格中，然后根据需要插入多个符号，完成后单击 关闭 按钮关闭“符号”对话框。

（9）用相同的方法在L4:L17单元格区域继续插入符号“★”，其效果如图2-17所示。

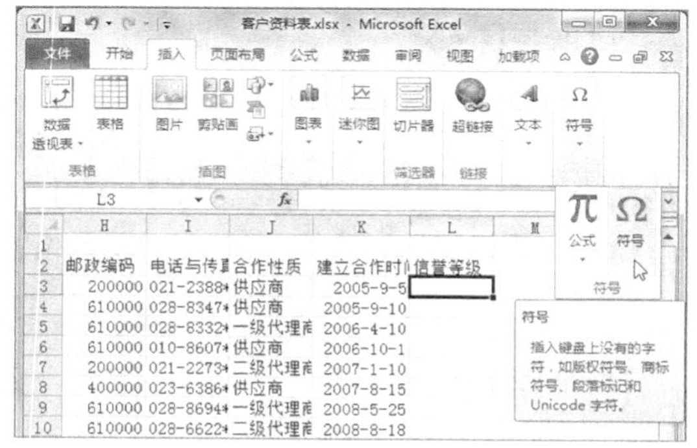

图2-16　单击“符号”按钮Ω

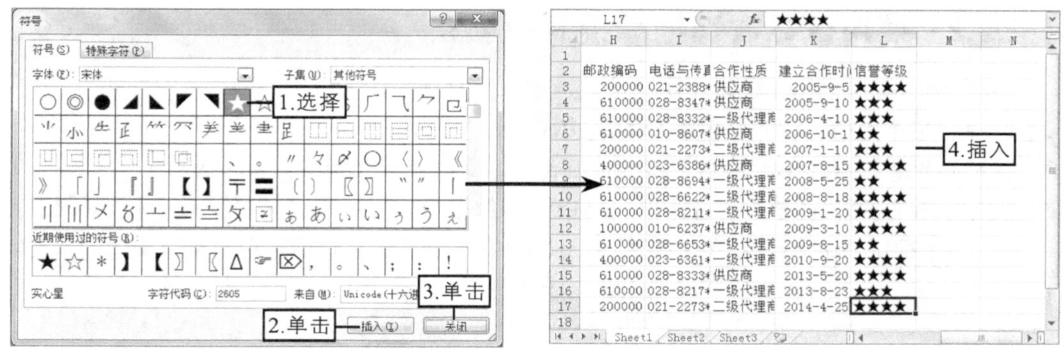

图2-17　插入符号

2.2　快速填充数据

使用Excel提供的快速填充数据功能，可以在表格中快速并准确地输入一些相同或有规律的数据。这样不仅提高了工作效率，而且降低了出错率。

2.2.1　使用鼠标左键拖动控制柄填充

要在连续的单元格区域中输入相同或有规律的数据，可以使用鼠标左键拖动控制柄快速填充数据，主要可通过以下两种方法实现。

◎ **快速填充相同的数据**：选择起始单元格，输入需要填充的起始数据，然后将鼠标光标移至该单元格的右下角，此时该选区的右下角将出现一个控制柄，且鼠标光标变为**+**形状，按住鼠标左键不放拖动到目标单元格后，释放鼠标即可在起始单元格和目标单元格之间快速填充相同数据，如图2-18所示。

◎ **快速填充有规律的数据**：在第一个单元格中输入起始值，在第二个单元格中输入与起始值成等比或等差的数字，然后选择这两个单元格，将鼠标光标移到该选区右下角的控制柄上，此时鼠标光标变为**+**形状，按住鼠标左键不放拖动到目标单元格后，释放鼠标即可在所选的单元格区域中快速填充等比或等差的数据，如图2-19所示。

图2-18　快速填充相同的数据

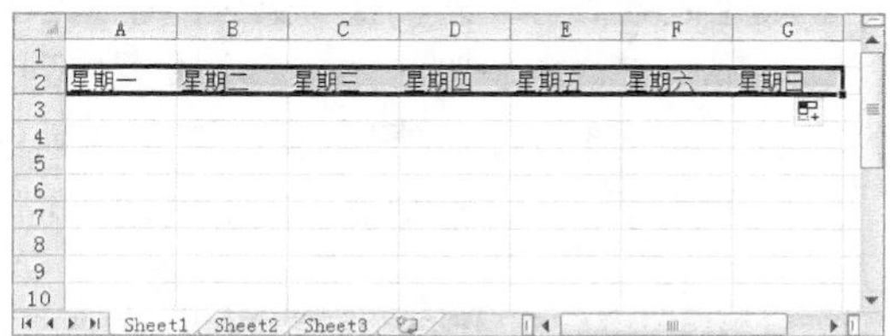

图2-19　快速填充有规律的数据

知识提示

按住鼠标左键拖动控制柄填充数据后，其右下角将出现“自动填充选项”按钮，单击该按钮，在打开的下拉列表中单击选中相应的单选项可根据需要快速填充相应的数据，如单击选中“复制单元格”单选项可填充相同数据，单击选中“填充序列”单选项可填充有规律的数据。

2.2.2 使用鼠标右键拖动控制柄填充

使用鼠标右键拖动控制柄也可快速填充数据，其具体操作如下。

（1）选择起始单元格，输入需要填充的起始数据。

（2）将鼠标光标移至该单元格右下角的控制柄上，此时鼠标光标变为+形状。

（3）按住鼠标右键不放拖动到目标单元格中，释放鼠标，在弹出的快捷菜单中可选择相应的命令，如图2-20所示，即可在起始单元格和目标单元格之间填充相同或有规律的数据。

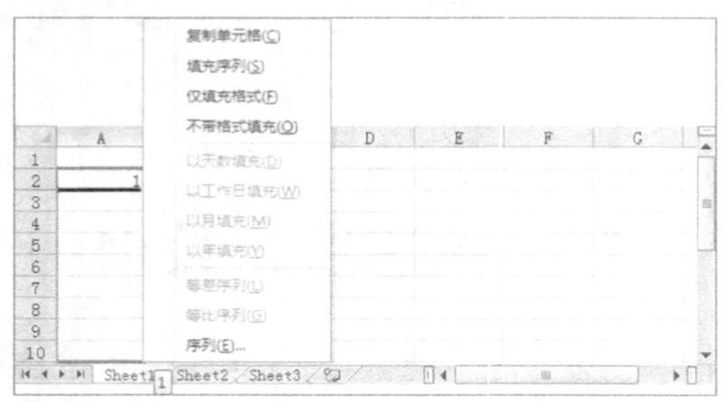

图2-20　使用鼠标右键拖动控制柄填充

知识提示　按住鼠标右键拖动控制柄填充数据时，在弹出的快捷菜单中的命令会根据起始数据的变化而变化。如在起始单元格中输入文本，则快捷菜单中仅有3种命令供选择；若输入数值，则会多出“等差序列”“等比序列”等命令。

2.2.3 使用“序列”对话框填充数据

通过“序列”对话框可在表格中输入一个起始数据，然后根据需要设置相应的选项达到快速填充相同或有规律的数据的目的，其具体操作如下。

（1）选择起始单元格，输入需要填充的起始数据。

（2）在【开始】→【编辑】组中单击“填充”按钮，在打开的下拉列表中选择“系列”选项。

（3）在打开的“序列”对话框的“序列产生在”栏中设置填充数据的行或列，在“类型”栏中设置填充数据的类型，在“步长值”文本框中设置序列之间的差值，在“终止值”文本框中设置填充序列的数量，如图2-21所示，完成后单击“确定”按钮。

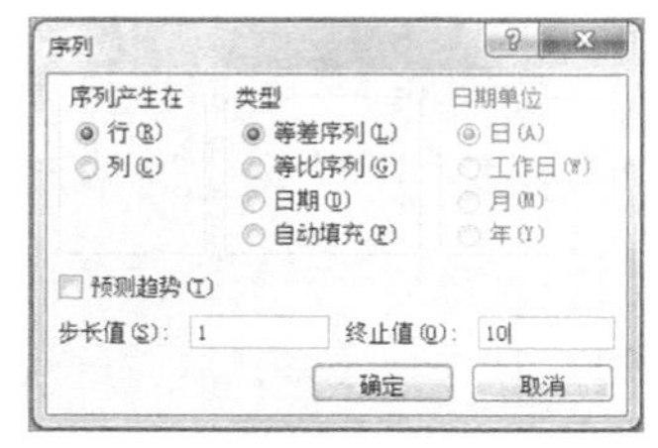

图2-21　使用“序列”对话框填充数据

操作技巧　若同时选择需输入相同数据的多个单元格或单元格区域，然后输入相应的数据，完成后按【Ctrl+Enter】组合键可同时在所选的多个单元格或单元格区域中输入相同的数据。

2.2.4 课堂案例2——快速填充订单记录

本案例将在提供的素材文件中快速填充相同和有规律的数据，以提高工作效率，完成后的参考效果如图2-22所示。

光盘:\素材文件\第2章\课堂案例2\产品订单记录表.xlsx

效果所在位置　光盘:\效果文件\第2章\课堂案例2\产品订单记录表.xlsx

视频演示　光盘:\视频文件\第2章\快速填充订单记录.swf

	A	B	C	D	E	F	G
1	产品订单表						
2	订货单位：靓丽服饰					订货日期:	2014-9-9
3	产品货号	产品名称	产品颜色	产品尺码	产品单价	订单数量	订单总额
4	1	小西装	红	S	199	10	
5	2	小西装	黄	S	199	16	
6	3	小西装	蓝	S	199	8	
7	4	小西装	紫	S	199	5	
8	5	小西装	黑	S	199	6	
9	6	小西装	红	M	199	9	
10	7	小西装	黄	M	199	10	
11	8	小西装	蓝	M	199	12	
12	9	小西装	紫	M	199	6	
13	10	小西装	黑	M	199	14	
14	11	小西装	红	L	199	5	
15	12	小西装	黄	L	199	12	
16	13	小西装	蓝	L	199	10	
17	14	小西装	紫	L	199	8	
18	15	小西装	黑	L	199	15	

图2-22　“产品订单记录表”参考效果

职业素养

通过记录产品订单信息，可以对客户下达的订单进行管理及跟踪，动态掌握订单的进展和完成情况，提升物流过程中的作业效率，从而节省运作时间和作业成本。除此之外，实施订单管理，企业还可根据实际补货情况实现追加执行订单，比较和显示订单执行差异，通过业务和分析报表进行订单执行情况的反映等。

（1）打开素材文件“产品订单记录表.xlsx”，分别选择B2和G2单元格，输入订货单位和订货日期，然后选择A4单元格，输入产品货号“1”，并按【Ctrl+Enter】组合键，在【开始】→【编辑】组中单击“填充”按钮，在打开的下拉列表中选择“系列”选项。

（2）在打开的“序列”对话框的“序列产生在”栏中单击选中“列”单选项，在“终止值”文本框中输入数值“15”，其他各项保持默认设置，如图2-23所示，完成后单击 确定 按钮即可在工作表的A5:A18单元格区域中快速填充序列数据。

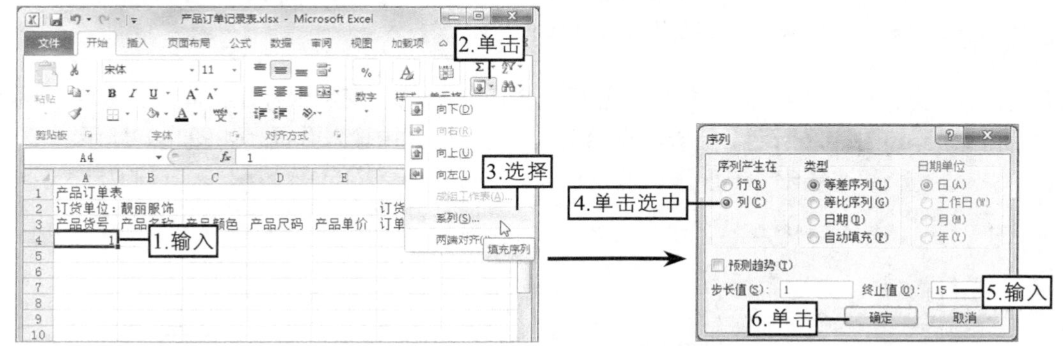

图2-23　输入并快速填充数据

（3）选择B4单元格，输入数据“小西装”，然后将鼠标光标移至该单元格右下角的控制柄上，且鼠标光标变为+形状，按住鼠标左键不放拖动到B18单元格。

（4）释放鼠标后，在B5:B18单元格区域中可快速填充相同的数据，如图2-24所示。

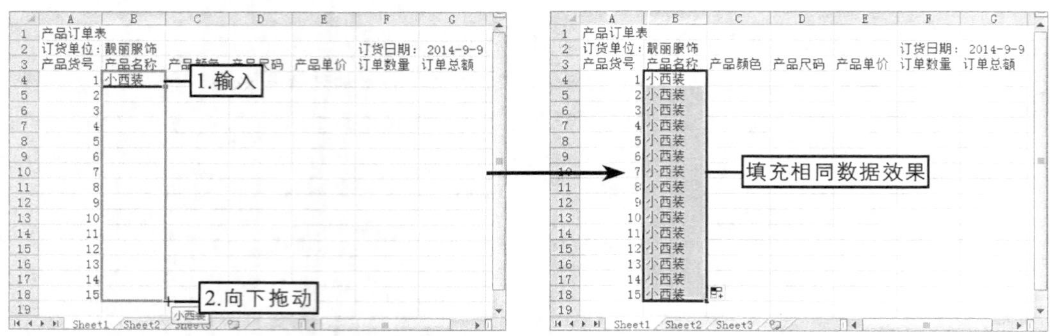

图2-24　使用鼠标左键拖动控制柄填充相同数据

（5）在C4:C8单元格区域中输入数据“红”“黄”“蓝”“紫”“黑”，然后选择C4:C8单元格区域，按住鼠标左键不放向下拖动控制柄到C18单元格后释放鼠标，即可在C9:C18单元格区域中快速填充数据。

（6）在D4、D9、D14单元格中分别输入“S”“M”“L”，然后分别选择D4、D9、D14单元格，使用鼠标左键向下拖动控制柄填充相应的数据，如图2-25所示。

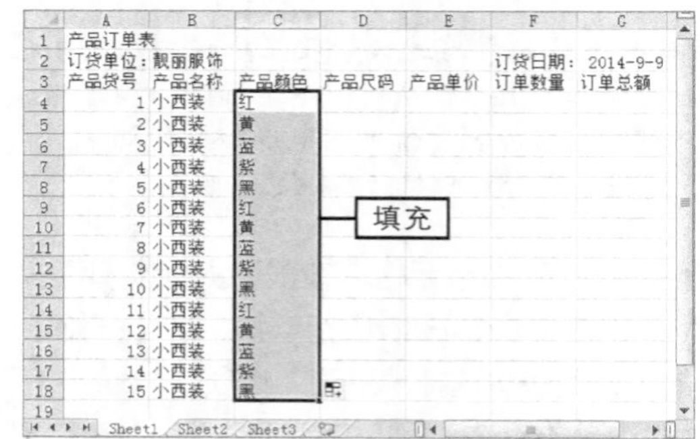

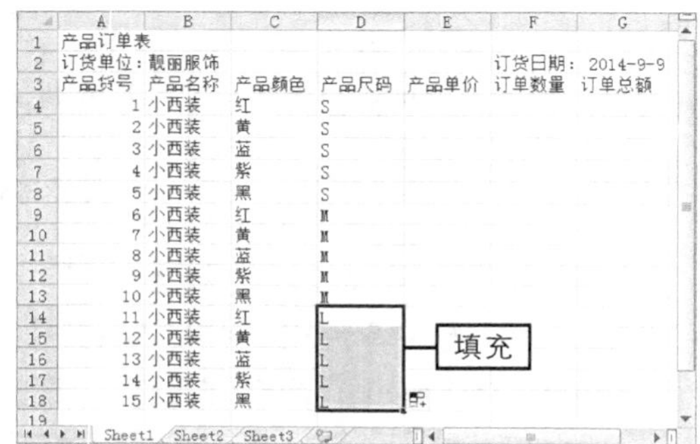

图2-25　使用鼠标左键拖动控制柄填充相应的数据

知识提示

若选择的单元格或单元格区域中的数据完全没有联系，通过拖动控制柄填充数据时，其结果将只是两种数据的简单重复。

（7）在E4单元格中输入数据“199”，然后选择E4单元格，使用鼠标左键向下拖动控制柄填充数据，如图2-26所示，完成后在F4:F18单元格区域中输入数据，如图2-27所示。

图2-26　快速填充相同数据

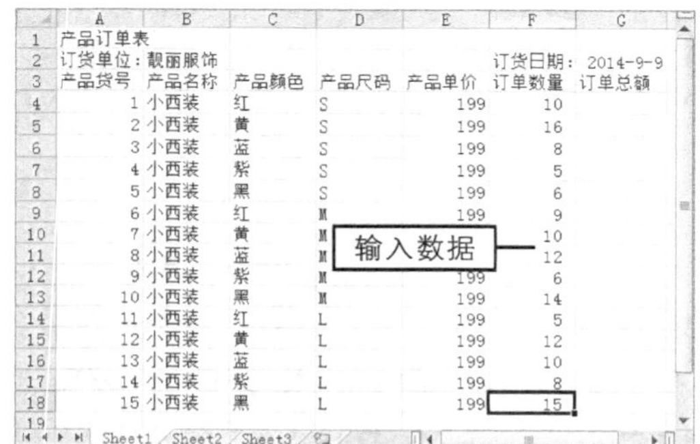

图2-27　输入数据

2.3 编辑数据

在制作Excel表格的过程中，对已经输入好的数据用户还可根据需要对其执行清除、修改、移动与复制、查找与替换等编辑操作。

2.3.1 清除与修改数据

在单元格中输入数据后，难免会出现数据输入错误或发生了变化等情况，此时可以清除不需要的数据，并将其修改为所需的数据。

1. 清除数据

当不需要Excel表格中的数据时，可以清除单元格中的数据，而保留单元格。清除数据的方法有以下两种。

◎ 直接按【Delete】键快速清除所选单元格或单元格区域中的数据。

◎ 在【开始】→【编辑】组中单击“清除”按钮，在打开的下拉列表中（见图2-28）选择“全部清除”选项表示清除单元格的所有内容和格式；选择“清除格式”命令表示只清除单元格中的数据格式；选择“清除内容”命令表示只清除单元格中的内容；选择“清除批注”命令表示清除单元格中添加的批注；选择“清除超链接”命令表示清除单元格中创建的超链接。

图2-28　“清除”下拉列表

2. 修改数据

在Excel表格中修改数据的方法与输入文本的方法基本相同，其方法有以下3种。

◎ **选择单元格修改全部数据**：选择需修改数据的单元格，在其中重新输入修改后的数据，完成后按【Enter】键。

◎ **双击单元格修改部分数据**：双击需修改数据的单元格，在其中选择需修改的数据，然后输入所需的数据，如图2-29所示，完成后按【Enter】键。

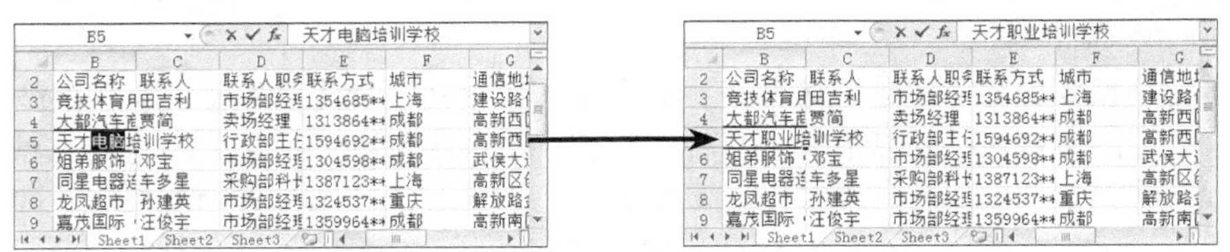

图2-29　双击单元格修改部分数据

◎ **在编辑栏中修改数据**：选择需修改数据的单元格，将文本插入点定位到编辑栏中，然后选择需修改的数据并输入正确的数据，如图2-30所示，完成后按【Enter】键。

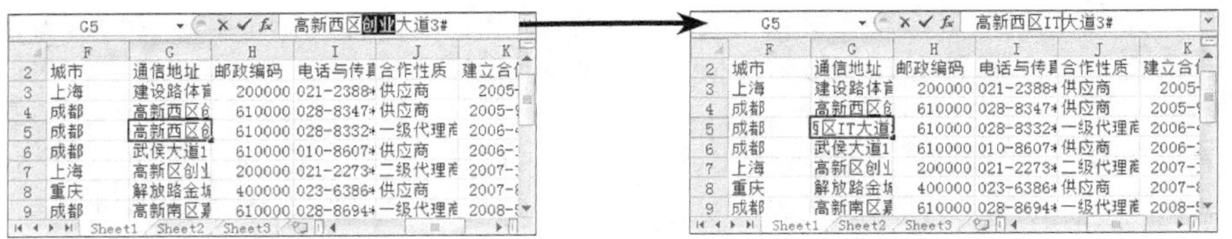

图2-30　在编辑栏中修改数据

2.3.2 移动与复制数据

当需要调整单元格中相应数据之间的位置，或在其他单元格中编辑相同的数据时，可利用Excel提供的移动与复制功能快速修改数据，避免重复输入，以减少工作量。

1. 移动数据

移动数据是将原位置的数据粘贴到新位置，同时不保留原位置的数据。移动数据的方法有以下3种。

◎ **通过单击按钮移动数据**：选择要移动数据的单元格，在【开始】→【剪贴板】组中单击“剪切”按钮，如图2-31所示，然后选择目标单元格，单击“粘贴”按钮。

◎ **通过拖动单元格移动数据**：将鼠标光标移动到所选单元格的边框上，当鼠标光标变成形状时，如图2-32所示，按住鼠标左键不放拖动至目标单元格后释放鼠标即可移动数据。

◎ **通过快捷键移动数据**：选择要移动数据的单元格，按【Ctrl+X】组合键，然后选择目标单元格，按【Ctrl+V】组合键也可移动数据。

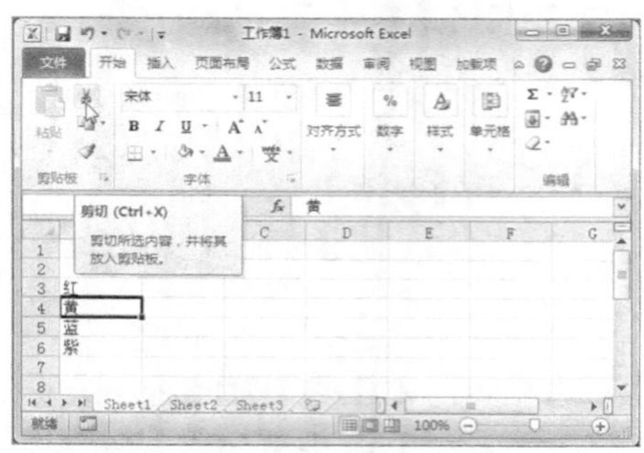

图2-31　通过单击按钮移动数据

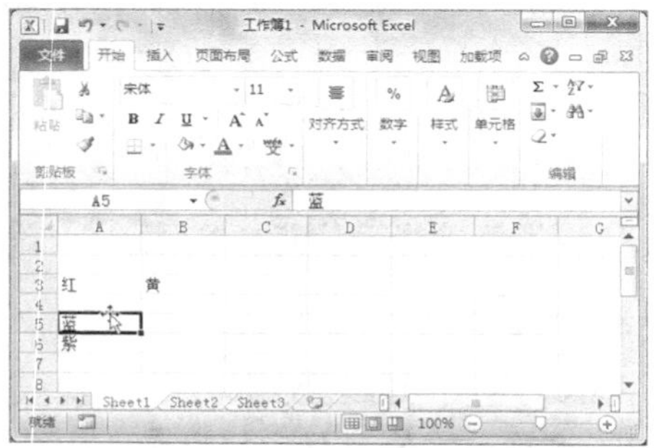

图2-32　通过拖动单元格移动数据

2. 复制数据

复制数据是将原位置的数据粘贴到新位置，同时保留原位置的数据。复制数据与移动数据的方法相似，有以下3种。

◎ **通过单击按钮复制数据**：选择要复制数据的单元格，在【开始】→【剪贴板】组中单击“复制”按钮，然后选择目标单元格，单击“粘贴”按钮可直接粘贴复制的数据，若单击“粘贴”按钮下方的按钮，在打开的下拉列表中选择相应的选项，如图2-33所示，可将复制的数据根据需要进行粘贴，如粘贴公式、粘贴数值、其他粘贴选项等。

知识提示

完成数据的复制，在目标单元格的右下角将出现“粘贴选项”按钮(Ctrl)，单击该按钮，在打开的下拉列表中也可选择相应的选项，将复制的数据根据需要进行粘贴，如粘贴公式、粘贴数值、其他粘贴选项等。

◎ **通过拖动单元格复制数据**：将鼠标光标移动到所选单元格的边框上，按住【Ctrl】键，当鼠标光标变成形状时，如图2-34所示，按住鼠标左键不放拖动至目标单元格后释放鼠标即可复制数据。

◎ **通过快捷键复制数据**：选择要复制数据的单元格，按【Ctrl+C】组合键，然后选择目标单元格，按【Ctrl+V】组合键也可复制数据。

图2-33　通过单击按钮复制数据

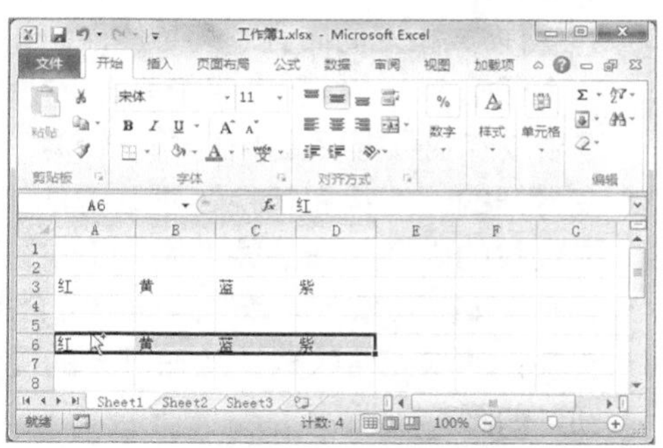

图2-34　通过拖动单元格复制数据

知识提示

在【开始】→【剪贴板】组中单击“复制”按钮右侧的按钮，在打开的下拉列表中选择“复制为图片”选项，在打开的对话框中设置图片的外观和格式，完成后单击确定按钮还可将所选的单元格或单元格区域粘贴为图片效果。

2.3.3　查找与替换数据

在数据量较多的Excel表格中，手动查找与替换某个数据不仅浪费时间，且容易出错，此时可利用Excel的查找和替换功能快速定位到满足查找条件的单元格，并将单元格中的数据替换为需要的数据。

1. 查找数据

在查阅或编辑表格数据时，利用Excel的“查找”功能可以快速找到所有符合条件的数据。其具体操作如下。

（1）在【开始】→【编辑】组中单击按钮右侧的按钮，在打开的下拉列表中选择“查找”选项。

（2）在打开的“查找和替换”对话框的“查找内容”下拉列表框中输入要查找的内容，单击查找下一个(F)按钮，在工作表中将以所选单元格位置开始查找第一个符合条件的数据所在的单元格，且选择该单元格，如图2-35所示。

（3）若单击查找全部(I)按钮，在“查找和替换”对话框的下方区域将显示所有符合条件数据的具体信息，如图2-36所示，完成后单击关闭按钮关闭对话框。

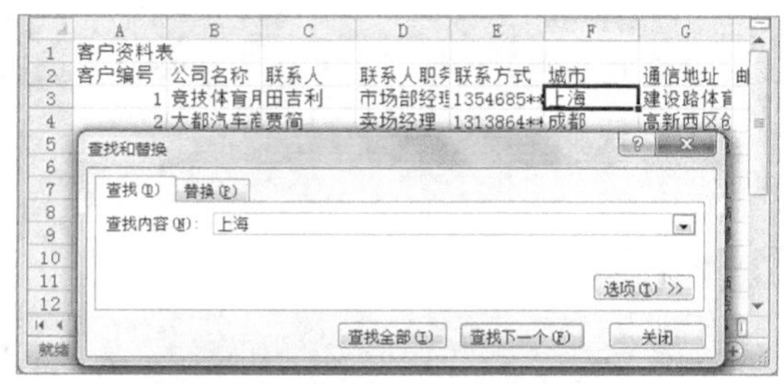

图2-35　查找第一个符合条件的数据

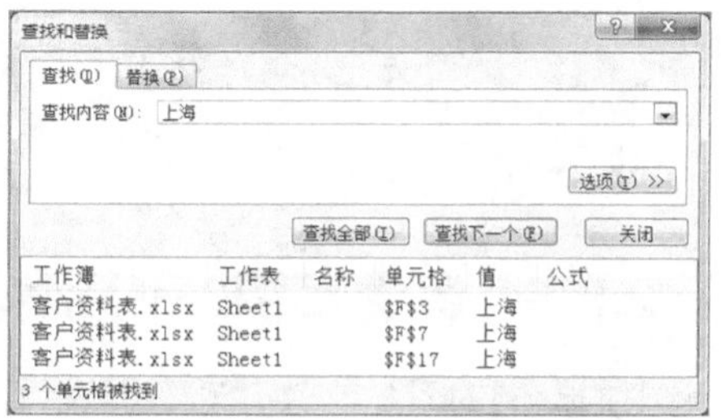

图2-36　查找所有符合条件的数据

2. 替换数据

如果需要修改工作表中查找到的所有数据，可利用Excel的“替换”功能快速地将符合条件的内容替换成指定的内容。其具体操作如下。

（1）在【开始】→【编辑】组中单击 按钮右侧的 按钮，在打开的下拉列表中选择“替换”选项或查找数据后直接在“查找和替换”对话框中单击“替换”选项卡。

（2）在打开的“查找和替换”对话框的“替换”选项卡的“查找内容”下拉列表框中输入要查找的内容，在“替换为”下拉列表框中输入要替换的内容，如图2-37所示，单击 替换(R) 按钮可替换选择的第一个符合条件的单元格数据；单击 全部替换(A) 按钮可替换所有符合条件的单元格数据，且在打开的提示对话框中将提示替换的数量，然后单击 确定 按钮，如图2-38所示。

（3）返回“查找与替换”对话框单击 关闭 按钮完成替换操作。

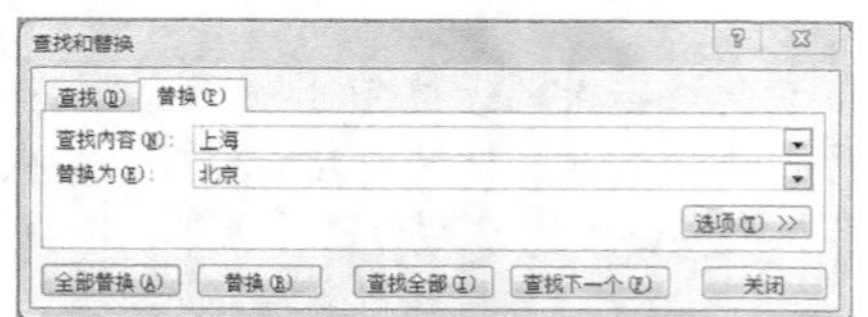

图2-37 输入查找与替换内容

图2-38 提示替换的数量

知识提示

按【Ctrl+F】组合键可快速打开“查找和替换”对话框的“查找”选项卡，按【Ctrl+H】组合键可快速打开“查找和替换”对话框的“替换”选项卡，在“查找”或“替换”选项卡中单击 选项(T) >> 按钮，可展开相应的对话框，在其中可进行更详细的设置，如设置查找和替换内容的格式、范围、搜索方式等。

2.3.4 撤销与恢复数据

在编辑数据的过程中若将正确的数据修改错了，可执行撤销与恢复操作。撤销与恢复数据的具体操作分别如下。

◎ **撤销数据**：在快速访问工具栏中单击“撤销”按钮 可撤销上一步操作；若连续单击该按钮可撤消多步操作；若单击该按钮右侧的按钮 ，在打开的下拉列表中选择某一步操作，可撤销到指定的某步操作。

◎ **恢复数据**：在快速访问工具栏中单击“恢复”按钮 可恢复上一步撤销操作；若连续单击该按钮可恢复多步操作；若单击该按钮右侧的按钮 ，在打开的下拉列表中选择某一步操作，可恢复到指定的某步操作。

知识提示

在工作表中按【Ctrl+Z】组合键可执行撤销操作，按【Ctrl+Y】组合键可执行恢复操作。

2.3.5 课堂案例3——编辑会员登记表

根据提供的素材文件，对数据进行清除、修改、移动、查找和替换等编辑操作，完成后的参考效果如图2-39所示。

素材所在位置 光盘:\素材文件\第2章\课堂案例3\会员登记表.xlsx

效果所在位置 光盘:\效果文件\第2章\课堂案例3\会员登记表.xlsx

视频演示 光盘:\视频文件\第2章\编辑会员登记表.swf

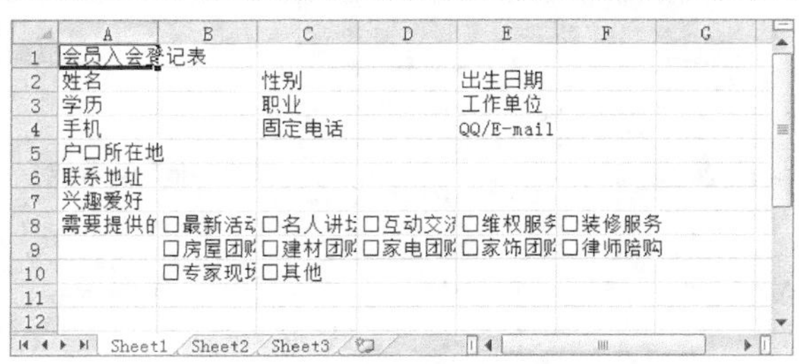

图2-39 “会员登记表”参考效果

（1）打开素材文件“会员登记表.xlsx”，将鼠标光标移至A1单元格的“会员”文本后双击，将文本插入点定位到“会员”文本后，然后输入数据“入会”，如图2-40所示，完成后按【Enter】键。

（2）选择E2单元格，在其中直接输入数据“出生日期”，将“生日”数据修改为“出生日期”，如图2-41所示，完成后按【Enter】键。

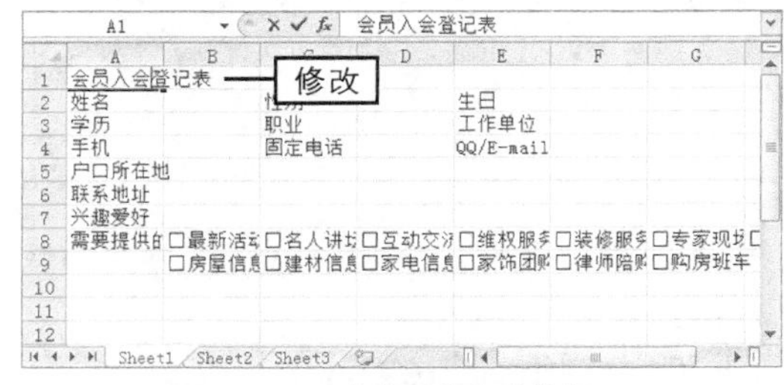

图2-40 双击单元格修改数据

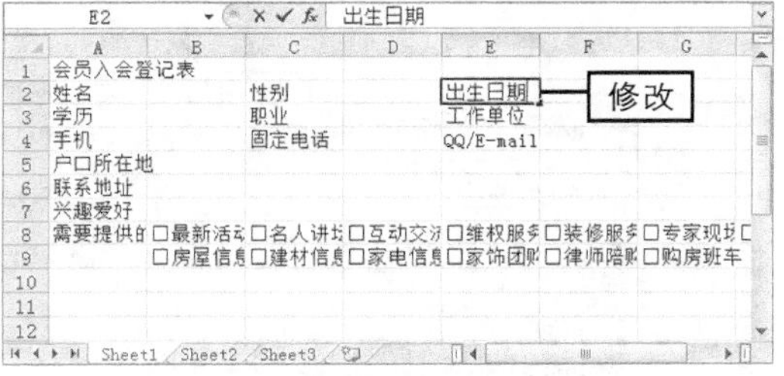

图2-41 选择单元格修改数据

（3）选择G8:H9单元格区域，将鼠标光标移到所选区域的边框上，此时鼠标光标变成形状。

（4）按住鼠标左键不放拖动至B10单元格，如图2-42所示，然后释放鼠标。

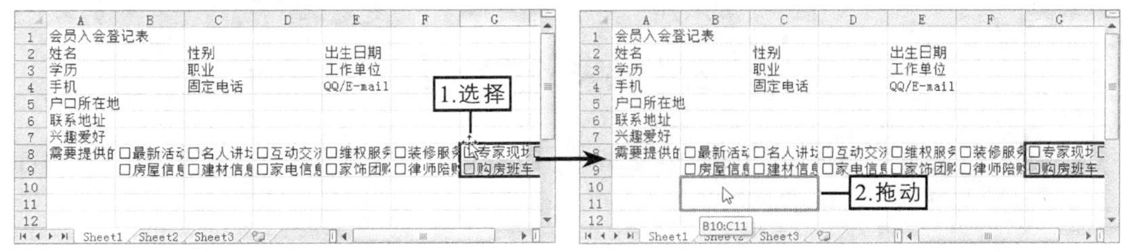

图2-42 移动数据

（5）选择A1单元格，在【开始】→【编辑】组中单击按钮右侧的按钮，在打开的下拉列表中选择“查找”选项。

（6）在打开的“查找和替换”对话框的“查找内容”下拉列表框中输入数据“信息”，然后单击查找下一个(F)按钮，在工作表中将以所选单元格位置开始查找第一个符合条件的数据所在的单元格，且选择该单元格，如图2-43所示。

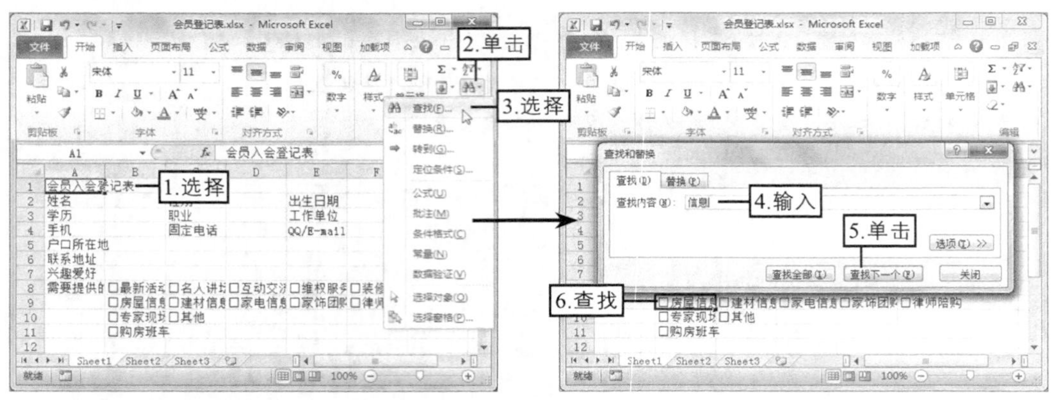

图2-43　查找数据

（7）单击“替换”选项卡，在“替换为”下拉列表框中输入数据“团购”，然后单击全部替换(A)按钮替换所有符合条件的单元格数据，且在打开的提示对话框中将提示替换的数量，然后单击确定按钮，返回“查找与替换”对话框单击关闭按钮完成替换操作，如图2-44所示。

（8）选择B11单元格，按【Delete】键清除其中的数据，如图2-45所示。

图2-44　替换数据

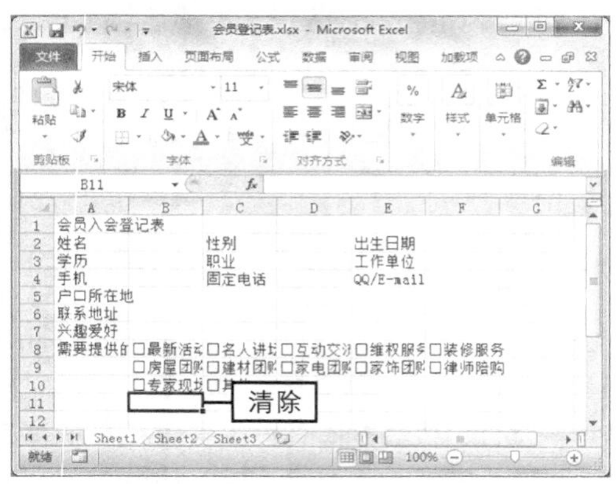

图2-45　清除数据

2.4　课堂练习

本课堂练习将分别制作停车记录表和往来信函记录表，结合本章所学的知识点进行综合练习，使读者熟练掌握Excel数据的输入与编辑方法。

2.4.1　制作停车记录表

1. 练习目标

本练习的目标是制作停车记录表，需要在其中输入不同类型的数据。本练习完成后的参考效果如图2-46所示。

	A	B	C	D	E	F	G	H
1	兴隆停车场停车计时收费表							
2	车牌号	开始时间	结束时间	天数	小时	分钟	时间累计	应收费用
3	京O47***	2014-9-1 15:40	2014-9-2 17:00					
4	豫A16***	2014-9-5 11:30	2014-9-5 16:00					
5	粤A06***	2014-9-6 11:00	2014-9-10 12:20					
6	京O11***	2014-9-8 16:10	2014-9-9 22:00					
7	陕K57***	2014-9-11 8:00	2014-9-14 16:00					
8	皖A56***	2014-9-15 18:00	2014-9-17 22:00					
9	京A53***	2014-9-19 12:00	2014-9-19 15:30					
10	川A80***	2014-9-20 15:40	2014-9-21 17:00					
11	川A83***	2014-9-21 9:30	2014-9-21 19:00					
12	粤B86***	2014-9-21 11:00	2014-9-23 12:20					
13	京B91***	2014-9-25 16:10	2014-9-26 22:00					
14	陕F27***	2014-9-27 8:00	2014-9-29 16:00					
15	云D18***	2014-9-30 15:20	2014-9-30 17:00					

图2-46 “停车记录表”参考效果

效果所在位置 光盘:\效果文件\第2章\课堂练习\停车记录表.xlsx

视频演示 光盘:\视频文件\第2章\制作停车记录表.swf

2. 操作思路

完成本练习需要在创建的“停车记录表”工作簿中输入文本、数字、日期与时间等数据，其操作思路如图2-47所示。

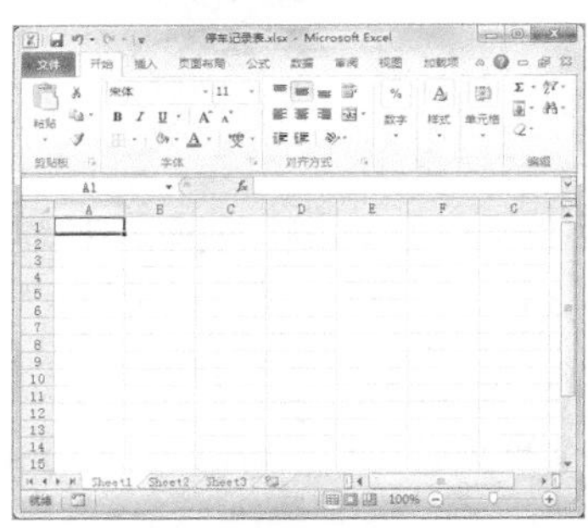

① 创建工作簿

② 输入表题与表头文本

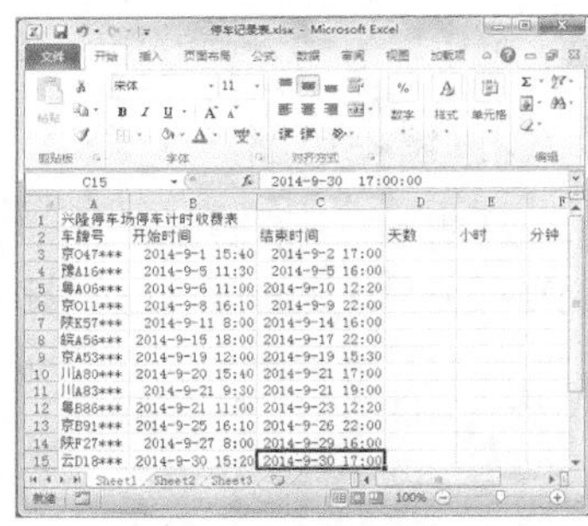

③ 输入日期与时间

图2-47 “停车记录表”的制作思路

（1）启动Excel 2010，将新建的工作簿以“停车记录表”为名进行保存。

（2）选择A1单元格，输入表题文本“兴隆停车场停车计时收费表”，完成后按【Enter】键。

（3）选择A2单元格，输入文本“车牌号”，完成后按【Enter】键，用相同的方法依次在A3:A15和B2:H2单元格区域中输入相应的数据。

（4）选择B3单元格，输入日期与时间“2014-9-1 15:40:00”（日期与时间之间用空格隔开），完成后按【Enter】键，系统将自动调整列宽完整显示输入的日期与时间，然后用相同的方法在B4:B15和C3:C15单元格区域中输入日期与时间。

2.4.2 制作往来信函记录表

1. 练习目标

本练习的目标是制作往来信函记录表，需要在其中快速填充并编辑相应的数据。本练习完成后的参考效果如图2-48所示。

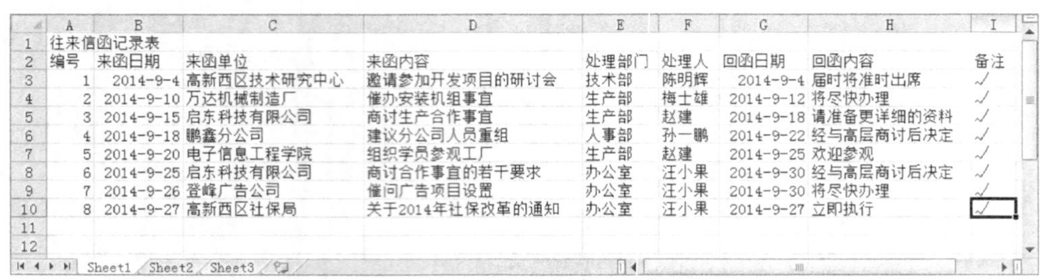

	A	B	C	D	E	F	G	H	I
1	往来信函记录表								
2	编号	来函日期	来函单位	来函内容	处理部门	处理人	回函日期	回函内容	备注
3	1	2014-9-4	高新西区技术研究中心	邀请参加开发项目的研讨会	技术部	陈明辉	2014-9-4	届时将准时出席	√
4	2	2014-9-10	万达机械制造厂	催办安装机组事宜	生产部	梅士雄	2014-9-12	将尽快办理	√
5	3	2014-9-15	启东科技有限公司	商讨生产合作事宜	生产部	赵建	2014-9-18	请准备更详细的资料	√
6	4	2014-9-18	鹏鑫分公司	建议分公司人员重组	人事部	孙一鹏	2014-9-22	经与高层商讨后决定	√
7	5	2014-9-20	电子信息工程学院	组织学员参观工厂	生产部	赵建	2014-9-25	欢迎参观	√
8	6	2014-9-25	启东科技有限公司	商讨合作事宜的若干要求	办公室	汪小果	2014-9-30	经与高层商讨后决定	√
9	7	2014-9-26	登峰广告公司	催问广告项目设置	办公室	汪小果	2014-9-30	将尽快办理	√
10	8	2014-9-27	高新西区社保局	关于2014年社保改革的通知	办公室	汪小果	2014-9-27	立即执行	√
11									
12									

图2-48 “往来信函记录表”参考效果

素材所在位置 光盘:\素材文件\第2章\课堂练习\往来信函记录表.xlsx

效果所在位置 光盘:\效果文件\第2章\课堂练习\往来信函记录表.xlsx

视频演示 光盘:\视频文件\第2章\制作往来信函记录表.swf

职业素养

要确保公司及其内部各部门与其他企业、同级单位或上级部门之间的交流是否畅通，那么往来信函、行文、送发公文、表单申请以及其他各种表格的管理登记等工作将非常重要。往来信函记录表主要用来登记公司及内部各部门与其他企业、同级单位或上级部门之间进行交流的往来信函的相关内容，其中主要内容包括往来信函日期、单位、内容、处理人、回函日期和回函内容等。

2. 操作思路

完成本练习需要在提供的素材文件中快速填充相应的数据、输入符号、复制数据、查找与替换数据等，其操作思路如图2-49所示。

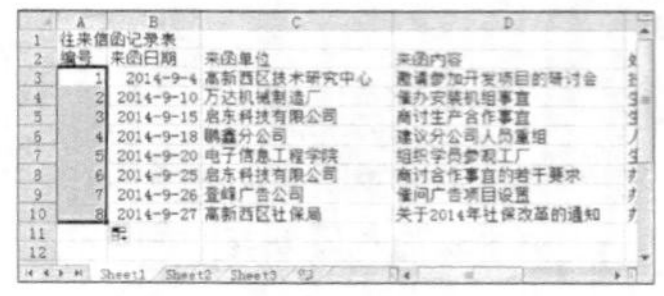

① 快速填充数据

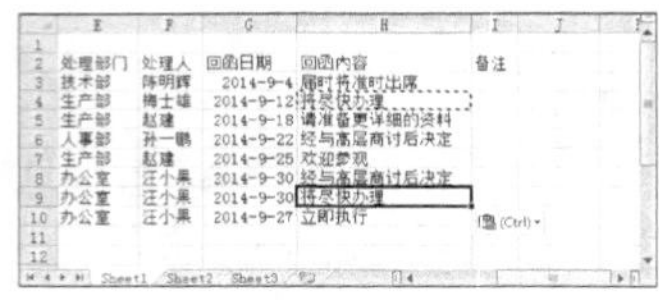

② 编辑数据

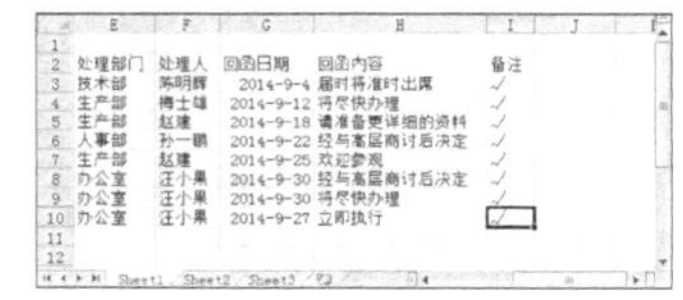

③ 输入符号

图2-49 “往来信函记录表”的制作思路

（1）打开素材文件“往来信函记录表.xlsx”，分别选择A3和A4单元格，输入数据“1”“2”，然后选择A3:A4单元格区域，使用鼠标左键向下拖动控制柄到A10单元格后，释放鼠标快速填充序列数据。

（2）选择A1单元格，在【开始】→【编辑】组中单击按钮右侧的·按钮，在打开的下拉列表中选择“替换”选项。

（3）在打开的“查找和替换”对话框的“替换”选项卡的“查找内容”下拉列表框中输入数据“万芳”，在“替换为”下拉列表框中输入数据“汪小果”，然后单击全部替换(A)按钮替换所有符合条件的单元格数据，且在打开的提示对话框中单击确定按钮，返回“查找与替换”对话框单击关闭按钮。

（4）选择G8单元格，输入日期“2014-9-30”，完成后按【Ctrl+Enter】组合键，然后再按【Ctrl+C】组合键复制输入的日期数据，然后选择G9单元格，按【Ctrl+V】组合键粘贴数据。用相同的方法将H6和H4单元格中的数据复制到H8和H9单元格中。

（5）选择I3单元格，在【插入】→【符号】组中单击“符号”按钮Ω，在打开的“符号”对话框的“符号”选项卡下选择“√”符号，单击插入(I)按钮插入符号，然后单击关闭按钮关闭“符号”对话框，完成后用相同的方法在I4:I10单元格区域插入符号“√”。

2.5 拓展知识

在Excel表格中输入11位以上的数字时，如身份证号码、银行账号等，单元格中的数字将显示为形如“1.23457E+11”的格式，因此要在单元格中输入11位以上的数字并使其完整显示必须经过相应的设置。其方法有如下两种。

◎ 选择需要输入11位以上的数字的单元格区域，在【开始】→【数字】组的右下角单击“对话框启动器”按钮，在打开的“设置单元格格式”对话框的“数字”选项卡的“分类”列表框中选择“文本”选项，然后单击确定按钮，完成后在设置的单元格区域中输入所需的数据即可显示出相应的数字效果。

◎ 在输入11位以上的数字前，可先在数字前面输入一个英文状态下的单引号“'”，将所选单元格区域的数字格式转换为“文本”类型，然后再输入所需的数据也可显示出相应的数字效果。

2.6 课后习题

（1）创建“销量对比表.xlsx”工作簿，在其中输入文本、数字、符号，并快速填充序列数据，完成后的效果如图2-50所示。

提示： 首先创建“销量对比表”工作簿，在其中输入表题与表头，然后在A3:A10单元格区域中快速填充员工编号，在B3:E10单元格区域中依次输入相应的文本与数字，在F3:F10单元格区域中插入相应的符号。

效果所在位置 光盘:\效果文件\第2章\课后习题\销量对比表.xlsx

视频演示 光盘:\视频文件\第2章\销量对比表.swf

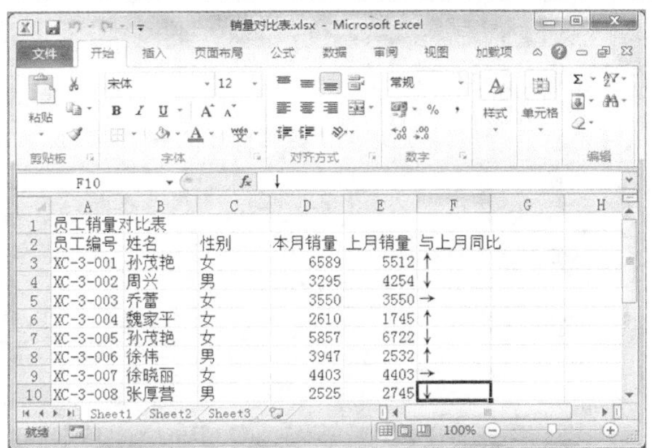

	A	B	C	D	E	F
1	员工销量对比表					
2	员工编号	姓名	性别	本月销量	上月销量	与上月同比
3	XC-3-001	孙茂艳	女	6589	5512	↑
4	XC-3-002	周兴	男	3295	4254	↓
5	XC-3-003	乔蕾	女	3550	3550	→
6	XC-3-004	魏家平	女	2610	1745	↑
7	XC-3-005	孙茂艳	女	5857	6722	↓
8	XC-3-006	徐伟	男	3947	2532	↑
9	XC-3-007	徐晓丽	女	4403	4403	→
10	XC-3-008	张厚营	男	2525	2745	↓

图2-50 “销量对比表”参考效果

（2）创建一个“会议安排表”工作簿，在其中输入文本、数字、日期，并快速填充序列数据，完成后的效果如图2-51所示。

提示： 首先创建“会议安排表”工作簿，在其中输入表题、发布时间、制表时间与表头，然后在A5:A12单元格区域中快速填充序号，在C5:C12单元格区域中输入会议时间，在G5:G12单元格区域中输入会议人数，完成后在其他单元格区域中依次输入相应的文本。

效果所在位置 光盘:\效果文件\第2章\课后习题\会议安排表.xlsx

视频演示 光盘:\视频文件\第2章\会议安排表.swf

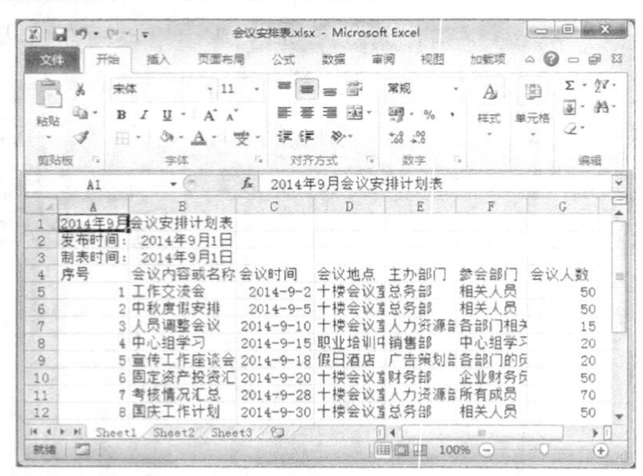

	A	B	C	D	E	F	G
1	2014年9月会议安排计划表						
2	发布时间:	2014年9月1日					
3	制表时间:	2014年9月1日					
4	序号	会议内容或名称	会议时间	会议地点	主办部门	参会部门	会议人数
5	1	工作交流会	2014-9-2	十楼会议室	总务部	相关人员	50
6	2	中秋度假安排	2014-9-5	十楼会议室	总务部	相关人员	50
7	3	人员调整会议	2014-9-10	十楼会议室	人力资源部	各部门相关	15
8	4	中心组学习	2014-9-15	职业培训中心	销售部	中心组学习	20
9	5	宣传工作座谈会	2014-9-18	假日酒店	广告策划部	各部门的负	20
10	6	固定资产投资汇	2014-9-20	十楼会议室	财务部	企业财务负	50
11	7	考核情况汇总	2014-9-28	十楼会议室	人力资源部	所有成员	70
12	8	国庆工作计划	2014-9-30	十楼会议室	总务部	相关人员	50

图2-51 “会议安排表”参考效果

（3）打开“综合测试成绩表.xlsx”工作簿，在其中修改、清除、查找与替换数据，编辑前后的对比效果如图2-52所示。

提示： 将B7和B15单元格中的数据修改为“李阳”“章强”；选择D2:F2单元格区域，将其中的“测试”数据全部替换为“科目”，选择A16:F16单元格区域，清除其中的数据。

素材所在位置 光盘:\素材文件\第2章\课后习题\综合测试成绩表.xlsx

效果所在位置 光盘:\效果文件\第2章\课后习题\综合测试成绩表.xlsx

视频演示 光盘:\视频文件\第2章\综合测试成绩表.swf

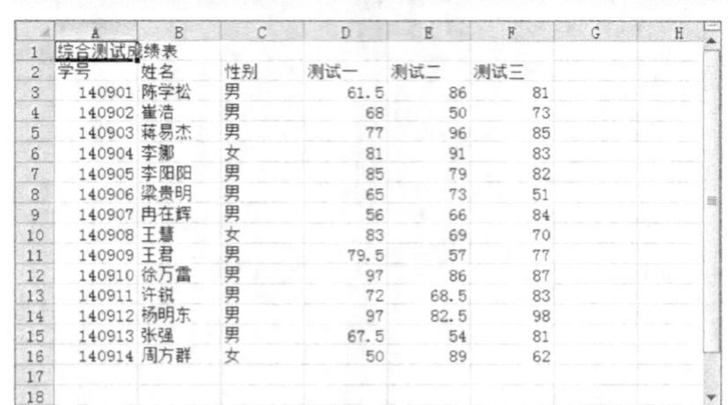

	A	B	C	D	E	F
1	综合测试成绩表					
2	学号	姓名	性别	测试一	测试二	测试三
3	140901	陈学松	男	61.5	86	81
4	140902	崔浩	男	68	50	73
5	140903	蒋易杰	男	77	96	85
6	140904	李娜	女	81	91	83
7	140905	李阳阳	男	85	79	82
8	140906	梁贵明	男	65	73	51
9	140907	冉在辉	男	56	66	84
10	140908	王慧	女	83	69	70
11	140909	王君	男	79.5	57	77
12	140910	徐万雷	男	97	86	87
13	140911	许锐	男	72	68.5	83
14	140912	杨明东	男	97	82.5	98
15	140913	张强	男	67.5	54	81
16	140914	周方群	女	50	89	62

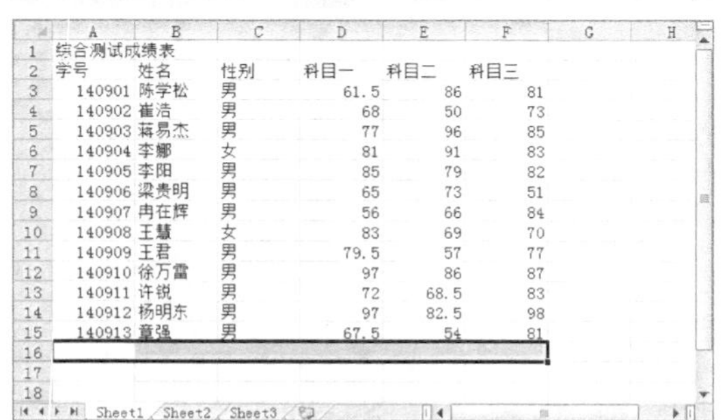

	A	B	C	D	E	F
1	综合测试成绩表					
2	学号	姓名	性别	科目一	科目二	科目三
3	140901	陈学松	男	61.5	86	81
4	140902	崔浩	男	68	50	73
5	140903	蒋易杰	男	77	96	85
6	140904	李娜	女	81	91	83
7	140905	李阳	男	85	79	82
8	140906	梁贵明	男	65	73	51
9	140907	冉在辉	男	56	66	84
10	140908	王慧	女	83	69	70
11	140909	王君	男	79.5	57	77
12	140910	徐万雷	男	97	86	87
13	140911	许锐	男	72	68.5	83
14	140912	杨明东	男	97	82.5	98
15	140913	章强	男	67.5	54	81
16						

图2-52 “综合测试成绩表”编辑前后的对比效果

第3章

Excel单元格与工作表的管理

单元格和工作表的基本操作是熟练操作Excel的一个基本要求。本章将详细讲解单元格和工作表的基本操作。除此之外，掌握多窗口的管理和表格数据的保护可以更好地管理Excel表格。

学习要点

◎ 单元格的基本操作
◎ 工作表的基本操作
◎ 多窗口的管理
◎ 保护单元格
◎ 保护工作表
◎ 保护工作簿

学习目标

◎ 熟练掌握单元格与工作表的基本操作，如插入与删除单元格、合并与拆分单元格、调整单元格行高和列宽、插入与删除工作表、重命名工作表、移动和复制工作表等

◎ 掌握多窗口的管理和保护表格数据的操作方法，如重排窗口、拆分窗口、冻结窗格、保护单元格、保护工作表、保护工作簿等

3.1 单元格的基本操作

在Excel中编辑数据时难免会对单元格进行编辑操作，如插入单元格、删除单元格、合并与拆分单元格、调整单元格行高与列宽、隐藏与显示单元格等。

3.1.1 插入单元格

插入单元格即在已有表格数据的所需位置插入新的单元格，如插入一个单元格、插入整行或整列单元格。要在工作表中插入新的单元格，可先选择要插入单元格的位置，在【开始】→【单元格】组中单击“插入”按钮下方的按钮，在打开的下拉列表中选择相应的选项，如图3-1所示。下面分别对各命令含义进行介绍。

◎ **选择“插入单元格”命令**：将打开“插入”对话框，在其中单击选中“活动单元格右移”单选项表示在当前单元格左侧插入单元格；单击选中“活动单元格下移”单选项表示在当前单元格上方插入单元格；单击选中“整行”单选项表示在所选位置插入整行且原位置的数据自动下移一行；单击选中“整列”单选项表示在所选位置插入整列且原位置的数据自动右移一列，如图3-2所示，完成后单击确定按钮。

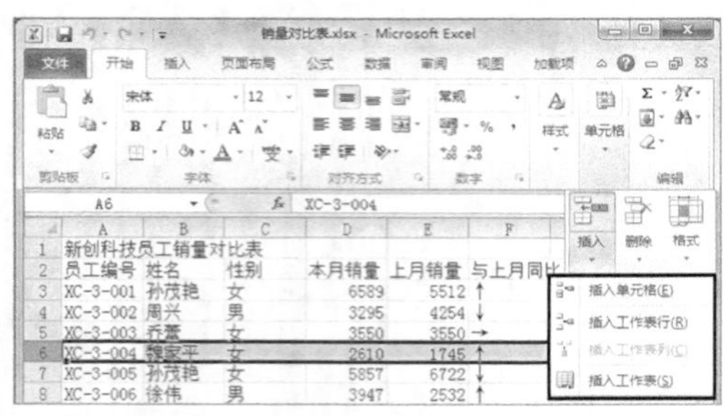

图3-1　“插入”下拉列表

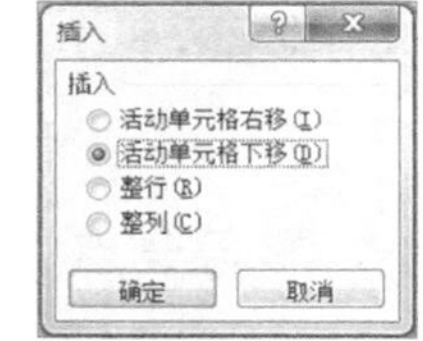

图3-2　“插入”对话框

◎ **选择“插入工作表行”命令**：表示在所选位置快速插入整行。

◎ **选择“插入工作表列”命令**：表示在所选位置快速插入整列。

知识提示

在要插入单元格的位置单击鼠标右键，在弹出的快捷菜单中选择“插入”命令也可打开“插入”对话框，单击选中相应的单选项插入所需的单元格。另外，选择某行或列后，在其上单击鼠标右键，在弹出的快捷菜单中选择“插入”命令也可快速插入整行或整列。

3.1.2 删除单元格

在工作表中若发现有多余的单元格、行或列，可将其删除。删除单元格的方法与插入单元格的方法类似，可先选择要删除的单元格，之后在【开始】→【单元格】组中单击“删除”按钮下方的按钮，在打开的下拉列表中选择相应的选项，如图3-3所示。各命令含义如下。

◎ **选择“删除单元格”命令**：将打开“删除”对话框，在其中单击选中“右侧单元格左移”单选项表示以当前单元格右侧的单元格填补被删除单元格；单击选中“下方单元格上移”单选项表示以当前单元格下方的单元格填补被删除单元格；单击选中“整

行”单选项表示删除当前单元格所在行的所有单元格；单击选中“整列”单选项表示删除当前单元格所在列的所有单元格，如图3-4所示，完成后单击确定按钮。

◎ **选择“删除工作表行”命令**：表示快速删除所选行。

◎ **选择“删除工作表列”命令**：表示快速删除所选列。

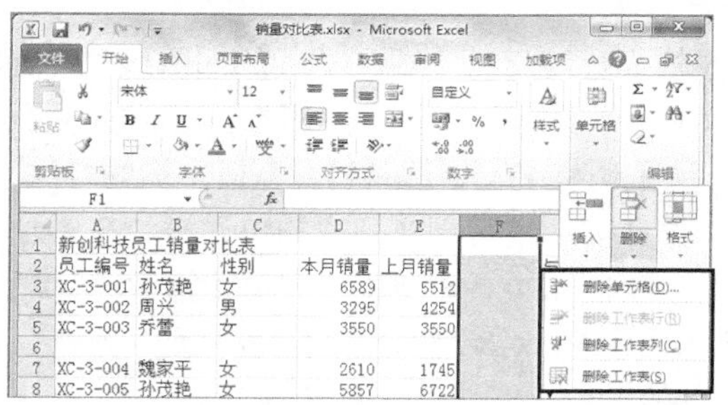

图3-3　“删除”下拉列表

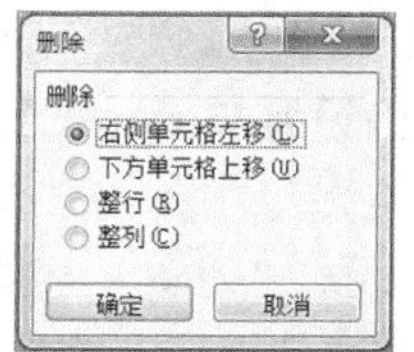

图3-4　“删除”对话框

知识提示

在要删除单元格的位置单击鼠标右键，在弹出的快捷菜单中选择“删除”命令也可打开“删除”对话框，单击选中相应的单选项删除所需的单元格。另外，选择某行或某列后，在其上单击鼠标右键，在弹出的快捷菜单中选择“删除”命令也可快速删除所选的整行或整列。

3.1.3　合并与拆分单元格

在编辑表格数据时，常常需要合并与拆分工作表中的单元格，如将工作表首行的多个单元格合并以突出显示工作表的表题；若合并后的单元格不满足要求，则可拆分合并后的单元格。

要合并与拆分单元格，可先选择要合并的单元格区域，在【开始】→【对齐方式】组中单击“合并后居中”按钮右侧的·按钮，在打开的下拉列表中选择相应的选项，如图3-5所示。各命令含义如下。

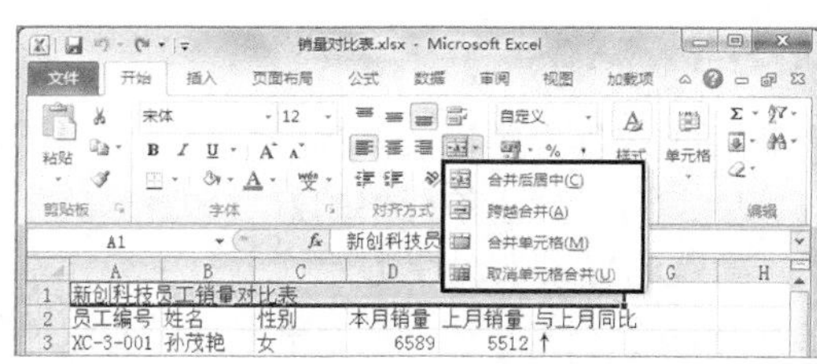

图3-5　“合并”下拉列表

◎ **选择“合并后居中”命令**：表示将所选的单元格区域合并为一个单元格，且其中的数据居中显示。

◎ **选择“跨越合并”命令**：表示将所选的多行单元格区域中的每行分别进行合并。

◎ **选择“合并单元格”命令**：表示只将所选的单元格区域合并为一个单元格。

◎ **选择“取消单元格合并”命令**：表示将合并的单元格拆分为原来的单元格。

知识提示

若选择要合并的单元格区域，单击“合并后居中”按钮可快速合并单元格并居中显示数据；若选择合并后的单元格，再次单击“合并后居中”按钮则可拆分合并后的单元格。

3.1.4 调整单元格行高和列宽

默认状态下，单元格的行高和列宽是固定不变的，但是当单元格中的数据太多而不能完全显示时，则需要调整单元格的行高或列宽，使单元格的大小能完全显示表格中的内容。调整单元格的行高或列宽的方法通常有以下3种。

◎ **拖动鼠标调整行高与列宽**：将鼠标光标移至行号或列标间的间隔线处（光标变为+或+形状），单击鼠标后光标右侧将显示具体的数据，然后按住鼠标左键不放拖动至适合的距离后释放鼠标即可。该方法是调整单元格行高和列宽最快捷的方法。

◎ **精确设置单元格的行高与列宽**：选择需调整行高或列宽的单元格，在【开始】→【单元格】组中单击"格式"按钮，在打开的下拉列表的"单元格大小"栏中选择"行高"或"列宽"选项，在打开的"行高"对话框（见图3-6）或"列宽"对话框（见图3-7）的文本框中输入精确的数值后单击确定按钮。

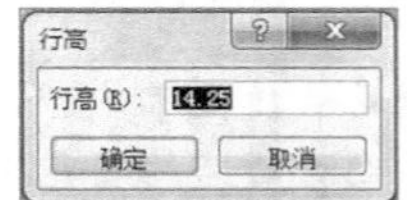

图3-6 "行高"对话框

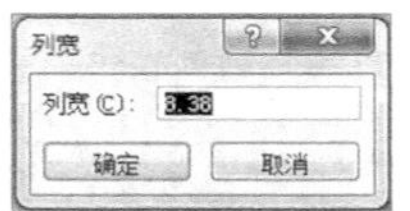

图3-7 "列宽"对话框

◎ **自动调整行高与列宽**：选择需调整行高或列宽的单元格，在【开始】→【单元格】组中单击"格式"按钮，在打开的下拉列表的"单元格大小"栏中选择"自动调整行高"或"自动调整列宽"选项，可自动将单元格大小调整为刚好完全显示单元格中的内容。

知识提示

单击"格式"按钮下方的按钮，在打开的下拉列表中的"单元格大小"栏中选择"默认列宽"选项，在打开对话框中可设置Excel默认的列宽值。

3.1.5 隐藏和显示单元格

在工作表中若不希望他人看见表格中某行或某列的数据，可以将其隐藏起来，待需要时再将隐藏的行或列重新显示出来。隐藏或显示单元格的方法如下。

◎ **隐藏单元格**：选择需隐藏的行或列，在【开始】→【单元格】组中单击"格式"按钮，在打开的下拉列表的"可见性"栏中选择【隐藏和取消隐藏】→【隐藏行】选项或选择【隐藏和取消隐藏】→【隐藏列】命令即可隐藏所选行或列。

◎ **显示单元格**：选择整个工作表，在【开始】→【单元格】组中单击"格式"按钮，在打开的下拉列表的"可见性"栏中选择【隐藏和取消隐藏】→【取消隐藏行】选项或选择【隐藏和取消隐藏】→【取消隐藏列】选项即可将隐藏的行或列重新显示出来。

操作技巧

将鼠标光标移到隐藏了行或列的位置旁的行号或列标间的间隔线上，然后拖动鼠标至隐藏的数据能完全显示时，释放鼠标也可将隐藏的行或列重新显示出来。

3.1.6 课堂案例1——编辑差旅费报销单

本案例将在提供的素材文件中插入单元格、删除单元格、合并单元格、调整单元格行高与列宽，使表格内容的显示更直观。完成后的参考效果如图3-8所示。

素材所在位置 光盘:\素材文件\第3章\课堂案例1\差旅费报销单.xlsx

效果所在位置 光盘:\效果文件\第3章\课堂案例1\差旅费报销单.xlsx

视频演示 光盘:\视频文件\第3章\编辑差旅费报销单.swf

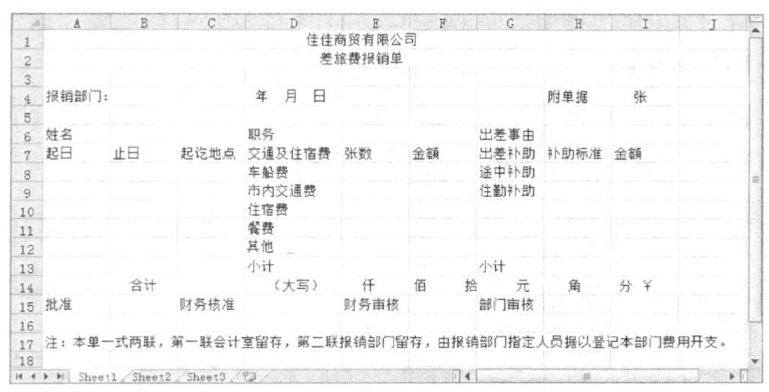

图3-8 “差旅费报销单”参考效果

职业素养

差旅费报销单是以书面形式记录和证明出差员工所发生经济费用的内容和金额以及出差期间员工的补助费用等，该表必须由完成这项费用的相关人员进行制作，经过部门管理人员的签名或盖章后连同原始凭证交相关部门审核，审核无误后才能报销费用。

（1）打开素材文件“差旅费报销单”，选择第1行，在【开始】→【单元格】组中单击“插入”按钮下方的按钮，在打开的下拉列表中选择“插入工作表行”选项插入行。

（2）选择A1单元格，输入公司名称“佳佳商贸有限公司”，完成后按【Enter】键，如图3-9所示。

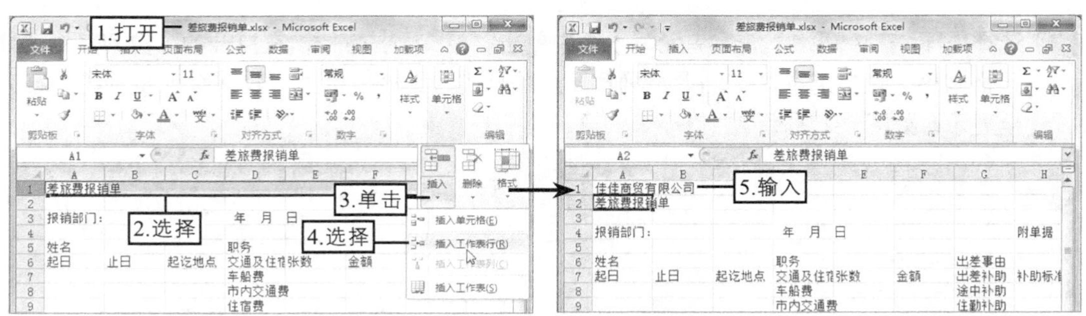

图3-9 插入行并输入数据

（3）选择A1:I2单元格区域，在【开始】→【对齐方式】组中单击“合并后居中”按钮右侧的按钮，在打开的下拉列表中选择“跨越合并”选项。

（4）在【开始】→【对齐方式】组中单击“居中”按钮，使所选的单元格区域中的数据居中显示，如图3-10所示。

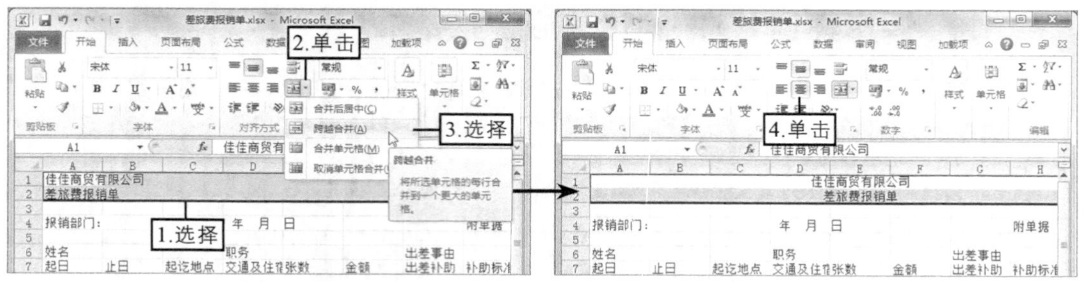

图3-10　跨越合并并居中显示数据

（5）分别选择B6:C6、E6:F6、H6:I6、A14:C14、D14:I14单元格区域，单击“合并后居中”按钮快速合并单元格并居中显示数据，如图3-11所示。

（6）选择第11行，在【开始】→【单元格】组中单击“删除”按钮下方的按钮，在打开的下拉列表中选择“删除工作表行”选项删除行，如图3-12所示。

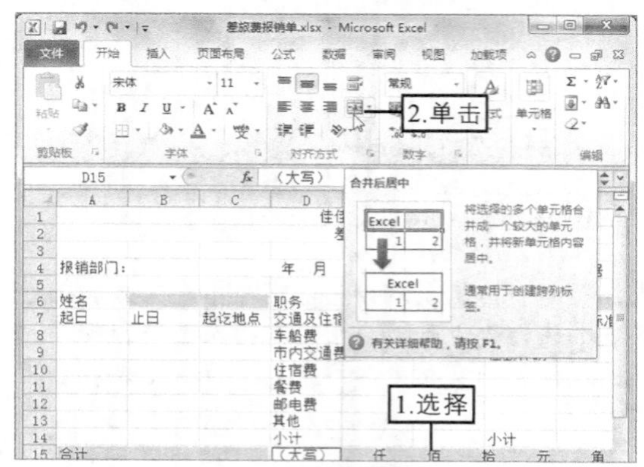

图3-11　合并后居中显示数据

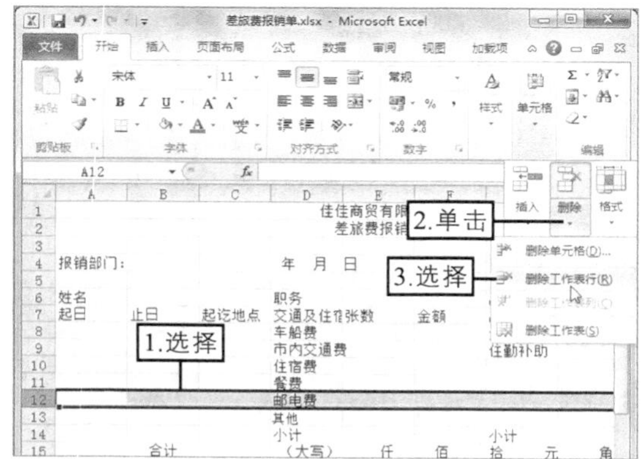

图3-12　删除行

操作技巧

要重复插入或删除所需的单元格，可选择要插入或删除单元格的位置，连续单击“插入”按钮（按【Ctrl+Y】组合键）或单击“删除”按钮（按【Ctrl+-】组合键）。

（7）选择D列，在【开始】→【单元格】组中单击“格式”按钮，在打开的下拉列表的“单元格大小”栏中选择“自动调整列宽”选项调整单元格的列宽，使其单元格中的内容完全显示，如图3-13所示。

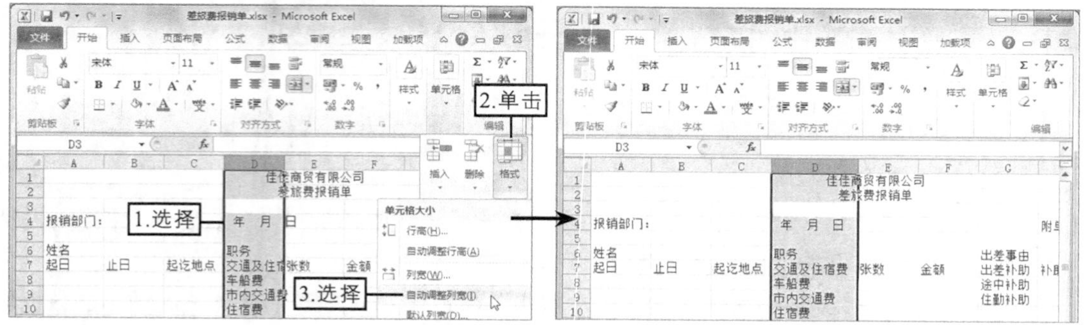

图3-13　调整单元格列宽

（8）选择1~17行，在【开始】→【单元格】组中单击“格式”按钮，在打开的下拉列表的“单元格大小”栏中选择“行高”选项。

（9）在打开的“行高”对话框的文本框中输入精确的数值“16”，然后单击确定按钮，返回工作表中可看到调整单元格行高后的效果，如图3-14所示。

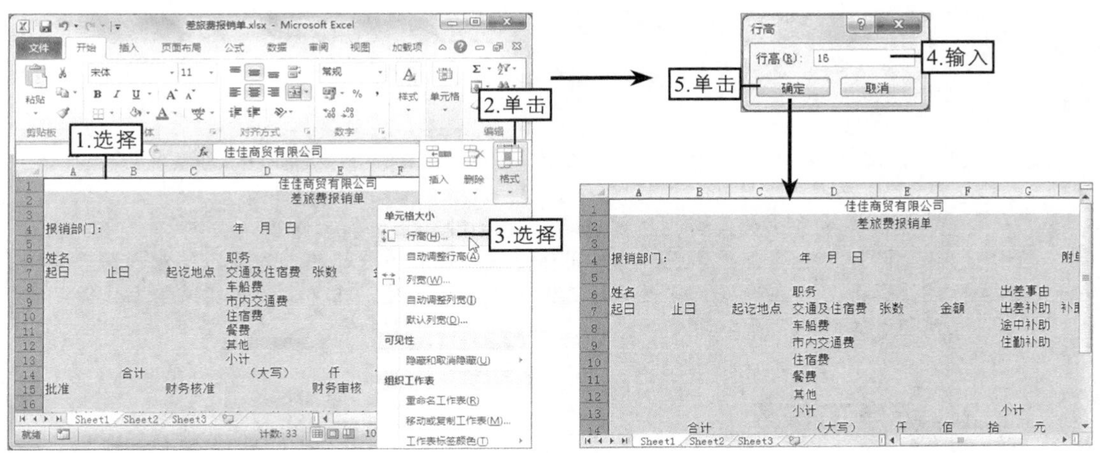

图3-14　调整单元格行高

3.2　工作表的基本操作

在Excel中对工作表进行编辑可以帮助用户有效地、合理地管理工作表的数量和其中的内容。如同一类型的多个工作表为了管理方便可以将其放置到同一个工作簿中，并分别为其重命名；还可将一个工作表中的数据移动或复制到多个工作表中使用等。

3.2.1　选择工作表

默认情况下，打开工作簿后系统将自动选择“Sheet1”工作表，当需要在其他工作表中编辑数据时，首先应确定并选择所需的工作表，然后在其中执行相应的操作。选择工作表的方法有以下几种。

◎ **选择一张工作表**：单击需选择的工作表标签，如图3-15所示。如果看不到所需标签，可单击标签滚动按钮将其显示出来，然后再单击该标签。选择并切换到的工作表标签呈白色显示。

◎ **选择相邻工作表**：单击第一个工作表标签，然后按住【Shift】键不放并单击需选择的最后一个工作表标签，即可选择这两张工作表之间的所有工作表，如图3-16所示。

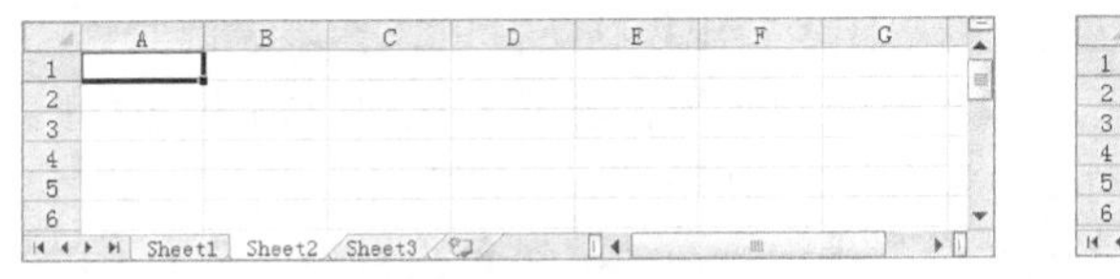

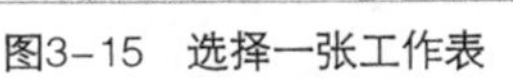

图3-15　选择一张工作表

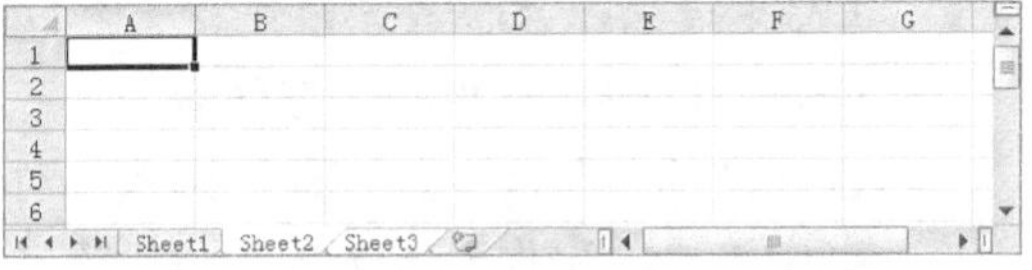

图3-16　选择相邻工作表

◎ **选择不相邻工作表**：单击第一个工作表标签，然后按住【Ctrl】键不放单击不相邻的任意一个工作表标签即可选择不相邻的工作表，如图3-17所示。

◎ **选择工作簿中的所有工作表**：在任意一个工作表标签上单击鼠标右键，在弹出的快捷菜单中选择“选定全部工作表”命令（见图3-18）即可选择同一工作簿中的所有工作表。

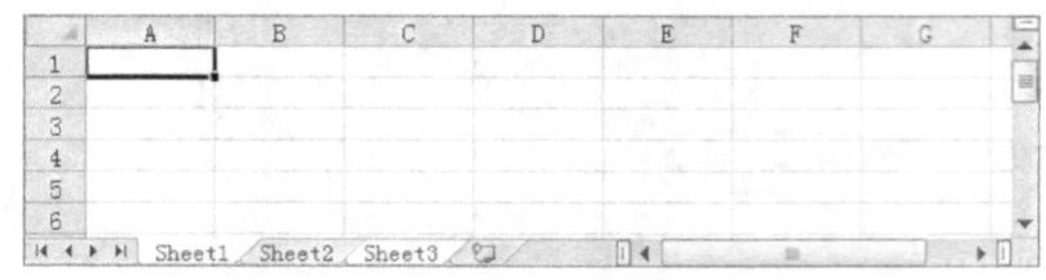

图3-17　选择不相邻的工作表

图3-18　选择所有工作表

知识提示　选择多张工作表后，在窗口的标题栏中将显示“[工作组]”字样。若要取消选择工作簿中的多张工作表，可单击任意一个没有被选择的工作表。若看不到未选择的工作表，可在选择工作表的标签上单击鼠标右键，在弹出的快捷菜单上选择“取消组合工作表”命令即可。

3.2.2　切换工作表

当需要在同一个工作簿中完成多个工作表中数据的编辑和处理时，常需要在不同的工作表之间进行切换。切换工作表的方法有以下几种。

◎ 与选择一张工作表相同，只需单击要编辑的工作表标签即可切换到指定的工作表中。

◎ 在工作表标签左侧分别单击按钮可依次切换到第一个、向左、向右和最后一个工作表。另外，在工作表标签左侧的任意按钮上单击鼠标右键，在弹出的快捷菜单中选择需切换的工作表名称选项也可切换到所需的工作表。

◎ 按【Ctrl+PageUp】组合键可切换到前一张工作表，按【Ctrl+PageDown】组合键可切换到后一张工作表。

3.2.3　插入工作表

在Excel中编辑数据时，若发现工作表数量不够，可通过插入工作表来增加工作表的数量。插入工作表的方法有以下3种。

◎ **单击按钮快速插入工作表**：在工作表标签后单击“插入工作表”按钮，或直接按【Shift+F11】组合键都可快速插入新的工作表。默认情况下，插入工作表后工作表标签名称将依次以“Sheet4”“Sheet5”“Sheet6”等命名。

◎ **选择命令插入工作表**：选择一张或多张工作表，在【开始】→【单元格】组中单击“插入”按钮下方的按钮，在打开的下拉列表中选择“插入工作表”选项可插入与选择工作表相同个数的工作表，且插入的工作表将出现在选择的工作表之前。

◎ **通过右键快捷菜单插入工作表**：在工作表标签上单击鼠标右键，在弹出的快捷菜单中选择“插入”命令，打开“插入”对话框，如图3-19所示，在“常用”选项卡的列表框中选择“工作表”选项，可插入新的空白工作表；在“电子表格方案”选项卡中选择相应的选项，可插入基于模板的工作表，完成后单击确定按钮。

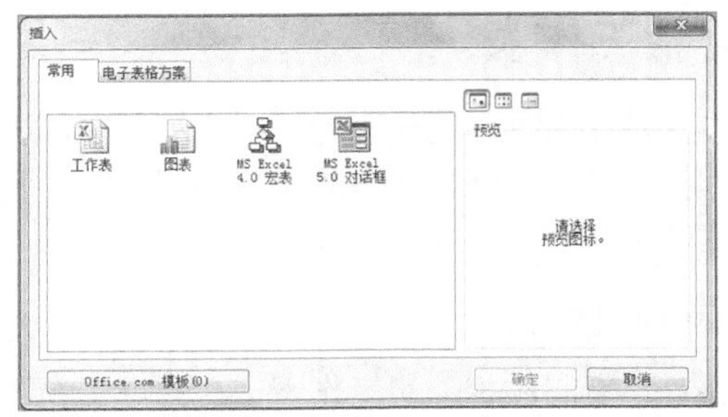

图3-19 “插入”对话框

3.2.4 删除工作表

对工作表进行编辑时可将一些多余的工作表删除，使工作簿更加简洁。删除工作表的方法有以下两种。

◎ 选择需删除的工作表，在【开始】→【单元格】组中单击“删除”按钮下方的按钮，在打开的下拉列表中选择“删除工作表”选项即可删除所选的工作表。

◎ 在需删除的工作表标签上单击鼠标右键，在弹出的快捷菜单中选择“删除”命令也可删除所选的工作表。

操作技巧

若删除有数据的工作表，将打开询问是否永久删除这些数据的提示对话框，单击删除按钮将删除工作表和工作表中的数据，单击取消按钮将取消删除工作表的操作。

3.2.5 重命名工作表

默认情况下，工作表的名称为“Sheet1”“Sheet2”“Sheet3”等，为了便于记忆和查询，可对工作表名称进行重命名操作。重命名工作表的方法有以下3种。

◎ 双击需重命名的工作表标签，此时该工作表的名称自动呈黑底白字显示，直接在呈可编辑状态的工作表标签中输入相应的名称，完成后按【Enter】键，如图3-20所示。

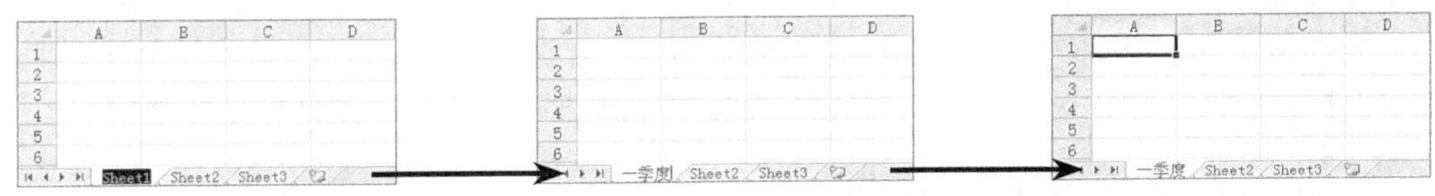

图3-20 重命名工作表

◎ 选择需重命名的工作表，在【开始】→【单元格】组中单击“格式”按钮，在打开的下拉列表的“组织工作表”栏中选择“重命名工作表”选项，然后输入相应的名称，完成后按【Enter】键。

◎ 在需重命名的工作表标签上单击鼠标右键，在弹出的快捷菜单中选择“重命名”命令，然后输入相应的名称，完成后按【Enter】键。

知识提示

同一个工作簿中不能有两个相同名称的工作表。另外，工作表名称可以是字母或数字开头。

3.2.6 移动和复制工作表

移动工作表是在原表格的基础上改变工作表的位置，复制工作表是在原表格的基础上快速添加多个同类型的表格。根据移动或复制工作表的位置不同，分为两种情况：一是在同一工作簿中移动或复制；二是在不同工作簿之间移动或复制。

1. 在同一工作簿中移动或复制

为了提高工作效率，避免重复制作相同的工作表，在同一工作簿中可将一个工作表移动或复制到另一位置。移动与复制工作表的方法主要有以下两种。

◎ 选择需移动或复制的工作表，在【开始】→【单元格】组中单击“格式”按钮，在打开的下拉列表的“组织工作表”栏中选择“移动或复制工作表”选项，在打开的“移动或复制工作表”对话框中选择移动或复制工作表的位置，如图3-21所示，若复制工作表还需单击选中“建立副本”复选框，完成后单击确定按钮。

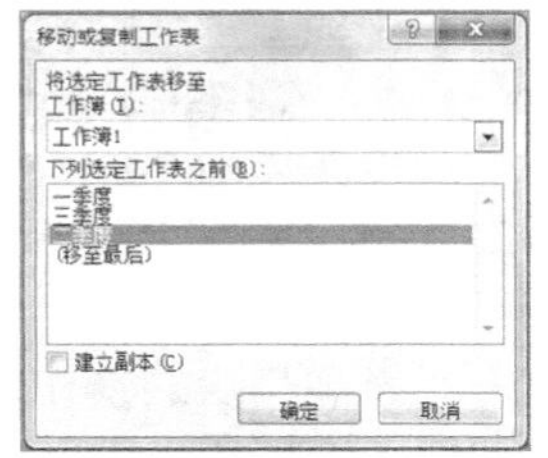

图3-21 “移动或复制工作表”对话框

◎ 将鼠标光标移到需移动或复制的工作表标签上，按住鼠标左键不放，若复制工作表还需按住【Ctrl】键，当鼠标光标变成或形状时，将其拖动到目标位置之后，此时工作表标签上有一个符号将随鼠标光标移动，释放鼠标后在目标位置处可看到移动或复制的工作表。

知识提示

在需要移动或复制的工作表标签上单击鼠标右键，在弹出的快捷菜单中选择“移动或复制”命令，也可打开“移动或复制工作表”对话框。

2. 在不同工作表中移动或复制

要在不同工作簿之间移动或复制工作表，首先需打开源工作簿和目标工作簿，然后在源工作簿的工作表标签上单击鼠标右键，在弹出的快捷菜单中选择“移动或复制”命令，在打开的“移动与复制工作表”对话框的“将选定工作表移至工作簿”下拉列表框中选择目标工作簿，在“下列选定工作表之前”列表框中选择具体位置，若要复制工作表，还需单击选中“建立副本”复选框，完成后单击确定按钮即可将相应的工作表移动或复制到其他工作簿中。

3.2.7 隐藏与显示工作表

为了不让工作表中的重要数据被他人轻易查看，可将重要数据所在的工作表隐藏，待需要时再将其显示出来。隐藏和显示工作表的方法如下。

◎ **隐藏工作表**：选择需隐藏的工作表，在【开始】→【单元格】组中单击“格式”按钮，在打开的下拉列表的“可见性”栏中选择【隐藏和取消隐藏】→【隐藏工作表】选项即可隐藏重要数据所在的工作表。

◎ **显示工作表**：在【开始】→【单元格】组中单击“格式”按钮，在打开的下拉列表的“可见性”栏中选择【隐藏和取消隐藏】→【取消隐藏工作表】选项，在打开的“取消隐藏”对话框中选择需显示的工作表，如图3-22所示，然后单击确定按钮即

可将所选的工作表重新显示出来。

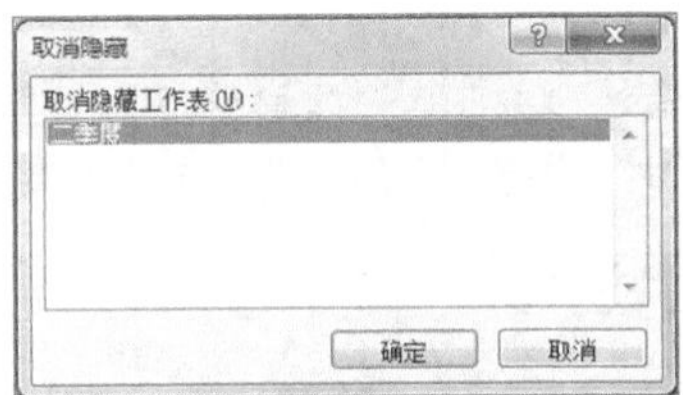

图3-22　“取消隐藏”对话框

知识提示

若在同一工作簿中隐藏了多张工作表，则需在“取消隐藏”对话框中首先选择需显示的工作表选项（一次只能选择一个），然后单击 确定 按钮。

3.2.8　课堂案例2——编辑产品价格表

本案例将在提供的素材文件中选择工作表、插入工作表、重命名工作表、移动与复制工作表，达到有效利用工作表的目的，编辑“产品价格表”前后的对比效果如图3-23所示。

光盘:\素材文件\第3章\课堂案例2\产品价格表.xlsx

效果所在位置　光盘:\效果文件\第3章\课堂案例2\产品价格表.xlsx

视频演示　光盘:\视频文件\第3章\编辑产品价格表.swf

美白系列产品价格表					
货号	产品名称	净含量	包装规格	价格（元）	备注
MB001	美白洁面乳	105g	48支/箱	68	
MB002	美白紧肤水	110ml	48瓶/箱	88	
MB003	美白乳液	110ml	48瓶/箱	68	
MB004	美白霜	35g	48瓶/箱	105	
MB005	美白眼部修护素	30ml	48瓶/箱	99	
MB006	美白深层洁面膏	105g	48支/箱	66	
MB007	美白活性按摩膏	105g	48支/箱	98	
MB008	美白水分面膜	105g	48支/箱	66	
MB009	美白活性营养滋润霜	35g	48瓶/箱	125	
MB010	美白精华露	30ml	48瓶/箱	128	

Sheet1　Sheet2　Sheet3

柔肤系列产品价格表					
货号	产品名称	净含量	包装规格	价格（元）	备注
RF001	柔肤洁面乳	105g	48支/箱	68	
RF002	柔肤紧肤水	110ml	48瓶/箱	88	
RF003	柔肤乳液	110ml	48瓶/箱	68	
RF004	柔肤霜	35g	48瓶/箱	105	
RF005	柔肤眼部修护素	30ml	48瓶/箱	99	
RF006	柔肤深层洁面膏	105g	48支/箱	66	
RF007	柔肤活性按摩膏	105g	48支/箱	98	
RF008	柔肤水分面膜	105g	48支/箱	66	
RF009	柔肤活性营养滋润霜	35g	48瓶/箱	125	
RF010	柔肤精华露	30ml	48瓶/箱	128	

柔肤系列　水润系列　保湿系列　美白系列

图3-23　编辑“产品价格表”前后的对比效果

（1）打开素材文件“产品价格表.xlsx”，选择“Sheet1”工作表，然后单击“插入工作表”按钮 ，快速插入名为“Sheet4”的空白工作表。

（2）在插入的工作表中输入并编辑数据，完成后的效果如图3-24所示。

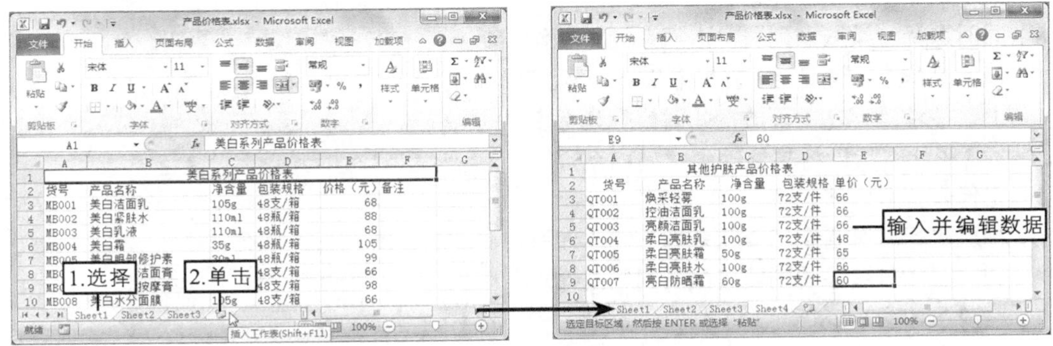

图3-24　插入工作表并编辑数据

（3）选择“Sheet1”工作表，在工作表标签上单击鼠标右键，在弹出的快捷菜单中选择“移动或复制”命令。

（4）在打开的“移动或复制工作表”对话框中选择移动或复制工作表的位置，这里保持默认设置，然后单击选中“建立副本”复选框，完成后单击确定按钮，如图3-25所示。

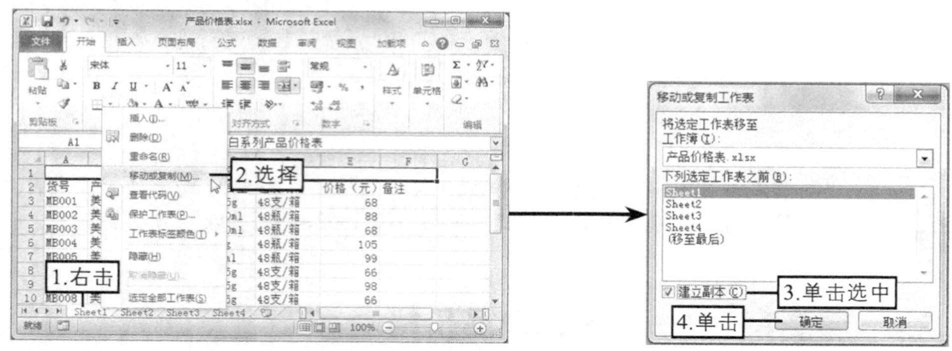

图3-25　复制工作表

（5）在复制后的名为“Sheet1（2）”的工作表中将“美白”数据全部替换为“保湿”数据，然后双击“Sheet1（2）”工作表标签，此时该工作表的名称呈黑底白字显示。

（6）直接在呈可编辑状态的工作表标签中输入工作表名称“保湿系列”，然后按【Enter】键，如图3-26所示。

图3-26　重命名工作表

（7）用相同的方法将其他工作表分别重命名为“美白系列”“柔肤系列”“水润系列”“其他”，如图3-27所示。

（8）同时选择“柔肤系列”“水润系列”工作表，将鼠标光标移到这两个工作表标签上，按住鼠标左键不放，此时鼠标光标变成形状，然后将其拖动到“美白系列”工作表位置之前。

（9）释放鼠标后可看到“柔肤系列”“水润系列”工作表被移动到“美白系列”工作表之前，如图3-28所示。

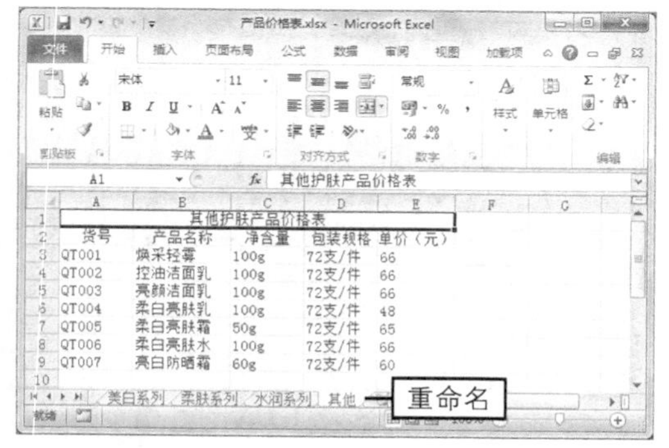

图3-27　继续重命名工作表

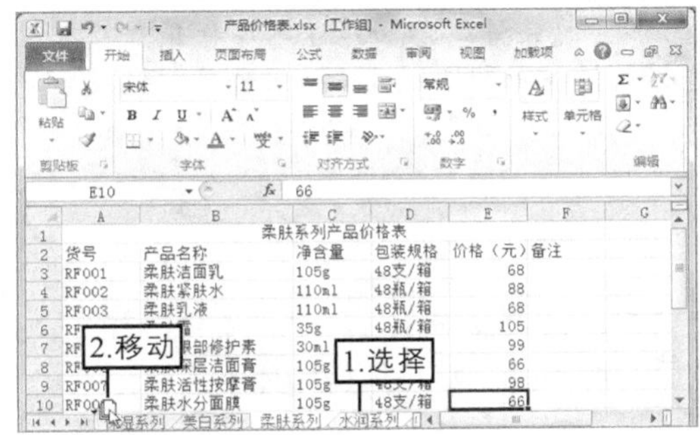

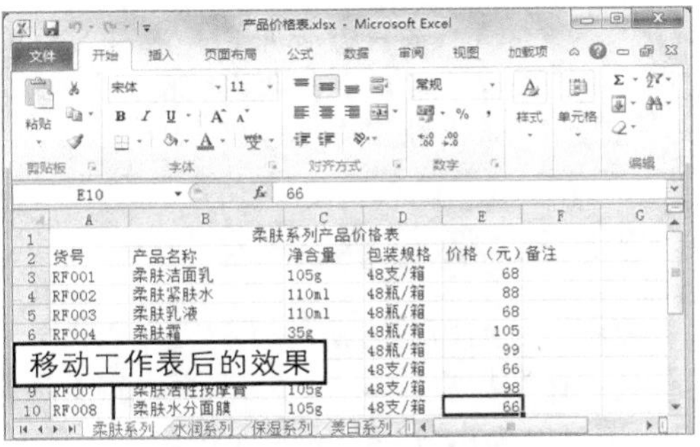

图3-28　移动工作表

3.3　多窗口的管理

打开多张工作簿后，要想快速找到所需的窗口，并查看相应的数据，不仅可以根据需要排列打开的窗口，还可拆分或冻结窗口中的数据，实现多个窗口的管理操作。

3.3.1　重排窗口

重排窗口就是将打开的各工作簿窗口按指定方式进行排列。在日常工作中当需要在同一窗口显示多个Excel表格进行编辑时可使用重排窗口操作。其具体操作如下。

(1) 首先打开需要编辑的多张工作簿，然后在【视图】→【窗口】组中单击 全部重排 按钮。

(2) 在打开的“重排窗口”对话框中选择所需的排列方式重新排列打开的工作簿窗口，完成后单击 确定 按钮。如图3-29所示为以层叠方式排列工作簿窗口后的效果。

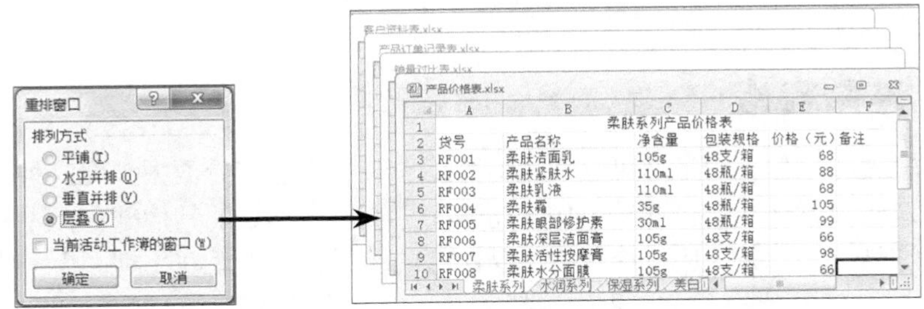

图3-29　重排窗口

知识提示

在“重排窗口”对话框中若单击选中“当前活动工作簿的窗口”复选框表示当前活动工作簿将不以所选的排列方式进行重新排列。

3.3.2　并排查看

当两张工作簿中的数据相关联时，可并排查看工作表以确保输入的数据无误差。要执行并排查看操作，可先同时打开需查看的两张工作簿，在【视图】→【窗口】组中单击 并排查看 按钮，此时 并排查看 按钮下的 同步滚动 按钮将由灰色状态变为可操作状态，表示在并排显示两张工作簿的同时，还可将两张工作簿在垂直方向同步滚动方便数据的查看。

知识提示

若同时打开了两张以上的工作簿，单击“并排查看”按钮将打开“并排比较”对话框，在其列表框中可选择要进行并排查看数据的另一个工作簿，完成后单击确定按钮。

3.3.3 拆分窗口

使用拆分窗口的方法可以将工作表拆分为多个窗格，每个窗格中都可进行单独的操作，这样有利于在数据量比较大的工作表中查看数据的前后对照关系。其具体操作如下。

（1）选择作为拆分中心的单元格。

（2）在【视图】→【窗口】组中单击“拆分”按钮，即可将工作表以所选的单元格为中心拆分为4个窗格，在每个窗格中可以对数据进行单独的查看。如图3-30所示为拆分窗口后的效果。

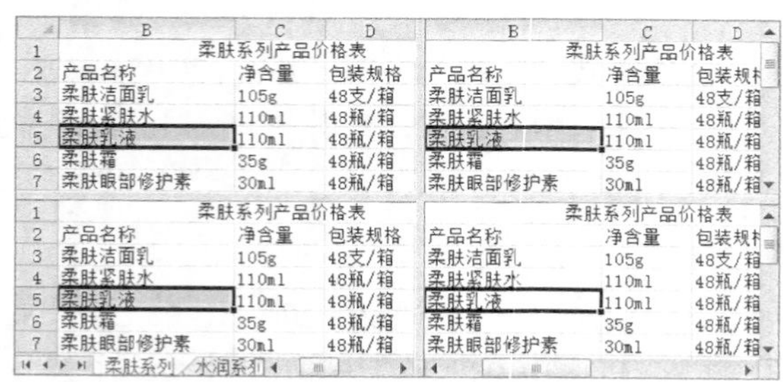

图3-30 拆分窗口

知识提示

在已拆分的工作表中再次单击“拆分”按钮可取消拆分工作表。

3.3.4 冻结窗格

在数据量较大的工作表中虽然可以使用拆分工作表的方法查看数据，但这种方法不能查看表头与数据的对应关系。此时可冻结工作表窗格随意查看工作表的其他部分而不移动表头所在的行或列。要冻结窗格，首先应选择作为冻结中心的单元格，然后在【视图】→【窗口】组中单击冻结窗格按钮，在打开的下拉列表中选择需冻结对象名称对应的选项，如图3-31所示。各命令含义如下。

◎ **选择“冻结拆分窗格”命令**：表示保持设置的行和列的位置不变。

◎ **选择“冻结首行”命令**：表示保持工作表的首行位置不变。

◎ **选择“冻结首列”命令**：表示保持工作表的首列位置不变。

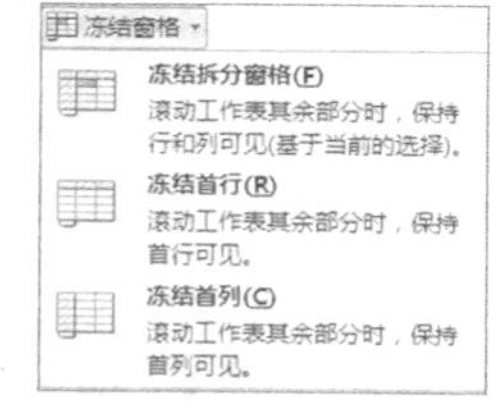

图3-31 “冻结窗格”下拉列表

知识提示

选择相应的命令冻结窗格后，“冻结拆分窗格”命令将变成“取消冻结窗格”命令，选择该命令即可取消冻结窗格。

3.3.5　隐藏或显示窗口

在Excel中不仅可以隐藏或显示工作表，还可隐藏或显示工作簿窗口，以防止他人任意查看工作簿中的相应数据，待需要时再将其显示出来。隐藏或显示窗口的具体操作如下。

◎ **隐藏工作簿窗口**：在【视图】→【窗口】组中单击“隐藏”按钮▭。

◎ **显示工作簿窗口**：在【视图】→【窗口】组中单击“取消隐藏”按钮▭，在打开的“取消隐藏”对话框中选择隐藏的工作簿窗口名称，如图3-32所示，完成后单击 确定 按钮。

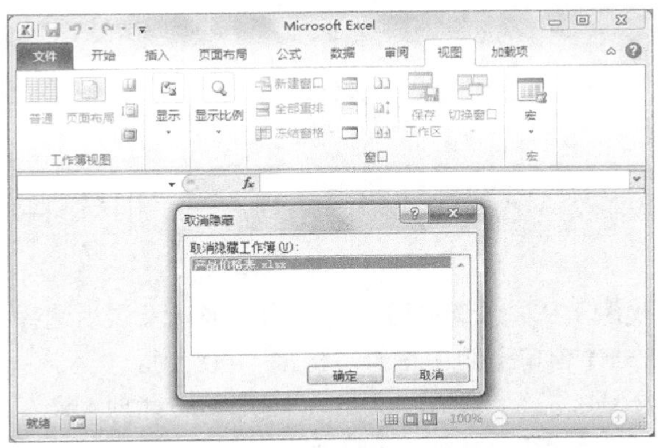

图3-32　显示工作簿窗口

3.3.6　课堂案例3——对比查看表格数据

根据提供的素材文件，对工作簿进行重排窗口、冻结拆分窗格、隐藏窗口等操作，对比查看表格数据后的效果如图3-33所示。

素材所在位置　光盘:\素材文件\第3章\课堂案例3\客户回访计划.xlsx、客户资料表.xlsx

效果所在位置　光盘:\效果文件\第3章\课堂案例3\客户回访计划.xlsx

视频演示　光盘:\视频文件\第3章\对比查看表格数据.swf

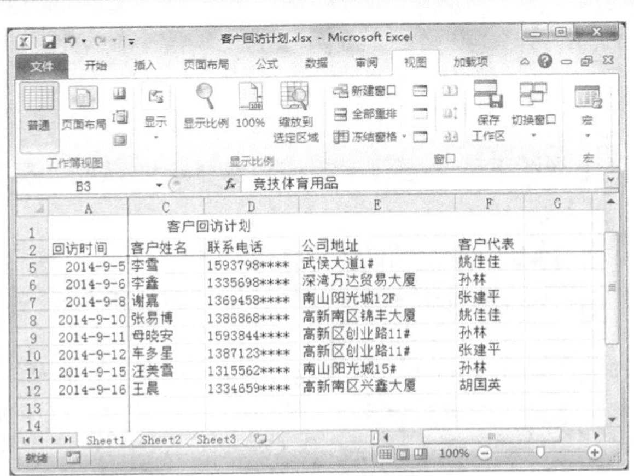

图3-33　对比查看表格数据后的效果

（1）打开素材文件“客户回访计划.xlsx”和“客户资料表.xlsx”，选择任意工作簿，这里选择“客户回访计划.xlsx”工作簿，然后在【视图】→【窗口】组中单击 全部重排 按钮。

（2）在打开的“重排窗口”对话框中单击选中“水平并排”单选项，如图3-34所示，完成后单击 确定 按钮。

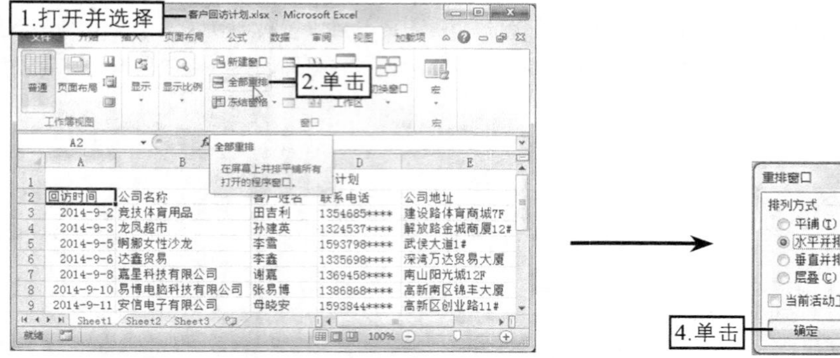

图3-34　重排窗口

（3）在重排后的工作簿窗口中对比查看相关的数据，确认无误后选择“客户资料表.xlsx”工作簿，在【视图】→【窗口】组中单击“隐藏”按钮。

（4）隐藏“客户资料表.xlsx”工作簿后，双击“客户回访计划.xlsx”工作簿的标题栏即可还原该工作簿的默认显示状态，如图3-35所示。

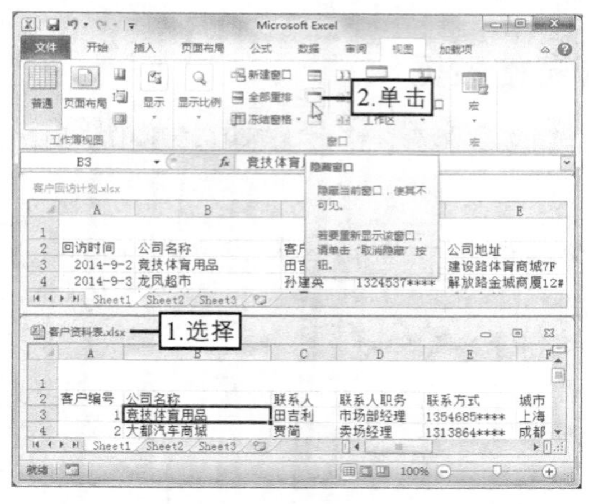

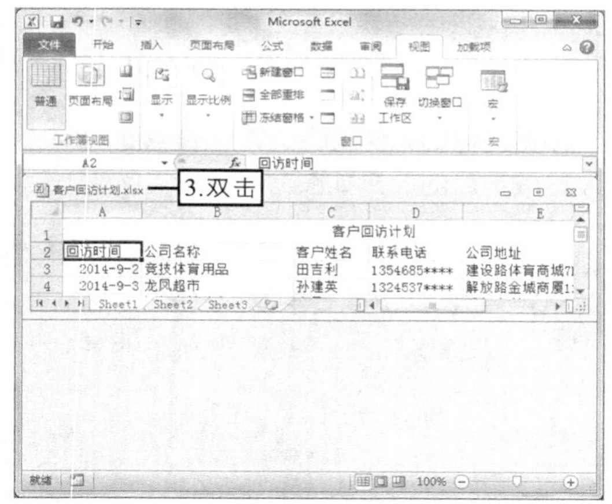

图3-35　隐藏窗口

（5）选择C3单元格，在【视图】→【窗口】组中单击 冻结窗格 按钮，在打开的下拉列表中选择“冻结拆分窗格”选项。

（6）返回工作表中将保持C3单元格上方和左侧的行和列位置不变，然后拖动水平滚动条或垂直滚动条，即可查看工作表的其他部分而不移动设置的表头所在的行或列，如图3-36所示。

知识提示

在【视图】→【窗口】组中单击 新建窗口 按钮，可新建一个与当前活动工作簿相同的工作簿窗口，且当前活动工作簿的名称后将自动添加编号“:1”，新建工作簿的名称则以“当前活动工作簿名称.xlsx:2”为名，继续新建窗口，其名称将依次类推。

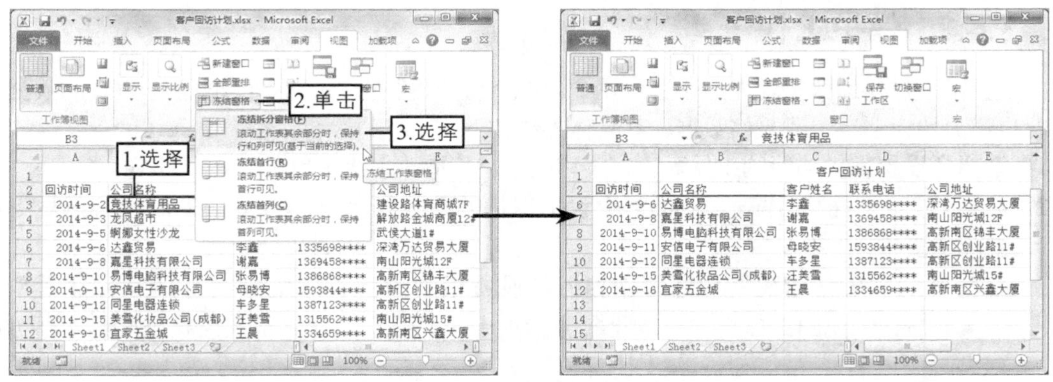

图3-36　冻结窗格

3.4　保护表格数据

在Excel表格中可能会存放一些重要的数据，因此，利用Excel提供的保护单元格、保护工作表和保护工作簿等功能对表格数据进行保护可以有效地避免他人盗用或恶意更改数据。

3.4.1　保护单元格

为了防止他人擅自改动单元格中的数据，可将一些重要的单元格锁定，也可将一些单元格中的计算公式隐藏，以保护单元格的数据安全。默认情况下，Excel自动设置了锁定单元格的功能。用户也可自行设置需保护的单元格内容，其方法有如下两种。

◎ **选择命令设置**：选择需锁定的单元格，在【开始】→【单元格】组中单击“格式”按钮，在打开的下拉列表的“保护”栏中选择“锁定单元格”选项即可锁定或取消锁定所选的单元格。

◎ **通过“设置单元格格式”对话框设置**：选择工作表中的所有单元格，单击“格式”按钮，在打开的下拉列表的“保护”栏中选择“设置单元格格式”选项，在打开的“设置单元格格式”对话框中单击“保护”选项卡，撤销选中其中的所有复选框，单击选择“锁定”与“隐藏”对应的复选框即可锁定单元格或隐藏公式。设置完成后单击确定按钮，如图3-37所示。

知识提示　在“设置单元格格式”对话框的“保护”选项卡中单击选中“锁定”复选框可设置单元格的锁定功能；单击选中“隐藏”复选框可隐藏单元格中的公式。设置了锁定单元格或隐藏公式后，还需设置工作表的保护功能才有效。

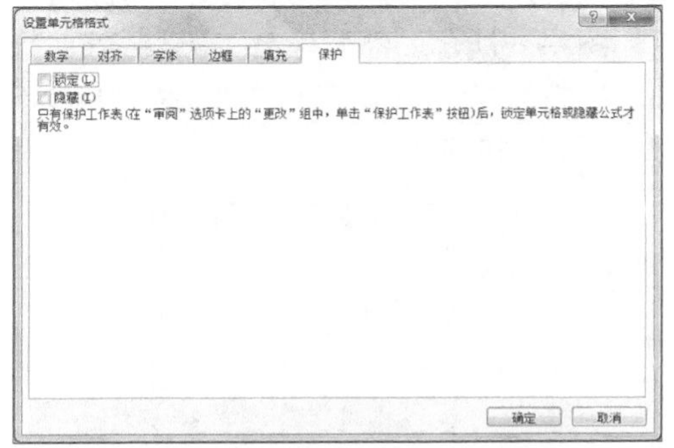

图3-37　设置单元格的保护功能

3.4.2 保护工作表

设置了工作表的保护功能后，其他用户只能查看表格数据，而不能修改工作表中的数据，这样可避免他人恶意更改表格数据。其具体操作如下。

（1）选择需设置保护功能的工作表，在【审阅】→【更改】组中单击保护工作表按钮。

（2）在打开的“保护工作表”对话框中设置保护的范围和密码，如图3-38所示，然后单击确定按钮。

（3）在打开的“确认密码”对话框中输入与设置相同的密码，如图3-39所示，然后单击确定按钮，返回工作簿中可发现相应选项卡中的按钮或命令呈灰色状态显示即不可用状态。

图3-38 “保护工作表”对话框

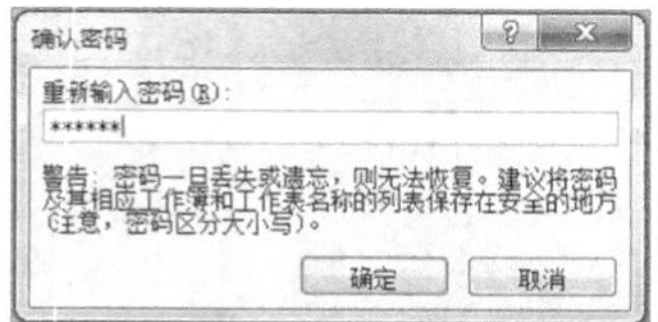

图3-39 “确认密码”对话框

知识提示

设置的保护密码不能过于简单，可以将字母、数字和符号组合起来使用，而且一定要牢记设置的保护密码，否则将无法取消保护，不能对工作表进行操作。另外，在输入密码时一定要注意大小写状态，否则以后可能会因为大小写不符而失去修改权限。

3.4.3 保护工作簿

如果不希望工作簿中的重要数据被他人使用或查看，可通过工作簿的保护功能设置工作簿的结构和窗口不被他人修改。其具体操作如下。

（1）打开需设置保护功能的工作簿，在【审阅】→【更改】组中单击保护工作簿按钮。

（2）在打开的“保护结构和窗口”对话框中设置保护的结构或窗口，并输入相应的密码，如图3-40所示，然后单击确定按钮。

（3）在打开的“确认密码”对话框中输入与设置相同的密码，如图3-41所示，然后单击确定按钮即可。

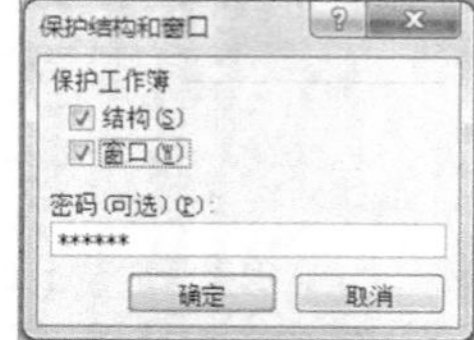

图3-40 “保护结构和窗口”对话框

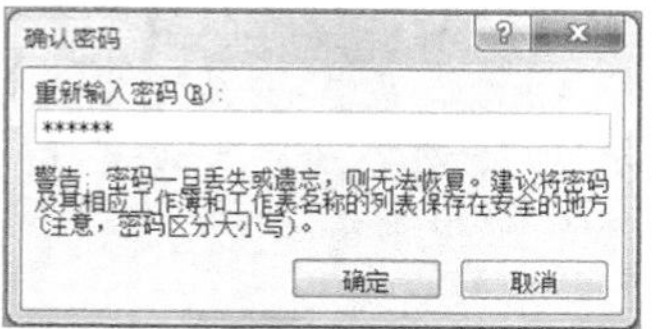

图3-41 “确认密码”对话框

3.4.4 课堂案例4——保护个人信息表

根据提供的素材文件，设置单元格、工作表和工作簿的保护功能，以保护表格数据不被他人随意更改或盗用，完成后的参考效果如图3-42所示。

素材所在位置　光盘:\素材文件\第3章\课堂案例4\个人信息表.xlsx

效果所在位置　光盘:\效果文件\第3章\课堂案例4\个人信息表.xlsx

视频演示　光盘:\视频文件\第3章\保护个人信息表.swf

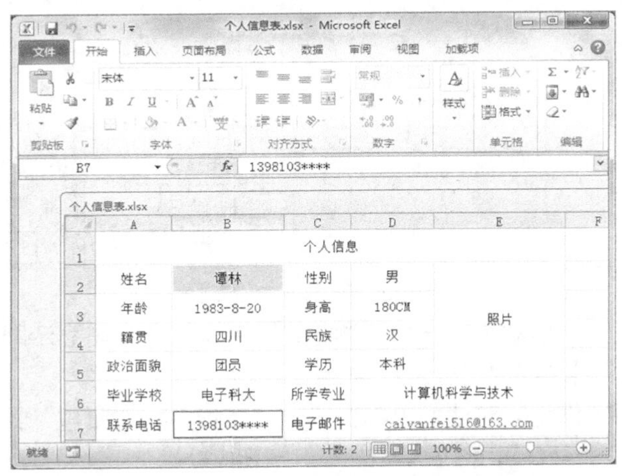

图3-42　保护“个人信息表”后的参考效果

职业素养

个人信息表是单位将员工的个人信息进行收集和整理，包括员工的基本信息：姓名、性别、年龄、民族、籍贯、政治面貌、学历、联系方式，以及工作经历、学习经历、荣誉与成就等。制作个人信息表时信息应真实全面、条理清楚、结构严谨，另外，还应懂得保护个人信息，以避免泄露个人隐私。

（1）打开素材文件“个人信息表.xlsx”，在行标记和列标记左上角的交叉处单击“全选”按钮选择所有单元格，然后在【开始】→【单元格】组中单击“格式”按钮，在打开的下拉列表的“保护”栏中选择“锁定单元格”选项取消单元格的锁定状态。

（2）同时选择B2和B7单元格，单击“格式”按钮，在打开的下拉列表的“保护”栏中选择“锁定单元格”选项锁定所选的单元格，如图3-43所示。

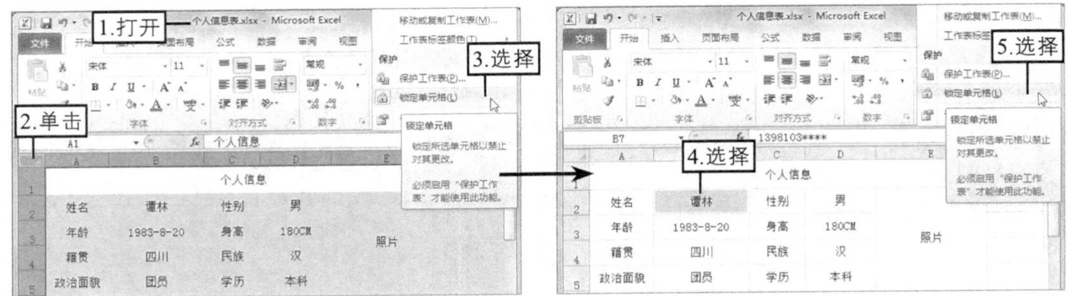

图3-43　保护单元格

（3）默认选择“Sheet1”工作表，然后在【审阅】→【更改】组中单击保护工作表按钮。

（4）在打开的“保护工作表”对话框的“取消工作表保护时使用的密码”文本框中输入“123456”，其他保持默认设置，然后单击确定按钮。

（5）在打开的“确认密码”对话框的“重新输入密码”文本框中再次输入“123456”，然后单击确定按钮，如图3-44所示。

图3-44　保护工作表

（6）返回工作簿中可看到相应选项卡中的按钮或命令呈灰色状态显示即不可用状态，继续在【审阅】→【更改】组中单击保护工作簿按钮。

（7）在打开的“保护工作簿”对话框中单击选中“结构”和“窗口”复选框，并在“密码”文本框中输入“123456”，然后单击确定按钮。

知识提示　在“保护工作簿”对话框中单击选中“结构”复选框可以使工作表不被其他用户移动、删除、隐藏、取消隐藏或重命名，也不允许插入新的工作表；单击选中“窗口”复选框可以使每次打开的工作簿窗口都具有固定的位置和大小。

（8）在打开的“确认密码”对话框的“重新输入密码”文本框中输入密码“123456”，然后单击确定按钮，如图3-45所示，返回工作簿中保存并关闭工作簿，当再次打开该工作簿时，其工作簿窗口将缩小。

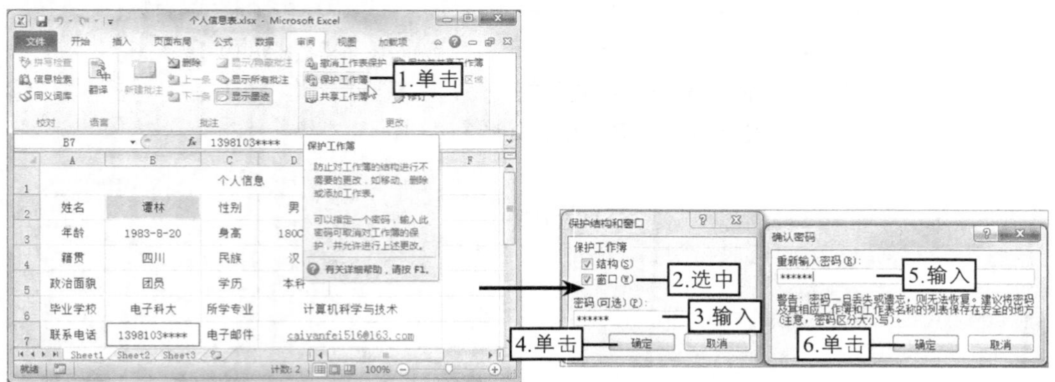

图3-45　保护工作簿

知识提示

要撤销工作表或工作簿的保护，可在“更改”组中分别单击撤消工作表保护按钮或单击保护工作簿按钮，在打开的对话框中输入撤销工作表或工作簿的保护密码，完成后单击确定按钮。

3.5 课堂练习

本课堂练习将分别编辑车辆使用登记表和编辑办公用品领用登记表，结合本章所学的知识点进行综合练习，使读者熟练掌握Excel单元格和工作表的管理方法。

3.5.1 编辑车辆使用登记表

1. 练习目标

本练习的目标是制作车辆使用登记表，需要在其中编辑并管理单元格。本练习完成后的参考效果如图3-46所示。

车辆使用登记表

制表时间：2014年9月30日

车牌号	驾驶员	使用原因	使用日期	出车时间	交车时间	出车地点、事由	审批人签字
京A157**	梁名亮	公事	2014-9-5	9:20	16:30	郊区、送货	陈川
京A727**	方芳	公事	2014-9-6	14:30	16:50	市区、修器械	李名阳
京A528**	王大志	公事	2014-9-8	9:00	15:20	取文件	陈川
京A571**	张佳佳	公事	2014-9-10	15:20	18:30	市区、催款	李名阳
京A157**	梁名亮	私事	2014-9-11	全天			青晓娟
京A727**	赵小霖	公事	2014-9-11	9:00	13:00	市区、办公	青晓娟
京A571**	蒋建明	公事	2014-9-13	7:30	10:00	市区、设备维修	李名阳
京A157**	梁名亮	私事	2014-9-15	9:00	12:00		青晓娟
京A606**	赵小霖	公事	2014-9-17	10:00	22:40	市区、办公	陈川
京A528**	赵小霖	私事	2014-9-18	16:00	23:00		陈川
京A571**	杨勇	公事	2014-9-21	全天		市区、办公	李名阳
京A528**	陈怡	公事	2014-9-25	9:00	12:00	市区、接送客户	李名阳
京A727**	孙美琪	公事	2014-9-28	14:20	18:30	接考察团	青晓娟
京A157**	梁名亮	公事	2014-9-28	8:30	11:30	市区、送货	青晓娟
京A528**	李小利	私事	2014-9-29	9:00	20:50	市区	陈川

图3-46 “车辆使用登记表”参考效果

素材所在位置 光盘:\素材文件\第3章\课堂练习\车辆使用登记表.xlsx

效果所在位置 光盘:\效果文件\第3章\课堂练习\车辆使用登记表.xlsx

视频演示 光盘:\视频文件\第3章\编辑车辆使用登记表.swf

2. 操作思路

完成本实训需要在提供的素材文件中合并单元格、调整单元格列宽、插入单元格、删除单元格、冻结窗格等，其操作思路如图3-47所示。

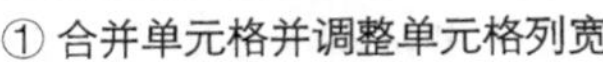

① 合并单元格并调整单元格列宽

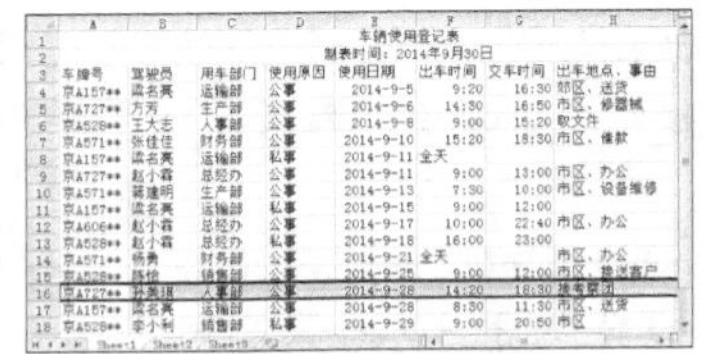

② 插入和删除单元格

③ 冻结窗格

图3-47 “车辆使用登记表”的制作思路

（1）打开素材文件“车辆使用登记表.xlsx”，分别选择A1:I1和A2:I2单元格区域，在【开

始】→【对齐方式】组中单击“合并后居中”按钮合并并居中显示所选单元格区域中的数据。

（2）将鼠标光标移至H列和I列右侧的间隔线处，当鼠标光标变为✛形状时，按住鼠标左键不放拖动至适合的距离后释放鼠标。

（3）选择第8行，在【开始】→【单元格】组中单击“插入”按钮下方的按钮，在打开的下拉列表中选择“插入工作表行”选项插入整行，然后在其中输入相应的数据。

（4）选择A16:I16单元格区域，在【开始】→【单元格】组中单击“删除”按钮下方的按钮，在打开的下拉列表中选择“删除单元格”选项，在打开的“删除”对话框中单击选中“下方单元格上移”单选项，然后单击确定按钮。

（5）选择C4单元格，在【视图】→【窗口】组中单击冻结窗格按钮，在打开的下拉列表中选择“冻结拆分窗格”选项冻结窗格，此时在所选单元格的上方和左侧将出现一条黑线，滚动鼠标滚轴或拖动垂直滚动条查看工作表中的数据，所选单元格上方和左侧的数据位置将始终保持不变。

3.5.2 编辑办公用品领用登记表

1. 练习目标

本练习的目标是编辑办公用品领用登记表，需要在其中编辑工作表，并设置表格数据的保护功能。本练习完成后的参考效果如图3-48所示。

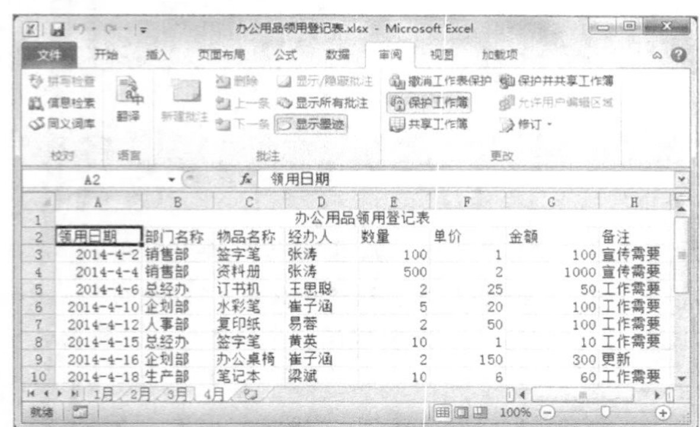

图3-48 “办公用品领用登记表”参考效果

素材所在位置 光盘:\素材文件\第3章\课堂练习\办公用品领用登记表.xlsx

效果所在位置 光盘:\效果文件\第3章\课堂练习\办公用品领用登记表.xlsx

视频演示 光盘:\视频文件\第3章\编辑办公用品领用登记表.swf

职业素养

办公用品领用登记表是用来登记员工领用办公用品的情况，监督并管理办公用品的使用情况，以清晰地统计出办公用品的消耗或费用，杜绝随意乱丢、假公济私或挪作他用的行为。一般情况下，办公用品是指办公场所使用的低值易耗品，包括各种纸张、笔墨、票据、文柜、办公桌椅、电话机、传真机、打印机、复印机和书籍报刊杂志等。

2. 操作思路

完成本练习需要在提供的素材文件中复制工作表、重命名工作表、删除工作表、保护表格数据等，其操作思路如图3-49所示。

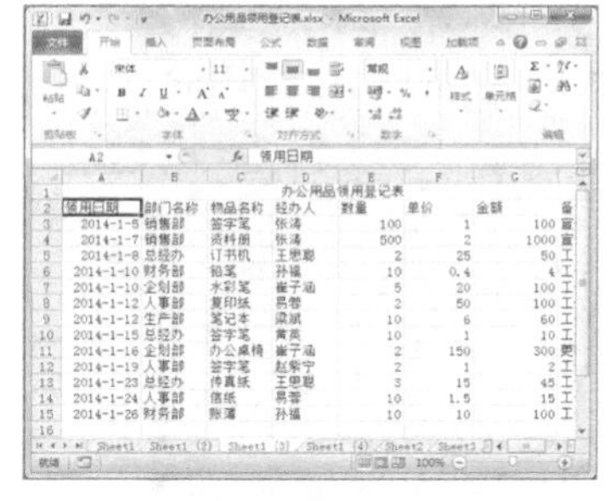

① 复制工作表

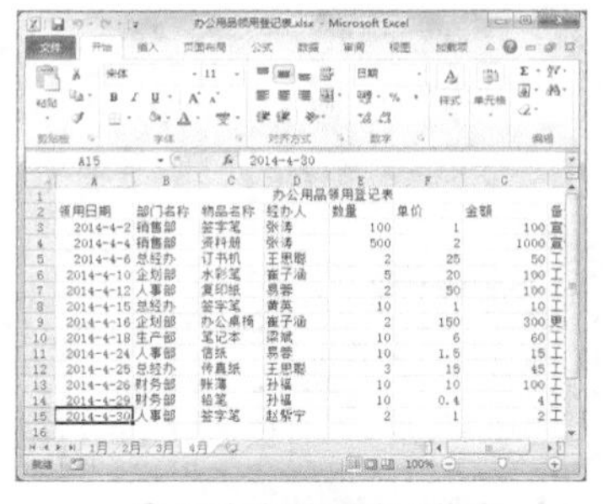

② 重命名并删除工作表

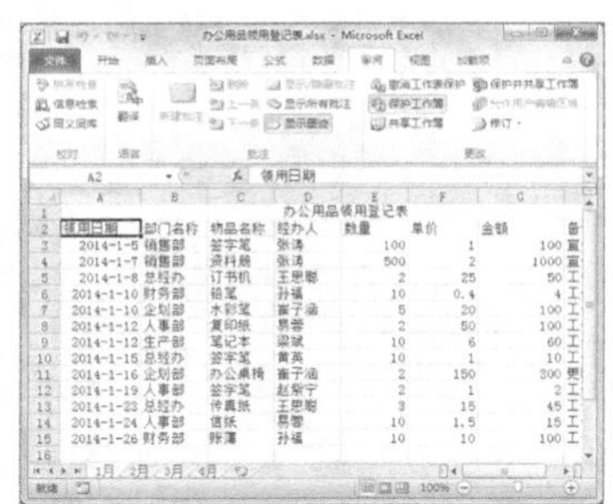

③ 保护表格数据

图3-49 "办公用品领用登记表"的制作思路

（1）将鼠标光标移到"Sheet1"工作表标签上，按住【Ctrl】键，并按住鼠标左键不放，当鼠标光标变成形状时，将其拖动到"Sheet1"工作表标签之后，然后释放鼠标后可看到复制的名为"Sheet1（2）"工作表。继续选择"Sheet1"和"Sheet1（2）"工作表，用相同的方法复制多个工作表。

（2）分别将"Sheet1""Sheet1（2）""Sheet1（3）""Sheet1（4）"工作表重命名为"1月""2月""3月""4月"，并编辑对应的工作表中的数据。

（3）选择"Sheet2"和"Sheet3"工作表，在其上单击鼠标右键，在弹出的快捷菜单中选择"删除"命令删除所选工作表。

（4）选择"1月"工作表，在【审阅】→【更改】组中单击保护工作表按钮，在打开的"保护工作表"对话框中设置保护的范围和密码，这里输入密码"123456"，单击确定按钮，在打开的"确认密码"对话框中再次输入密码"123456"，完成后单击确定按钮。

（5）在【审阅】→【更改】组中单击保护工作簿按钮，在打开的"保护结构和窗口"对话框中设置保护的结构或窗口，并输入密码"123456"，然后单击确定按钮，在打开的"确认密码"对话框中再次输入密码"123456"，完成后单击确定按钮。

3.6 拓展知识

掌握了管理Excel单元格与工作表的相关知识点后，读者还可了解并学习一些与本章知识点相关的拓展知识，以便操作起来更方便，更得心应手。

1. 定义单元格名称

除了用行号与列标来表示单元格的名称外，用户还可自定义单元格名称。定义单元格名称的方法有以下两种。

◎ 选择需自定义的单元格或单元格区域，在编辑栏的"名称框"中输入定义后的名称，然后按【Enter】键即可快速为所选单元格或单元格区域命名，且单击"名称框"右侧的▾按钮，在打开的下拉列表中将显示所定义的单元格名称列表。

◎ 选择需自定义的单元格或单元格区域，在【公式】→【定义的名称】组中单击 定义名称 按钮或单击该按钮右侧的 按钮，在打开的下拉列表中选择“定义名称”选项，在打开的“新建名称”对话框的“名称”文本框中输入定义后的名称，完成后单击 确定 按钮即可，如图3-50所示。

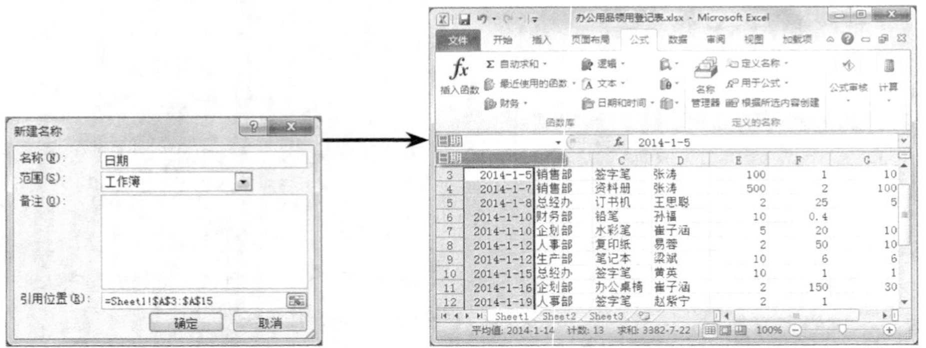

图3-50　定义单元格名称

知识提示

定义单元格的名称必须遵循如下规则：以字母或中文字符开头，后面可跟中英文字符、数字、下划线（_）或点号（.）；名字不能有空格，分割字符可以使用下划线（_）或点号（.）；名字总长不超过255个字符，字母没有大小写之分；名字不能与单元格地址相同。

2. 自定义工作表数量

默认情况下，新建工作簿中有3张工作表，但是根据不同用户的需求，对于一些经常需要在同一工作簿中使用多张工作表的用户来说，除了在工作簿中插入所需的工作表外，还可修改新工作簿内的工作表数量，使每次启动Excel后在工作簿中都有多张工作表备用。自定义工作表数量的具体操作如下。

（1）启动Excel，在其工作界面中选择【文件】→【选项】菜单命令，在打开的“Excel选项”对话框的“常规”选项卡的“包含的工作表数”数值框中输入所需的工作表数量，这里输入数值“6”，完成后单击 确定 按钮，并关闭当前工作簿。

（2）当再次新建工作簿或启动Excel后，工作簿中将包含所设置数量的工作表，如图3-51所示。

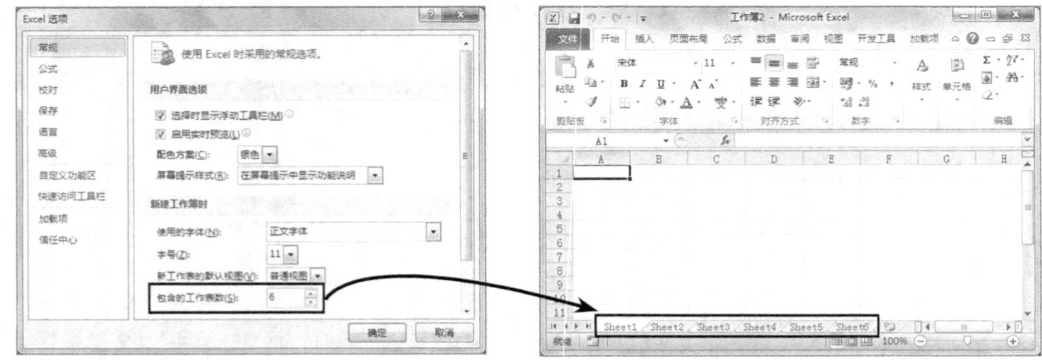

图3-51　设置工作表数量

3.7 课后习题

（1）打开“员工通讯录.xlsx”工作簿，在其中合并单元格、调整单元格行高和列宽、插入单元格、删除单元格、冻结窗格，编辑前后的对比效果如图3-52所示。

提示： 在“员工通讯录.xlsx”工作簿中合并A1:H1单元格区域；调整1~20行的行高为“16”，并自动调整A~H列的列宽；然后选择B13:H13单元格区域插入单元格，并在其中输入相应的数据；再选择第21行，删除单元格；完成后以C3单元格为冻结中心冻结窗格。

素材所在位置　光盘:\素材文件\第3章\课后习题\员工通讯录.xlsx
效果所在位置　光盘:\效果文件\第3章\课后习题\员工通讯录.xlsx
视频演示　光盘:\视频文件\第3章\编辑员工通讯录.swf

	A	B	C	D	E	F	G	
1	员工通讯录							
2	员工编号	姓名	部门	职务	电话号码	通讯地址	邮政编码	邮箱
3	1	金亮	财务部	经理	024-7859*	总府路佳信	110000	jinl
4	2	严雨	财务部	会计	024-7869*	总府路佳信	110000	yan
5	3	姜岩	行政部	主管	073-8310*	开发区新大	410000	jian
6	4	冉鸿嘉	行政部	文员	027-3620*	二环路南二	430000	rank
7	5	江嘉惠	后勤部	送货员	010-2967*	南大街18号	100084	jian
8	6	苏醇海	后勤部	主管	020-7358*	沿江路311	510000	such
9	7	万晟	技术部	技术员	021-5887*	胶州路358	100020	wang
10	8	汪民全	技术部	技术员	035-6488*	东二路华光	030000	jian
11	9	薛浩	技术部	技术员	010-8782*	人民北路商	100007	xuek
12	10	左友闽	技术部	主管	021-5871*	胶州路358	100020	zuoy
13	11	季华军	销售部	经理	057-8231*	人民东路西	325000	jihu
14	12	李明	销售部	销售代表	023-6944*	高新园星光	401121	limi
15	13	钱敏	销售部	销售代表	028-6437*	高新区东路	610031	qian
16	14	孙勇强	销售部	销售代表	087-8485*	文化东路8	650000	suny
17	15	田大国	销售部	销售代表	010-2916*	南大街18号	100084	tian

Sheet1 / Sheet2 / Sheet3

	A	B	C	D	E	F
1			员工通讯录			
2	员工编号	姓名	部门	职务	电话号码	通讯地址
9	7	万晟	技术部	技术员	021-5887****	胶州路358弄6号603室
10	8	汪民全	技术部	技术员	035-6488****	东二路华光大厦
11	9	薛浩	技术部	技术员	010-8782****	人民北路商务大厦
12	10	左友闽	技术部	主管	021-5871****	胶州路358弄6号603室
13	11	谢小杰	销售部	经理	028-8628****	一环路南四段10号
14	12	季华军	销售部	经理	057-8231****	人民东路西段
15	13	李明	销售部	销售代表	023-6944****	高新园星光大道
16	14	钱敏	销售部	销售代表	028-6437****	高新区东路55号
17	15	孙勇强	销售部	销售代表	087-8485****	文化东路88号
18	16	田大国	销售部	销售代表	010-2916****	南大街18号
19	17	王洁	销售部	销售代表	022-5899****	工业大道
20	18	王丽娟	销售部	销售代表	020-7578****	沿江路311号

Sheet1 / Sheet2 / Sheet3

图3-52　“员工通讯录”编辑前后的对比效果

（2）打开“生产记录表.xlsx”工作簿，在其中复制工作表、重命名工作表、删除工作表、保护表格数据，编辑前后的对比效果如图3-53所示。

提示： 在“生产记录表.xlsx”工作簿中复制2张“Sheet1”工作表，然后将“Sheet1”工作表和复制的2张工作表分别重命名为“一车间”“二车间”“三车间”，并编辑对应工作表中的数据，再删除“Sheet2”和“Sheet3”工作表，完成后设置工作表和工作簿的保护功能，设置保护密码为“123456”。

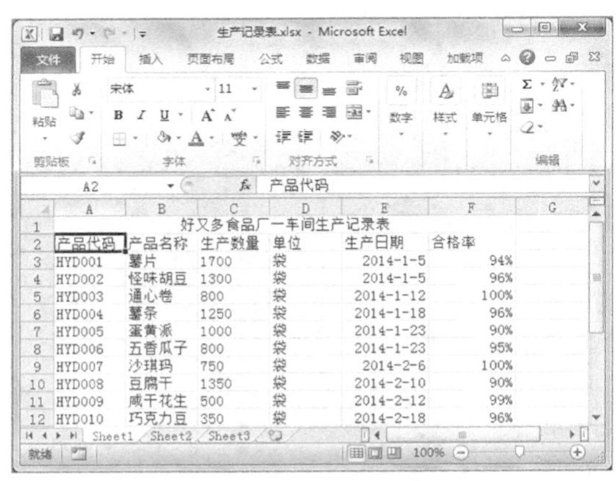

生产记录表.xlsx - Microsoft Excel

	A	B	C	D	E	F
1	好又多食品厂一车间生产记录表					
2	产品代码	产品名称	生产数量	单位	生产日期	合格率
3	HYD001	薯片	1700	袋	2014-1-5	94%
4	HYD002	怪味胡豆	1300	袋	2014-1-5	96%
5	HYD003	通心卷	800	袋	2014-1-12	100%
6	HYD004	薯条	1250	袋	2014-1-18	96%
7	HYD005	蛋黄派	1000	袋	2014-1-23	90%
8	HYD006	五香瓜子	800	袋	2014-1-23	95%
9	HYD007	沙琪玛	750	袋	2014-2-6	100%
10	HYD008	豆腐干	1350	袋	2014-2-10	90%
11	HYD009	咸干花生	500	袋	2014-2-12	99%
12	HYD010	巧克力豆	350	袋	2014-2-18	96%

Sheet1 / Sheet2 / Sheet3

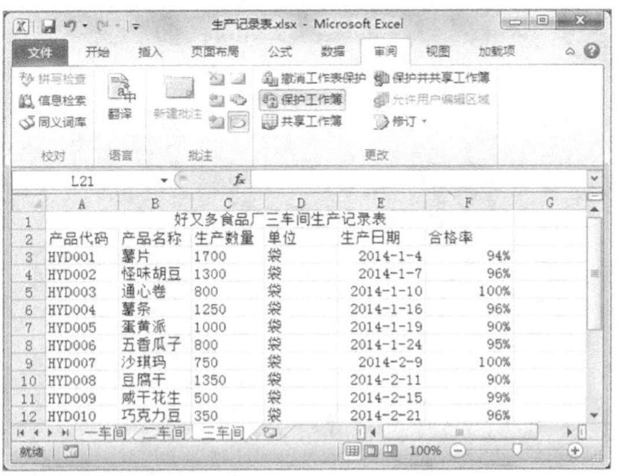

生产记录表.xlsx - Microsoft Excel

	A	B	C	D	E	F
1	好又多食品厂三车间生产记录表					
2	产品代码	产品名称	生产数量	单位	生产日期	合格率
3	HYD001	薯片	1700	袋	2014-1-4	94%
4	HYD002	怪味胡豆	1300	袋	2014-1-7	96%
5	HYD003	通心卷	800	袋	2014-1-10	100%
6	HYD004	薯条	1250	袋	2014-1-16	96%
7	HYD005	蛋黄派	1000	袋	2014-1-19	90%
8	HYD006	五香瓜子	800	袋	2014-1-24	95%
9	HYD007	沙琪玛	750	袋	2014-2-9	100%
10	HYD008	豆腐干	1350	袋	2014-2-11	90%
11	HYD009	咸干花生	500	袋	2014-2-15	99%
12	HYD010	巧克力豆	350	袋	2014-2-21	96%

一车间 / 二车间 / 三车间

图3-53　“生产记录表”编辑前后的对比效果

素材所在位置 光盘:\素材文件\第3章\课后习题\生产记录表.xlsx

效果所在位置 光盘:\效果文件\第3章\课后习题\生产记录表.xlsx

视频演示 光盘:\视频文件\第3章\编辑与保护生产记录表.swf

（3）打开“员工通讯录1.xlsx”和“生产记录表1.xlsx”工作簿，在其中练习多窗口的管理，如并排查看、重排窗口、隐藏窗口。

提示：同时打开“员工通讯录1.xlsx”和“生产记录表1.xlsx”工作簿；在【视图】→【窗口】组中单击并排查看按钮并排查看两个工作簿中的数据（要查看并排查看数据的效果，必须将工作簿窗口最大化）；然后单击全部重排按钮，在打开的对话框中选择“层叠”的排列方式重新排列打开的工作簿窗口；完成后选择“员工通讯录1.xlsx”工作簿中的任意单元格，并在【视图】→【窗口】组中单击“隐藏”按钮隐藏“员工通讯录1.xlsx”工作簿窗口，如图3-54所示。

素材所在位置 光盘:\素材文件\第3章\课后习题\员工通讯录1.xlsx、生产记录表1.xlsx

视频演示 光盘:\视频文件\第3章\练习多窗口的管理.swf

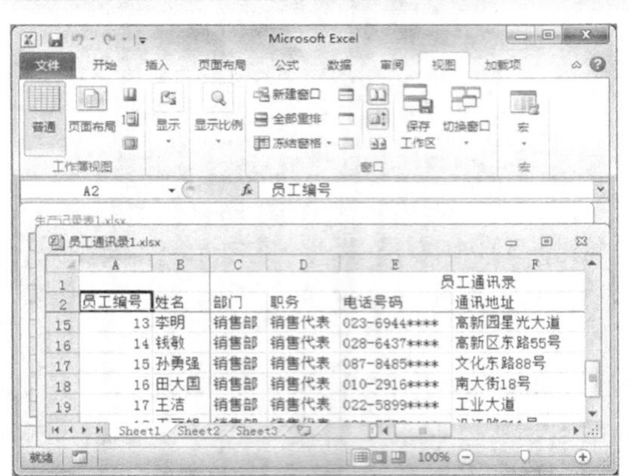

图3-54 练习多窗口的管理

第4章

Excel表格格式的设置

在Excel中输入并编辑数据后，可根据需要设置单元格格式、设置条件格式、使用模板与样式等。本章将详细讲解在Excel中设置表格格式的相关操作。读者通过学习应熟练掌握设置表格格式的各种操作方法，并能快速地使表格数据更专业、表格格式更美观。

学习要点

◎ 设置单元格格式
◎ 设置条件格式
◎ 自动套用表格格式
◎ 设置工作表背景
◎ 设置工作表标签颜色
◎ 使用模板与样式

学习目标

◎ 掌握设置单元格格式和其他表格格式的操作方法
◎ 掌握使用模板与样式的操作方法

4.1 设置单元格格式

Excel表格只是表现数据的方式，为了使表格数据显示更直观，可以设置单元格格式，更改数据的外观而不会更改数据本身。

4.1.1 设置字体格式

Excel中数据的默认字体为宋体，字号为11号。用户可根据需要设置单元格中数据的字体、字号、字形、字体颜色等字体格式。设置字体格式的方法有3种：一是通过“字体”组设置；二是通过“浮动工具栏”设置；三是通过“设置单元格格式”对话框设置。

1. 通过“字体”组设置

在工作表中选择要设置字体格式的单元格、单元格区域、文本或字符后，在【开始】→【字体】组中（见图4-1）单击相应的按钮或在其下拉列表框中选择相应的选项可快速地设置字体格式。

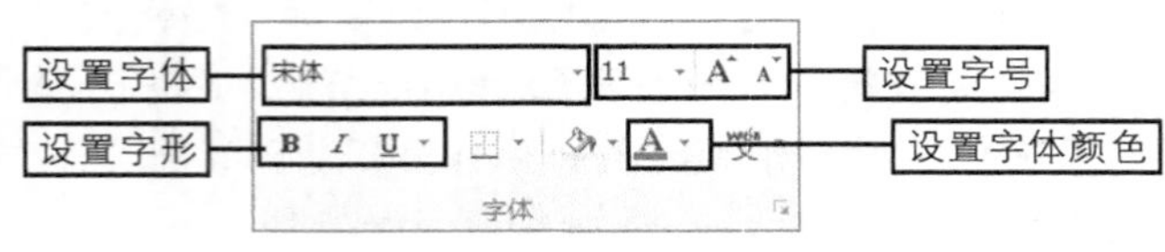

图4-1 “字体”组

“字体”组中相应按钮及下拉列表框的作用如下。

◎ **设置字体**：字体指数据的外观，如宋体、黑体、楷体等字体。不同的字体，其外观也不同。要设置字体，可在“字体”下拉列表框中选择计算机中已安装的各种字体。

◎ **设置字号**：字号指数据的大小。Excel支持两种字号表示方法：一种为中文，如初号、一号、三号等；另一种为数字，如10、10.5、15等，字号越大，数据就越大。要设置字号，可在“字号”下拉列表框 11 中选择相应的字号，也可单击“增大字号”按钮A或“减小字号”按钮A，直到“字号”下拉列表框中显示所需的字号即可。

◎ **设置字形**：字形指数据的一些特殊外观，如加粗、倾斜、添加下划线等。要设置字形，可单击“加粗”按钮B加粗显示所选字符；单击“倾斜”按钮I倾斜显示所选字符；单击“下划线”按钮U为所选字符添加当前显示的下划线效果；单击U按钮右侧的-按钮，在打开的下拉列表中可选择其他下划线效果。

◎ **设置字体颜色**：默认的数据颜色为黑色，通过设置字体颜色可以突出重点，使表格更生动。要设置字体颜色，可单击“字体颜色”按钮A为所选字符设置当前显示的字体颜色；单击A按钮右侧的-按钮，在打开的下拉列表中可选择其他字体颜色。

知识提示

选择单元格或单元格区域后，将鼠标指针移动到“字体”组中的某个下拉列表框的字体格式选项上，在单元格中可以预览字体设置后的效果。

2. 通过“浮动工具栏”设置

通过浮动工具栏也可设置字体、字号、字形、字体颜色等，浮动工具栏中的相应按钮及下拉列表框的作用与“字体”组中相同。浮动工具栏主要有如下两种表现形式。

◎ **对单元格中的部分数据进行设置：**双击需要设置字体格式的单元格，将文本插入点定位到单元格中拖动选择单元格中需要设置字体格式的数据，此时将出现一个半透明的“浮动工具栏”，如图4-2所示，用鼠标指针指向浮动工具栏并执行相应的操作即可为所选的数据设置字体格式。

◎ **对单元格中的所有数据进行设置：**选择需要设置字体格式的单元格或单元格区域，在其上单击鼠标右键，此时除了弹出右键快捷菜单，还将出现一个“浮动工具栏”，如图4-3所示，用鼠标指针指向浮动工具栏并执行相应的操作即可为所选的单元格或单元格区域数据设置字体格式。

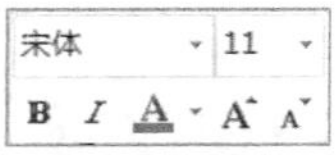

图4-2 选择单元格数据后出现的“浮动工具栏”

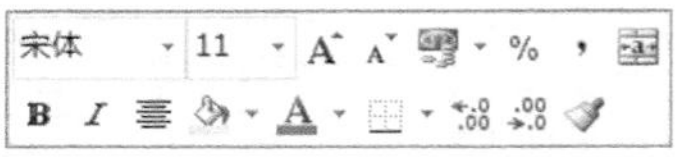

图4-3 右键单击单元格后出现的“浮动工具栏”

知识提示

在右键单击单元格后出现的“浮动工具栏”中除了可以设置字体格式外，还可单击相应的按钮设置居中对齐方式，设置货币样式、百分比样式、千位分隔样式、小数位数以及设置边框和填充颜色等。

3. 通过“设置单元格格式”对话框设置

通过“设置单元格格式”对话框可详细设置字体格式，其具体操作如下。

(1) 选择单元格或单元格区域后，在【开始】→【字体】组的右下角单击“对话框启动器”按钮。

(2) 打开“设置单元格格式”对话框的“字体”选项卡，如图4-4所示，在其中可以设置单元格或单元格区域中数据的字体、字形、字号、下划线、字体颜色以及字体的特殊效果（如删除线、上标和下标）。另外，单击选中“普通字体”复选框，可将已设置的字体格式恢复为Excel默认的字体格式，在“预览”栏中可预览设置的字体格式效果。

(3) 完成后单击 确定 按钮应用设置。

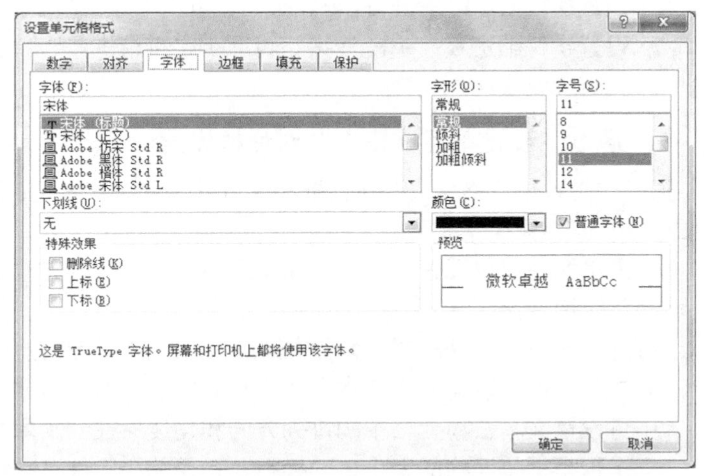

图4-4 通过“设置单元格格式”对话框设置字体格式

操作技巧　选择单元格或单元格区域后，在其上单击鼠标右键，在弹出的快捷菜单中选择“设置单元格格式”命令，或直接按【Ctrl+1】组合键，也可打开“设置单元格格式”对话框。

4.1.2 设置对齐方式

默认情况下，Excel中文本的对齐方式为左对齐、数字为右对齐，用户可根据需要设置不同的对齐方式排列数据。

1. 通过“对齐方式”组设置

在工作表中选择要设置对齐方式的单元格或单元格区域，在【开始】→【对齐方式】组中（如图4-5所示）单击相应的按钮可快速地设置数据的对齐方式。

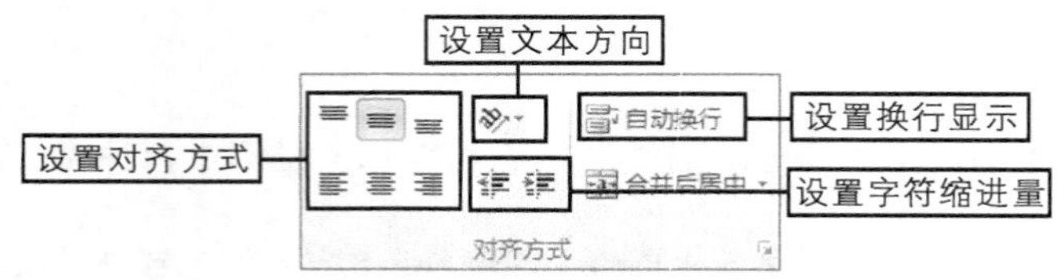

图4-5　“对齐方式”组

“对齐方式”组中相应按钮的作用如下。

◎ **设置对齐方式**：单击按钮，使数据靠单元格顶端对齐；单击按钮，使数据在单元格中上下居中对齐；单击按钮，使数据靠单元格底端对齐；单击按钮，使数据靠单元格左端对齐；单击按钮，使数据在单元格中左右居中对齐；单击按钮，使数据靠单元格右端对齐。

◎ **设置文本方向**：单击按钮，在打开的下拉列表中可选择不同的文本方向选项，如逆时针角度、顺时针角度、竖排文字等。

◎ **设置换行显示**：单击自动换行按钮，可将单元格中不能完全显示的内容换行显示。

◎ **设置字符缩进量**：单击按钮可减少字符缩进量，单击按钮可增加字符缩进量。每次减少或增加4个字符。

2. 通过“设置单元格格式”对话框设置

通过“设置单元格格式”对话框不仅可以设置对齐方式，还可进行文本控制和设置文本排列顺序等，其具体操作如下。

（1）选择单元格或单元格区域后，在【开始】→【对齐方式】组的右下角单击“对话框启动器”按钮。

（2）打开“设置单元格格式”对话框的“对齐方式”选项卡，如图4-6所示，在“文本对齐方式”栏中可设置文本在水平和垂直方向上的对齐方式以及字符缩进量；在“方向”栏中可设置文本在单元格中的排列方向和角度；在“文本控制”栏中可设置单元格中的数据是否根据单元格的大小自动换行，是否缩小字体进行填充，是否合并选择的单元格；在“从右到左”栏中可设置文本的排列顺序。

（3）完成后单击 确定 按钮应用设置。

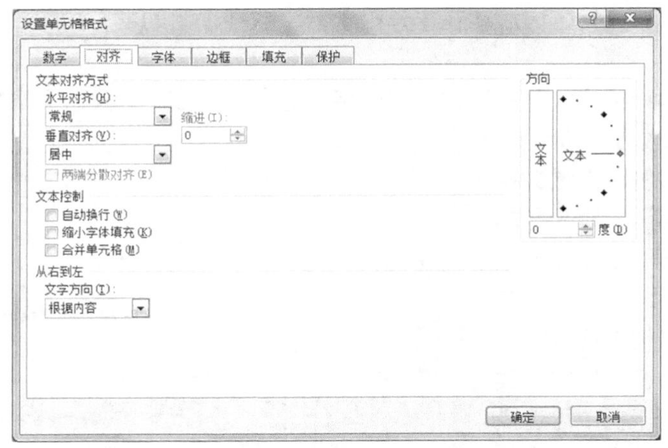

图4-6　通过“设置单元格格式”对话框设置对齐方式

4.1.3　设置数字格式

Excel中的数字格式包括“常规”“数值”“货币”“会计专用”“日期”“百分比”和“分数”等类型，用户可根据需要设置所需的数字格式。

1. 通过“数字”组设置

在工作表中选择要设置数字格式的单元格或单元格区域，在【开始】→【数字】组中（如图4-7所示）单击相应的按钮或在其下拉列表框中选择相应的选项可快速地设置数字格式。

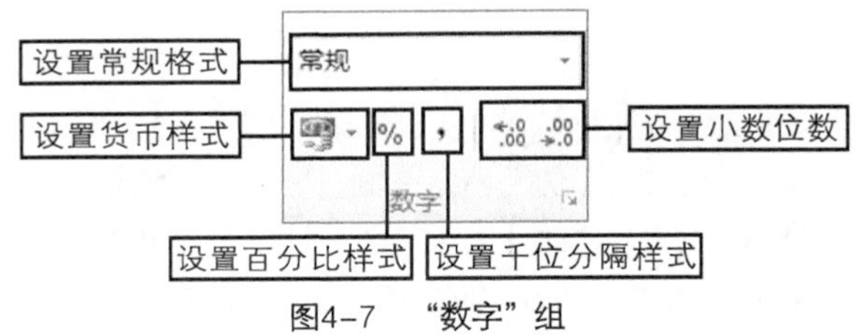

图4-7　“数字”组

“数字”组中相应按钮及下拉列表框的作用如下。

◎ **设置常规格式：**在“常规”下拉列表框中可选择“常规”选项取消设置的数字格式，也可选择其他选项设置数字的货币、日期、时间、百分比和分数等格式。

◎ **设置货币样式：**单击按钮，将所选单元格的数据显示为中文的货币样式；单击按钮右侧的按钮，在打开的下拉列表中可选择不同国家的货币样式。

◎ **设置百分比样式：**单击%按钮，将所选单元格的数据显示为百分比样式。

◎ **设置千位分隔样式：**单击,按钮，将所选单元格的数据显示为千位分隔符样式。

◎ **设置小数位数：**单击按钮，将增加所选单元格中数据的小数位数；单击按钮，将减少所选单元格中数据的小数位数。

2. 通过“设置单元格格式”对话框设置

通过“设置单元格格式”对话框不仅可以详细设置不同类型的数字格式，还可以自定义数字格式，其具体操作如下。

（1）选择单元格或单元格区域后，在【开始】→【数字】组的右下角单击“对话框启动器”按钮。

（2）打开“设置单元格格式”对话框的“数字”选项卡，在“分类”列表框中可选择不同的数字格式，如数值、货币、日期等，在右侧可设置数据的具体类型等，而下方的提示文字用于说明所选数字格式的应用范围。如在“分类”列表框中选择“自定义”选项，在右侧的“类型”栏下的列表框中可选择所需的数字格式，也可在其下的文本框中自定义数字格式，如图4-8所示。

（3）完成后单击确定按钮应用设置。

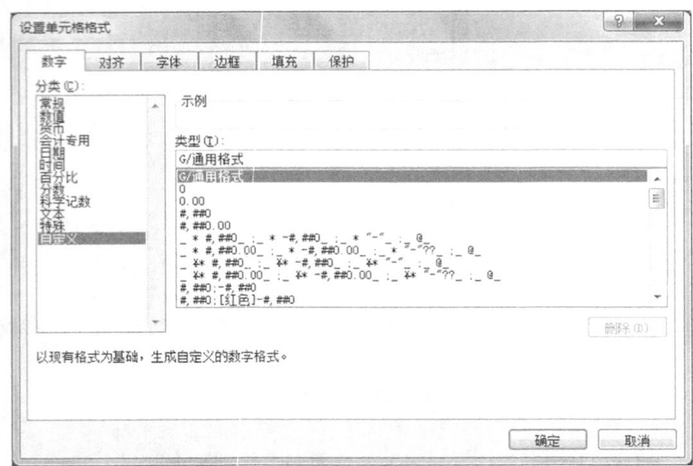

图4-8　通过“设置单元格格式”对话框设置数字格式

4.1.4　设置边框与填充颜色

为了使制作的表格轮廓更清晰，更具层次感，底纹效果更美观，可设置单元格的边框与填充颜色。

1. 设置边框

在Excel中不仅可以为单元格添加默认的边框样式，还可以手动绘制边框，以及为单元格自定义边框的线条样式、线条颜色、边框位置等，下面分别进行介绍。

◎ **添加默认的边框样式**：在【开始】→【字体】组中单击按钮可为所选单元格或单元格区域添加当前显示的边框样式；单击按钮右侧的按钮，在打开的下拉列表（如图4-9所示）的“边框”栏中选择任一种边框样式可快速设置边框，若选择“无边框”选项可撤销单元格边框样式的显示状态。

◎ **手动绘制边框**：在“边框”下拉列表的“绘制边框”栏中选择相应的选项，可手动绘制边框或边框网格，并设置线条颜色与线型。如需绘制一个红色的双线条边框，可先选择“线条颜色”为“红色”，“线型”为“双线条”，再选择“绘图边框”选项，此时鼠标光标变为形状，在需要绘制边框的单元格中按住鼠标左键不放拖动到所需位置后释放鼠标，如图4-10所示，完成后双击鼠标退出边框绘制状态即可。

◎ **自定义边框样式**：在“边框”下拉列表中若选择“其他边框”选项，可打开“设置单元格格式”对话框的“边框”选项卡，如图4-11所示，在“线条”栏中可设置线条样式和颜

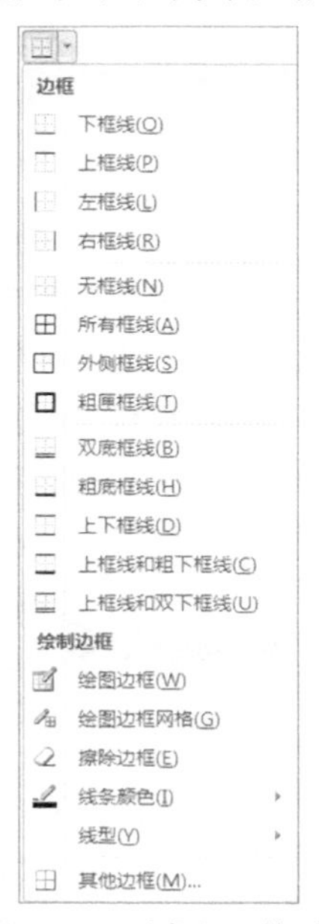

图4-9　“边框”下拉列表

色，在“预置”栏中可选择需设置单元格边框的构架，在“边框”栏中可精确设置各个位置上的单元格边框，完成后单击确定按钮应用设置。

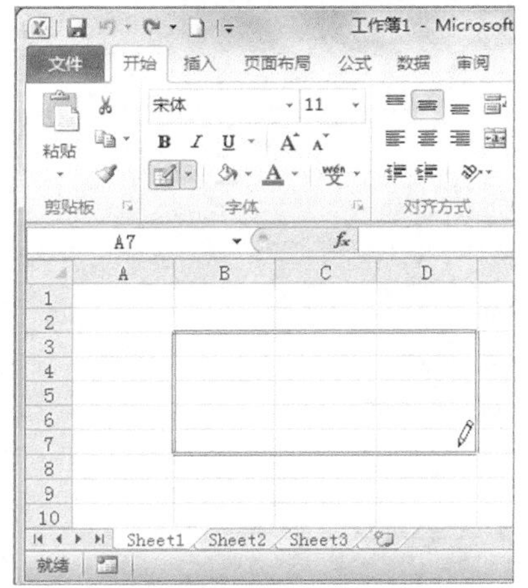

图4-10　绘制边框

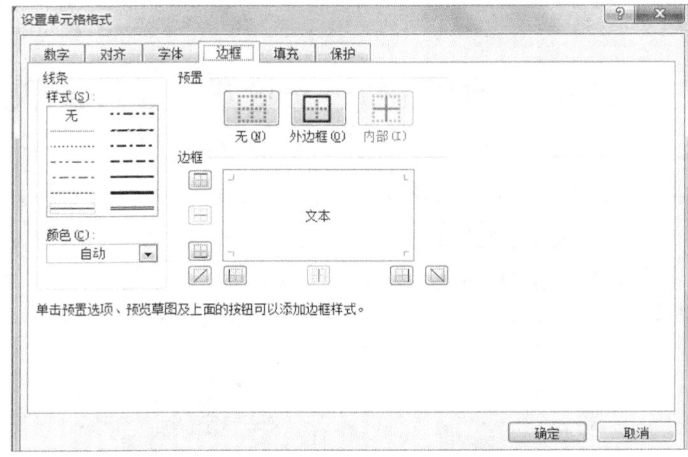

图4-11　通过“设置单元格格式”对话框设置边框

知识提示

要擦除已绘制的边框，可在“边框”下拉列表的“绘制边框”栏中选择“擦除边框”选项，此时鼠标光标变为形状，单击已绘制的边框样式，或选择已绘制的边框样式区域即可。

2. 设置填充颜色

要设置单元格或单元格区域的填充颜色，其方法有如下两种。

◎ **单击“填充颜色”按钮快速设置**：在【开始】→【字体】组中单击按钮可为所选单元格或单元格区域应用当前显示的填充颜色；单击按钮右侧的按钮，在打开的下拉列表中可根据需要选择相应的填充颜色，如图4-12所示。

◎ **通过“设置单元格格式”对话框设置**：打开“设置单元格格式”对话框，单击“填充”选项卡，在“背景色”栏的颜色块中可选择所需的颜色；单击其他颜色(M)...按钮，在打开的对话框中可选择更多的颜色；单击填充效果(I)...按钮，在打开的对话框中可设置渐变颜色、预设效果、底纹样式等；在“图案颜色”下拉列表框中可选择图案的颜色；在“图案样式”下拉列表框中可选择图案样式，完成后单击确定按钮，如图4-13所示。

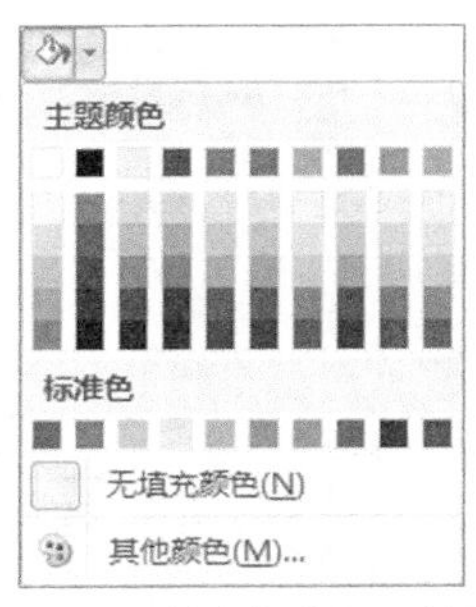

图4-12　“填充颜色”下拉列表

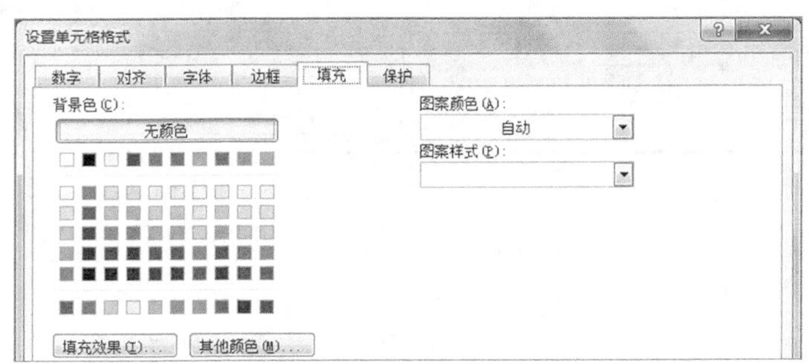

图4-13　通过“设置单元格格式”对话框设置填充颜色

知识提示

要删除单元格中添加的填充颜色，可在“填充颜色”下拉列表中选择“无填充颜色”选项，或在“设置单元格格式”对话框中单击 无颜色 按钮。

4.1.5 课堂案例1——设置产品报价单

本案例将为提供的素材文件设置字体格式、对齐方式、数字格式、边框与填充颜色，使表格效果更美观，表格轮廓更清晰。完成后的参考效果如图4-14所示。

素材所在位置　光盘:\素材文件\第4章\课堂案例1\产品报价单.xlsx

效果所在位置　光盘:\效果文件\第4章\课堂案例1\产品报价单.xlsx

视频演示　光盘:\视频文件\第4章\设置产品报价单.swf

美容护肤产品报价单

序号	货号	产品名称	净含量	包装规格	单价（元）	数量	总价（元）	备注
001	SR002	水润眼部修护素	110g	48瓶/件	¥99.00	10		
002	SR001	水润面贴膜	6片	120片/件	¥99.00	5		
003	RF018	[illegible]	1片装	288片/箱	¥20.00	10		
004	RF015	[illegible]	2片装	1152袋/箱	¥10.00	15		
005	MB017	[illegible]	35g	48支/箱	¥138.00	9		
006	MB012	[illegible]	105ml	48支/箱	¥99.00	6		
007	MB010	美白精华露	30ml	48瓶/箱	¥128.00	15		
008	MB009	[illegible]	35g	48瓶/箱	¥125.00	10		
009	MB006	[illegible]	105g	48支/箱	¥66.00	8		
010	HF002	活肤面贴膜	6片	120片/件	¥99.00	20		
011	HF001	[illegible]	12片	120片/件	¥120.00	10		
012	FS001	防晒露	60g	72支/件	¥88.00	5		
013	BS004	保湿霜	35g	48瓶/箱	¥105.00	6		
014	BS003	保湿乳液	110ml	48瓶/箱	¥78.00	5		
015	BS002	保湿紧肤水	110ml	48瓶/箱	¥88.00	10		

图4-14　“产品报价单”参考效果

（1）打开素材文件“产品报价单.xlsx”，选择合并后的A1单元格，在【开始】→【字体】组的“字体”下拉列表框中选择“方正兰亭粗黑简体”选项，在“字号”下拉列表框中选择“16”选项，然后在“字体”组的右下角单击“对话框启动器”按钮。

（2）打开“设置单元格格式”对话框的“字体”选项卡，在“下划线”下拉列表框中选择“会计用双下划线”选项，在“颜色”下拉列表框中选择“深红”选项，完成后单击 确定 按钮，如图4-15所示。

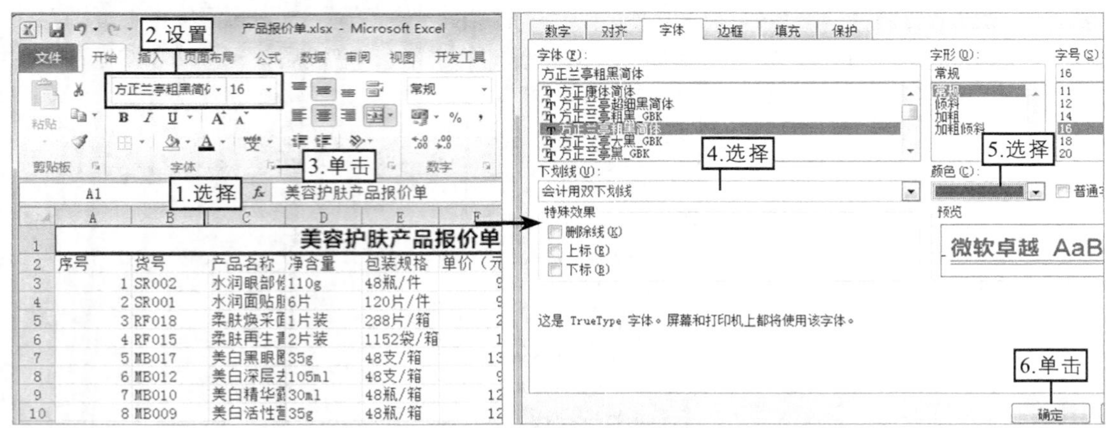

图4-15　设置表题的字体格式

（3）选择A2:I2单元格区域，在“字体”组的“字号”下拉列表框中选择“12”选项，然后单击 B 按钮加粗显示表头字体，如图4-16所示。

（4）选择A2:I18单元格区域，在“对齐方式”组中单击 按钮使所选区域的数据居中显示，然后在“对齐方式”组的右下角单击“对话框启动器”按钮 。

图4-16　设置表头的字体格式

（5）打开“设置单元格格式”对话框的“对齐”选项卡，在“文本控制”栏中单击选中“缩小字体填充”复选框使单元格数据根据单元格的大小自动缩小字体显示，完成后单击 确定 按钮，如图4-17所示。

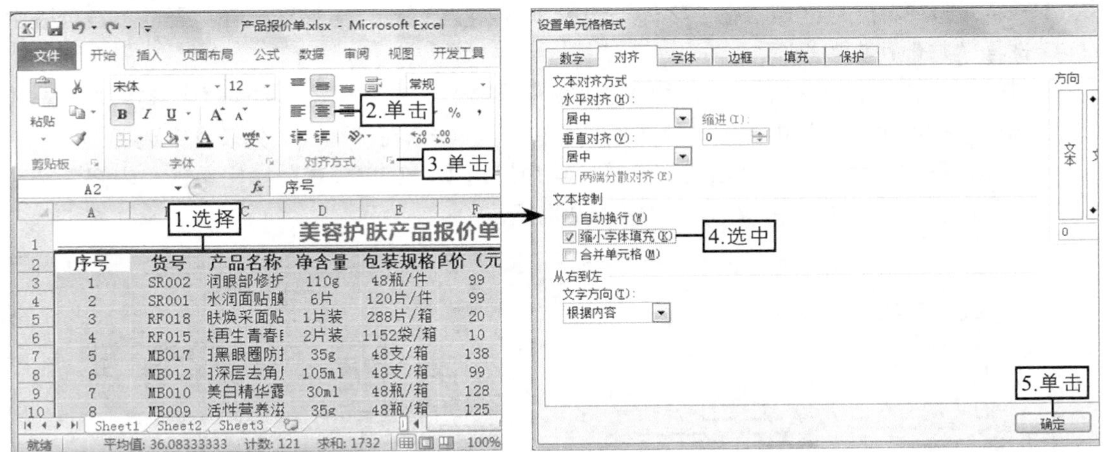

图4-17　设置表格内容的对齐方式

知识提示

缩小字体填充后，若调整单元格的列宽，单元格中缩小的字体将随着单元格的大小改变而改变。

（6）选择F3:F18和H3:H18单元格区域，在“数字”组中直接单击 按钮，将所选单元格的数据显示为中文的货币样式，如图4-18所示。

（7）选择A3:A18单元格区域，在“数字”组的右下角单击“对话框启动器”按钮 ，打开“设置单元格格式”对话框的“数字”选项卡，在“分类”列表框中选择“自定义”选项，在右侧的“类型”栏下的文本框中输入数据“000”，如图4-19所示，完成后单击 确定 按钮即可将所选单元格区域中的数据设置为“0”开头的数据。

操作技巧

在输入以“0”开头的数据前，先在英文状态下输入单引号“'”，或将所选的单元格区域的数字格式设置为“文本”类型，然后再输入以“0”开头的数据，即可以文本形式存储数字。

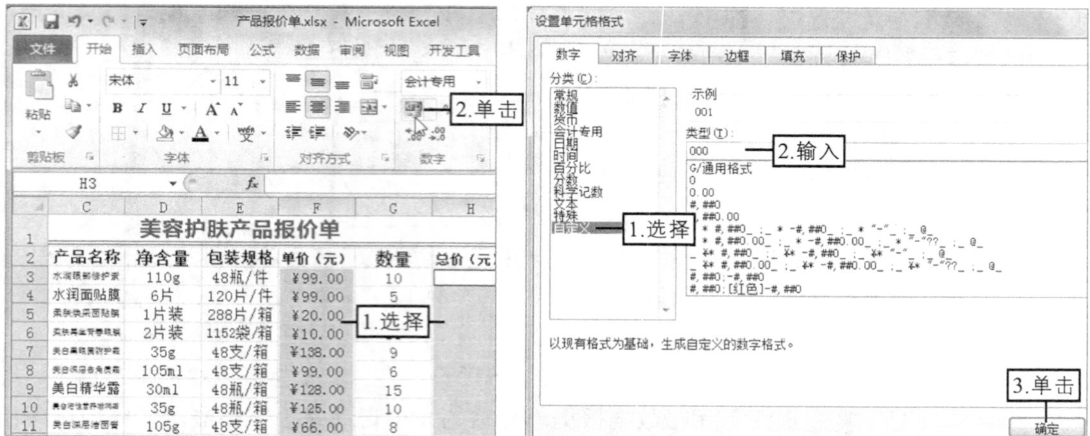

图4-18　设置货币格式　　　　图4-19　自定义以“0”开头的数字

（8）选择A2:I18单元格区域，在“字体”组中单击按钮右侧的按钮，在打开的下拉列表中选择“其他边框”选项。

（9）打开“设置单元格格式”对话框的“边框”选项卡，在“样式”列表框中选择“——”选项，在“预置”栏中单击“外边框”按钮，继续在“样式”列表框中选择“……”选项，在“颜色”下拉列表框中选择“紫色”选项，在“预置”栏中单击“内部”按钮，完成后单击确定按钮，如图4-20所示。

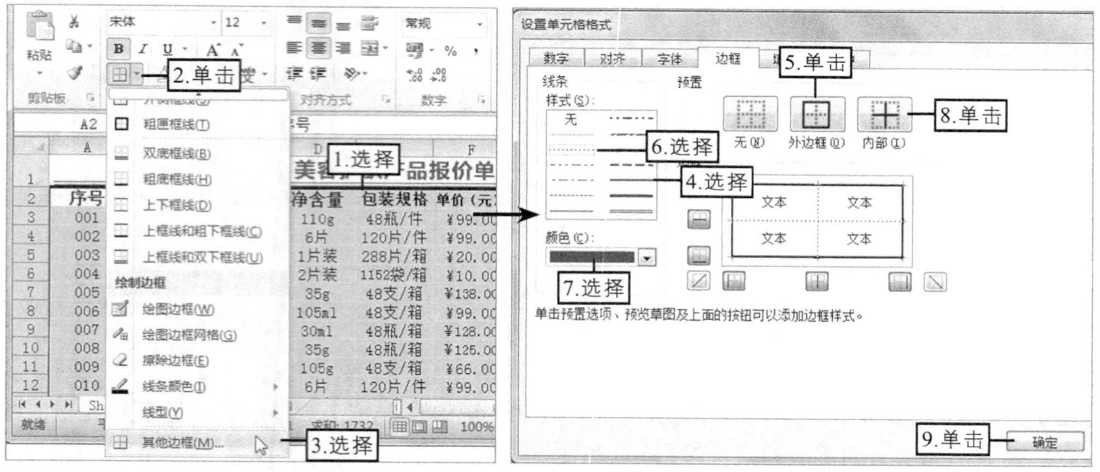

图4-20　设置边框

（10）单击“全选”按钮选择所有单元格，然后在“字体”组中单击按钮右侧的按钮，在打开的下拉列表中选择“白色，背景 1”选项将所有单元格的背景颜色填充为白色，如图4-21所示。

（11）选择A2:I2单元格区域，在“字体”组的右下角单击“对话框启

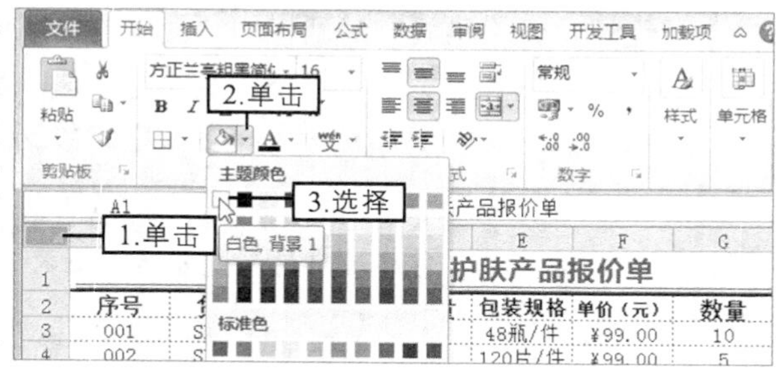

图4-21　将所有单元格背景颜色填充为白色

动器”按钮，在打开的“设置单元格格式”对话框中单击“填充”选项卡，再单击填充效果(I)...按钮。

(12) 在打开的“填充效果”对话框的“颜色 2”下拉列表框中选择“橙色，强调文字颜色 6，淡色 40%”选项，在“底纹样式”栏中单击选中“中心辐射”单选项，如图4-22所示，依次单击确定按钮，返回工作表中可看到设置单元格格式后的效果。

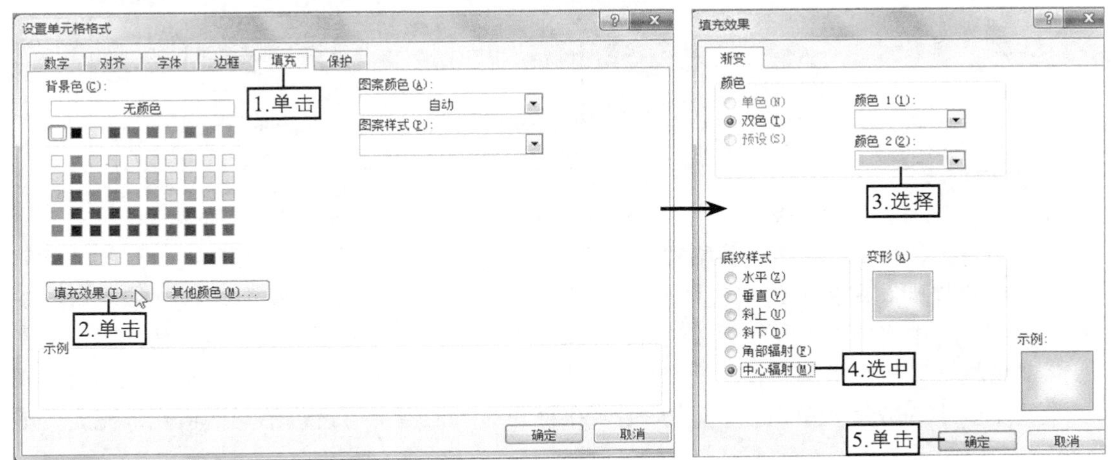

图4-22　设置渐变的填充效果

4.2　设置其他表格格式

为了使制作的表格更专业，更个性化，还可设置条件格式、套用表格格式、设置工作表背景和工作表标签颜色等。

4.2.1　设置条件格式

使用条件格式中的突出显示单元格规则可以突出显示所需数据强调异常值，数据条可以显示并分析单元格中的值，色阶的深浅颜色可以比较单元格区域数据，图标集可以注释数据并按大小将数据进行等级划分等。要设置条件格式，可以应用已有的条件格式，也可新建条件格式，当不需要时还可删除条件格式，其方法介绍分别如下。

◎ **应用已有的条件格式**：选择要设置条件格式的单元格区域，在【开始】→【样式】组中单击“条件格式”按钮，在打开的下拉列表中选择相应的选项进行操作，如图4-23所示。如选择【突出显示单元格规则】→【小于】命令，在打开的“小于”对话框中左侧的文本框中输入设置条件，在“设置为”下拉列表框中选择突出显示颜色，完成后单击确定按钮，如图4-24所示，在返回的工作表中，若单元格中的数据符合设置的条件，则该单元格将显示设置的格式；若不符合其条件，将保持原来的格式。

知识提示

在“条件格式”下拉列表中选择“管理规则”选项，在打开的“条件格式规则管理器”对话框中单击新建规则(N)...按钮，可打开“新建格式规则”对话框新建所需的规则，完成后还可对新建的规则进行编辑和删除操作。

图4-23 “条件格式”下拉列表

图4-24 突出显示小于“2014-9-30”的日期

◎ **新建条件格式**：在“条件格式”下拉列表中选择“新建规则”选项，在打开的“新建格式规则”对话框的“选择规则类型”栏中选择不同的规则类型，在“编辑规则说明”栏中将出现不同的参数设置框，如图4-25所示。如选择“仅对唯一值或重复值设置格式”规则类型，在“编辑规则说明”栏的“全部设置格式”下拉列表框中可选择范围中的数值，单击[格式(F)...]按钮，在打开的对话框中可设置单元格格式，完成后单击[确定]按钮。

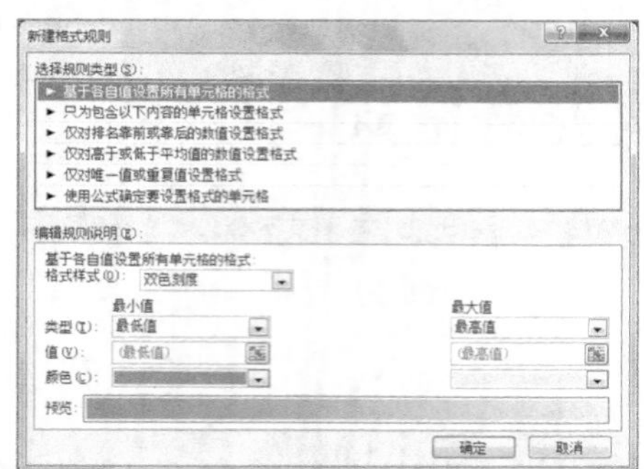

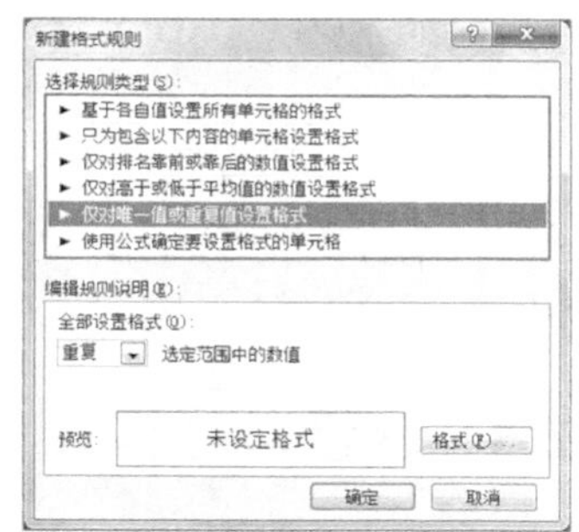

图4-25 选择不同规则类型后的“新建格式规则”对话框

◎ **删除条件格式**：在工作表中选择任意单元格，在“条件格式”下拉列表中选择【清除规则】→【清除整个工作表的规则】选项可以清除整个工作表中的条件格式；选择设置条件格式的某个单元格，在“条件格式”下拉列表中选择【清除规则】→【清除所选单元格的规则】选项可以清除所选单元格的条件格式。

4.2.2 套用表格格式

Excel提供的套用表格格式功能可以快速地为表格设置其格式，这样不仅保证了表格格式质量，而且提高了工作效率。在默认情况下，套用表格格式有浅色、中等深浅和深色3大类型。其具体操作如下。

（1）选择需套用表格格式的单元格区域，在【开始】→【样式】组中单击“套用表格格式”按钮。

（2）在打开的下拉列表框中选择所需的格式，如图4–26所示。

（3）在打开的“套用表格式”对话框中确认套用表格格式的单元格区域，然后单击 确定 按钮即可快速套用表格格式。

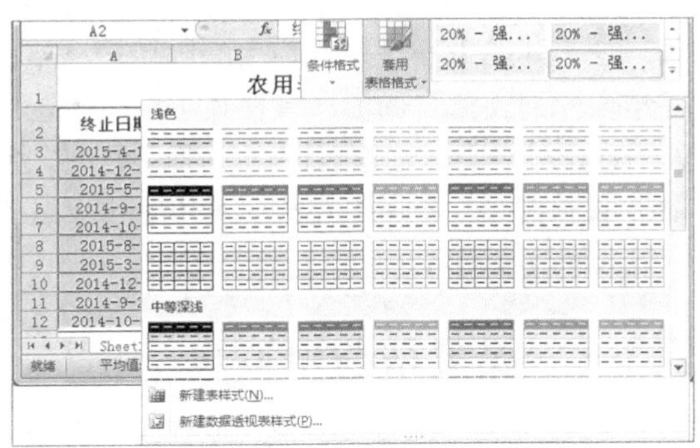

图4–26 套用表格格式

知识提示

在“套用表格格式”下拉列表中“新建表样式”选项，在打开的“新建表快速样式”对话框中可自定义创建表格样式。

4.2.3 设置工作表背景

在默认情况下，Excel工作表中的数据呈白底黑字显示。为了使工作表更美观，除了为其填充颜色外，还可插入喜欢的图片作为背景。设置工作表背景的方法很简单，其具体操作如下。

（1）在【页面布局】→【页面设置】组中单击 背景 按钮。

（2）在打开的“工作表背景”对话框左侧的列表框中选择背景图片的保存路径，在中间区域选择所需的背景图片，如图4–27所示，完成后单击 插入(S) 按钮即可。

图4–27 “工作表背景”对话框

知识提示

为单元格设置的颜色或图案效果可以通过打印机打印到纸张上，但是为工作表设置的背景效果不能通过打印机打印输出。

4.2.4 设置工作表标签颜色

在默认情况下，Excel工作表标签颜色也呈白底黑字显示。为了方便快速区分和查找所需工作表，可将工作表名称突出显示，即设置工作表标签颜色。其方法有如下两种。

◎ 选择所需的工作表，在【开始】→【单元格】组中单击“格式”按钮，在打开的下拉列表中选择“工作表标签颜色”选项，并在其子菜单中选择所需的颜色即可。完成后单击其他工作表标签，可更明显地查看设置工作表标签颜色后的效果。

◎ 在工作表标签上单击鼠标右键，在弹出的快捷菜单中也可选择“工作表标签颜色”命令，并在其子菜单中选择所需的颜色。

4.2.5 课堂案例2——设置采购申请表

本案例将为提供的素材文件设置条件格式、套用表格格式、设置工作表背景、设置工作表标签颜色，完成后的参考效果如图4-28所示。

素材所在位置 光盘:\素材文件\第4章\课堂案例2\采购申请表.xlsx、背景图片.jpg

效果所在位置 光盘:\效果文件\第4章\课堂案例2\采购申请表.xlsx

视频演示 光盘:\视频文件\第4章\设置采购申请表.swf

原料采购申请表								
申请部门	销售部	申请日期	2014-8-20					
采购原因	库存不足	要求到货日期	2014-9-1					
采购清单	序号	原料名称	规格型号	申购数量	库存量	单位	标准用量	供应商
	1	空调1		18	12	台	30	三菱
	2	空调2		32	3	台	35	海尔
	3	空调3		21	9	台	30	日立
	4	空调4		32	3	台	35	美的
	5	空调5		13	7	台	20	奥柯玛
	6	空调6		20	5	台	25	三菱
	7	空调7		28	2	台	30	美的
	8	空调8		10	15	台	25	奥柯玛
	9	空调9		26	4	台	30	三菱
合计				200	60		260	
	经营计划部意见:			签字:			日期:	
	总经理审批意见:			签字:			日期:	

图4-28 “采购申请表”参考效果

职业素养

物资需求部门必须认真填写采购申请表，且采购申请人必须清楚填写采购原因、品名、规格、数量、技术要求等，避免采购后的不适用或错误。填写采购申请表后必须得到申请审批确认后，方可进行采购。另外，采购员应及时与需求部门沟通，确认物资的质量、性能、品牌及使用时间等，同时采购部门应讲究采购原则，认真采购。

（1）打开素材文件“采购申请表.xlsx”，选择E5:E13单元格区域，在【开始】→【样式】组中单击“条件格式”按钮，在打开的下拉列表中选择【数据条】→【红色数据条】选项，如图4-29所示，在返回的工作表中可根据数据条的长度清楚地查看申请数量的多少。

（2）选择A4:I14单元格区域，在【开始】→【样式】组中单击“套用表格格式”按钮，在打开的下拉列表框中选择“表样式浅色 10”选项，如图4-30所示。

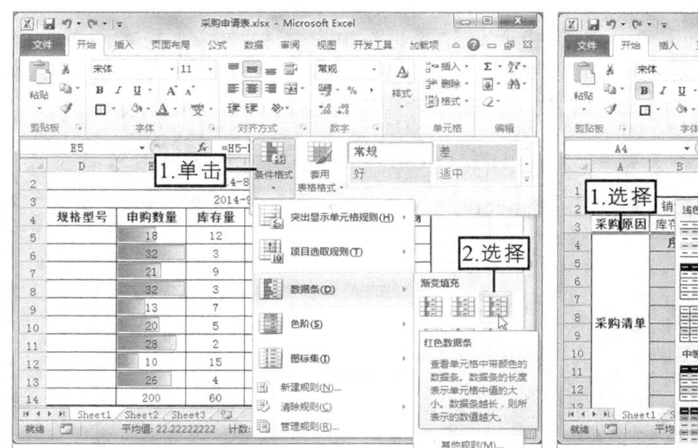

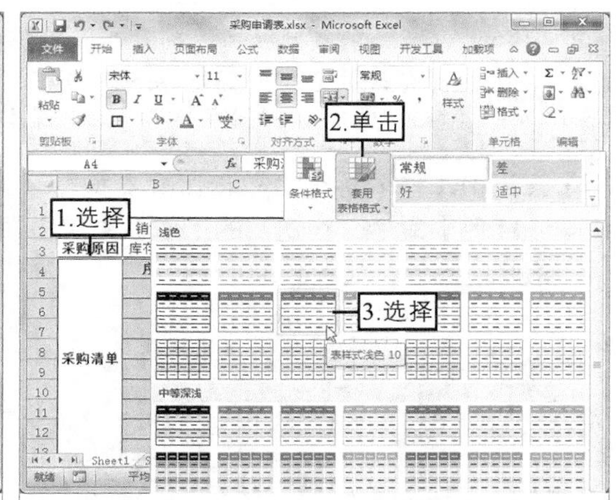

图4-29　设置条件格式　　　　图4-30　选择套用的表格格式

（3）在打开的“套用表格式”对话框中确认套用表格格式的单元格区域，然后单击确定按钮，如图4-31所示，套用表格格式后，将添加一行显示筛选状态，且在该表格中将激活“表格工具”的“设计”选项卡，如图4-32所示。

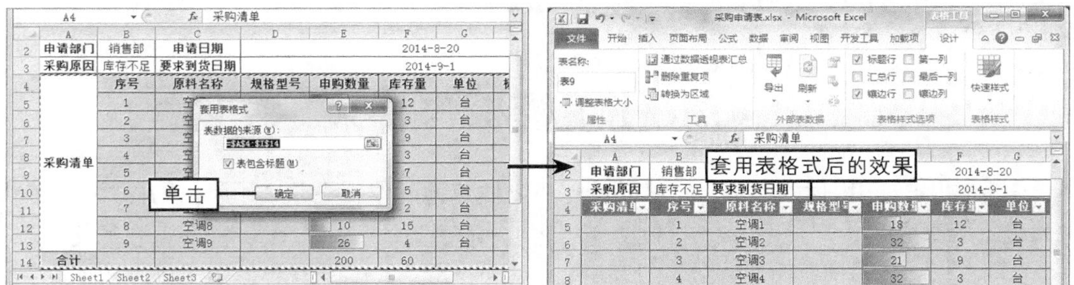

图4-31　确认套用表格格式的单元格区域　　　　图4-32　套用表格式后的效果

（4）在【页面布局】→【页面设置】组中单击背景按钮，在打开的“工作表背景”对话框左侧的列表框中选择背景图片的保存路径，在中间区域选择“背景图片.jpg”文件，完成后单击插入(S)按钮，如图4-33所示。

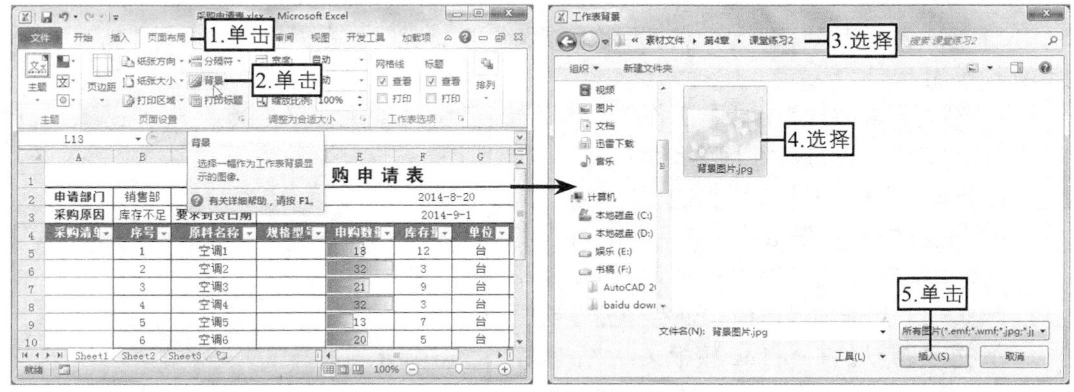

图4-33　设置工作表背景

操作技巧

在“表格工具”的“设计”选项卡的“工具”组中单击转换为区域按钮，在打开的对话框中单击是(Y)按钮可将套用的表格格式转换为普通区域。另外，在“表格样式”组的“快速样式”下拉列表框下选择“清除”选项可删除套用的表格格式。

（5）在当前工作表标签上单击鼠标右键，在弹出的快捷菜单中选择【工作表标签颜色】→【红色】命令，在返回的工作表中单击“Sheet2”工作表标签可清楚地看到设置的工作表标签颜色，如图4-34所示。

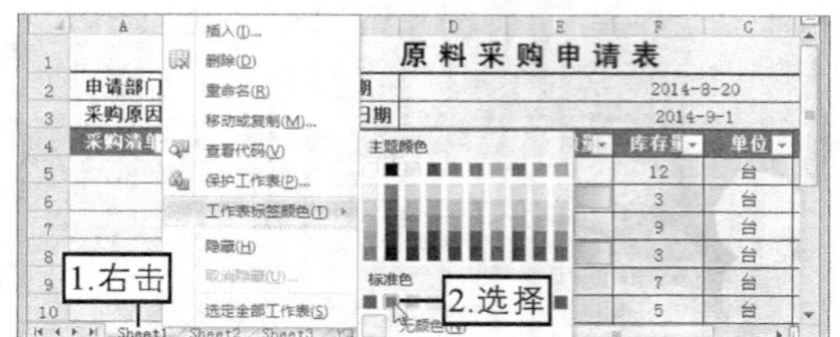

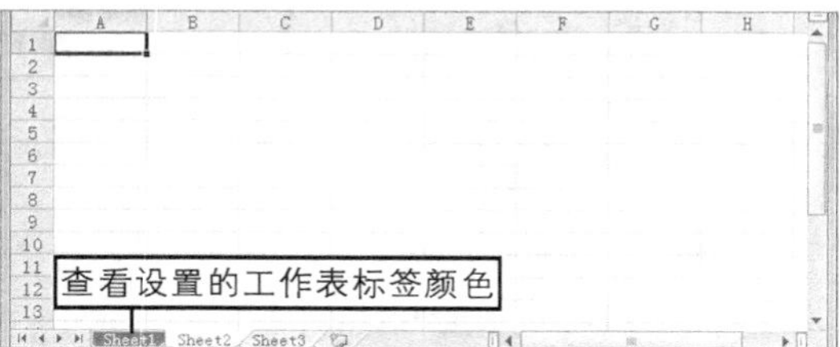

图4-34　设置工作表标签颜色

知识提示

设置工作表背景后，“页面设置”组中的背景按钮将自动变成删除背景按钮，单击该按钮，将删除已设置的工作表背景。

4.3　使用模板与样式

合理使用Excel提供的模板与样式功能，可以快速地制作表格并应用所需的样式，极大地提高了工作效率。

4.3.1　创建并使用模板

Excel模板是指拥有固定样式和框架的工作簿，利用它可以快速地创建相似的工作簿，即直接应用其中的样式和框架，减少手动输入的麻烦。

1. 创建模板

Excel预设的模板并不能完全满足用户的实际需要，此时可根据用户需求创建新的模板。其具体操作如下。

（1）制作或打开需要作为模板的工作簿，然后选择【文件】→【另存为】菜单命令。

（2）在打开的“另存为”对话框的“文件名”下拉列表框中输入表格的保存名称；在“保存类型”下拉列表框中选择“Excel模板（*.xltx）”选项，此时“保存位置”会自动切换到默认的Templates模板文件夹，如图4-35所示，单击保存(S)按钮将该工作簿另存为模板文件。

图4-35　创建模板文件

2. 使用模板

在Excel中创建好模板后，就可使用该模板新建工作簿了，其具体操作如下。

（1）选择【文件】→【新建】菜单命令，在中间区域的“可用模板”栏中选择“我的模板”选项，如图4-36所示。

（2）在打开的“新建”对话框的“个人模板”选项卡中选择新建工作簿需依据的模板，然后单击确定按钮即可使用Excel模板快速创建与该模板结构相同的Excel工作簿，如图4-37所示。

图4-36　选择可用模板类型

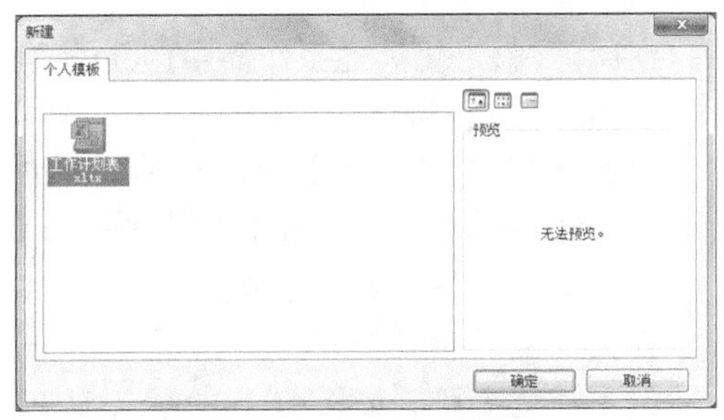

图4-37　选择需依据的模板

4.3.2 创建并应用样式

Excel样式是指具有特定格式的一种设置选项，使用样式可以快速为选择的单元格或单元格区域设置各种格式效果，包括数据与模型格式、标题格式、主题单元格样式、数字格式等。

1. 创建样式

在Excel中预设的单元格样式并不能完全满足工作需要，此时可将经常使用的格式创建为单元格样式并应用到表格中。其具体操作如下。

（1）在【开始】→【样式】组中单击“单元格样式”按钮，在打开的下拉列表中选择“新建单元格样式”选项，如图4-38所示。

（2）在打开的“样式”对话框的“样式名”文本框中输入样式名称，单击格式(O)...按钮，如图4-39所示。

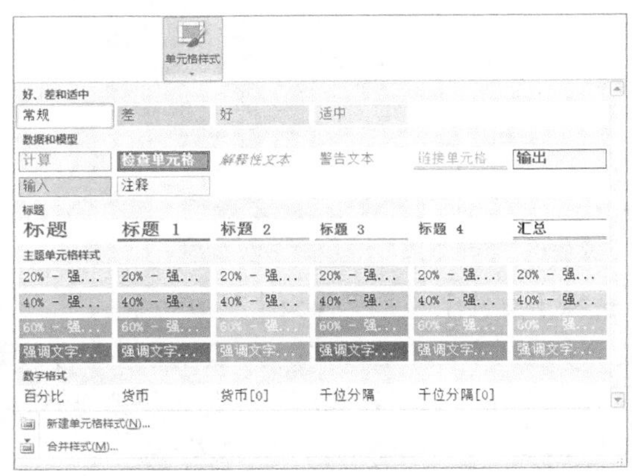

图4-38　“单元格样式”下拉列表

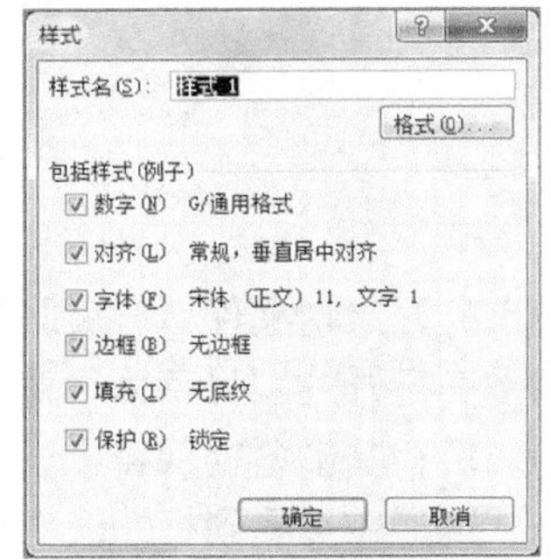

图4-39　“样式”对话框

（3）在打开的“设置单元格格式”对话框中对样式的数字格式、字体、对齐方式、边框和填充颜色进行设置，然后单击确定按钮完成样式的创建。

2. 应用样式

选择需要应用样式的单元格，在【开始】→【样式】组中单击“单元格样式”按钮，在打开的下拉列表中将出现“自定义”栏，在其中选择自己创建的样式名称，返回工作表中可以看到所选单元格中应用了创建的样式效果。

3. 合并样式

合并样式就是将其他工作簿中创建的样式合并到当前工作簿中。其具体操作如下。

（1）打开已创建样式的多个工作簿，然后在【开始】→【样式】组中单击“单元格样式”按钮，在打开的下拉列表中选择“合并样式”选项。

（2）在打开的“合并样式”对话框的列表框中选择已创建样式的工作簿名称，如图4-40所示，单击确定按钮即可将所选工作簿中的样式合并到当前工作簿中进行应用。

图4-40　合并样式

4.3.3　课堂案例3——设置售后服务报告单

根据提供的素材文件，创建并应用模板与样式，达到提高工作效率的目的，完成后的参考效果如图4-41所示。

素材所在位置　光盘:\素材文件\第4章\课堂案例3\售后服务报告单.xlsx

效果所在位置　光盘:\效果文件\第4章\课堂案例3\售后服务报告单.xlsx

视频演示　光盘:\视频文件\第4章\设置售后服务报告单.swf

图4-41　“售后服务报告单”参考效果

（1）打开素材文件“售后服务报告单.xlsx”，选择【文件】→【另存为】菜单命令。

（2）在打开的“另存为”对话框的“保存类型”下拉列表框中选择“Excel模板（*.xltx）”选项，其他各项保持默认设置，然后单击保存(S)按钮，如图4-42所示，此时在工作簿的标题栏中可看到标题已变成“售后服务报告单.xltx”，完成后关闭该模板文件。

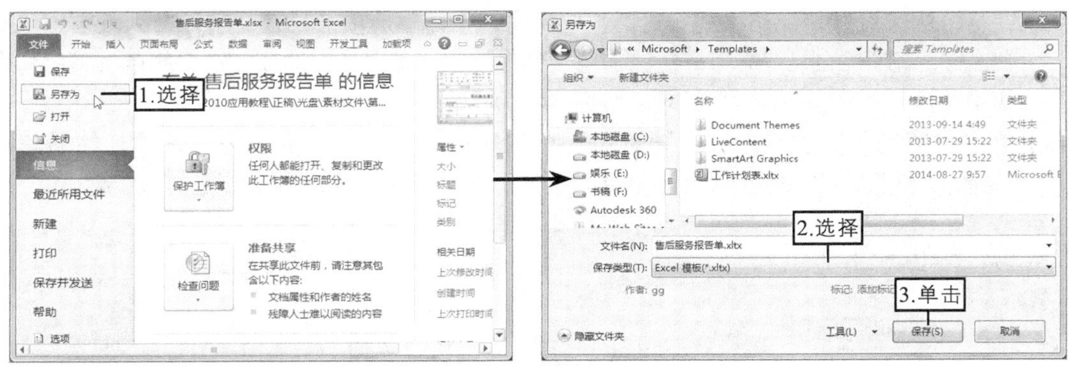

图4-42 另存为模板文件

（3）选择【文件】→【新建】菜单命令，在中间区域的“可用模板”栏中选择“我的模板”选项。

（4）在打开的“新建”对话框的“个人模板”选项卡中选择“售后服务报告单.xltx”模板，然后单击 确定 按钮，如图4-43所示，此时将打开名为“售后服务报告单.xltx1”的模板文件。

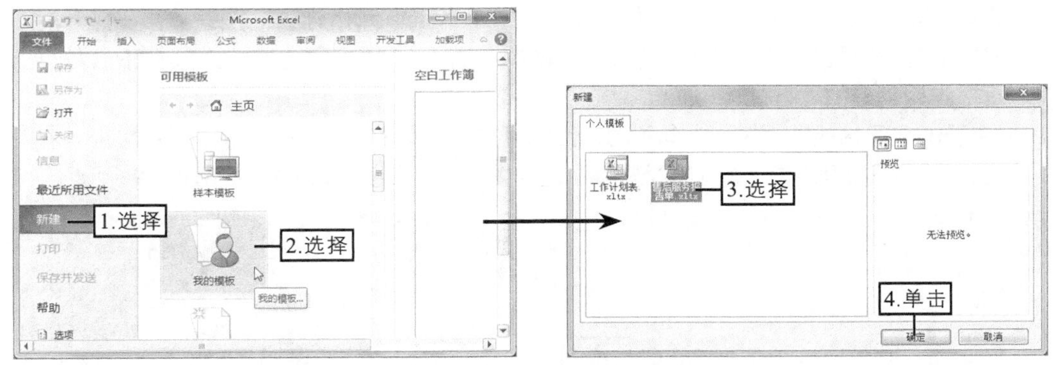

图4-43 新建模板文件

（5）选择B1单元格，在【开始】→【样式】组中单击“单元格样式”按钮，在打开的下拉列表中选择“标题”选项为所选单元格应用预设的单元格样式，如图4-44所示。

（6）选择B3单元格，在【开始】→【样式】组中单击“单元格样式”按钮，在打开的下拉列表中选择“新建单元格样式”选项，在打开的“样式”对话框的“样式名”文本框下方单击 格式(O)... 按钮，如图4-45所示。

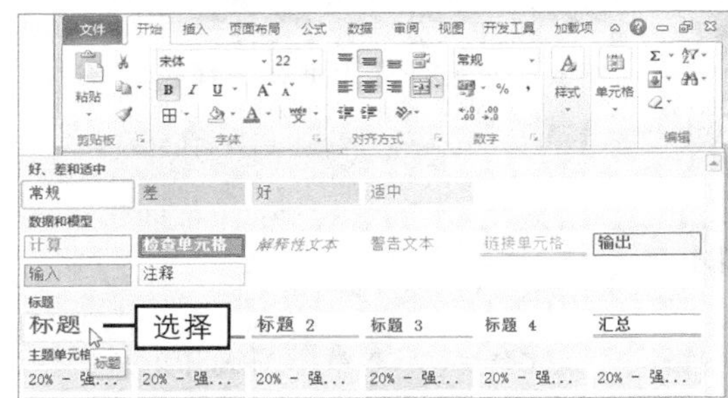

图4-44 应用预设的单元格样式

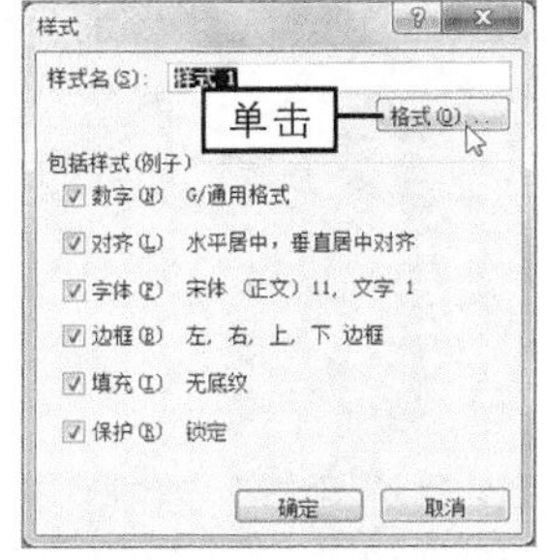

图4-45 打开“样式”对话框

（7）在打开的“设置单元格格式”对话框中单击“字体”选项卡，在“字体”列表框中选择“Adobe 黑体 Std R”选项，在“字号”列表框中选择“12”选项，在“颜色”下拉列表框中选择“白色，背景 1”选项，如图4-46所示。

（8）单击“填充”选项卡，在“背景色”栏的颜色块中选择“淡蓝色”选项，然后单击 确定 按钮，如图4-47所示，返回“样式”对话框确认样式后单击 确定 按钮。

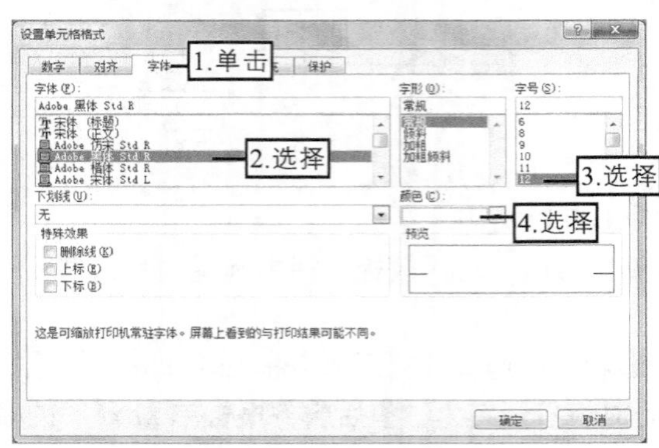

图4-46 设置字体格式

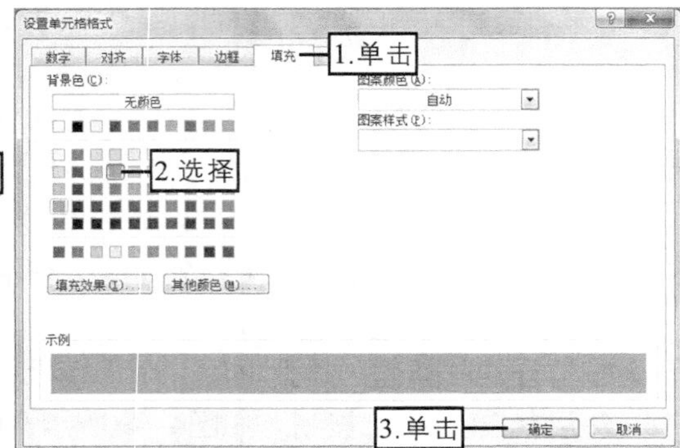

图4-47 设置填充颜色

（9）选择B2单元格，在【开始】→【样式】组中单击“单元格样式”按钮，在打开的下拉列表中选择创建的“样式 1”选项，如图4-48所示，用相同的方法为其他带有数据的单元格应用创建的“样式 1”。

（10）由于B7单元格的数据排列方向不同，因此可在【开始】→【对齐方式】组中单击按钮，在打开的下拉列表中选择“竖排文字”选项重新设置文字排列方向，如图4-49所示。

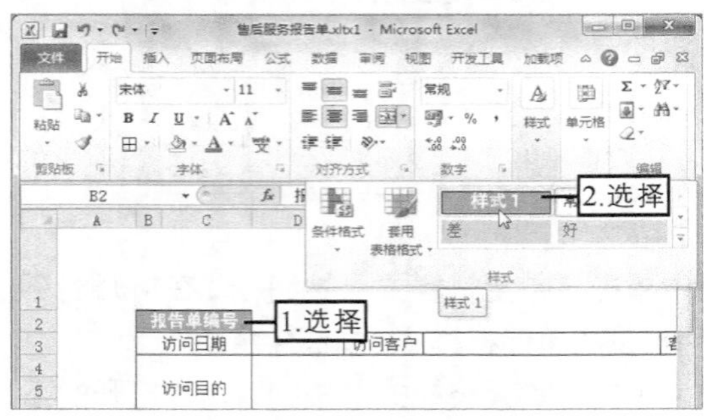

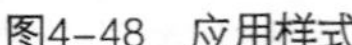

图4-48 应用样式

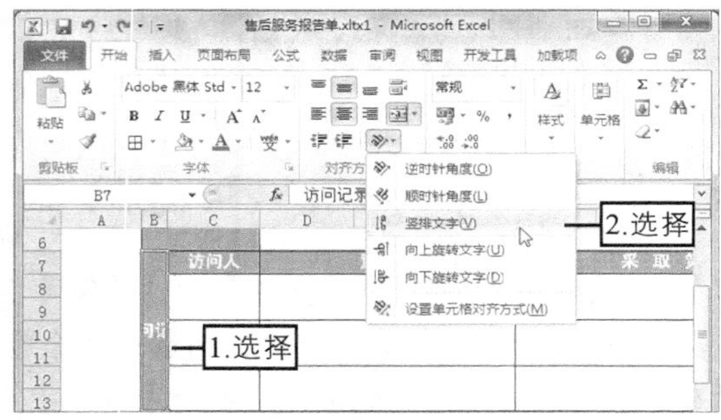

图4-49 设置文字排列方向

知识提示

要清除单元格或单元格区域中应用的样式，首先应选择应用样式的单元格，在“单元格格式”下拉列表中选择“常规”选项即可。要将已创建的样式从“单元格格式”下拉列表中删除，可在“单元格格式”下拉列表中创建的样式上单击鼠标右键，在弹出的快捷菜单中选择“删除”选项即可。

4.4 课堂练习

本课堂练习将分别制作产品简介和员工档案表，以综合练习本章学习的知识点，使读者能熟练掌握设置Excel表格格式的方法。

4.4.1 制作产品简介

1. 练习目标

本练习的目标是制作产品简介，需要在提供的素材文件中设置表格格式。产品简介是产品介绍中最为关键的部分，也是说明产品是什么的部分。虽然产品简介只是做个简短的说明，不需要展开，但它是对产品本身的总概况，因此应包括产品的名称、规格、用途等信息。本练习完成后的参考效果如图4-50所示。

洗发产品简介

序号	产品名称	规格	单价	功效
1	中草药洗发水	200ml	¥17.80	让秀发柔顺无头屑，不伤发质
		400ml	¥35.80	
		750ml	¥55.80	
2	修复洗发水	200ml	¥17.80	修复烫、染受损发质
		400ml	¥35.80	
		750ml	¥55.80	
3	丝质柔滑型洗发水	200ml	¥19.80	令秀发柔顺不打结
		400ml	¥39.80	
		750ml	¥59.80	
4	柔顺洗发水	200ml	¥17.80	令秀发柔顺不打结
		400ml	¥35.80	
		750ml	¥55.80	
5	去屑洗发水	200ml	¥17.80	赶走头屑美丽动人
		400ml	¥35.80	
		750ml	¥55.80	

洗发水 洗面奶 沐浴露

图4-50 “产品简介”参考效果

素材所在位置 光盘:\素材文件\第4章\课堂练习\产品简介.xlsx、背景1.jpg
效果所在位置 光盘:\效果文件\第4章\课堂练习\产品简介.xlsx
视频演示 光盘:\视频文件\第4章\制作产品简介.swf

2. 操作思路

完成本练习需要在工作表中设置单元格格式、设置工作表背景、设置工作表标签颜色等，其操作思路如图4-51所示。

① 设置单元格格式

② 设置工作表背景

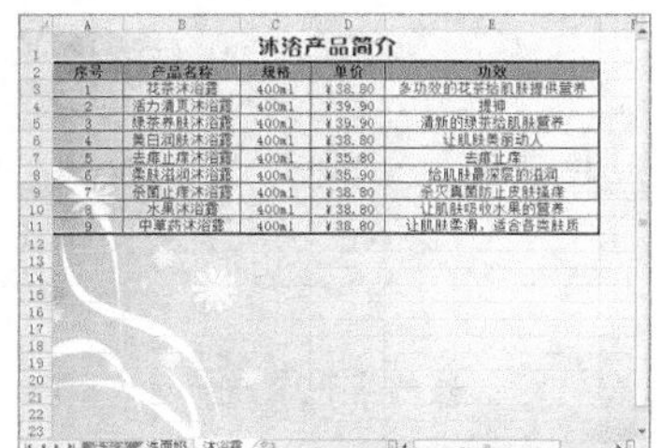

③ 设置工作表标签颜色

图4-51 “产品简介”的制作思路

（1）打开素材文件“产品简介.xlsx”，选择“洗发水”工作表，在其中设置表题的字体格式为“方正粗活意简体，18”，设置表头的字体格式为“加粗”和填充颜色为“浅蓝”，设置“单价”列下的数字格式为“货币”，设置A2:E23单元格区域的对齐方式为“居中”，且边框样式为“所有框线”和“粗匣框线”。

（2）在【页面布局】→【页面设置】组中单击背景按钮，在打开的“工作表背景”对话框左侧的列表框中选择图片的保存路径，在中间区域选择“背景1.jpg”图片，单击插入(S)按钮插入工作表背景。

（3）在“洗发水”工作表标签上单击鼠标右键，在弹出的快捷菜单中选择【工作表标签颜色】→【红色】命令设置工作表标签颜色为红色。

（4）用相同的方法为“洗面奶”和“沐浴露”工作表设置单元格格式、工作表背景、工作表标签颜色。

4.4.2 制作员工档案表

1. 练习目标

本练习的目标是制作员工档案表，需要在提供的素材文件中设置表格格式。本练习完成后的参考效果如图4-52所示。

员 工 档 案 表

编号	姓名	性别	民族	出生年月	学历	通信地址	联系电话	工作部门	职务	参工时间	离职时间	备注
DY－001	闵阳豪	男	汉	1978-12-22	专科	北京	1384451****	后勤部	主管	2009-8-20	/	/
DY－002	李超	男	汉	1980-9-15	硕士	大连	1359641****	技术部	技术员	2005-10-8	2008-10-8	合同到期
DY－003	汪建君	男	汉	1983-12-13	专科	福建	1398066****	技术部	技术员	2005-2-10	/	/
DY－004	蒋鸣	男	汉	1981-5-21	专科	贵阳	1591212****	销售部	销售代表	2008-5-10	/	/
DY－005	孙浩	男	汉	1983-3-7	本科	杭州	1304453****	行政部	主任	2011-5-20	2012-12-1	辞职
DY－006	杨娟	女	汉	1981-7-22	硕士	昆明	1531121****	技术部	主管	2007-9-1	/	/
DY－007	王方林	女	汉	1985-5-11	专科	兰州	1514545****	财务部	会计	2009-10-8	/	/
DY－008	张娟	女	汉	1982-3-26	本科	泸州	1581512****	行政部	文员	2004-5-20	/	/
DY－009	钱多多	男	汉	1982-11-20	本科	洛阳	1361212****	销售部	销售代表	2008-11-10	/	/
DY－010	刘少强	男	汉	1977-2-12	本科	绵阳	1314456****	销售部	经理	2008-10-8	/	/
DY－011	柯恒	男	汉	1982-9-15	本科	青岛	1369458****	销售部	销售代表	2010-11-10	/	/
DY－012	张舒惠	女	汉	1981-9-18	专科	山西	1391324****	销售部	销售代表	2008-4-8	/	/
DY－013	梁天坤	男	汉	1987-10-26	本科	沈阳	1385920****	销售部	销售代表	2012-5-8	/	/
DY－014	李国刚	男	汉	1981-3-17	本科	天津	1324578****	销售部	销售代表	2008-4-8	2009-8-30	个人原因离职
DY－015	王笑	男	汉	1983-11-2	专科	无锡	1369787****	技术部	技术员	2007-9-1	/	/

图4-52 “员工档案表”参考效果

素材所在位置 光盘:\素材文件\第4章\课堂练习\员工档案表.xlsx

效果所在位置 光盘:\效果文件\第4章\课堂练习\员工档案表.xlsx

视频演示 光盘:\视频文件\第4章\制作员工档案表.swf

职业素养

员工档案表的整理工作看似简单、重复、枯燥，但对一个公司来说，员工档案表的整理至关重要，它是一个单位或个人历史的真实、全面的反映，也是一个单位规范管理的基础。员工档案表中主要包含的信息有姓名、性别、出生年月、民族、学历、毕业院校、专业、职称、家庭住址、联系电话、身份证号码、教育和培训情况、工作经历、工作部门、职务、进公司的时间等。

2. 操作思路

完成本练习需要在工作表中应用单元格样式、套用表格样式、设置对齐方式等，其操作思路如图4-53所示。

① 应用单元格样式

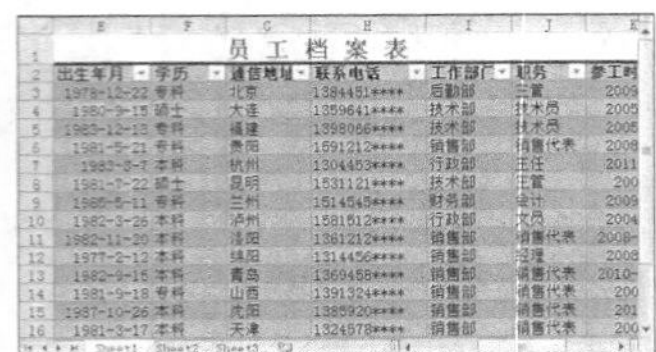

② 套用表格格式

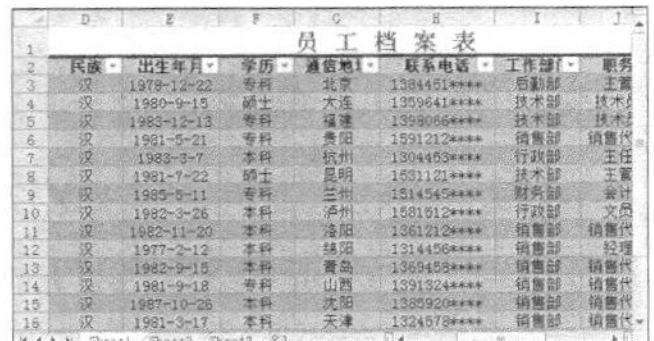

③ 设置居中对齐

图4-53 “员工档案表”的制作思路

（1）打开素材文件“员工档案表.xlsx”，选择A1单元格，在【开始】→【样式】组的“单元

格样式”下拉列表框中选择“标题”选项为所选单元格应用单元格样式。

（2）选择A2:M20单元格区域，在【开始】→【样式】组中单击“套用表格格式”按钮，在打开的下拉列表框中选择“表样式中等深浅 23”选项，在打开的“套用表格式”对话框中单击 确定 按钮快速为所选的单元格区域套用表格格式。

（3）保持A2:M20单元格区域的选择状态，然后设置数据的对齐方式为“居中”。

4.5 拓展知识

在Excel中设置单元格格式后，还可使用格式刷快速复制格式，即将某个已有的单元格格式快速地应用到其他单元格或单元格区域中。使用格式刷复制格式可分为两种情况。

◎ **一次格式复制**：选择要复制格式的单元格或单元格区域，单击“格式刷”按钮，此时鼠标光标变成形状，然后单击需要应用该格式的单元格或单元格区域，完成格式的复制并退出格式刷状态。

◎ **多次格式复制**：选择要复制格式的单元格或单元格区域，双击“格式刷”按钮，此时鼠标光标变成形状，然后单击需要应用该格式的单元格或单元格区域，此时将不会立即退出格式刷状态，仍可继续进行多次格式复制，直到完成格式的复制后再次单击“格式刷”按钮或按【Esc】键方可退出格式刷状态。

4.6 课后习题

（1）打开“汽车销量排行榜.xlsx”工作簿，在其中设置单元格格式、应用单元格样式、设置工作表背景，设置前后的对比效果如图4-54所示。

提示：设置表题的字体格式为“方正粗活意简体，18，深红”，设置A3:A12单元格区域的数字格式为形如“01”的效果，并为表头应用单元格样式“差”，然后设置A2:F12单元格区域的字体格式为“加粗”，对齐方式为“居中”，边框样式为“所有框线”，完成后将“汽车.jpg”图片设置为工作表背景。

素材所在位置 光盘:\素材文件\第4章\课后习题\汽车销量排行榜.xlsx、汽车.jpg

效果所在位置 光盘:\效果文件\第4章\课后习题\汽车销量排行榜.xlsx

视频演示 光盘:\视频文件\第4章\制作汽车销量排行榜.swf

汽车销量排行榜

车系	品牌	级别	报价（万）	销量
朗逸	上海大众	紧凑型车	13.28~16.28	18580
比亚迪F3	比亚迪	紧凑型车	8.49~16.98	12527
悦动	北京现代	紧凑型车	8.58~11.98	11209
索纳塔	北京现代	中型车	16.69~23.29	9899
捷达	一汽-大众	紧凑型车	7.58~9.98	9711
凯越	通用别克	紧凑型车	9.99~11.79	9536
福克斯	长安福特	紧凑型车	10.48~14.08	9159
夏利N5	天津一汽	小型车	4.09~4.39	8869
POLO	上海大众	小型车	7.53~12.69	8586
科鲁兹	通用雪佛兰	紧凑型车	10.89~15.99	7802

汽车销量排行榜

排名	车系	品牌	级别	报价（万）	销量
01	朗逸	上海大众	紧凑型车	13.28~16.28	18580
02	比亚迪F3	比亚迪	紧凑型车	8.49~16.98	12527
03	悦动	北京现代	紧凑型车	8.58~11.98	11209
04	索纳塔	北京现代	中型车	16.69~23.29	9899
05	捷达	一汽-大众	紧凑型车	7.58~9.98	9711
06	凯越	通用别克	紧凑型车	9.99~11.79	9536
07	福克斯	长安福特	紧凑型车	10.48~14.08	9159
08	夏利N5	天津一汽	小型车	4.09~4.39	8869
09	POLO	上海大众	小型车	7.53~12.69	8586
10	科鲁兹	通用雪佛兰	紧凑型车	10.89~15.99	7802

图4-54 “汽车销量排行榜”设置前后的对比效果

（2）打开“图书借阅登记表.xlsx”工作簿，在其中设置单元格格式、新建并应用样式、设置工作表标签颜色，设置前后的对比效果如图4-55所示。

提示：设置表题的字体格式为“方正大黑简体，18”，然后为A3:F3单元格区域为“居中”对齐，字体格式为“方正黑体简体，12”，填充颜色为“黄色”，将单元格样式创建为“样式 1”，再设置A3:F30单元格区域的边框样式为“所有框线”和“粗匣框线”，完成后用相同的方法分别为“政治科学”“经济学”“土地经济学”工作表设置相应的格式，并分别设置每个工作表标签颜色为“红色”“黄色”“蓝色”“紫色”。

素材所在位置 光盘:\素材文件\第4章\课后习题\图书借阅登记表.xlsx
效果所在位置 光盘:\效果文件\第4章\课后习题\图书借阅登记表.xlsx
视频演示 光盘:\视频文件\第4章\制作图书借阅登记表.swf

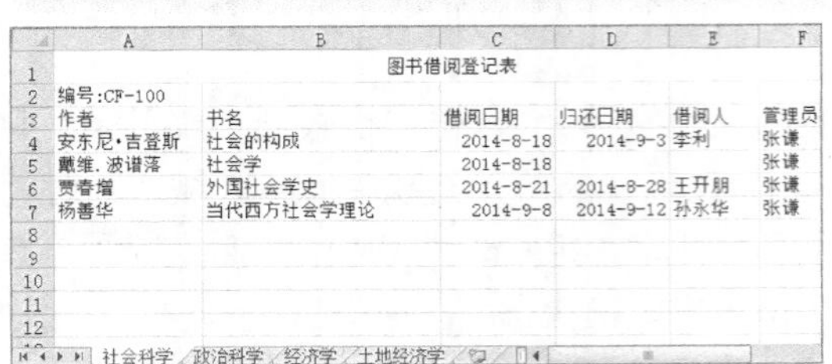

图书借阅登记表					
编号:CF-100					
作者	书名	借阅日期	归还日期	借阅人	管理员
安东尼·吉登斯	社会的构成	2014-8-18	2014-9-3	李利	张谦
戴维. 波谱落	社会学	2014-8-18			张谦
贾春增	外国社会学史	2014-8-21	2014-8-28	王开朗	张谦
杨善华	当代西方社会学理论	2014-9-8	2014-9-12	孙永华	张谦

社会科学 政治科学 经济学 土地经济学

图书借阅登记表					
编号:CF-100					
作者	书名	借阅日期	归还日期	借阅人	管理员
安东尼·吉登斯	社会的构成	2014-8-18	2014-9-3	李利	张谦
戴维. 波谱落	社会学	2014-8-18			张谦
贾春增	外国社会学史	2014-8-21	2014-8-28	王开朗	张谦
杨善华	当代西方社会学理论	2014-9-8	2014-9-12	孙永华	张谦

社会科学 政治科学

图4-55 “图书借阅登记表”设置前后的对比效果

（3）打开“任务分配表.xlsx”工作簿，在其中设置单元格格式、设置条件格式、套用表格格式，设置后的效果如图4-56所示。

提示：设置A4单元格的字体格式为“汉真广标，18”，然后通过“设置单元格格式”对话框设置C6:D13单元格区域的日期格式为“9月28日”，设置E6:E13单元格区域的数字格式为百分比样式，并设置条件格式突出显示小于“60%”的数据，完成后为所有单元格填充“白色”底纹，为A5:G13单元格区域套用表格样式为“表样式浅色 5”。

素材所在位置 光盘:\素材文件\第4章\课后习题\任务分配表.xlsx
效果所在位置 光盘:\效果文件\第4章\课后习题\任务分配表.xlsx
视频演示 光盘:\视频文件\第4章\制作任务分配表.swf

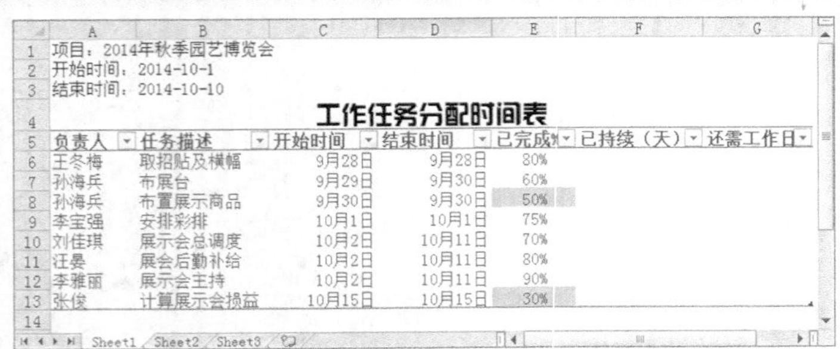

项目：2014年秋季园艺博览会
开始时间：2014-10-1
结束时间：2014-10-10

工作任务分配时间表

负责人	任务描述	开始时间	结束时间	已完成%	已持续（天）	还需工作日
王冬梅	取招贴及横幅	9月28日	9月28日	80%		
孙海兵	布展台	9月29日	9月30日	60%		
孙海兵	布置展示商品	9月30日	9月30日	50%		
李宝强	安排彩排	10月1日	10月1日	75%		
刘佳琪	展示会总调度	10月2日	10月11日	70%		
汪晏	展会后勤补给	10月2日	10月11日	80%		
李雅丽	展示会主持	10月2日	10月11日	90%		
张俊	计算展示会损益	10月15日	10月15日	30%		

Sheet1 Sheet2 Sheet3

图4-56 “任务分配表”参考效果

第5章

Excel公式与函数的使用

使用公式与函数计算数据是体现Excel强大计算功能的主要手段。本章将详细讲解使用公式和函数计算数据的方法，同时，掌握单元格和单元格区域的引用将有利于公式与函数的计算。

学习要点

◎ 认识公式

◎ 输入与编辑公式

◎ 将公式转换为数值

◎ 单元格和单元格区域的引用

◎ 认识函数

◎ 插入与编辑函数

◎ 常用函数的使用

学习目标

◎ 熟练掌握公式的使用，并了解单元格和单元格区域的引用

◎ 熟练使用函数计算复杂的单元格数据

5.1 公式的使用

在Excel中使用公式计算数据，不仅操作方便，而且可以快速、准确地计算出结果。简单的公式主要有加、减、乘、除等计算，复杂的公式可能包含函数和单元格的引用等。

5.1.1 认识公式

使用公式计算数据之前，首先应对公式有简单的认识，如什么是公式、公式运算符、嵌套括号的使用等。

1. 什么是公式

Excel中的公式是对工作表中的数据进行计算和操作的等式，它以等号“=”开始，其后是公式表达式，如“=A2+SUM(B2:D2)/3”，如图5-1所示。

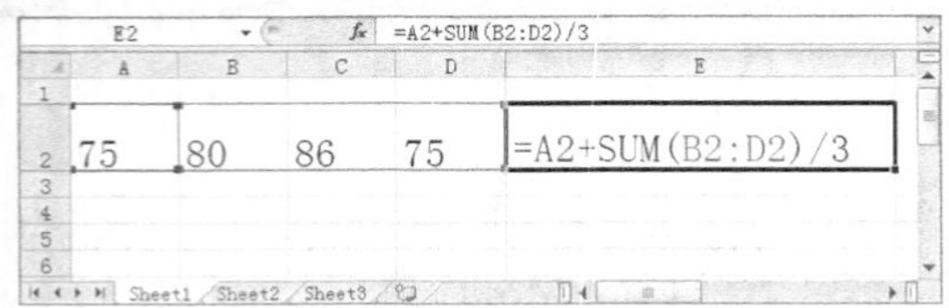

图5-1 公式表达式

公式表达式中包含的元素主要有以下几种。

◎ **运算符**：指对公式中的元素进行特定类型的运算，如“+（加）”“-（减）”“&（文本连接符）”“，（逗号）”等。

◎ **数值或任意字符串**：包括数字或文本等各类数据，如3、日期、姓名和A001等。

◎ **函数及其参数**：函数及其函数的参数也可作为公式中的基本元素，如公式中包含的函数“=SUM(B2:D2)”。

◎ **单元格引用**：即指定要进行运算的单元格地址，如单个单元格A2或单元格区域“B2:D2”。

2. 公式运算符

运算符是公式中的基本元素，在函数的参数中也会经常用到运算符，不同的运算符其作用也不相同，Excel中常用的运算符如表5-1所示。

表5-1 常用运算符

运算符	作用	对应符号
数学运算符	用于进行基本的数学运算，如加、减、乘、除和产生数字结果等	+（加号）、-（减号或负号）、*（乘号）、/（除号）、%（百分比）、^（求幂）
比较运算符	用于逻辑比较两个不同数据的值，其结果将返回FALSE或TRUE	=（等号）、<>（不等于）、<（小于号）、>（大于号）、<=（小于等于号）、>=（大于等于号）

续表

运算符	作用	对应符号
文本运算符	又称文本连接符，在 Excel 中只有 & 为文本运算符	&（和号）将两个文本值连接或串起来产生一个连续的文本值，如输入“="张"&"可"”产生的结果是“张可”
引用运算符	是指与单元格引用一起使用的运算符，如冒号、逗号和单个空格等	:（冒号）区域运算符，产生对包括在两个引用之间的所有单元格的引用，如 A2:A3 ,（逗号）联合运算符，将多个引用合并为一个引用，如 SUM（A2:A3,B2:B3） （空格）交叉运算符，产生对两个引用共有的单元格的引用，如（B2:D2 D2:D6）

知识提示

在Excel公式中运算符从高到低的优先级为引用运算符（：、，、 ）、负号（–）、百分比（%）、求幂（^）、乘和除（*和/）、加和减（+和–）、文本运算符（&）、比较运算符（=、<>、<、>、<=、>=）。

3. 嵌套括号的使用

在Excel中进行公式计算时有一个默认的顺序，但用户可以使用括号更改计算顺序。要更改公式计算的先后顺序，可将公式中要先计算的部分用括号括起来，当使用了多个括号时，且括号中已包含了其他括号，则称为嵌套括号，此时Excel将以由内到外的顺序依次处理括号中的内容。

知识提示

使用嵌套括号时，左括号和右括号必须成对出现。特别是在使用多层嵌套括号时，如果输入的括号不匹配，在确定公式时Excel将弹出提示信息说明公式存在问题，必须加以更正后才能执行公式。

5.1.2 输入与编辑公式

要使用公式计算单元格中的数据，首先应在所需的单元格中输入公式，当输入的公式不满足需求时，再进行编辑操作。

1. 输入公式

输入公式的方法与输入数据类似，可在单元格中输入，也可在编辑栏中输入。只是输入公式前需先在单元格或编辑栏中输入等号“=”，然后输入公式表达式，完成后按【Ctrl+Enter】组合键或单击编辑栏上的✔按钮，退出公式编辑状态，并计算公式结果，如图5-2所示。

知识提示

在输入的公式中若涉及引用单元格数据，可直接手动输入单元格名称，也可单击相应的单元格进行引用，被引用公式中的单元格边框将用不同的颜色显示，且公式中的单元格引用地址颜色与相应单元格边框颜色相同。

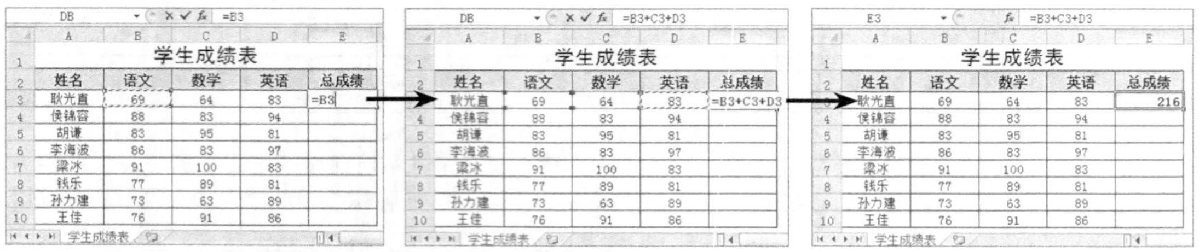

图5-2 输入公式

2. 复制公式

复制公式是计算同类数据最快捷的方法。在复制公式的过程中，Excel会自动改变引用单元格的地址，这样省去了手动输入大量公式的操作，提高了工作效率。复制公式的方法主要有以下两种。

◎ **拖动控制柄复制公式**：选择包含公式的目标单元格，将鼠标光标移至该单元格右下角的控制柄上，按住鼠标左键不放并拖动选择要复制公式的单元格区域，释放鼠标后即可使所选的单元格区域中含有相同结构的计算公式，并计算出相应的结果，如图5-3所示。

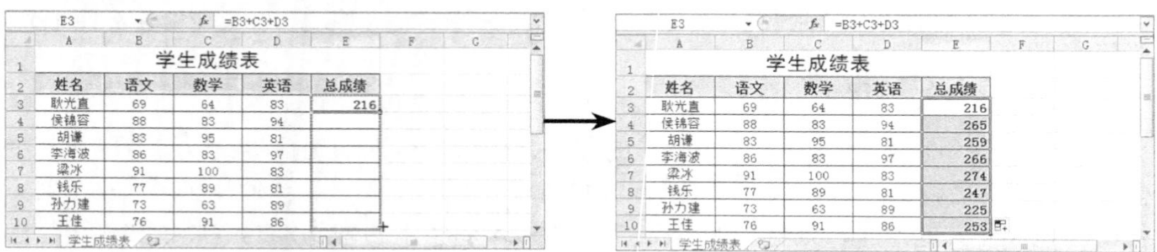

图5-3 拖动控制柄复制公式

◎ **使用快捷键复制公式**：选择包含公式的目标单元格，按【Ctrl+C】组合键复制公式，然后选择要复制公式的单元格或单元格区域，按【Ctrl+V】组合键粘贴公式即可，如图5-4所示。

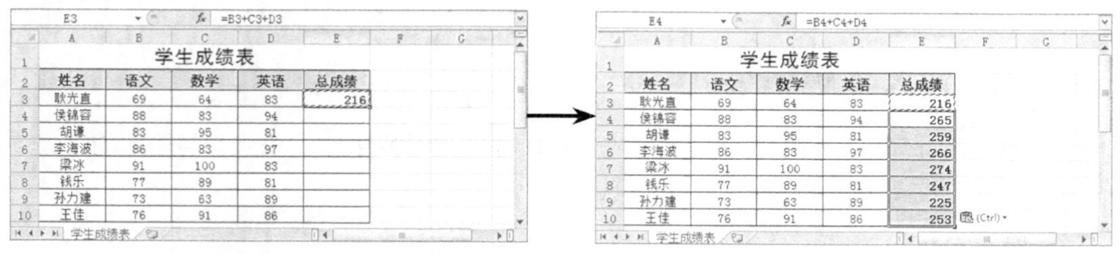

图5-4 使用快捷键复制公式

3. 修改公式

修改公式的方法与修改数据类似，主要有以下3种。

◎ **选择单元格修改公式**：选择需修改公式的单元格，在其中重新输入修改后的公式，完成后按【Ctrl+Enter】组合键。

◎ **双击单元格修改公式**：双击需修改公式的单元格，在其中选择需修改的部分公式，然后输入正确的部分公式，完成后按【Ctrl+Enter】组合键。

◎ **在编辑栏中修改公式**：选择需修改公式的单元格，将文本插入点定位到编辑栏中，然后选择需修改的部分公式并输入正确的部分公式，完成后按【Ctrl+Enter】组合键。

操作技巧

在输入公式的同时，单击编辑栏中的“取消”按钮×可取消输入并删除已输入的公式。另外，选择输入公式的单元格或单元格区域，直接按【Delete】键可删除所选单元格中的公式。

4. 显示公式

默认情况下，在单元格中完成公式的输入后，单元格中将只显示公式的计算结果，而公式本身则只在编辑栏的编辑框中显示。为了方便用户检查公式的正确性，可在单元格中将公式显示出来。显示公式的方法有两种：

◎ 在【公式】→【公式审核】组中单击显示公式按钮，即可显示工作表中所有单元格的公式，再次单击该按钮则显示公式的计算结果。

◎ 选择【文件】/【选项】菜单命令，在打开的“Excel选项”对话框中单击“高级”选项卡，在“此工作表的显示选项”栏中单击选中“在单元格中显示公式而非其计算结果”复选框，然后单击确定按钮即可显示出公式，如图5-5所示。

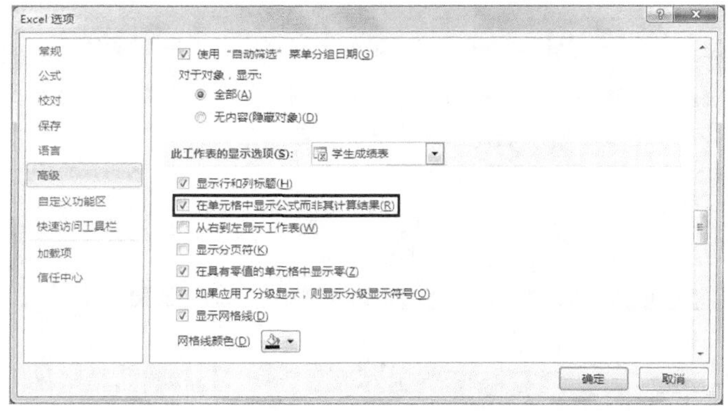

图5-5　在“Excel选项”对话框中设置显示公式

5.1.3 将公式转换为数值

为了使单元格中引用的公式结果不发生改变，可利用Excel的选择性粘贴功能将公式结果转化为数值，这样即使改变单元格中引用公式的数据，其结果也不会发生变化。将公式转换为数值的具体操作如下。

（1）选择包含公式的单元格或单元格区域，在【开始】→【剪贴板】组中单击“复制”按钮或按【Ctrl+C】组合键执行复制操作。

（2）选择目标单元格，单击“粘贴”按钮下方的按钮，在打开的下拉列表的“粘贴数值”栏中选择“值”选项可将复制的公式结果以数值显示，如图5-6所示；选择“值和数字格式”选项可将复制的公式结果以数值显示，并保持公式结果中数字的格式；选择“值和源格式”选项可将复制的公式结果以数值显示，并保持公式结果中数据原来的格式；还可选择“选择性粘贴”选项，在打开的“选择性粘贴”对话框的“粘贴”栏中单击选中“数值”单选项，如图5-7所示，完成后单击 确定 按钮。

图5-6　在下拉列表中选择相应的选项

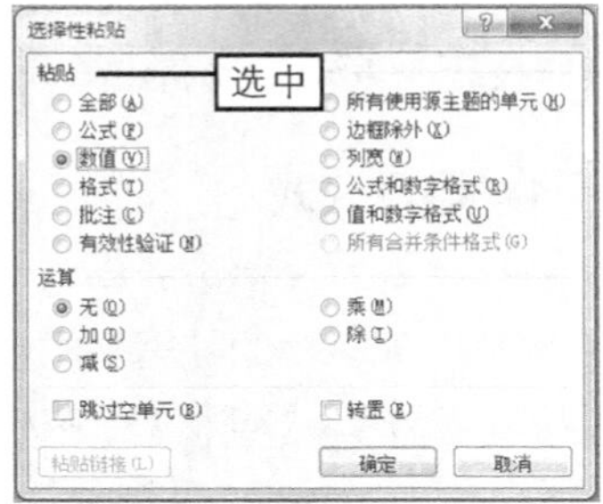

图5-7　“选择性粘贴”对话框

5.1.4　课堂案例1——计算产品销量

本案例将在提供的素材文件中使用公式计算数据，完成后的参考效果如图5-8所示。

素材所在位置　光盘:\素材文件\第5章\课堂案例1\家电产品销量统计表.xlsx

效果所在位置　光盘:\效果文件\第5章\课堂案例1\家电产品销量统计表.xlsx

视频演示　光盘:\视频文件\第5章\计算产品销量.swf

C15　=C4+C5+C6+C7+C8+C9+C10+C11+C12+C13+C14

家电销量统计表

单位：万元

销售人员	产品类别	第一季度	第二季度	第三季度	第四季度	全年销量
博喜	空调	4160	3680	6040	4630	18510
高利明	电风扇	4160	3400	4960	4160	16680
华生	电视机	3680	4630	5850	7000	21160
康佳妮	空调	3400	6040	9800	6700	25940
柯乐	空调	3400	4160	4630	2400	14590
荣小艾	冰箱	6040	4160	4960	4160	19320
宋嘉好	洗衣机	7530	5130	3400	5280	21340
孙国盛	电风扇	2400	5280	5850	6040	19570
汤森	洗衣机	3680	6700	4630	3680	18690
向望	冰箱	6700	4920	2400	5850	19870
叶梅	冰箱	5850	4960	7530	3840	22180
合计		51000	53060	60050	53740	217850

图5-8　“家电产品销量统计表”的参考效果

职业素养　在公司的销售管理中，产品的销量统计表记录了员工在某一段时间内（月、季度、年等）的业务情况，它将为销售部门掌握销售形势，处理和分析销售数据提供依据。要统计并分析产品的销量情况，首先应使用公式或函数计算庞大的销售数据，然后再对每个数据进行比较分析，这样就可以使销售数据变得清晰直观，销售管理工作也变得简单。

（1）打开素材文件“家电产品销量统计表.xlsx”，选择G4单元格，输入等号“=”，然后单击需引用单元格地址的C4单元格。

（2）继续在公式后输入“+”，然后选择D4单元格，用相同的方法完善公式表达式

"=C4+D4+E4+F4"，如图5-9所示。

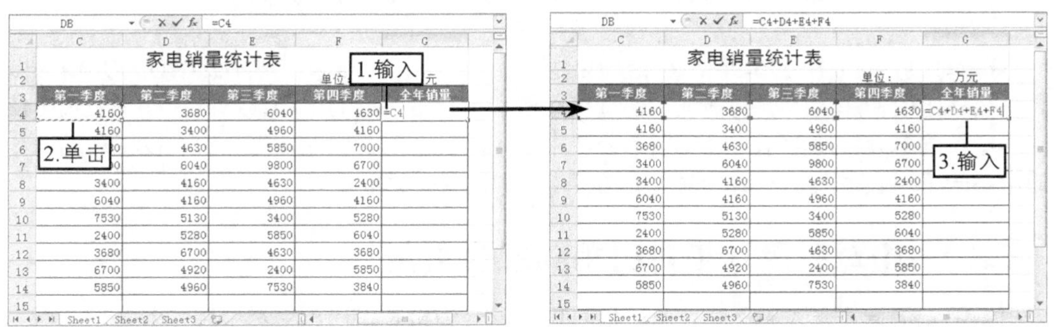

图5-9　输入公式

（3）按【Ctrl+Enter】组合键完成公式的输入，并计算出公式结果，然后将鼠标光标移至该单元格右下角的控制柄上。

（4）按住鼠标左键不放向下拖动选择G5:G14单元格区域，释放鼠标后在所选的单元格区域中将复制相应的计算公式，并计算出公式结果，如图5-10所示。

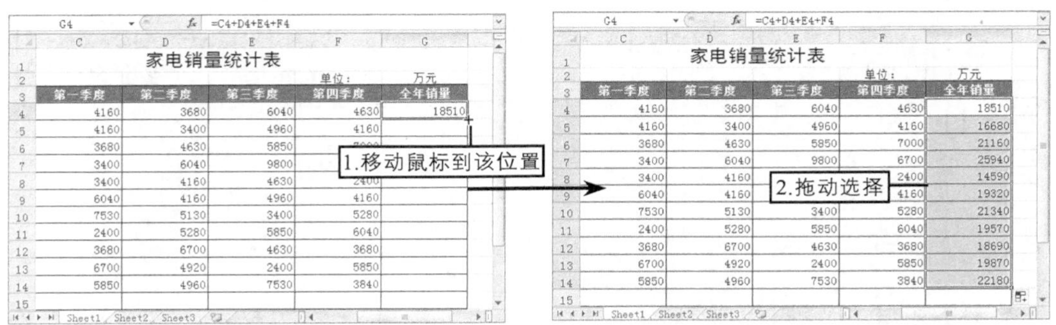

图5-10　复制公式

（5）选择C15单元格，直接在其中输入公式"=C4+C5+C6+C7+C8+C9+C10+C11+C12+C13+C14"，完成后按【Ctrl+Enter】组合键，如图5-11所示。

（6）将鼠标光标移至C15单元格右下角的控制柄上，按住鼠标左键不放向右拖动选择D15:G15单元格区域，释放鼠标后在所选的单元格区域中将复制相应的计算公式，并计算出公式结果，如图5-12所示。

C15　=C4+C5+C6+C7+C8+C9+C10+C11+C12+C13+C14

家电销量统计表

销售人员	产品类别	第一季度	第二季度	第三季度	第四季度
傅喜	空调	4160	3680	6040	463
高利明	电风扇	4160	3400	4960	416
华生	电视机	3680	4630	5850	700
康佳妮	空调	3400	6040	9800	670
柯乐	空调	3400	4160	4630	240
荣小艾	冰箱	6040	4160	4960	416
宋嘉好	洗衣机	7530	5130	3400	528
孙国盛	电风扇	2400	5280	5850	604
汤森	洗衣机	3680	6700	4630	368
向望	冰箱	6700	4920	2400	585
叶梅	冰箱	5850	[illegible]	7530	384
合计		51000			

1.输入　2.计算结果

图5-11　输入公式

图5-12　复制公式

5.2 单元格和单元格区域的引用

在Excel中，单元格和单元格区域引用的作用在于标识工作表上的单元格或单元格区域，并指明公式中所使用的数据的地址。通过单元格和单元格区域的引用，可以在一个公式中使用工作表中不同单元格的数据，或在多个公式中使用同一个单元格的数据，也可以引用同一个工作簿中不同工作表中的单元格数据或不同工作簿中的单元格数据。

5.2.1 相对引用、绝对引用和混合引用

根据单元格计算方式的不同，单元格引用可以分为相对引用和绝对引用，若将相对引用与绝对引用同时存在于一个单元格的地址引用中，则称为混合引用。下面分别介绍单元格的3种引用方式。

◎ **相对引用**：指在公式中单元格的地址相对于公式所在的位置而发生改变。在相对引用中，当复制相对引用的公式时，被粘贴公式中的引用将被更新，并指向与当前公式位置相对应的其他单元格，如图5-13所示。默认情况下，在Excel中使用相对引用。

E3 =B3+C3+D3 输入公式

学生成绩表

姓名	语文	数学	英语	总成绩
耿光直	69	64	83	216
侯锦容	88	83	94	
胡谦	83	95	81	
李海波	86	83	97	
梁冰	91	100	83	
钱乐	77	89	81	
孙力建	73	63	89	
王佳	76	91	86	

E4 =B4+C4+D4 复制公式后，其单元格地址改变

学生成绩表

姓名	语文	数学	英语	总成绩
耿光直	69	64	83	216
侯锦容	88	83	94	265
胡谦	83	95	81	259
李海波	86	83	97	266
梁冰	91	100	83	274
钱乐	77	89	81	247
孙力建	73	63	89	225
王佳	76	91	86	253

图5-13 相对引用

◎ **绝对引用**：指复制或移动公式到新位置后，公式中引用的单元格地址保持不变。在绝对引用中，单元格的列标和行号之前分别加入了符号“$”。如果在复制公式时不希望引用的地址发生改变，则应使用绝对引用，如图5-14所示。

E3 =$B$3+$C$3+$D$3 输入公式

学生成绩表

姓名	语文	数学	英语	总成绩
耿光直	69	64	83	216
侯锦容	88	83	94	
胡谦	83	95	81	
李海波	86	83	97	
梁冰	91	100	83	
钱乐	77	89	81	
孙力建	73	63	89	
王佳	76	91	86	

E4 =$B$3+$C$3+$D$3 复制公式后，其单元格地址不变

学生成绩表

姓名	语文	数学	英语	总成绩
耿光直	69	64	83	216
侯锦容	88	83	94	216
胡谦	83	95	81	216
李海波	86	83	97	216
梁冰	91	100	83	216
钱乐	77	89	81	216
孙力建	73	63	89	216
王佳	76	91	86	216

图5-14 绝对引用

操作技巧

要将相对引用转换为绝对引用，可直接在需转换的单元格列标和行号之前加入符号“$”；也可在公式的单元格地址前或后按【F4】键，如“=A5”，第1次按【F4】键变为“$A$5”，第2次按【F4】键变为“A$5”，第3次按【F4】键变为“$A5”，第4次按【F4】键变为“A5”。

◎ **混合引用**：指在一个单元格地址引用中，同时存在相对引用与绝对引用。当公式中使用了混合引用后，若改变公式所在的单元格地址，则相对引用的单元格地址改变，而

绝对引用的单元格地址不变，如图5-15所示。

E3 =$B$3+C3+D3 输入公式

学生成绩表				
姓名	语文	数学	英语	总成绩
耿光直	69	64	83	216
侯锦容	88	83	94	
胡谦	83	95	81	
李海波	86	83	97	
梁冰	91	100	83	
钱乐	77	89	81	
孙力建	73	63	89	
王佳	76	91	86	

E4 =$B$3+C4+D4 复制公式后，绝对引用地址不变，相对引用地址改变

学生成绩表				
姓名	语文	数学	英语	总成绩
耿光直	69	64	83	216
侯锦容	88	83	94	246
胡谦	83	95	81	245
李海波	86	83	97	249
梁冰	91	100	83	252
钱乐	77	89	81	239
孙力建	73	63	89	221
王佳	76	91	86	246

图5-15 混合引用

5.2.2 引用不同工作表中的单元格

在同一工作簿的不同工作表中引用单元格数据，可分为以下两种情况。

◎ **在同一工作簿的另一张工作表中引用单元格数据**：只需在单元格地址前加上工作表的名称和感叹号（!），其格式为：工作表名称!单元格地址。如图5-16所示为在Sheet2工作表的A2:F10单元格区域中引用Sheet1工作表的A2:F10单元格区域中的值。

◎ **在同一工作簿的多张工作表中引用单元格数据**：只需在感叹号(!)前面加上工作表名称的范围，其格式为：工作表名称:工作表名称!单元格地址。如图5-17所示为在Sheet3工作表的C3单元格中引用Sheet1和Sheet2工作表的C3单元格中的求和值。

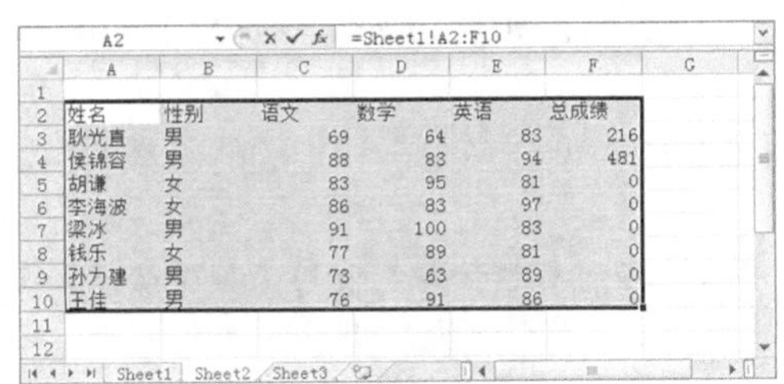

A2 =Sheet1!A2:F10

姓名	性别	语文	数学	英语	总成绩
耿光直	男	69	64	83	216
侯锦容	男	88	83	94	481
胡谦	女	83	95	81	0
李海波	女	86	83	97	0
梁冰	男	91	100	83	0
钱乐	女	77	89	81	0
孙力建	男	73	63	89	0
王佳	男	76	91	86	0

图5-16 引用另一张工作表中的数据

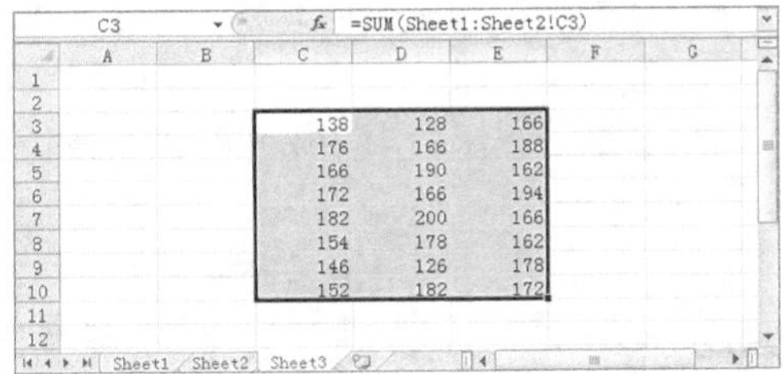

C3 =SUM(Sheet1:Sheet2!C3)

C	D	E
138	128	166
176	166	188
166	190	162
172	166	194
182	200	166
154	178	162
146	126	178
152	182	172

图5-17 引用多张工作表中的数据

5.2.3 引用不同工作簿中的单元格

引用不同工作簿中的单元格数据时，需先打开需引用数据的工作簿，再输入公式，其引用格式为：=[工作簿名称]工作表名称!单元格地址，如图5-18所示；若关闭需引用数据的工作簿，则公式将自动变为该格式：'工作簿存储地址[工作簿名称]工作表名称'!单元格地址，如图5-19所示。

A2 =[学生成绩表.xlsx]Sheet1!$A$2:$F$10

姓名	性别	语文	数学	英语	总成绩
耿光直	男	69	64	83	216
侯锦容	男	88	83	94	265
胡谦	女	83	95	81	259
李海波	女	86	83	97	266
梁冰	男	91	100	83	274
钱乐	女	77	89	81	247
孙力建	男	73	63	89	225
王佳	男	76	91	86	253

图5-18 打开需引用数据的工作簿的效果

A2 ='F:\Excel 2010应用教程\表格\[学生成绩表.xlsx]Sheet1'!$A$2:$F$10

姓名	性别	语文	数学	英语	总成绩
耿光直	男	69	64	83	216
侯锦容	男	88	83	94	265
胡谦	女	83	95	81	259
李海波	女	86	83	97	266
梁冰	男	91	100	83	274
钱乐	女	77	89	81	247
孙力建	男	73	63	89	225
王佳	男	76	91	86	253

图5-19 关闭需引用数据的工作簿的效果

5.3 函数的使用

函数是Excel预定义的特殊公式，它通过使用参数的特定数值来按特定的顺序或结构执行计算。因此使用函数可以方便和简化公式的使用，进行复杂的计算。

5.3.1 认识函数

使用函数计算数据之前，还需认识函数的结构、函数参数的类型以及函数的类别等。

1. 什么是函数

函数也是以等号“=”开始的，但其后是函数名称和函数参数。函数的结构为：=函数名(参数1,参数2,…)，其中函数参数用括号括起来，且用逗号隔开，如图5-20所示。

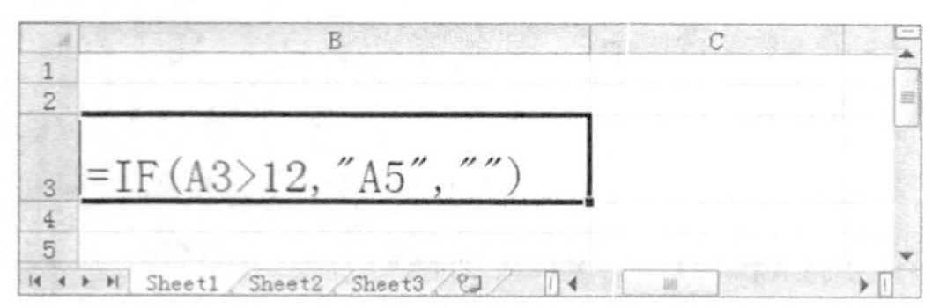

图5-20 函数的结构

函数中各部分的含义如下。

◎ **函数名**：即函数的名称，每个函数都有唯一的函数名，如求和函数（SUM）和条件函数（IF）等。

◎ **参数**：指函数中用来执行操作或计算的值，参数的类型与多少，和相关的函数有关。

如果函数名称后面带一组空括号则不需要任何参数，但是使用函数时必须加上括号；同公式一样，在创建函数时，左括号和右括号必须成对出现。

2. 可指定为函数参数的类型

函数的指定参数都必须为有效参数值，可指定为函数参数的类型有以下几种。

◎ **常量**：指在计算过程中不会发生改变的值，如数字“123”、文本“金额”等。

◎ **逻辑值**：即真值（TRUE）或假值（FALSE）。

◎ **错误值**：即形如“#NUM!”和“#N/A”等错误值。

◎ **单元格引用**：与公式表达式中单元格引用的含义相同。

◎ **数组**：用来建立可生成多个结果，或对行和列中排列的一组参数进行计算的单个公式。

◎ **嵌套函数**：指将某个公式或函数的返回值作为另一个函数的参数使用，Excel中的公式最多可以使用64个函数进行嵌套。

按参数的数量和使用方式区分，函数有不带参数、只有一个参数、参数数量固定、参数数量不固定和具有可选参数之分。

3. 函数的类别

Excel中提供了多种函数类别，如财务函数、逻辑函数、文本函数、日期和时间函数、查找与引用函数、数字和三角函数等。不同的函数类别，其作用也各不相同，按函数的功能来划分，各函数类别的作用如下。

◎ **财务函数**：用来计算财务方面的相应数据。如DB函数可返回固定资产的折旧值；FV函数可返回某项投资的未来值；IPMT可返回投资回报的利息部分等。

◎ **逻辑函数**：用来测试是否满足某个条件，并判断逻辑值。该类函数共包含7个函数，如AND、FALSE、IF、IFERROR、NOT、OR、TRUE函数，其中IF函数的使用最广泛。

◎ **文本函数**：用来处理公式中的文本字符串。如LEFT函数可返回文本字符串中第一个字符或前几个字符；TEXT函数可将数值转换为文本。

◎ **日期和时间函数**：用来分析或处理公式中与日期和时间有关的数据。如DATE函数可返回代表特定日期的序列号；TIME函数可返回某一特定时间的小数值等。

◎ **查找与引用函数**：用来查找或引用列表或表格中的指定值。如LOOKUP函数可从单行或单列区域，或者从一个数组查找值；ROW函数用来返回引用的行号等。

◎ **数学和三角函数**：用来计算数学和三角方面的数据，其中三角函数采用弧度作为角的单位，而不是角度。如ABS函数可返回数字的绝对值；RADIANS函数可以把角度转换为弧度。

◎ **其他函数**：在Excel中还列出了很多其他类别的函数，如统计函数用来统计分析一定范围内的数据；工程函数用来处理复杂的数字，并在不同的记数体系和测量体系中进行转换；多维数据集用来计算多维数据集合中的数据；信息函数用来帮助用户鉴定单元格中的数据所属的类型或单元格是否为空。

5.3.2 插入与编辑函数

在工作表中使用函数计算数据时，需要掌握的函数基本操作主要有插入函数、编辑函数和嵌套函数等。

1. 插入函数

在插入函数时，若对所使用的函数及其参数类型非常熟悉时，可直接手动输入，否则可通过以下方法插入所需的函数。

◎ **选择函数类别快速插入函数**：选择需插入函数的单元格，在【公式】→【函数库】组中列出了各类函数，单击所需的函数类别旁的·按钮，在打开的下拉列表中选择需要插入的函数，然后根据提示设置函数参数，完成后在所选的单元格中即可查看其计算结果。

◎ **通过“插入函数”对话框插入函数**：选择需插入函数的单元格，在“编辑栏”中单击f_x按钮或在【公式】→【函数库】组中单击“插入函数”按钮f_x，在打开的“插入函数”对话框中选择函数类别和所需的函数，如图5-21所示，然后单击确定按钮，在打开的“函数参数”对话框中根据提示设置函数参数，如图5-22所示，完成后单击确定按钮即可得到其计算结果。

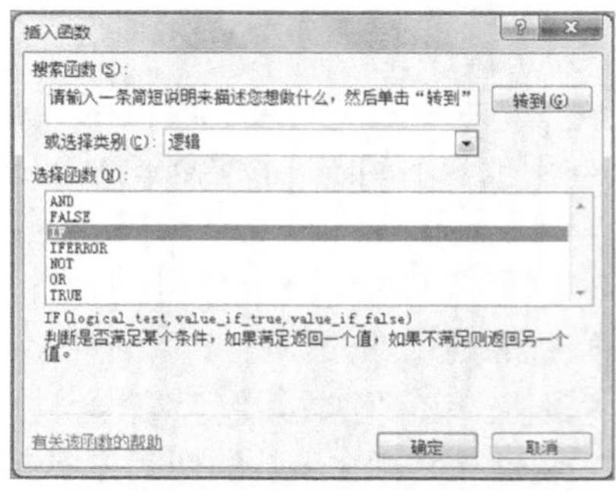
图5-21　选择函数类别和所需的函数

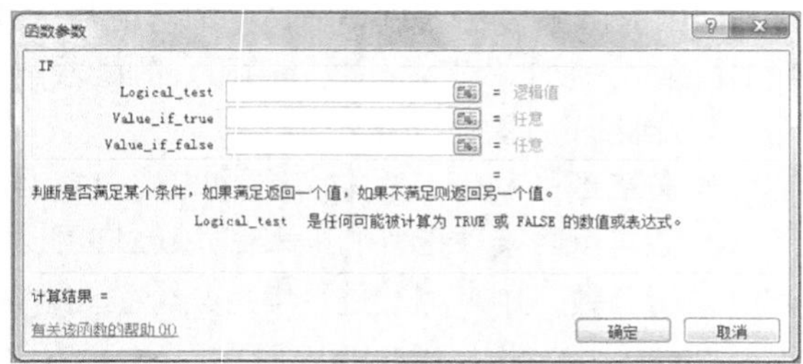
图5-22　设置函数参数

知识提示

在“插入函数”对话框的“搜索函数”文本框中输入需要的计算目标，然后单击其右侧的转到(G)按钮，Excel会自动推荐相应的函数供用户使用。另外，选择相应的函数后，在对话框左下角单击“有关该函数的帮助”超链接，可查看相应函数的功能及操作方法。

2. 自动求和

自动求和是Excel中常用的功能，它虽操作方便，但也有局限，该功能只能对同一行或同一列中的数字进行求和，不能跨行、跨列或行列交错求和。自动求和的具体操作如下。

（1）选择要自动求和的单元格或单元格区域。

（2）在【开始】→【编辑】组或【公式】→【函数库】组中单击“自动求和”按钮Σ，系统将自动插入求和函数对所选单元格对应的行或列中包含数值的单元格进行求和。

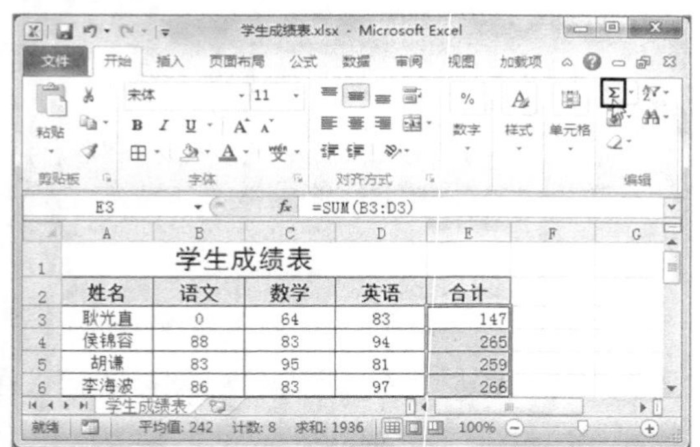
图5-23　自动求和

知识提示

单击“自动求和”按钮Σ右侧的·按钮，在打开的下拉列表中还可选择求平均值、计数、最大值或最小值函数。

3. 编辑函数

编辑函数与编辑公式的方法基本相同，如复制与显示函数只需选择所需的单元格执行相应的操作，而修改函数则需选择所需的单元格后将文本插入点定位在相应的单元格或编辑栏中进行修改操作。

4. 嵌套函数

在处理某些复杂数据时，使用嵌套函数可简化函数参数。当嵌套函数作为参数使用时，它返回的数值类型必须与参数使用的数值类型相同。如参数值为TRUE或FALSE值时，那么嵌套函数也必须返回TRUE或FALSE值，否则Excel将提示出错。使用嵌套函数的具体操作如下。

（1）选择要输入嵌套函数的目标单元格。

（2）在原函数的参数位置处插入Excel自带的一种函数，也可直接输入嵌套的函数，如函数“=IF(B3>0,SUM(B3+C3),C3)”表示如果B3单元格的值大于0，则继续使用SUM函数计算B3和C3单元格的和，否则返回C3单元格的值，如图5-24所示。

（3）按【Ctrl+Enter】组合键计算出结果。

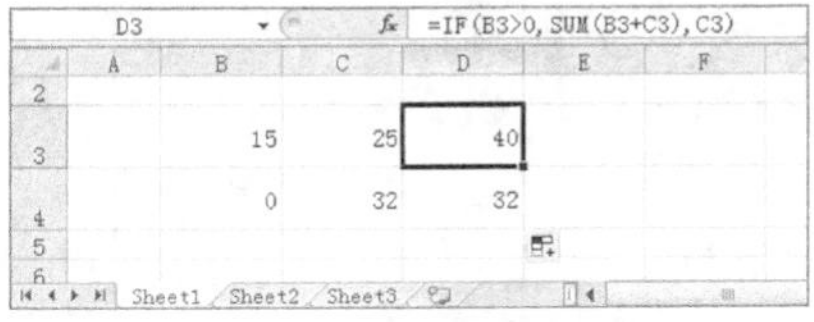

图5-24 嵌套函数

5.3.3 常用函数的使用

由于Excel中提供了多种函数，每个函数的功能、语法结构及其参数的含义各不相同，下面介绍几种常用函数的使用，如表5-2所示。

表5-2 常用函数

函数	作用	语法结构及其参数	举例
SUM函数（即求和函数）	用来计算所选单元格区域内所有数字之和	SUM(number1,[number2],...)，number1,number2,... 为1到255个需要求和的数值参数	“=SUM(A1:A3)”表示计算A1:A3单元格区域中所有数字的和；“=SUM(B3,D3,F3)”表示计算B3、D3、F3单元格中的数字之和
AVERAGE函数（即平均值函数）	用来计算所选单元格区域内所有数据的平均值	AVERAGE(number1,[number2],...)，number1,number2,…为1到255个需要计算平均值的数值参数	“=AVERAGE(A2:E2)”表示计算A2:E2单元格区域中的数字的平均值
COUNT函数（即计数函数）	用来计算包含数字的单元格以及参数列表中数字的个数	COUNT(value1,[value2],...)，value1,value2,…为1到255个需要计算数字个数的数值参数	“=COUNT(B3:B8)”表示计算B3:B8单元格区域中包含数字的单元格的个数
MAX函数（即最大值函数）	用来计算所选单元格区域内所有数据的最大值	MAX(number1,[number2],...)，number1,number2,…为1到255个需要计算最大值的数值参数	“=MAX(A2:E2)”表示计算A2:E2单元格区域中的数字的最大值
MIN函数（即最小值函数）	它是MAX函数的反函数，用来计算所选单元格区域中所有数据的最小值	MIN(number1,[number2],...)，number1,number2,…为1到255个需要计算最小值的数值参数	“=MIN(A2:E2)”表示计算A2:E2单元格区域中的数字的最小值

续表

函数	作用	语法结构及其参数	举例
IF函数（即条件函数）	用来执行真假值判断，并根据逻辑计算的真假值返回不同结果	IF(logical_test,[value_if_true],[value_if_false])，其中logical_test表示计算结果为TRUE或FALSE的任意值或表达式；value_if_true表示logical_test为TRUE时要返回的值，可以是任意数据；value_if_false表示logical_test为FALSE时要返回的值，也可以是任意数据	“=IF(A3<=150,"预算内","超出预算")”表示如果A3单元格中的数字小于等于150，其结果将返回“预算内”；否则，返回“超出预算”

知识提示

SUM、AVERAGE、MAX和MIN函数参数中number1是必需的，number2,...后续数值是可选的；COUNT函数参数中value1是必需的，value2,...后续数值是可选的；IF函数参数中logical_test是必需的，value_if_true和value_if_false是可选的。

5.3.4 课堂案例2——计算房屋销售数据

根据提供的素材文件，使用自动求和功能计算房屋销售总套数，使用IF函数计算员工销售等级，完成后的参考效果如图5-25所示。

素材所在位置 光盘:\素材文件\第5章\课堂案例2\房屋销售统计表.xlsx

光盘:\效果文件\第5章\课堂案例2\房屋销售统计表.xlsx

视频演示 光盘:\视频文件\第5章\计算房屋销售数据.swf

幸福楼盘销售套数统计表

销售顾问	户型	一月	二月	三月	总套数	销售等级
杜晨军	四期D2	28	42	30	100	优
王开杰	一期A2	15	8	19	42	差
罗涛	二期B2	21	21	78	120	优
谢梅	三期C3	32	48	10	90	良
孙嘉琪	二期B1	24	35	21	80	良
李雨露	三期C2	30	18	22	70	良
王斌	一期A3	28	24	10	62	良
张琳菲	三期C1	50	10	20	80	良
张逸	四期D1	48	55	57	160	优
姚瑶	一期A1	16	22	8	46	差

Sheet1 Sheet2 Sheet3

图5-25 “房屋销售统计表”的参考效果

（1）打开素材文件“房屋销售统计表.xlsx”，选择F3:F12单元格区域，在【公式】→【函数库】组中单击“自动求和”按钮Σ。

（2）系统自动对所选单元格左侧对应行中包含数值的单元格进行求和，如图5-26所示。

图5-26 自动求和

（3）选择G3单元格，在【公式】→【函数库】组中单击逻辑按钮，在打开的下拉列表中选择“IF”函数，如图5-27所示。

（4）在打开的“函数参数”对话框的“logical_test”参数框后单击按钮，如图5-28所示。

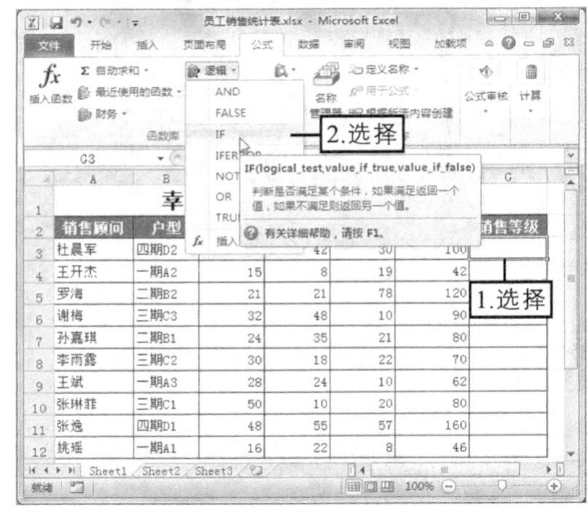

图5-27 选择函数

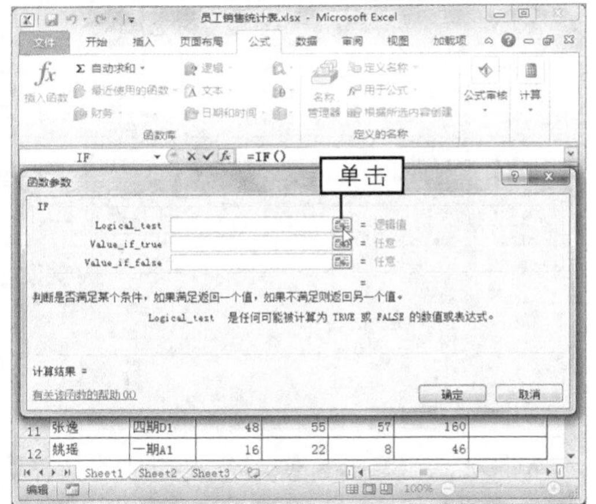

图5-28 打开“函数参数”对话框

（5）返回工作表中选择F3单元格，然后在缩小后的“函数参数”对话框中单击按钮，如图5-29所示。

（6）在展开的“函数参数”对话框的“logical_test”参数框中输入数据“<50”，在“value_if_true”参数框中输入数据“差”，如图5-30所示。

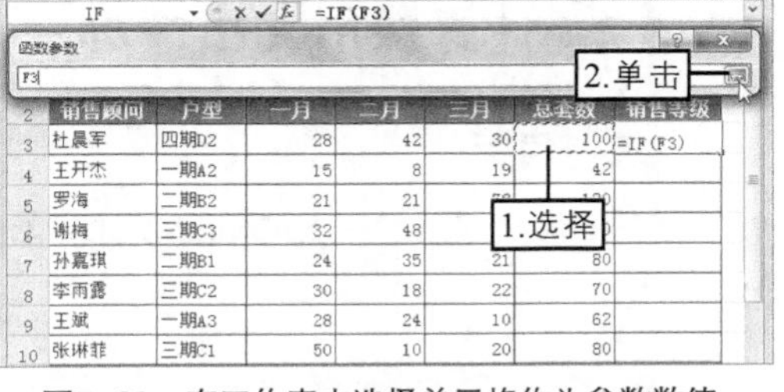

图5-29 在工作表中选择单元格作为参数数值

操作技巧

熟悉函数后，可直接在单元格或编辑栏中输入函数。由于Excel中具有记忆功能，因此当输入“=”和函数开头的几个字母后，Excel会在单元格的下方显示一个下拉列表，其中包含与这几个字母相匹配的有效函数、参数和函数说明信息等。

（7）在“value_if_false”参数框中输入需要嵌套的函数“IF(F3<100,"良","优")”，且“value_if_true”参数框中的文本自动添加引用，如图5-31所示，完成后单击确定按钮，在G3单元格中计算出相应的结果。

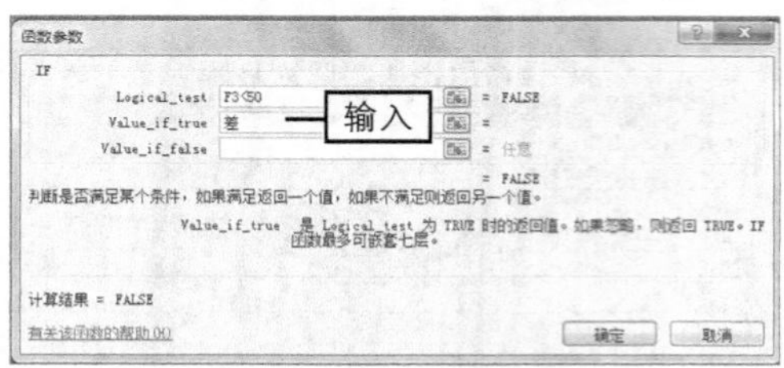

图5-30　输入参数数值

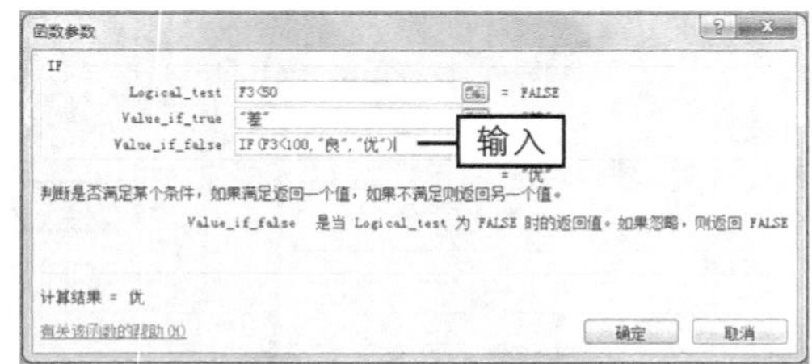

图5-31　输入嵌套函数

（8）将鼠标光标移至G3单元格右下角的控制柄上，按住鼠标左键不放向下拖动选择G4:G12单元格区域。

（9）释放鼠标后在所选的单元格区域中将复制相应的函数，并计算出结果，如图5-32所示。

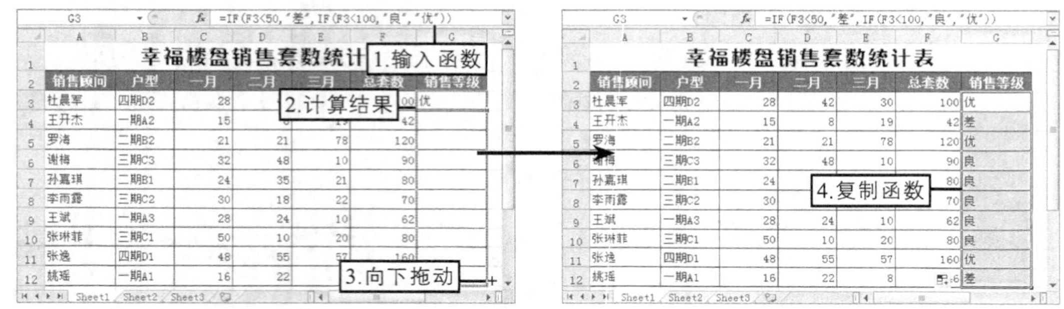

图5-32　复制函数

5.4　课堂练习

本课堂练习将综合使用公式和函数计算费用支出情况和计算楼盘销售数据，使读者熟练掌握公式和函数的使用方法。

5.4.1　计算费用支出情况

1. 练习目标

本练习的目标是使用公式和函数计算费用支出情况。本练习完成后的参考效果如图5-33所示。

职业素养

为了加强公司财务管理，控制费用开支，每个公司可以实际情况在每月底根据下月工作计划制定本部门费用开支计划，通过管理人员的审核后，即可为公司当月的费用开支计划，并下达各部门费用开支指标。公司费用开支都留有活动空间，可根据实际情况进行调整和变更。一般情况下，公司的日常费用主要包括：通讯费、交通费、差旅费、办公费、业务招待费、邮寄费、水电费、修理费、福利费等。

日常费用计算表			
费用科目	本月预算	本月实用	余额
办公费	¥ 1,000.00	¥ 1,080.00	¥ -80.00
交通费	¥ 3,000.00	¥ 2,650.00	¥ 350.00
通讯费	¥ 1,000.00	¥ 860.00	¥ 140.00
宣传费	¥ 1,500.00	¥ 1,680.00	¥ -180.00
其他费	¥ 2,000.00	¥ 2,250.00	¥ -250.00
合计	¥8,500.00	¥8,520.00	¥ -20.00
费用是否超支	超支		

图5-33 “日常费用计算表”参考效果

素材所在位置 光盘:\素材文件\第5章\课堂练习\日常费用计算表.xlsx
效果所在位置 光盘:\效果文件\第5章\课堂练习\日常费用计算表.xlsx
视频演示 光盘:\视频文件\第5章\计算费用支出情况.swf

2. 操作思路

完成本练习需要在提供的素材文件中使用公式计算余额、使用SUM函数自动求和、使用IF函数判断费用是否超支，其操作思路如图5-34所示。

① 使用公式计算余额

② 使用SUM函数自动求和

③ 使用IF函数判断费用是否超支

图5-34 “日常费用计算表”的制作思路

（1）打开素材文件“日常费用计算表.xlsx”，选择D3:D7单元格区域，在编辑栏中输入公式“=B3-C3”，完成后按【Ctrl+Enter】组合键计算出结果。

（2）选择B8:D8单元格区域，在【公式】→【函数库】组中单击“自动求和”按钮Σ，系统自动对所选单元格上方对应列中包含数值的单元格进行求和。

（3）选择合并后的B9单元格，输入函数“=IF(D8<0,"超支","没有超支")”，完成后按【Ctrl+Enter】组合键计算出结果。

5.4.2 计算楼盘销售数据

1. 练习目标

本练习的目标是使用公式和函数计算楼盘销售额、均价、单价的最大值和最小值。本练习完成后的参考效果如图5-35所示。

素材所在位置 光盘:\素材文件\第5章\课堂练习\楼盘销售数据计算表.xlsx
效果所在位置 光盘:\效果文件\第5章\课堂练习\楼盘销售数据计算表.xlsx
视频演示 光盘:\视频文件\第5章\计算楼盘销售数据.swf

销售日期	销售顾问	户型	面积	单价	销售额
2014-9-1	杜晨军	二期B1	78	¥9,200.00	¥717,600.00
2014-9-3	孔幂	一期A1	68	¥9,600.00	¥652,800.00
2014-9-4	李开敏	一期A2	68	¥9,600.00	¥652,800.00
2014-9-6	李兴峰	三期C2	120	¥8,300.00	¥996,000.00
2014-9-10	罗小英	一期A1	68	¥9,600.00	¥652,800.00
2014-9-12	尚志林	四期D2	58	¥9,300.00	¥539,400.00
2014-9-15	孙茜	三期C1	100	¥8,500.00	¥850,000.00
2014-9-18	万丽	二期B1	78	¥9,200.00	¥717,600.00
2014-9-20	冉小军	三期C3	160	¥8,000.00	¥1,280,000.00
2014-9-21	汪剑锋	三期C2	120	¥8,300.00	¥996,000.00
2014-9-23	鲜远	四期D1	48	¥9,300.00	¥446,400.00
2014-9-25	向红	四期D1	48	¥9,300.00	¥446,400.00
2014-9-26	谢嘉	二期B2	88	¥9,500.00	¥836,000.00
2014-9-30	杨泉	三期C1	100	¥8,500.00	¥850,000.00
总销售额					¥10,633,800.00
均价	¥9,014.29	单价最大值	¥9,600.00	单价最小值	¥8,000.00

图5-35　“楼盘销售数据计算表”参考效果

2. 操作思路

完成本练习需要在提供的素材文件中使用公式计算销售额、使用SUM函数自动求和总销售额、使用AVERAGE函数计算均价、使用MAX和MIN函数计算单价最大值和最小值，其操作思路如图5-36所示。

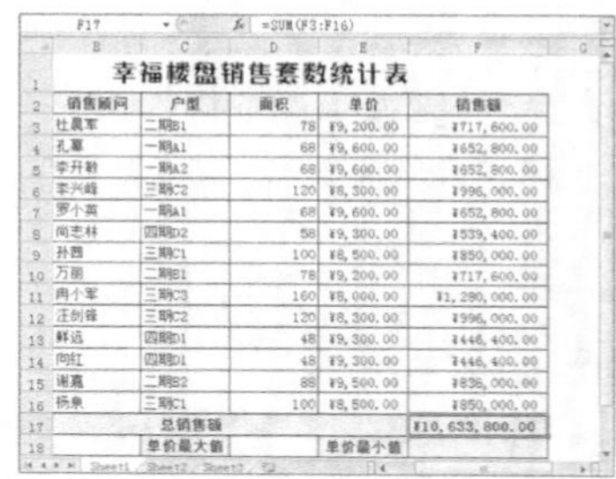

① 计算销售额

② 计算均价

③ 计算单价最大值和最小值

图5-36　“楼盘销售数据计算表”的制作思路

（1）打开素材文件“楼盘销售数据计算表.xlsx”，选择F3:F16单元格区域，在编辑栏中输入公式“=D3*E3”，完成后按【Ctrl+Enter】组合键计算出结果。

（2）选择F17单元格，在【公式】→【函数库】组中单击“自动求和”按钮Σ，完成后按【Ctrl+Enter】组合键自动对所选单元格上方对应列中包含数值的单元格进行求和。

（3）选择B18单元格，在【公式】→【函数库】组中单击“自动求和”按钮Σ右侧的·按钮，在打开的下拉列表中选择“平均值”选项，然后返回工作表中选择E3:E16单元格区域作为该函数的参数值，完成后按【Ctrl+Enter】组合键计算出结果。

（4）用相同的方法将E3:E16单元格区域作为MAX和MIN函数的参数值，即在D18单元格中输入公式“=MAX(E3:E16)”计算单价的最大值，在F18单元格中输入公式“=MIN(E3:E16)”计算单价的最小值。

5.5 拓展知识

在单元格中输入公式后，可能出现的常见错误值有####、#NUM!、#N/A、#NAME?、#REF!、#VALUE!等。下面分别解析显示各错误值的原因，并提出解决方法。

◎ **####错误**：当单元格中所含的数字、日期或时间超过单元格宽度或者单元格的日期时间产生了一个负值，就会出现错误值####。解决方法是增加单元格列宽、应用不同的数字格式、保证日期与时间公式的正确性。

◎ **#NUM!错误**：通常公式或函数中使用无效数字值时，将出现错误值#NUM!。出错原因是在需要数字参数的函数中使用了无法接受的参数，解决方法是确保函数中使用的参数是数字。如即使需要输入的值是$2,000，也应在公式中输入2000。

◎ **#N/A错误**：当公式中没有可用数值时，将出现错误值#N/A。在工作表中某些单元格暂没有数值，可以在单元格中输入#N/A，公式在引用这些单元格时，将不进行数值计算，而是返回#N/A。

◎ **#NAME?错误**：在公式中使用了Excel不能识别的文本时将出现错误值#NAME?。解决方法是当公式中使用的名称不存在时，可在【公式】→【定义的名称】组中单击“名称管理器”按钮，在打开的对话框中确认使用的名称是否存在，如果所需名称没有被列出，可单击新建(N)...按钮添加相应的名称；在公式中输入文本时没有使用双引号，Excel将其解释为名称，并将公式中的文本放置在双引号中；如果公式中引用了其他工作表或工作簿中的值或单元格，且工作簿或工作表的名称中包含非字母字符或空格，则该字符必须放置在单引号“ ‘”中。

◎ **#REF!错误**：当单元格引用无效时将出现错误值#REF!，出错原因是删除了其他公式所引用的单元格，或将已移动的单元格粘贴到其他公式所引用的单元格中，解决方法是更改公式，在删除或粘贴单元格之后恢复工作表中的单元格。

◎ **#VALUE!错误**：当使用的参数或函数类型错误，或当公式自动更正功能不能更正公式，如公式需要数字或逻辑值（如True或False）时，却输入了文本，将出现错误值#VALUE!。解决方法是确认公式或函数所需的运算符或参数是否正确，公式引用的单元格中是否包含有效的数值。如A1单元格包含一个数字，A2单元格包含文本“价格”，则公式=A1+A2将出现#VALUE!错误。

◎ **#NULL!错误——可能有空交点**：当指定并不相交的两个区域的交点时，将出现错误值#NULL!。出错原因是使用了不正确的区域运算符，解决方法是若引用连续的单元格区域，一定使用冒号“:”分隔引用区域中的第一个单元格和最后一个单元格；若引用不相交的两个区域，则一定使用联合运算符，即逗号“,”。

◎ **#DIV/0!错误——是否使用了0作除数？**：当公式中使用了0作除数时，将出现错误值#DIV/0!。解决方法是将除数更改为非零值；如果参数是一个空白单元格，则Excel会认为其值为0；修改单元格引用，或在用作除数的单元格中输入不为零的值；确认公式或函数中的除数不为零或不为空。

5.6 课后习题

（1）打开“超市产品库存表.xlsx”工作簿，在其中使用公式计算本月库存，完成后的参考效果如图5-37所示。

提示：在“超市产品库存表.xlsx”工作簿中选择G4单元格，输入公式“=D4−E4+F4”，然后按【Ctrl+Enter】组合键计算出结果，完成后再将该公式复制到G5:G21单元格区域中。

素材所在位置　光盘:\素材文件\第5章\课后习题\超市产品库存表.xlsx

效果所在位置　光盘:\效果文件\第5章\课后习题\超市产品库存表.xlsx

视频演示　光盘:\视频文件\第5章\计算本月库存.swf

（2）打开“员工培训成绩表.xlsx”工作簿，在其中使用函数计算数据，完成后的参考效果如图5-38所示。

提示： 在“员工培训成绩表.xlsx”工作簿中首先选择J3:J18单元格区域，使用自动求和功能计算总成绩，然后选择K3:K18单元格区域输入公式“=AVERAGE(D3:I3)”计算平均值，再选择L3:L18单元格区域输入公式“=RANK.EQ(K3,$K$3:$K$18)”计算排名，完成后选择M3:M18单元格区域输入公式“=IF(K3<60,"差",IF(K3<80,"一般",IF(K3<90,"良","优")))”计算等级。

素材所在位置　光盘:\素材文件\第5章\课后习题\员工培训成绩表.xlsx

效果所在位置　光盘:\效果文件\第5章\课后习题\员工培训成绩表.xlsx

视频演示　光盘:\视频文件\第5章\计算员工培训成绩表.swf

G4　=D4-E4+F4

超市产品库存表

单位：万瓶

产品编号	产品名称	产品类别	上月剩余	本月销量	本月进货	本月库存
LF1409001	冰爽200	啤酒	4800	4800	3900	3900
LF1409002	纯生	啤酒	6100	5200	5000	5900
LF1409003	勇闯	啤酒	3400	5000	5200	3600
LF1409004	激励100	啤酒	5200	5300	6100	6000
LF1409005	激励200	啤酒	4900	5200	5200	4900
LF1409006	雪花纯生	啤酒	5000	4800	5300	5500
LF1409007	雪花纯生	啤酒	3900	5000	5300	4200
LF1409008	冰岛100	啤酒	6100	4900	3900	5100
LF1409009	冰岛200	啤酒	4800	5200	3400	3000
LF1409010	甘泉	纯净水	5300	3400	6100	8000
LF1409011	溪流	纯净水	5000	5000	5000	5000
LF1409012	冰冻2000	纯净水	5200	4800	5200	5600
LF1409013	绿湖	纯净水	4900	3400	6100	7600
LF1409014	夏日	饮料	5000	5200	4800	4600
LF1409015	缤纷	饮料	6100	5200	5000	5900
LF1409016	五花海	饮料	5200	3900	4800	6100
LF1409017	透心凉	饮料	5000	5200	4800	4600
LF1409018	活力	饮料	4800	6100	[illegible]	3700

图5-37　“超市产品库存表”的参考效果

M3　=IF(K3<60,"差",IF(K3<80,"一般",IF(K3<90,"良","优")))

培训成绩表

英语口语	职业素养	人力管理	总成绩	平均成绩	排名	等级
70	80	82	465	77.5	11	一般
50	63	61	357	59.5	13	差
90	91	89	555	92.5	3	优
58	75	55	357	59.5	13	差
96	99	92	558	93	1	优
89	75	90	522	87	5	良
89	75	90	522	87	5	良
95	84	90	471	78.5	9	一般
70	80	82	465	77.5	11	一般
90	91	89	555	92.5	3	优
87	78	85	516	86	7	良
95	84	90	471	78.5	9	一般
58	75	55	357	59.5	13	差
96	99	92	558	93	1	优
87	78	85	516	86	7	良
50	63	61	357	59.5	13	差

图5-38　“员工培训成绩表”的参考效果

知识提示

RANK.EQ函数用来返回一个数字在数字列表中的排位，其语法结构为：RANK.EQ(number,ref,[order])，number是必需的，用来指明需要找到排位的数字；Ref也是必需的，用来指明数字列表数组或对数字列表的引用；Order是可选的，用来指明数字排位的方式，如果order为0（零）或省略时，Excel对数字的排位将基于ref按照降序排列，如果order不为零，则基于ref按照升序排列。本例中“=RANK.EQ(K3,$K$3:$K$18)”表示K3单元格中的值在K3:K18单元格区域中按降序排列的排位。

第6章

Excel表格数据的分析与统计

在Excel中利用合并计算、单变量求解、模拟运算表、方案管理器、规划求解等功能可以处理一些公式不能处理的数学计算问题，并简化利用公式或函数计算数值的过程。本章将详细讲解使用数据分析与统计工具处理数据的方法。

学习要点

◎　合并计算
◎　单变量求解
◎　模拟运算表
◎　方案管理器
◎　规划求解
◎　分析工具库

学习目标

◎　掌握合并计算、单变量求解、模拟运算表、方案管理器等功能的计算方法
◎　掌握加载规划求解和分析工具库数据分析工具的使用方法

6.1 合并计算

在Excel中，要汇总或报告多个单独工作表中的数据结果，可以将每个工作表中的数据合并计算到一个主工作表中。其中，存放合并结果的工作表称为“目标工作表”，接受合并数据的区域称为“源区域”。合并计算的方法有两种：一是按位置合并计算，二是按类合并计算。

6.1.1 按位置合并计算

按位置合并计算要求所有源区域中的数据必须排列于相同位置，即每一个源区域中合并计算的数值必须在源区域的相对应位置上，表格中的每一条记录名称、字段名称和排列顺序都必须相同。按位置合并计算的具体操作如下。

（1）在目标工作表中选择要进行合并计算的目标单元格，然后在【数据】→【数据工具】组单击“合并计算”按钮。

（2）在打开的“合并计算”对话框（见图6-1）的“函数”下拉列表框中选择一种函数作为合并的计算依据；在“引用位置”文本框中输入或选择引用的单元格区域，单击添加(A)按钮，可继续设置引用的单元格区域，完成后单击确定按钮进行合并计算。

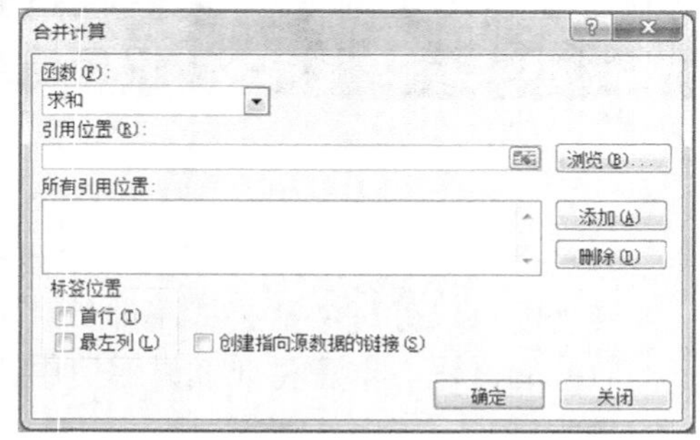

图6-1 “合并计算”对话框

6.1.2 按类合并计算

按类合并计算可以汇总计算一组具有相同的行号和列标，但组织方式不相同的工作表数据。按类合并计算与按位置合并计算的方法大体相同，不同之处在于按类合并计算必须包含行和列标志。当分类标志在顶端时，在“合并计算”对话框的“标签位置”栏中应单击选中“首行”复选框；当分类标志在最左列时，则应单击选中“最左列”复选框，也可同时单击选中这两个复选框，这样Excel将会自动按指定的标志进行汇总。

知识提示

在“合并计算”对话框的“标签位置”栏中若单击选中“创建指向源数据的链接”复选框表示当源数据改变时，计算出来的合并结果将自动更新。

6.1.3 编辑合并计算

完成合并计算后，目标区域与源区域便建立了链接，此时若需编辑合并计算，可执行以下操作。

◎ 直接删除合并计算的结果，若创建了指向源数据的链接还需取消分级显示。

◎ 如果不想保留原有引用，可在“合并计算”对话框的“所有引用位置”列表框中选择某引用位置，然后单击删除(D)按钮将其删除。

6.1.4 课堂案例1——合并计算产品产量

本案例将在提供的素材文件中按位置合并计算各车间全年的总产量，按类合并计算各车间的平均产量，完成后的参考效果如图6-2所示。

素材所在位置 光盘:\素材文件\第6章\课堂案例1\食品生产产量表.xlsx

效果所在位置 光盘:\效果文件\第6章\课堂案例1\食品生产产量表.xlsx

视频演示 光盘:\视频文件\第6章\合并计算产品产量.swf

各车间全年产品总产量（单位:件）

产品名称	一车间	二车间	三车间	四车间
葡萄饼干	279	200	177	336
原味酥饼	294	354	372	384
杏仁酥饼	244	288	200	136
花生酥饼	267	268	258	212
原味曲奇	158	310	140	167
巧克力曲奇	234	260	116	198
奶油曲奇	170	316	210	306
抹茶曲奇	298	356	211	108
香葱饼干	332	178	280	187

各车间产品平均产量（单位:件）

	一车间	二车间	三车间	四车间
葡萄饼干	69.75	50	44.25	84
原味酥饼	73.5	88.5	93	96
杏仁酥饼	61	72	50	34
花生酥饼	66.75	67	64.5	53
原味曲奇	39.5	77.5	35	41.75
巧克力曲奇	58.5	65	29	49.5
奶油曲奇	42.5	79	52.5	76.5
抹茶曲奇	74.5	89	52.75	27
香葱饼干	83	44.5	70	46.75

图6-2 “食品生产产量表”的参考效果

职业素养

产品产量是指人或机器在一定时间内生产出来的产品的数量。在生产过程中，收集各产品的产量信息并进行分析，不仅可以提高生产计划的准确性，有效控制产品产量，而且可以使企业及时掌握产品的生产情况，为企业物控决策等提供科学依据。制作该表格，必须确保统计数据的真实性、准确性。

（1）打开素材文件“食品生产产量表.xlsx”，在“总产量”工作表中选择B4:E12单元格区域，然后在【数据】→【数据工具】组单击“合并计算”按钮，如图6-3所示。

（2）在打开的“合并计算”对话框的“函数”下拉列表框中默认选择“求和”选项，然后单击“引用位置”文本框右侧的按钮，如图6-4所示。

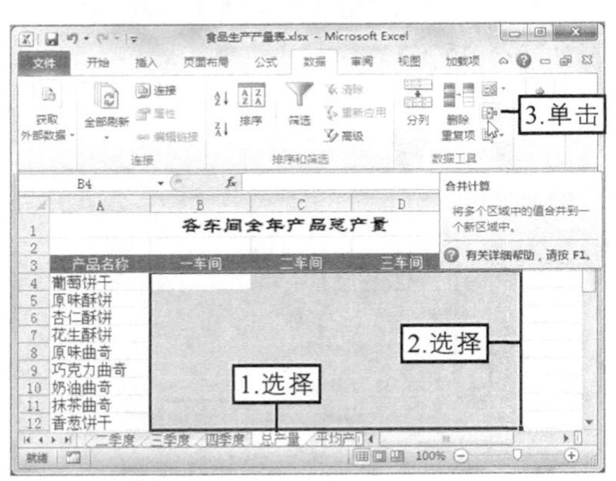

图6-3 单击“合并计算”按钮

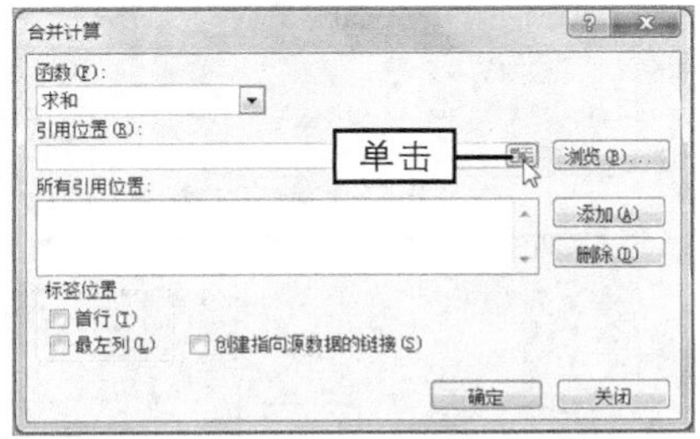

图6-4 打开“合并计算”对话框

（3）将对话框缩小为“合并计算-引用位置：”对话框后，切换至“一季度”工作表，在其中选择B4:E12单元格区域，然后单击按钮。

（4）返回“合并计算”对话框，在“引用位置”文本框中将显示所选的引用位置，然后单击添加(A)按钮，如图6-5所示。

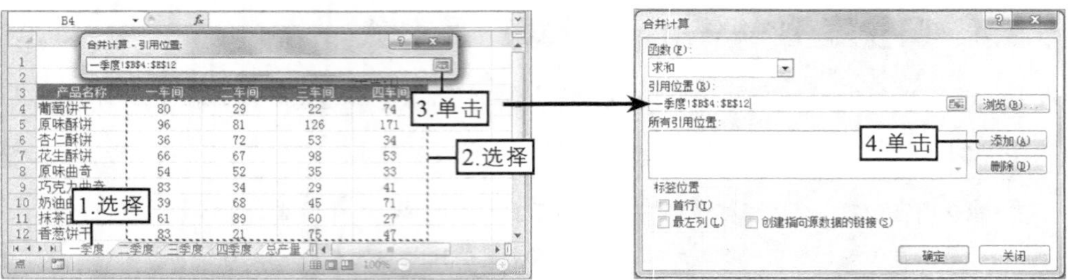

图6-5　添加第一个引用位置

（5）直接切换至“二季度”工作表，选择B4:E12单元格区域，然后单击添加按钮，用相同的方法添加“三季度”和“四季度”工作表中的B4:E12单元格区域，如图6-6所示，完成后单击确定按钮，完成引用位置的添加。

（6）返回“总产量”工作表，在B4:E12单元格区域中将自动计算出各车间全年的总产量，如图6-7所示。

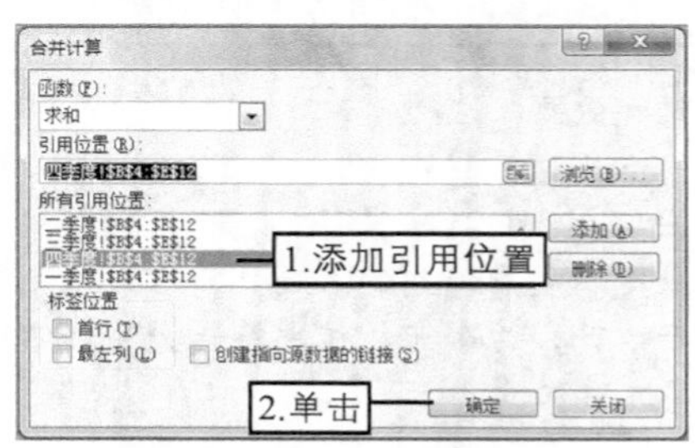

图6-6　继续添加引用位置

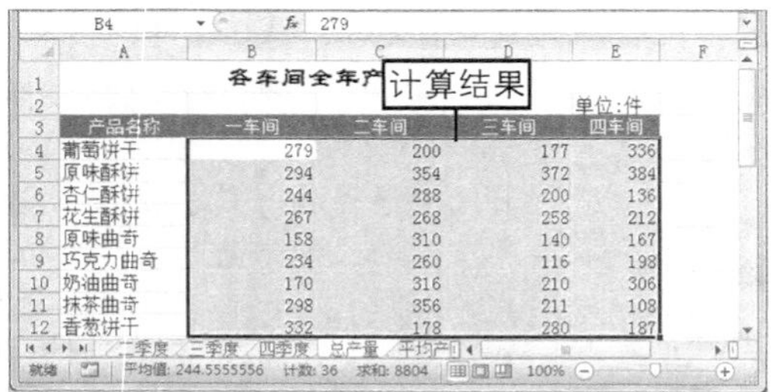

图6-7　按位置合并计算总产量

（7）在“平均产量”工作表中选择A3:E12单元格区域，然后在【数据】→【数据工具】组单击“合并计算”按钮，如图6-8所示。

（8）在打开的“合并计算”对话框的“函数”下拉列表框中选择“平均值”选项，然后依次添加相应的引用位置，完成引用位置的添加后，在“标签位置”栏中单击选中“首行”和“最左列”复选框，并单击确定按钮，如图6-9所示。

图6-8　单击“合并计算”按钮

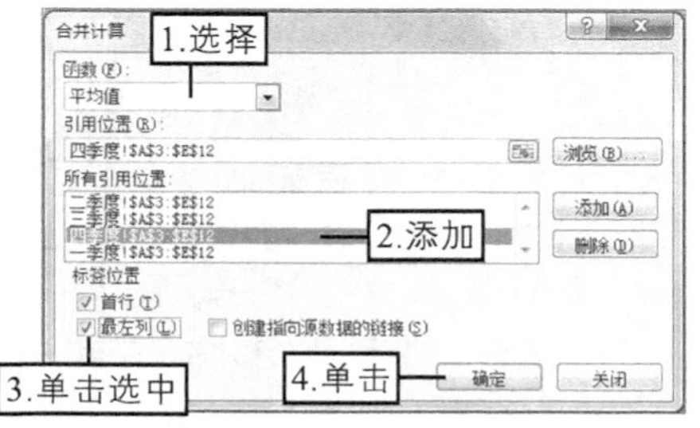

图6-9　设置合并计算条件

（9）返回“平均产量”工作表，在A3:E12单元格区域中将计算出各车间产品的平均产量，并自动为其添加行和列标志，如图6-10所示。

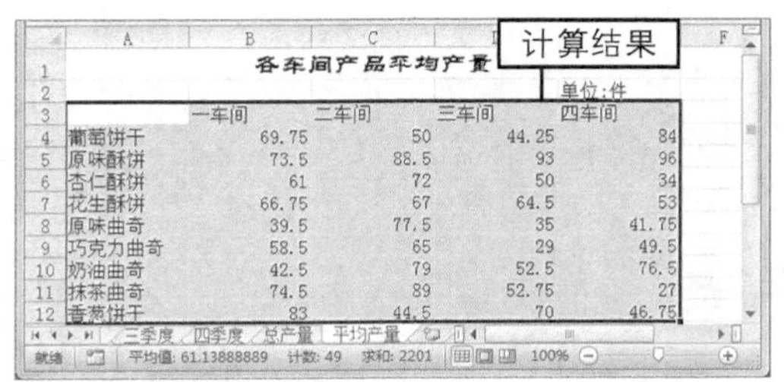

各车间产品平均产量

单位:件

	一车间	二车间	三车间	四车间
葡萄饼干	69.75	50	44.25	84
原味酥饼	73.5	88.5	93	96
杏仁酥饼	61	72	50	34
花生酥饼	66.75	67	64.5	53
原味曲奇	39.5	77.5	35	41.75
巧克力曲奇	58.5	65	29	49.5
奶油曲奇	42.5	79	52.5	76.5
抹茶曲奇	74.5	89	52.75	27
香葱饼干	83	44.5	70	46.75

三季度 四季度 总产量 平均产量

平均值: 61.13888889 计数: 49 求和: 2201 100%

图6-10 按类合并计算平均产量

知识提示

Excel允许目标工作表和某个源工作表相同以及一些源区域在相同的工作表上。源工作表可以位于不同的工作簿中，如果源工作表所在的工作簿没有打开，可在“合并计算”对话框中单击[浏览(B)...]按钮，在打开的“浏览”对话框中选择包含源区域的工作簿，然后单击[确定]按钮在“引用位置”文本框中将插入该文件名（源工作簿名称）和一个感叹号，然后在其后输入包括源工作表名称的单元格区域引用，单击[添加(A)]按钮即可为合并计算选定一个区域。

6.2 模拟分析

模拟分析是在单元格中更改值以查看这些更改将如何影响工作表中公式结果的过程，它可以在一个或多个公式中试用不同的几组值来分析所有不同的结果。Excel提供了3种模拟分析工具：单变量求解、模拟运算表、方案管理器（在6.3节中介绍）。

6.2.1 单变量求解

在Excel中要知道单个公式的预期结果，而不知道用于确定此公式结果的输入值，相当于求解数学计算中的一元一次方程时，可使用“单变量求解”功能解决类似求解一元一次方程的问题。

进行单变量求解时，Excel会不断改变特定单元格中的值，直到依赖于此单元格的公式返回所需的结果为止。其中可以修改数值的单元格称为可变单元格，公式预期结果所在单元格称为目标单元格。单变量求解的具体操作如下。

（1）在工作表中输入进行单变量求解的数据和公式。

（2）在【数据】→【数据工具】组单击“模拟分析”按钮，在打开的下拉列表中选择“单变量求解”选项。

（3）在打开的“单变量求解”对话框的“目标单元格”参数框中输入要求解公式所在单元格的引用，在“目标值”文本框中输入所需的结果，在“可变单元格”参数框中输入要调整的值所在单元格的引用，如图6-11所示，完成后单击[确定]按钮。

（4）在打开的“单变量求解状态”对话框中将显示对目标值求得的解，然后单击[确定]按钮即可在可变单元格中计算出求解结果。

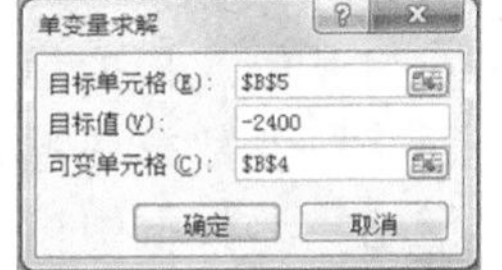

图6-11 “单变量求解”对话框

知识提示

在“单变量求解”对话框的“目标单元格”文本框中，其引用的单元格地址必须是含有公式的单元格，否则将不能进行单变量求解运算。

6.2.2 模拟运算表

使用模拟运算表功能，可以显示公式中某些值的变化，对计算结果产生影响，为同时求解某个运算中所有可能的变化值组合提供了捷径。根据其计算方式的不同可分为两类：单变量模拟运算表和双变量模拟运算表。

1. 单变量模拟运算表

单变量模拟运算表可以根据单个变量的变化，查看其对一个或多个公式的影响。单变量模拟运算表的具体操作如下。

（1）在工作表中输入将要分析的有关原始数据，然后在某一行或列中输入要替换到工作表上输入单元格的数值序列。

（2）选择包含公式和需要被替换的数值的单元格区域，然后在【数据】→【数据工具】组单击“模拟分析”按钮，在打开的下拉列表中选择“模拟运算表”选项。

（3）打开“模拟运算表”对话框，如果要被替换的数值序列排成一行，则在“输入引用行的单元格”参数框中输入单元格引用；如果要被替换的数值序列排成一列，则在“输入引用列的单元格”参数框中输入单元格引用，如图6-12所示，完成后单击确定按钮即可计算出相应的结果。

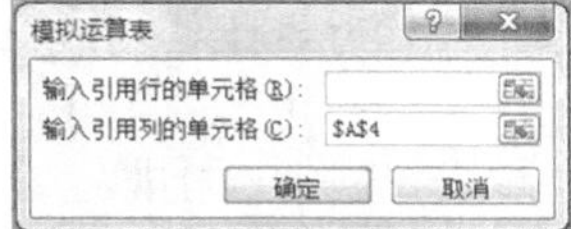

图6-12 单变量模拟运算表

知识提示

如果在某一行或某一列中，要替换到工作表上输入单元格的数值序列被排成一列，则在第一个数值的上一行且处于数值列右侧的单元格中输入所需公式，在同一行中，在第一个公式的右边依次输入其他公式；如果输入数值被排成一行，则在第一个数值左边一列且处于数值下方的单元格中输入所需公式，在同一列中，在第一个公式的下方依次输入其他公式。

2. 双变量模拟运算表

双变量模拟运算表可以查看两个变量对公式结果产生的影响。双变量模拟运算表与单变量模拟运算表都需在“模拟运算表”对话框中进行设置，只是设置的数量不同，其具体操作如下。

（1）在工作表中输入引用两个输入单元格中变量的公式，并在公式的下面输入一组输入值，在公式的右边输入另一组输入值。

（2）选择包含公式及数值行和列的单元格区域，然后在【数据】→【数据工具】组单击“模拟分析”按钮，在打开的下拉列表中选择“模拟运算表”选项。

（3）在打开的“模拟运算表”对话框中的“输入引用列的单元格”参数框中输入单元格引用，在“输入引用行的单元格”参数框中输入单元格引用，如图6-13所示，单击确定按钮。

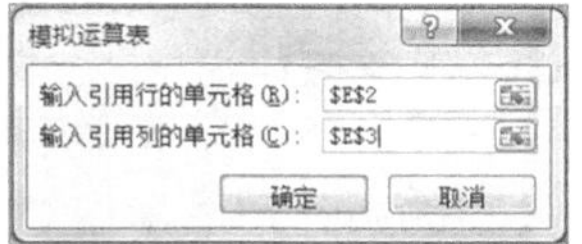

图6-13 双变量模拟运算表

6.2.3 课堂案例2——分析贷款数据

本案例将在提供的素材文件中分别使用单变量求解贷款利率，使用单变量模拟运算表分析不同贷款利率下月还款额，以及使用双变量模拟运算表分析不同贷款利率和不同期限内的月还款额，完成后的参考效果如图6-14所示。

素材所在位置 光盘:\素材文件\第6章\课堂案例2\按揭贷款分析表.xlsx

效果所在位置 光盘:\效果文件\第6章\课堂案例2\按揭贷款分析表.xlsx

视频演示 光盘:\视频文件\第6章\分析贷款数据.swf

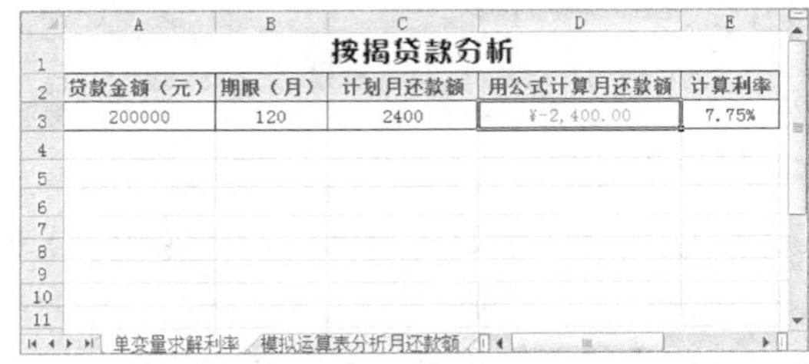

按揭贷款分析

贷款金额（元）	期限（月）	计划月还款额	用公式计算月还款额	计算利率
200000	120	2400	¥-2,400.00	7.75%

按揭贷款分析

贷款金额（元）	期限（月）	利率	月还款额
200000	120	6.88%	¥-2,309.82
		7.05%	-2327.326736
		7.25%	-2348.020823
		7.55%	-2379.257837
¥-2,309.82	120	180	240
6.88%	-2309.819185	-1784.265468	-1536.224629
7.05%	-2327.326736	-1803.251917	-1556.606076
7.25%	-2348.020823	-1825.725762	-1580.75197
7.55%	-2379.257837	-1859.711913	-1617.306558

图6-14 “按揭贷款分析表”的参考效果

（1）打开素材文件“按揭贷款分析表.xlsx”，在“单变量求解利率”工作表中选择D3单元格，输入公式“=PMT(E3/12,B3,A3)”，然后按【Ctrl+Enter】组合键计算结果。

知识提示

PMT函数用来计算固定利率下，贷款的等额分期偿还额。其语法结构为：PMT(rate,nper,pv,fv,type)，其中rate表示各期贷款利率；nper表示总投资期或贷款期，即该项投资或贷款的付款期总数；pv表示从该项投资或贷款开始计算时已经入账的款项，或一系列未来付款的当前值的累积和；fv表示未来值，或在最后一次付款后希望得到的现金余额；type用以指定各期的付款时间是在期末还是期初。

（2）在【数据】→【数据工具】组单击“模拟分析”按钮，在打开的下拉列表中选择“单变量求解”选项，如图6-15所示。

（3）在打开的“单变量求解”对话框中将自动选择“目标单元格”参数框中的数据，然后直接在工作表中选择D3单元格，再将光标定位到“目标值”文本框中输入数据“-2400”，继续将光标定位到“可变单元格”参数框中，并在工作表中选择E3单元格，如图6-16所示，完成后单击确定按钮。

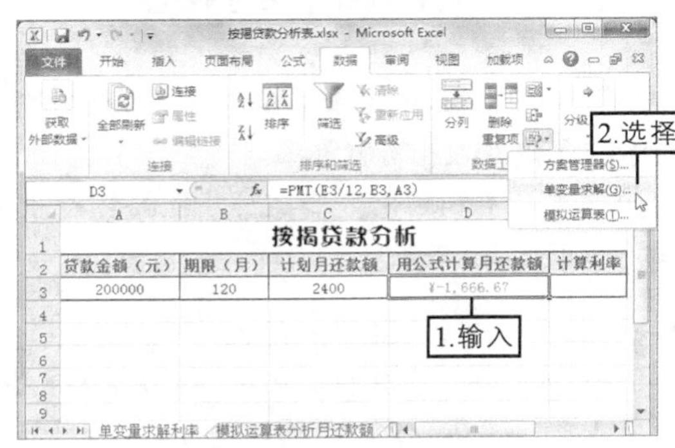

图6-15 输入公式并选择命令

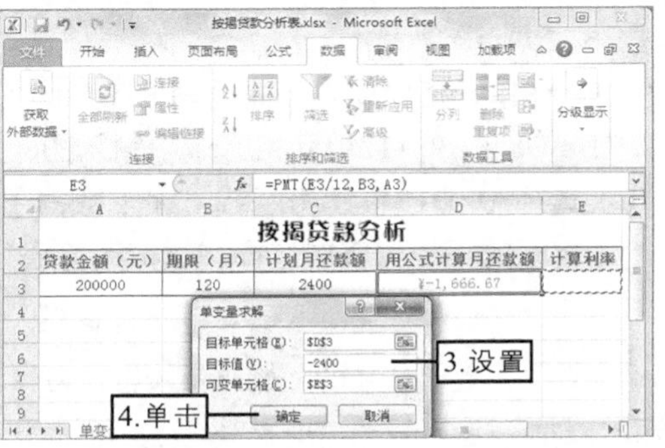

图6-16 设置单变量求解条件

操作技巧

在使用PMT函数时，Excel会自动将计算结果看作是支出，因此计算出的月还款额将为负数，且以红色显示。若不想得到的负值用红色显示，可在pv参数前添加一个负号，即直接输入公式“=PMT(E3/12,B3,-A3)”。

(4) 在打开的“单变量求解状态”对话框中将显示对目标值求得的解，然后单击确定按钮即可在可变单元格E3中计算出求解结果，如图6-17所示。

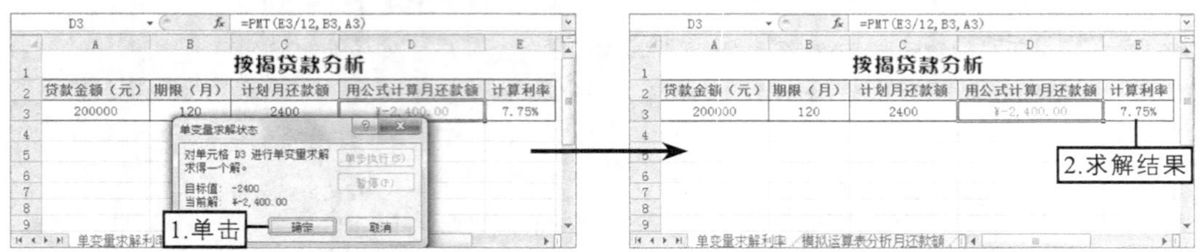

图6-17　单变量求解结果

(5) 在“模拟运算表分析月还款额”工作表中选择D3单元格，输入公式“=PMT(C3/12,B3,A3)”，按【Ctrl+Enter】组合键计算出结果。

(6) 选择C3:D6单元格区域，然后在【数据】→【数据工具】组单击“模拟分析”按钮，在打开的下拉列表中选择“模拟运算表”选项，如图6-18所示。

(7) 在打开的“模拟运算表”对话框中将光标定位到“输入引用列的单元格”文本框中，然后在工作表中选择C3单元格，完成后单击确定按钮，如图6-19所示。

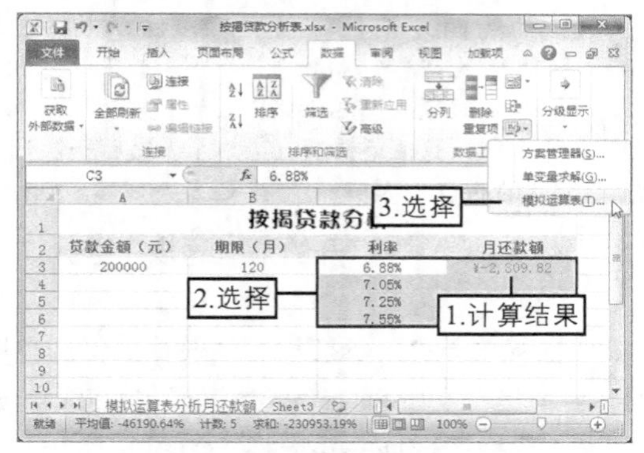

图6-18　输入公式并选择命令

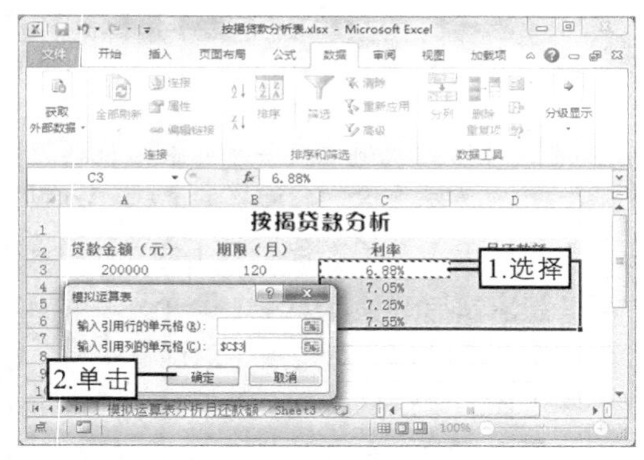

图6-19　确定引用列的单元格

(8) 返回工作表，在D4:D6单元格区域中将计算出在不同的贷款利率下每月的还款额，如图6-20所示。

(9) 在A8单元格中输入公式“=PMT(C3/12,B3,A3)”，按【Ctrl+Enter】组合键，然后分别在B8:D8和A9:A12单元格区域中输入图6-23所示的还款期限和贷款利率。

(10) 选择A8:D12单元格区域，在【数据】→【数据工具】组单击“模拟分析”按钮，在打开的下拉列表中选择“模拟运算表”选项，如图6-21所示。

知识提示

单变量求解与模拟运算表的工作方式不同，单变量求解用来获取结果并确定生成该结果的可能的输入值，而模拟运算表用来处理一个或两个变量，且可接受这些变量的众多不同的值。

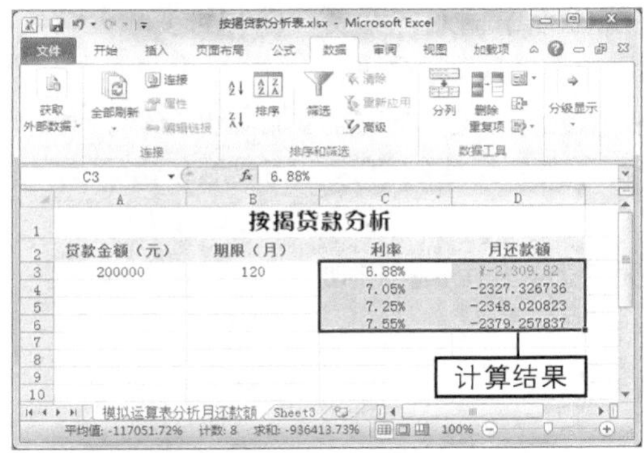

图6-20　计算出不同利率下的月还款额

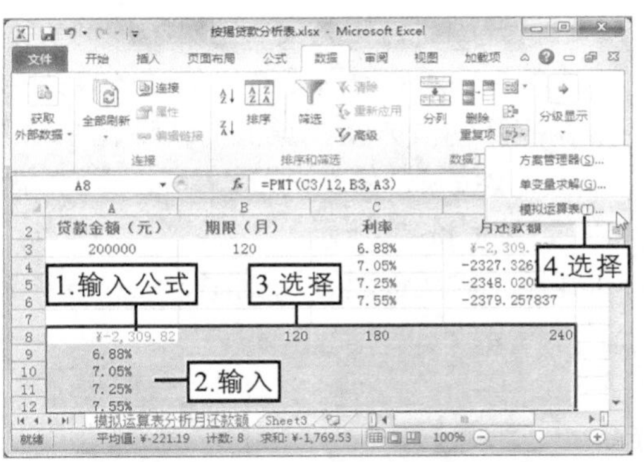

图6-21　输入公式与数值并选择命令

（11）在打开的“模拟运算表”对话框中将光标定位到“输入引用行的单元格”文本框中，在工作表中选择B3单元格，继续将光标定位到“输入引用列的单元格”文本框中，在工作表中选择C3单元格，然后单击确定按钮，如图6-22所示。

（12）返回工作表，在B8:D12单元格区域中计算出不同利率和期限内的月还款额，如图6-23所示。

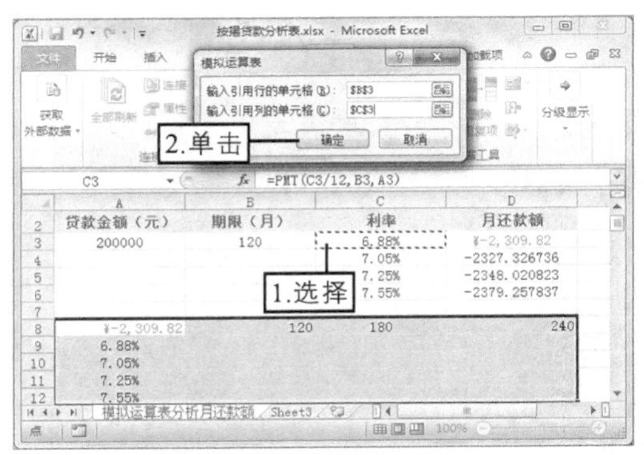

图6-22　确定引用行或列的单元格

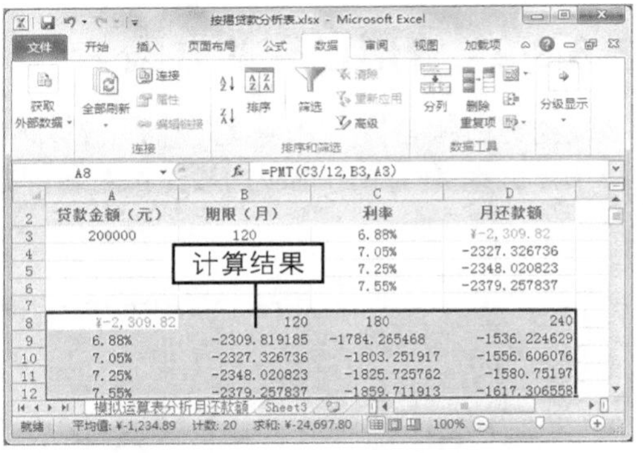

图6-23　计算出不同利率和期限内的月还款额

6.3　使用方案管理器

由于单变量求解只能处理一个可变输入值，而模拟运算表最多容纳两个变量，因此要分析两个以上的变量，则可以使用方案管理器。在Excel中使用方案管理器可以在较复杂的多变量情况下分析数据，建立多套方案，从中选择最佳方案。

6.3.1　创建并添加方案

方案是可以在单元格中自动替换的一组值，创建并添加不同的组值后，用户可根据需要切换到任一方案来查看不同的结果。创建并添加方案管理器的具体操作如下。

（1）在【数据】→【数据工具】组单击“模拟分析”按钮，在打开的下拉列表中选择“方案管理器”选项。

（2）在打开的“方案管理器”对话框中单击添加(A)...按钮。

（3）在打开的“编辑方案”对话框的“方案名”文本框中输入方案名，在“可变单元格”文本框中输入对需要更改的单元格的引用，然后单击 确定 按钮。

（4）在打开的“方案变量值”对话框中输入可变单元格的值，若需添加其他方案，可单击 添加(A) 按钮，依次设置方案名、可变单元格和可变单元格的值等，完成后单击 确定 按钮，如图6-24所示。

（5）返回“方案管理器”对话框单击 关闭 按钮完成方案的创建与添加。

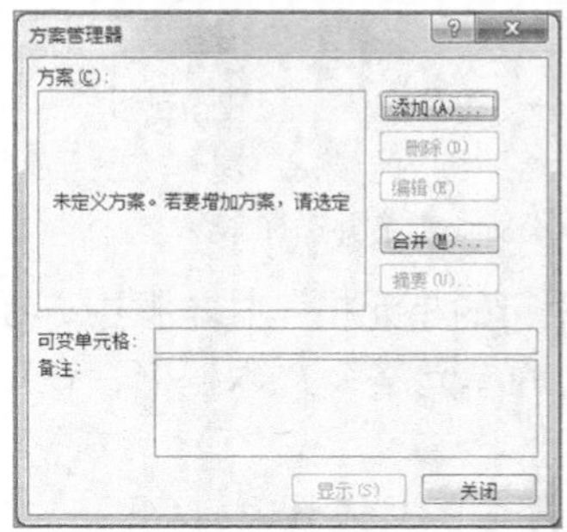

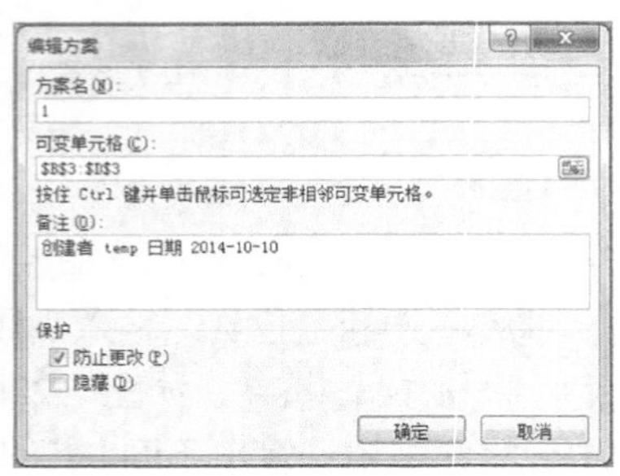

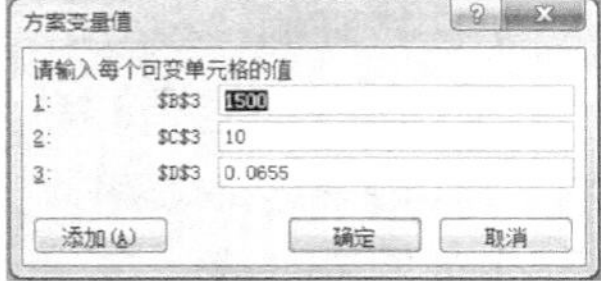

图6-24 创建并添加方案

6.3.2 管理已有的方案

建立好方案后，“方案管理器”对话框中的相应按钮将由灰色显示为可用状态，如图6-25所示，在其中单击相应的按钮可对各种方案进行编辑、分析、总结等。

图6-25 通过“方案管理器”对话框管理已有的方案

该对话框中相应按钮的作用如下。

◎ 添加(A)... **按钮**：单击该按钮，可继续添加需要的方案。

◎ 删除(D) **按钮**：在“方案”列表框中选择某个不需要的方案后，单击该按钮，可删除所选的方案。

◎ 编辑(E)... **按钮**：在“方案”列表框中选择某个的方案后，单击该按钮，可修改所选方案名、可变单元格、可变单元格对应的值。

◎ 合并(M)... **按钮**：单击该按钮，可合并来自同一个工作簿或其他工作簿中的方案。

◎ 摘要(U)... **按钮**：单击该按钮，可比较不同方案的优劣，建立方案总结报告或方案数据透视表。

◎ 显示(S) **按钮**：单击该按钮，可显示“方案”列表框中被选择的方案及其结果。

6.3.3 课堂案例3——分析投资方案

本案例将在提供的素材文件中使用方案管理器对不同的投资项目进行统计分析，以选择出最佳的投资方案，完成后的参考效果如图6–26所示。

素材所在位置 光盘:\素材文件\第6章\课堂案例3\投资方案分析表.xlsx

光盘:\效果文件\第6章\课堂案例3\投资方案分析表.xlsx

视频演示 光盘:\视频文件\第6章\分析投资方案.swf

投资方案分析表

项目	每期投资金额（元）	投资年限(年)	年利率
项目1	¥1,500.00	10	6.55%
项目2	¥2,000.00	6	7.05%
项目3	¥2,500.00	8	6.65%
项目4	¥5,000.00	5	7.55%

投资未来值	每期投资金额（元）	投资年限(年)	年利率
¥254,678.75	¥1,500.00	10	6.55%

方案摘要

	当前值:	项目1	项目2	项目3	项目4
可变单元格:					
$B$9	¥1,500.00	¥1,500.00	¥2,000.00	¥2,500.00	¥5,000.00
$C$9	10	10	6	8	5
$D$9	6.55%	6.55%	7.05%	6.65%	7.55%
结果单元格:					
$A$9	¥254,678.75	¥254,678.75	¥179,652.20	¥317,464.74	¥365,391.43

注释：“当前值”这一列表示的是在
建立方案汇总时，可变单元格的值。
每组方案的可变单元格均以灰色底纹突出显示。

图6–26 “投资方案分析表”的参考效果

（1）打开素材文件“投资方案分析表.xlsx”，在A9单元格中输入公式“=FV(D9/12,C9*12,–B9,,1)”，按【Ctrl+Enter】组合键计算出对应单元格中数据的投资未来值。

知识提示

FV函数是基于固定利率及等额分期付款方式，返回某项投资的未来值。其语法结构为：FV(rate,nper,pmt,pv,type)，其中rate表示各期利率；nper表示总投资期，即该项投资总的付款期数；pmt表示各期支付的金额；pv表示从该项投资开始计算时已经入账的款项，或一系列未来付款当前值的累积和；type用来指定各期的付款时间（期初或期末），数值0或忽略表示期末，数值1表示期初。

（2）在【数据】→【数据工具】组单击“模拟分析”按钮，在打开的下拉列表中选择“方案管理器”选项，如图6–27所示。

（3）在打开的“方案管理器”对话框中单击添加(A)...按钮，如图6–28所示。

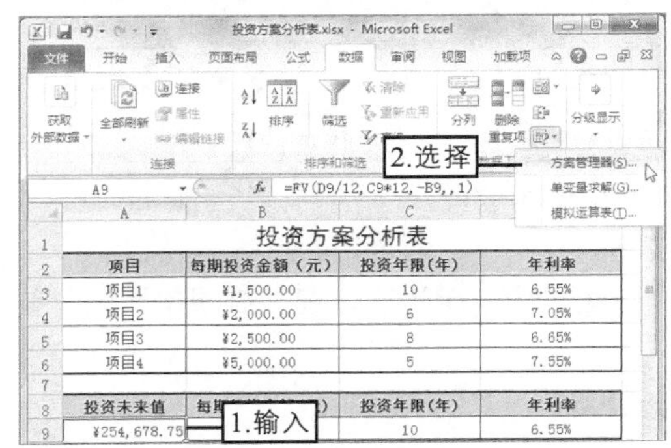

图6–27 输入公式并选择命令

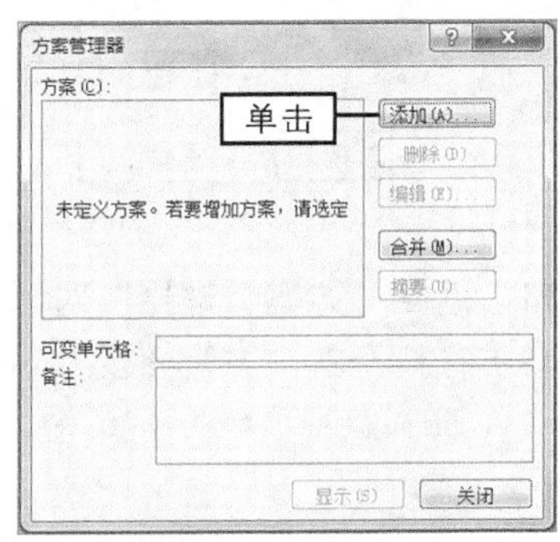

图6–28 单击“添加”按钮

（4）在打开的“添加方案”对话框的“方案名”文本框中输入“项目1”文本，然后在“可变单元格”文本框后单击按钮。

（5）在工作表中选择B9:D9单元格区域，然后在缩小的对话框中单击按钮，如图6-29所示。

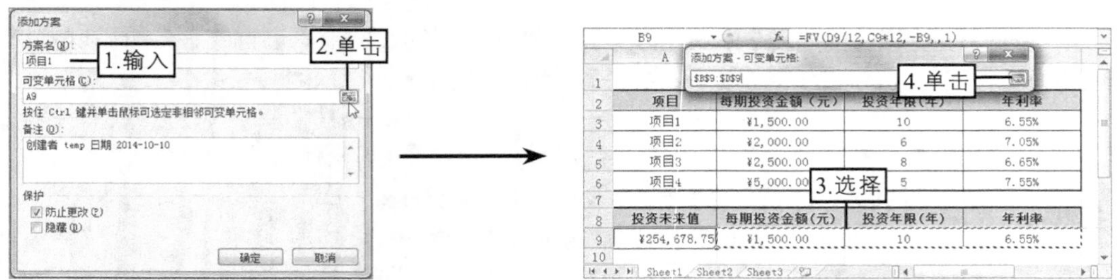

图6-29　设置方案名和可变单元格

（6）此时“添加方案”对话框的名称变为“编辑方案”，然后直接单击确定按钮。

（7）在打开的“方案变量值”对话框的“请输入每个可变单元格的值”栏中确定“项目1”的相应数据，完成后单击添加(A)按钮，如图6-30所示。

（8）在打开的“添加方案”对话框的“方案名”文本框中输入“项目2”文本，单击确定按钮，如图6-31所示。

图6-30　确定项目1的方案名、可变单元格和可变单元格的值

图6-31　输入项目2的方案名

（9）在打开的“方案变量值”对话框的相应文本框中输入项目2对应的数值，完成后单击添加(A)按钮。

（10）用相同的方法添加“项目3”和“项目4”方案名和方案变量值，完成后在“方案变量值”对话框中单击确定按钮，如图6-32所示。

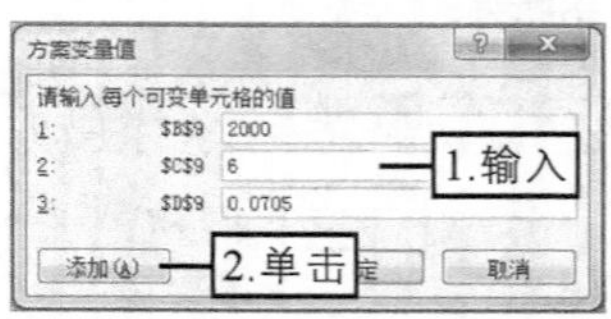

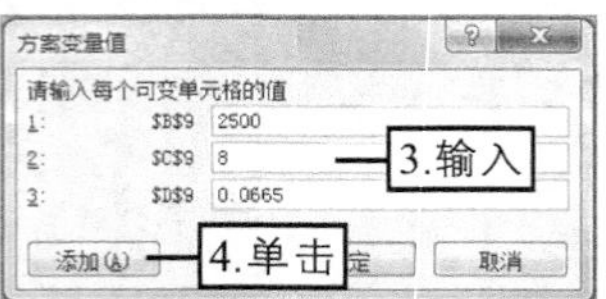

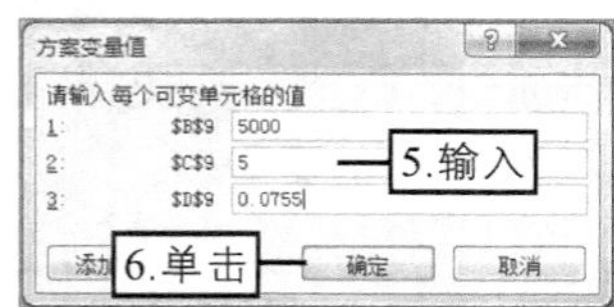

图6-32　继续添加方案名和方案变量值

（11）返回“方案管理器”对话框，单击摘要(U)...按钮。

（12）在打开的“方案摘要”对话框中单击选中“方案摘要”单选项，在“结果单元格”参数框中输入“A9”，单击确定按钮。

知识提示

方案报告不会自动重新计算，如果要更改方案值，这些更改将不会显示在现有摘要报告中，必须创建一个新的摘要报告。

（13）系统自动在“Sheet1”工作表前插入一个名为“方案摘要”的工作表，在其中可以看到“项目4”方案的投资未来值最大，如图6-33所示。

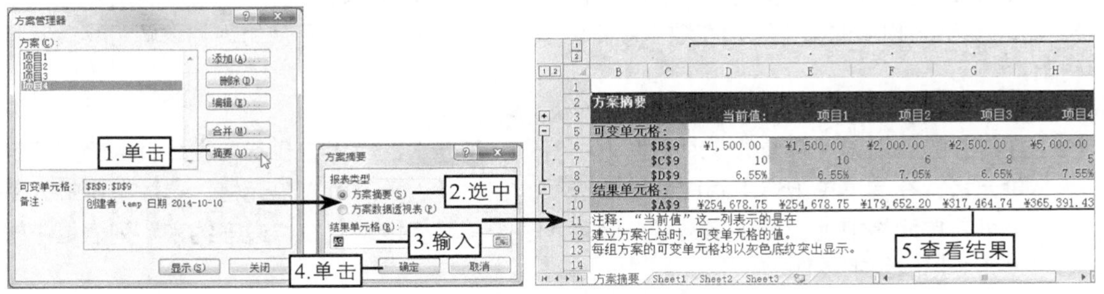

图6-33　创建方案摘要

6.4　使用数据分析工具

安装Excel后，用户还可根据需要添加可用的Excel加载项，如规划求解、分析工具库等。在进行复杂统计或工程分析时使用Excel加载项可以节省操作步骤，提高工作效率。

6.4.1　添加Excel加载项

默认情况下，在Excel工作界面中没有规划求解、分析工具库等命令，因此要使用这些命令执行相应的操作，必须先添加Excel加载项，其具体操作如下。

（1）在Excel工作界面中选择【文件】→【选项】菜单命令。

（2）在打开的“Excel选项”对话框中单击“加载项”选项卡，在右侧的“管理”下拉列表框中选择“Excel加载项”选项，然后单击 转到(G)... 按钮。

（3）在打开的“加载宏”对话框的“可用加载宏”列表框中，单击选中需要添加的加载项对应的复选框，如图6-34所示，然后单击 确定 按钮，稍等片刻后即可在Excel工作界面的【数据】→【分析】组中看到添加的Excel加载项。

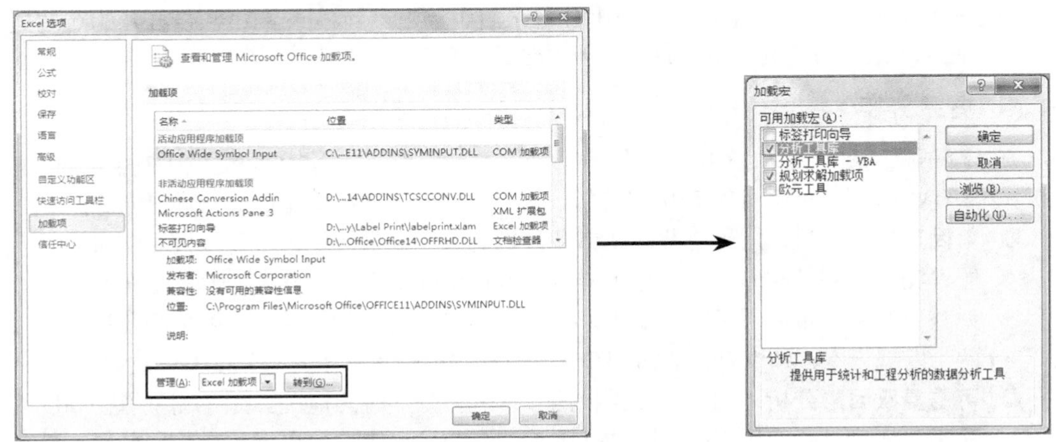

图6-34　添加Excel加载项

6.4.2 规划求解

在Excel中当需要同时改变多个单元格的数值，并且要求同时满足某些给定的条件，以获得目标单元格的预期的结果（即在数学中称为多元一次方程）时，可使用规划求解工具。其具体操作如下。

（1）在【数据】→【分析】组中单击 规划求解 按钮。

（2）在打开的“规划求解参数”对话框（如图6-35所示）的“设置目标”文本框中输入目标单元格，在其下单击选中相应的值单选项；在“通过更改可变单元格”参数框中输入每个可变单元格地址，可以用逗号分隔输入多个单元格地址；在“遵守约束”列表框中输入要应用的约束条件。

（3）单击 求解(S) 按钮计算结果。

图6-35 “规划求解参数”对话框

6.4.3 分析工具库

加载分析工具库后，在【数据】→【分析】组中单击 数据分析 按钮，在打开的“数据分析”对话框中可选择所需的分析工具，如方差分析、直方图、回归分析等。

1. 方差分析

方差分析是一种重要和常用的统计分析方法。在数据分析工具库中提供了3种类型的方差分析：单因素方差分析、可重复双因素分析、无重复双因素分析。下面分别进行介绍。

◎ **单因素方差分析**：用于对两个或更多样本的数据进行简单的方差分析。它可提供一种假设测试，假设的内容是：每个样本都取自相同基础概率分布，而不是对所有样本来说基础概率分布都不相同。如果只有两个样本，则TTEST函数可被平等使用。如果有两个以上样本，则没有合适的TTEST归纳和“单因素方差分析”模型可被调用。

◎ **可重复双因素分析**：用于当数据按照二维进行分类时的情况。如在测量植物高度的实验中，植物可能使用不同品牌的化肥（如A、B和C），也可能放在不同温度的环境中（如高和低）。对于这6组可能的组合{化肥，温度}，将有相同数量的植物高度观察

值，此时可使用该工具进行分析。

◎ **无重复双因素分析**：用于当数据按照二维进行分类且包含重复的双因素的情况。

以上3种类型的方差分析工具的操作方法基本相同，下面主要介绍单因素方差分析，其具体操作如下。

（1）首先根据实际情况提出假设，再选择适当的显著性水平，然后通过计算有关数据建立方差分析表，查临界值，最后确定是否拒绝，从而达到解决问题的目的。

（2）在【数据】→【分析】组中单击 数据分析 按钮。

（3）在打开的“数据分析”对话框的“分析工具”列表框中选择“方差分析：单因素方差分析”选项，单击 确定 按钮。

（4）在打开的“方差分析：单因素方差分析”对话框中设置输入区域、分组方式和输出区域等，如图6-36所示，完成后单击 确定 按钮即可对工作表中的数据进行方差分析。

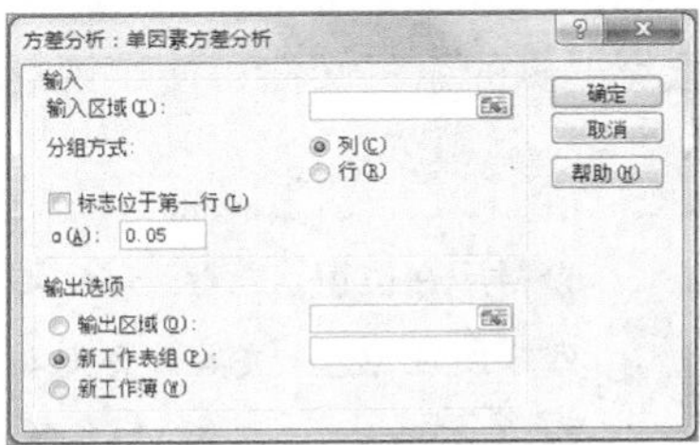

图6-36　单因素方差分析

2. 直方图

“直方图”分析工具可计算数据单元格区域和数据接收区间的单个和累积频率。它用于统计数据集中某个数值出现的次数。

使用“直方图”分析工具时，首先应输入一个数值段即数据的接收区域作为直方图分析数据的条件，然后在【数据】→【分析】组中单击 数据分析 按钮执行相应的操作即可。如使用直方图统计分析各分数段人数，出现频率最多的分数即为数据集中的众数，如图6-37所示。

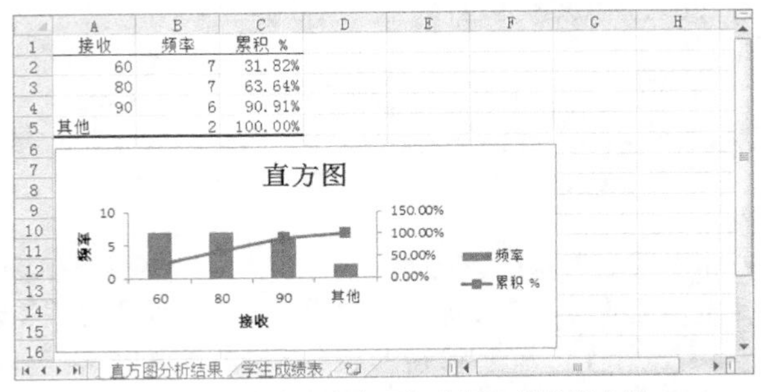

接收	频率	累积 %
60	7	31.82%
80	7	63.64%
90	6	90.91%
其他	2	100.00%

图6-37　使用“直方图”分析各分数段人数

3. 回归分析

“回归”分析工具通过对一组观察值使用“最小二乘法”直线拟合来执行线性回归分析。它可分析单个因变量是如何受一个或几个自变量影响的。在数据分析中，当需要对成对成组的数据进行拟合时，如线性描述、趋势预测和残差分析等，可使用该分析工具来解决。如使用“回归”分析工具建立回归方程进行销售预测，如图6-38所示。

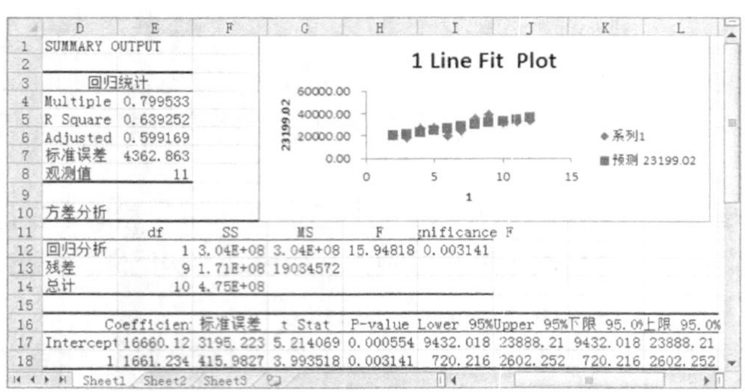

图6-38 使用“回归”进行销售预测

6.4.4 课堂案例4——分析生产规划

根据提供的素材文件，使用规划求解分析产品的生产利润最大值，完成后的参考效果如图6-39所示。

素材所在位置 光盘:\素材文件\第6章\课堂案例4\生产规划分析表.xlsx

效果所在位置 光盘:\效果文件\第6章\课堂案例4\生产规划分析表.xlsx

视频演示 光盘:\视频文件\第6章\分析生产规划.swf

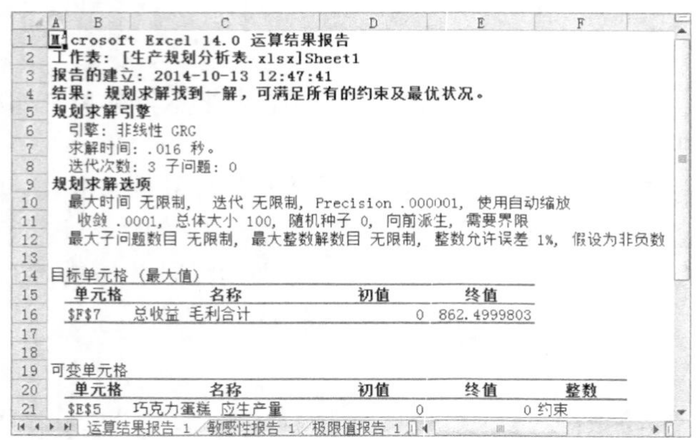

图6-39 “生产规划分析表”的参考效果

职业素养

每个公司都希望在有限的生产资源下，制造出利润最高的产品，从而获得最大的利益。这个问题看似非常复杂，但只要将生产所需的条件转化为数学公式输入到Excel工作表中，便可使用规划求解工具轻松解决如何获取利润最大值的问题，并协助管理人员做好进一步的生产决策与规划。

（1）打开素材文件“生产规划分析表.xlsx”，选择F5:F6单元格区域，在编辑栏中输入公式“=D5*E5”，按【Ctrl+Enter】组合键计算出各产品的毛利合计。

（2）分别在B7单元格中输入公式“=B5*E5+B6*E6”，在D7单元格中输入公式“=C5*E5+C6*E6”，在F7单元格中输入公式“=F5+F6”，完成后按【Ctrl+Enter】组合键，如图6-40所示。

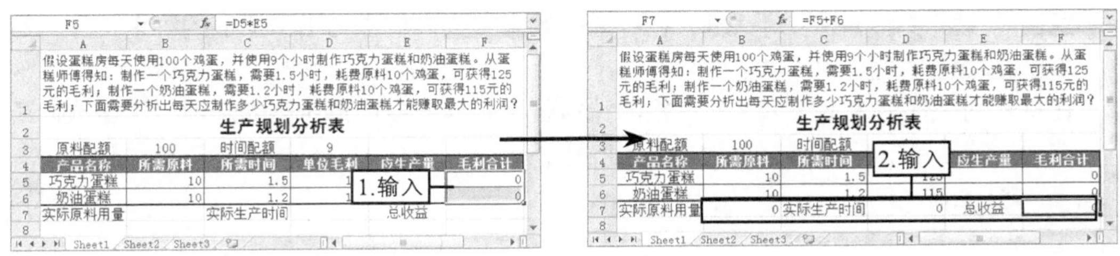

图6-40　输入公式计算数据

（3）在【数据】→【分析】组中单击 规划求解 按钮，如图6-41所示。

（4）在打开的“规划求解参数”对话框中将光标定位到“设置目标”文本框中，并在工作表中选择F7单元格，在“到”栏中单击选中“最大值”单选项，继续将光标定位到“通过更改可变单元格”文本框中，并在工作表中选择E5:E6单元格区域，完成后单击 添加(A) 按钮，如图6-42所示。

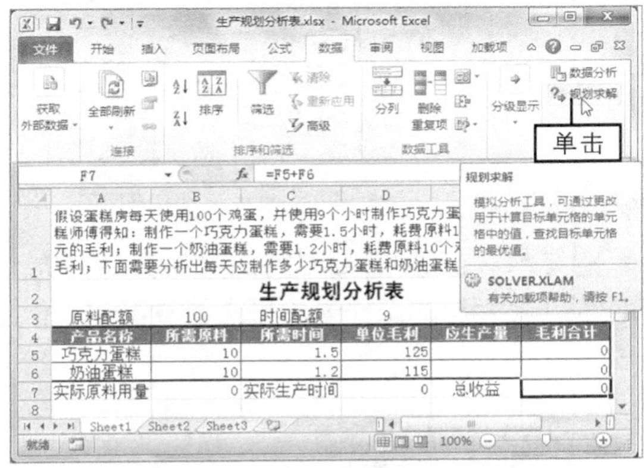

图6-41　单击“规划求解”按钮

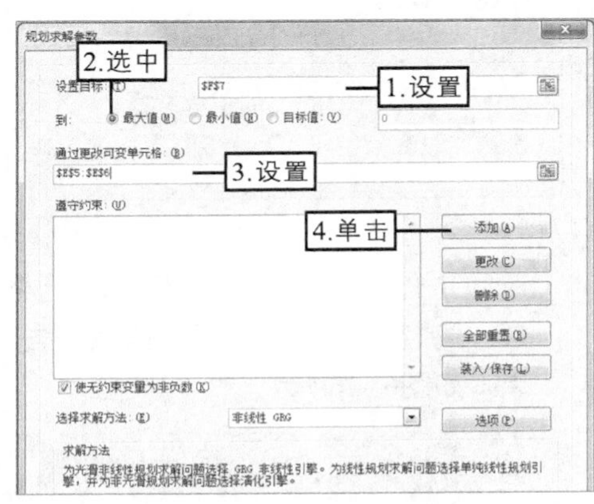

图6-42　设置规划求解参数

操作技巧

在“规划求解参数”对话框的“遵守约束”列表框中选择某个不需要的约束条件，单击 删除(D) 按钮可删除所选的约束条件；若要重新设置“遵守约束”列表框中所有的约束条件，可单击 全部重置(R) 按钮将所有约束条件删除。

（5）在打开的“添加约束”对话框中将光标定位到“单元格引用”文本框中，并在工作表中选择E5单元格，然后在中间的下拉列表框中选择关系运算符“>=”，在“约束值”文本框中直接输入约束值“0”，完成后单击 添加(A) 按钮，如图6-43所示。

图6-43　添加约束条件

（6）用相同的方法依次添加约束条件“$E$6>=0”“$B$7<=$B$3”“$D$7<=$D$3”，完成后单击 确定(O) 按钮，如图6-44所示。

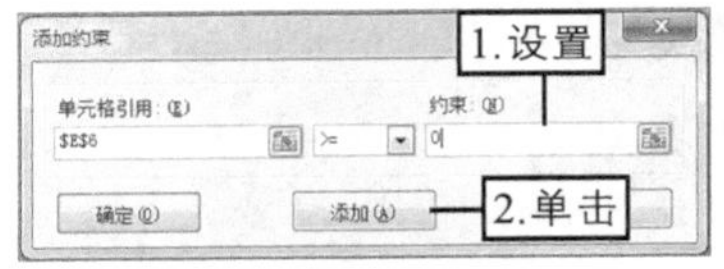

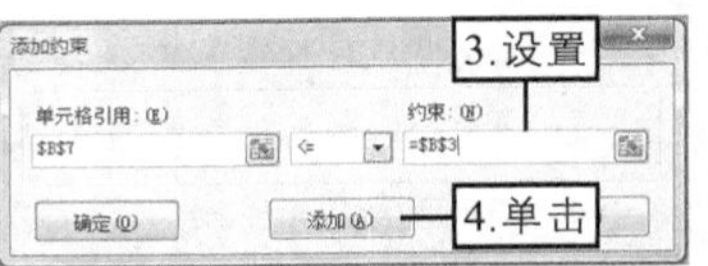

图6-44　继续添加约束条件

（7）返回“规划求解参数”对话框，在“遵守约束”列表框中列出了添加的约束条件，然后单击[求解(S)]按钮。

（8）在打开的“规划求解结果”对话框的“报告”列表框中选择所需的选项，这里选择所有选项，然后单击[确定]按钮，如图6-45所示。

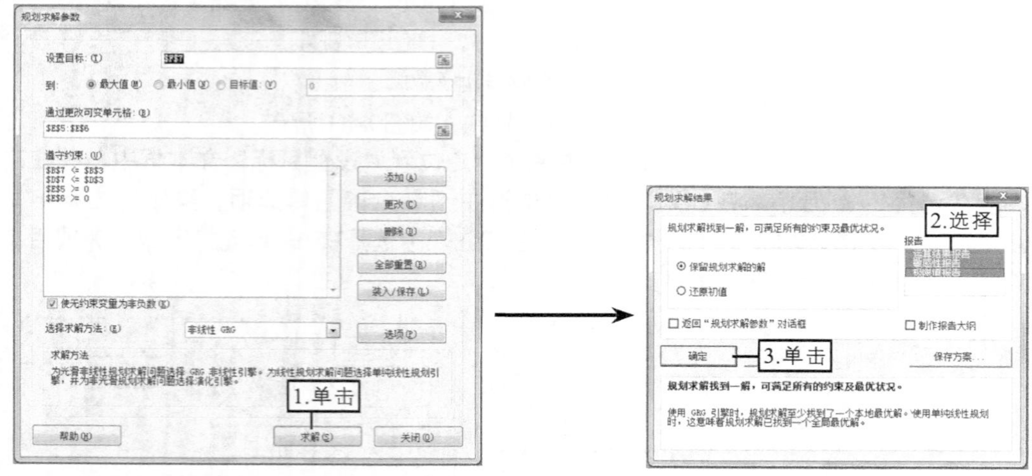

图6-45　求解规划求解结果

（9）返回工作表中，可看到相应单元格中计算的结果，且系统自动创建“运算结果报告1”“敏感性报告 1”“极限值报告 1”工作表，在相应的工作表中可查看数据的分析结果，如图6-46所示。

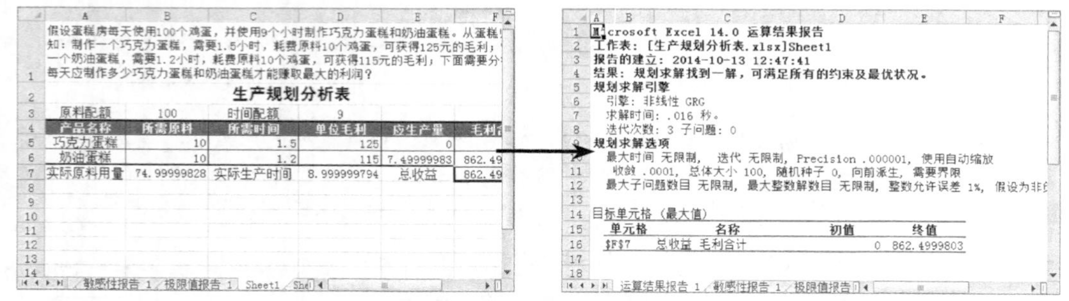

图6-46　查看分析结果

6.4.5　课堂案例5——不同数据分析工具的使用

根据提供的素材文件，分别使用单因素方差分析试验数据，使用直方图统计成绩分布情况，使用回归分析并预测销售数据，完成后的参考效果如图6-47所示。

素材所在位置　光盘:\素材文件\第6章\课堂案例5\数据分析表.xlsx

效果所在位置　光盘:\效果文件\第6章\课堂案例5\数据分析表.xlsx

视频演示　光盘:\视频文件\第6章\不同数据分析工具的使用.swf

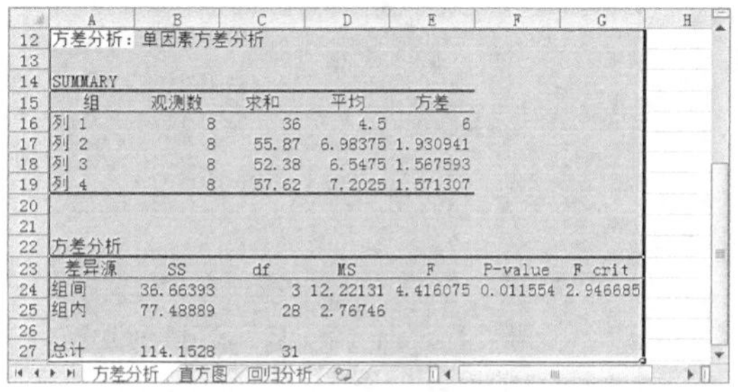

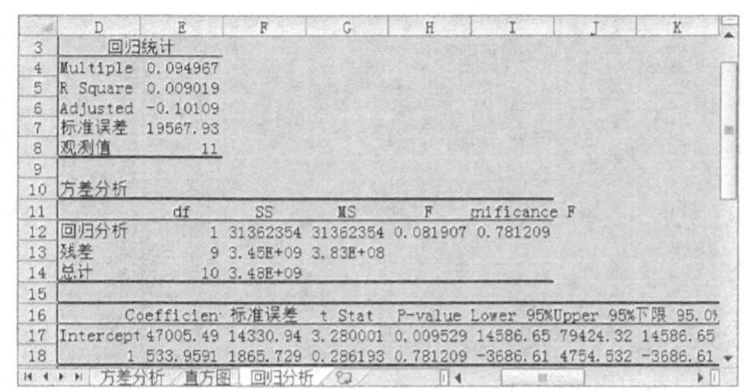

图6-47 “数据分析表”的参考效果

（1）打开素材文件“数据分析表.xlsx”，选择“方差分析”工作表，在【数据】→【分析】组中单击数据分析按钮。

（2）在打开的“数据分析”对话框的“分析工具”列表框中选择“方差分析：单因素方差分析”选项，然后单击确定按钮，如图6-48所示。

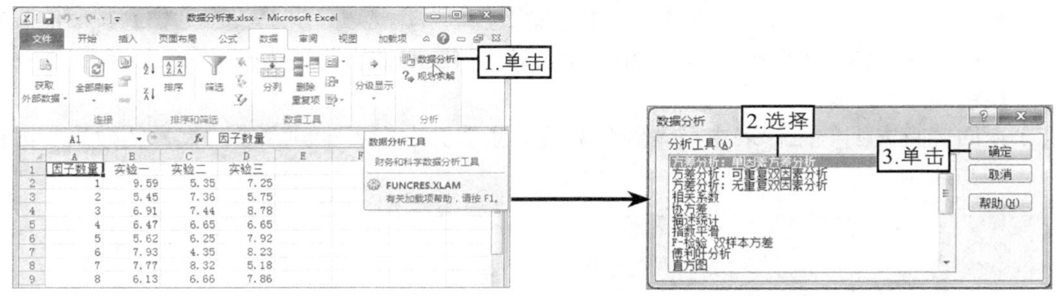

图6-48 选择数据分析工具

（3）在打开的“方差分析：单因素方差分析”对话框中将光标定位到“输入区域”文本框中，并在工作表中选择A2:D9单元格区域，然后在“输出选项”栏中单击选中“输出区域”单选项，并将光标定位到其后的文本框中，在工作表中选择A12单元格作为存放分析数据的起始单元格，完成后单击确定按钮。

（4）返回“方差分析”工作表，在A12单元格后显示出“方差分析”结果，如图6-49所示。

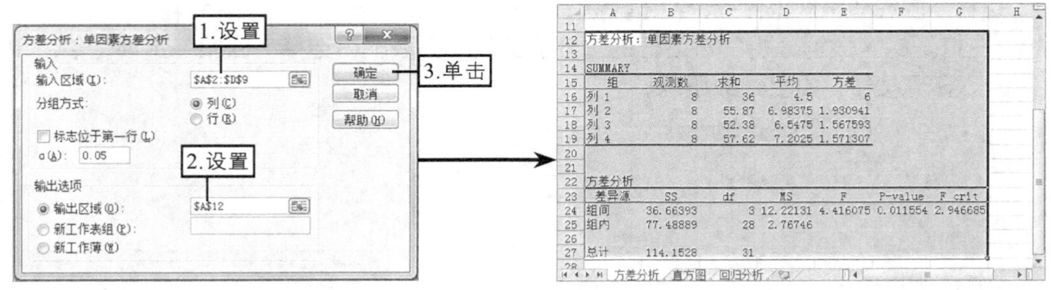

图6-49 设置单因素方差分析选项

（5）在“直方图”工作表的A15:A18单元格区域中输入相应的分数段，然后在【数据】→【分析】组中单击数据分析按钮。

（6）在打开的“数据分析”对话框的列表框中选择“直方图”选项，然后单击确定按钮，如图6-50所示。

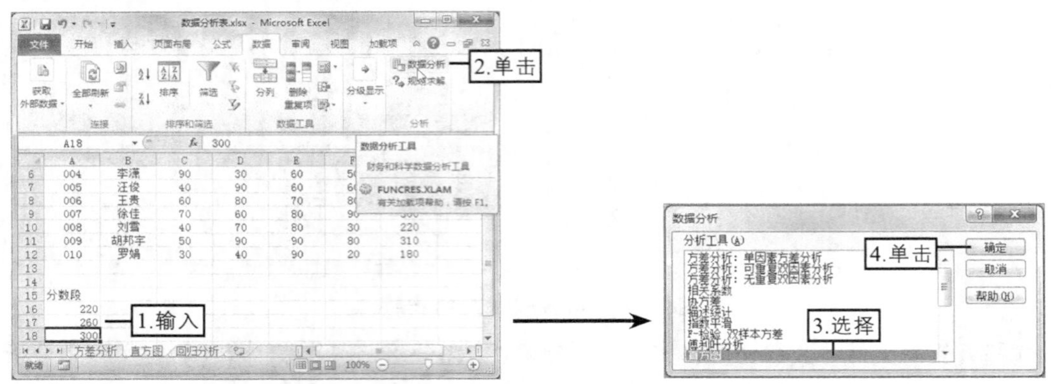

图6-50 输入分数段并选择数据分析工具

（7）在打开的“直方图”对话框中将光标定位到“输入区域”文本框中，并在工作表中选择G3:G12单元格区域，继续将光标定位到“接收区域”文本框中，并在工作表中选择A16:A18单元格区域，然后单击选中“输出区域”单选项，并将光标定位到其后的文本框中，在工作表中选择C15单元格，单击选中“图表输出”复选框，完成后单击 确定 按钮。

（8）返回“直方图”工作表中可看到分数段的频率分布和累计频率表的直方图效果，如图6-51所示。

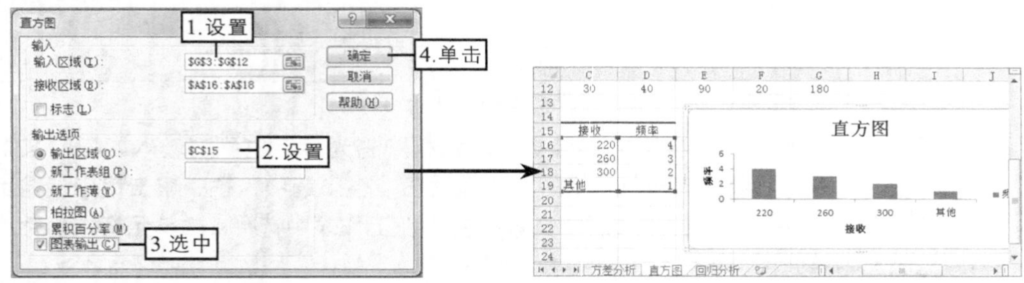

图6-51 设置直方图选项

（9）选择“回归分析”工作表，在【数据】→【分析】组中单击 数据分析 按钮。

（10）在打开的“数据分析”对话框的“分析工具”列表框中选择“回归”选项，然后单击 确定 按钮，如图6-52所示。

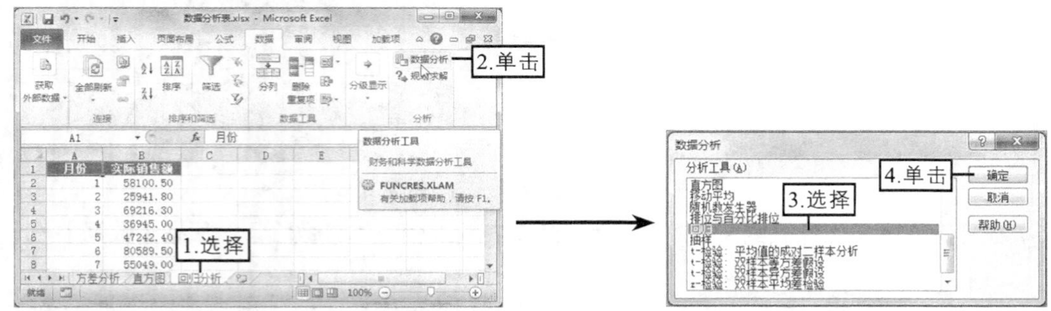

图6-52 选择“回归”数据分析工具

知识提示

在“直方图”对话框的“输入”栏中设置“输入区域”和“接收区域”时，其内容不能包含非数值数据，否则不能分析出数据结果。

（11）在打开的“回归”对话框中将光标定位到“Y值输入区域”文本框中，在工作表中选择B2:B13单元格区域，将光标定位到“X值输入区域”文本框中，在工作表中选择A2:A13单元格区域，然后在其下单击选中“标志”复选框，在“输出选项”栏中单击选中“输出区域”单选项，再将光标定位到其后的文本框中，在工作表中选择D1单元格，在“残差”栏下单击选中“残差”和“线性拟合图”复选框，完成后单击确定按钮。

（12）返回“回归分析”工作表中将显示出计算的回归分析结果，同时系统将自动输出线性拟合图，如图6-53所示。

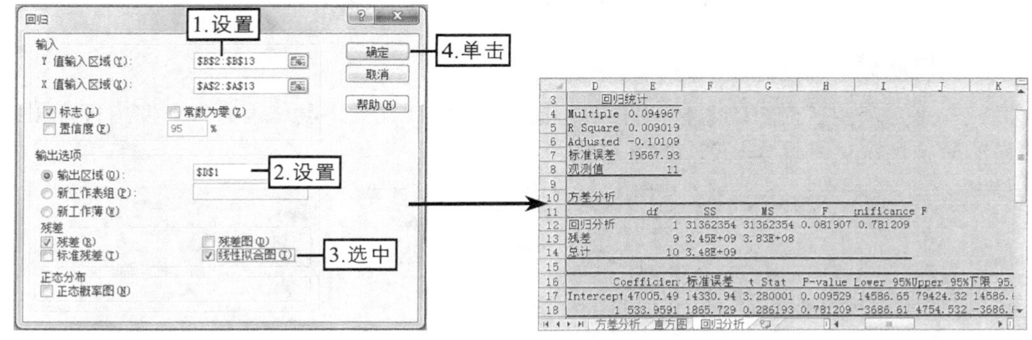

图6-53　设置回归分析选项

知识提示

在进行数据分析时，当不清楚所使用的数据分析工具中各项的具体作用时，可在打开的相应分析工具对话框中单击帮助(H)按钮寻求帮助，并在打开的窗口中查看相关信息。

6.5　课堂练习

本课堂练习将使用不同的数据分析工具统计年度销售数据和分析成本利润率，使读者掌握不同的数据分析工具的使用方法。

6.5.1　统计年度销售数据

1. 练习目标

本练习的目标是分别使用合并计算和直方图统计并分析年度总销量的分布情况。本练习完成后的参考效果如图6-54所示。

素材所在位置　光盘:\素材文件\第6章\课堂练习\家电产品销量统计表.xlsx

效果所在位置　光盘:\效果文件\第6章\课堂练习\家电产品销量统计表.xlsx

视频演示　光盘:\视频文件\第6章\统计年度销售数据.swf

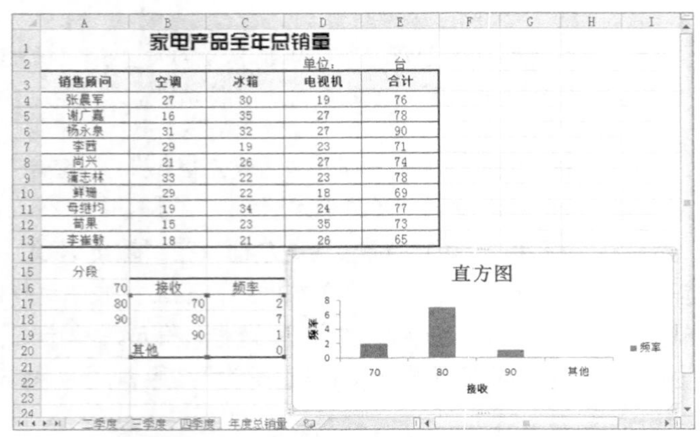

家电产品全年总销量

单位： 台

销售顾问	空调	冰箱	电视机	合计
张晨军	27	30	19	76
谢广嘉	16	35	27	78
杨永泉	31	32	27	90
李茜	29	19	23	71
尚兴	21	26	27	74
蒲志林	33	22	23	78
鲜瑶	29	22	18	69
母继均	19	34	24	77
荀果	15	23	35	73
李崔敏	18	21	26	65

分段	接收	频率
70	70	2
80	80	7
90	90	1
	其他	0

图6-54　“家电产品销量统计表”参考效果

2. 操作思路

完成本练习需要在提供的素材文件中使用按位置合并计算年度总销量，再使用直方图分析总销量的分布情况，其操作思路如图6-55所示。

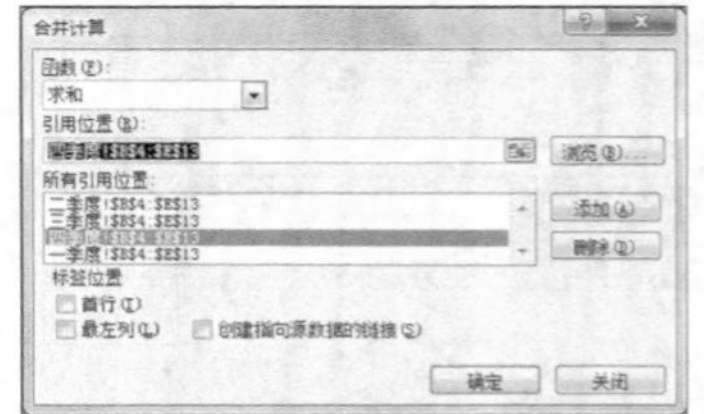

① 按位置合并计算年度总销量

② 用直方图分析总销量

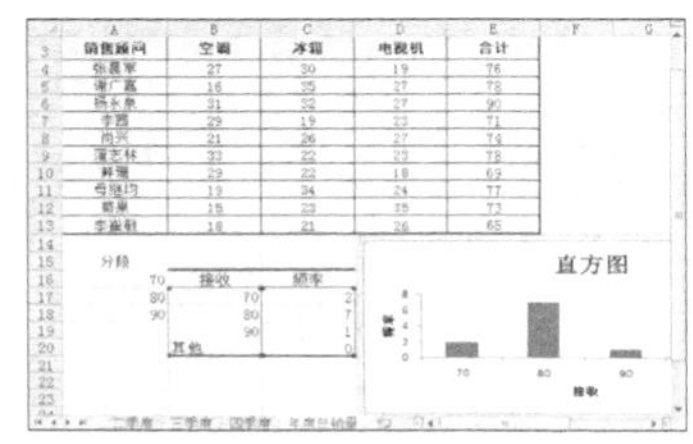

③ 查看分析结果

图6-55　“家电产品销量统计表”的制作思路

(1) 打开素材文件“家电产品销量统计表.xlsx”，选择“年度总销量”工作表，然后在【数据】→【数据工具】组单击“合并计算”按钮。

(2) 在打开的“合并计算”对话框的“函数”下拉列表框中选择“求和”选项，然后依次添加相应的引用位置，完成后单击确定按钮计算出结果。

(3) 在工作表的A15:A18单元格区域中输入相应的分段条件，然后在【数据】→【分析】组中单击数据分析按钮，在打开的“数据分析”对话框的列表框中选择“直方图”选项，然后单击确定按钮。

(4) 在打开的“直方图”对话框中分别设置输入区域、接收区域、输出区域以及图表输出等，完成后单击确定按钮，返回工作表中可看到分段数据的频率分布和累计频率表的直方图效果。

6.5.2 分析成本利润率

1. 练习目标

本练习的目标是分别使用单变量求解和方案管理器计算并分析成本利润率。本练习完成后的参考效果如图6-56所示。

素材所在位置　光盘:\素材文件\第6章\课堂练习\成本分析表.xlsx
效果所在位置　光盘:\效果文件\第6章\课堂练习\成本分析表.xlsx
视频演示　光盘:\视频文件\第6章\分析成本利润率.swf

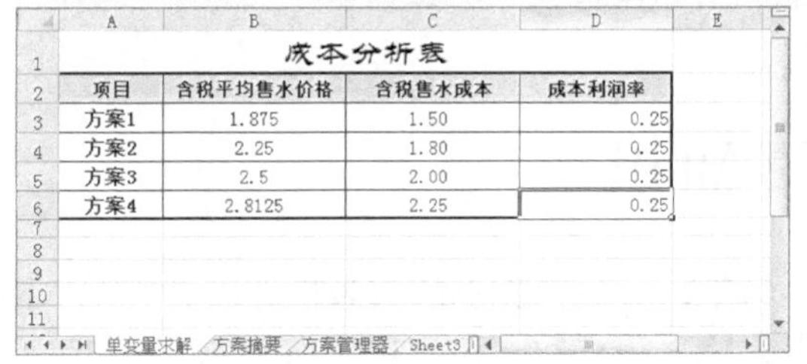

成本分析表

项目	含税平均售水价格	含税售水成本	成本利润率
方案1	1.875	1.50	0.25
方案2	2.25	1.80	0.25
方案3	2.5	2.00	0.25
方案4	2.8125	2.25	0.25

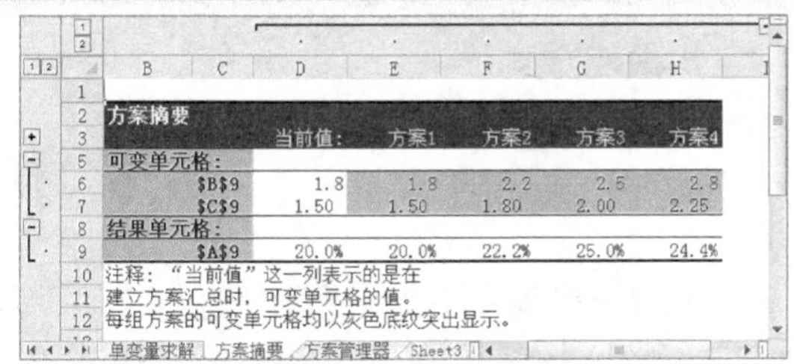

方案摘要	当前值:	方案1	方案2	方案3	方案4
可变单元格:					
$B$9	1.8	1.8	2.2	2.5	2.8
$C$9	1.50	1.50	1.80	2.00	2.25
结果单元格:					
$A$9	20.0%	20.0%	22.2%	25.0%	24.4%

注释：“当前值”这一列表示的是在建立方案汇总时，可变单元格的值。每组方案的可变单元格均以灰色底纹突出显示。

图6-56　“成本分析表”参考效果

2. 操作思路

完成本练习需要在提供的素材文件中首先使用单变量求解成本利润率，然后使用方案管理器对不同的方案进行分析，并选择出最佳方案，其操作思路如图6-57所示。

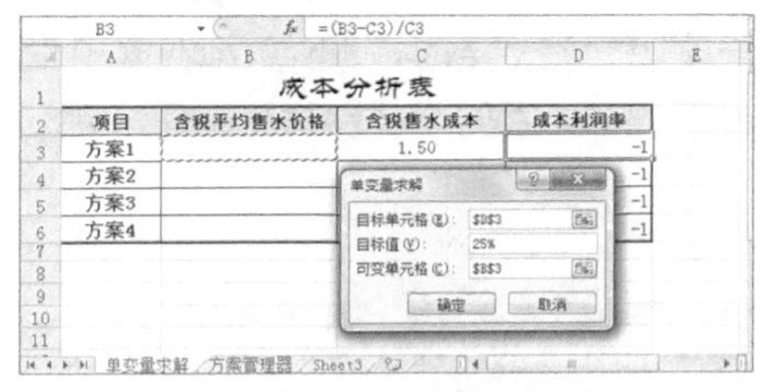

① 单变量求解成本利润率

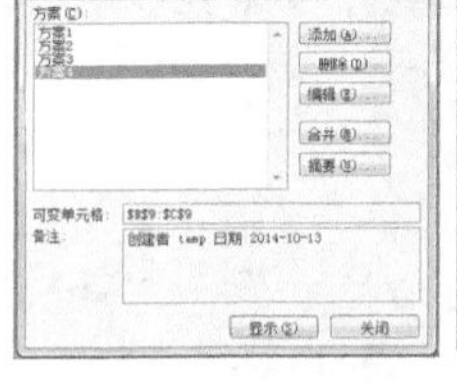

② 创建并添加方案

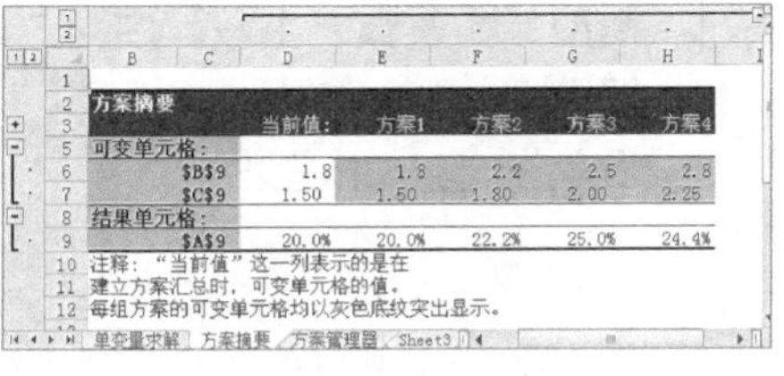

③ 查看方案摘要

图6-57　“成本分析表”的制作思路

（1）打开素材文件“成本分析表.xlsx”，在“单变量求解”工作表中选择D3:D6单元格区域，在编辑栏中输入公式“=(B3-C3)/C3”，完成后按【Ctrl+Enter】组合键。

（2）选择D3单元格，在【数据】→【数据工具】组单击“模拟分析”按钮，在打开的下拉列表中选择“单变量求解”选项。

（3）在打开的“单变量求解”对话框中设置目标单元格为D3单元格，目标值为“25%”，可变单元格为B3单元格，然后单击确定按钮。

（4）在打开的“单变量求解状态”对话框中直接单击确定按钮计算出求解结果。用相同的方法计算其他方案的含税平均售水价格。

（5）选择“方案管理器”工作表，在A9单元格中输入公式“=(B9-C9)/C9”，完成后按【Ctrl+Enter】组合键。

（6）在【数据】→【数据工具】组单击“模拟分析”按钮，在打开的下拉列表中选择“方案管理器”选项。

（7）在打开的“方案管理器”对话框中单击添加(A)...按钮，在打开的“添加方案”对话框的“方案名”文本框中输入方案名，在“可变单元格”文本框中输入对需要更改的单元格的引用，然后单击确定按钮。

（8）在打开的“方案变量值”对话框中输入可变单元格的值，然后单击添加(A)按钮，依次添加其他方案名、可变单元格和可变单元格的值等，完成后单击确定按钮。

（9）返回“方案管理器”对话框单击摘要(U)...按钮，在打开的“方案摘要”对话框中单击选中“方案摘要”单选项，在“结果单元格”参数框中输入“A9”，单击确定按钮，系统自动在“方案管理器”工作表前插入一个名为“方案摘要”的工作表，在其中可以挑选出最佳方案。

6.6 拓展知识

为了确保输入有效数据以获得所需的计算和结果，可设置数据的有效性，将数据输入限制在某个日期范围、使用列表限制选择或者确保只输入正整数，当用户输入了无效数据时，Excel会提供即时帮助以便对用户进行指导，并清除相应的无效数据。其具体操作如下。

（1）在工作表中选择需要设置数据有效性的单元格或单元格区域，然后在【数据】→【数据工具】组中单击按钮，或单击该按钮右侧的按钮，在打开的下拉列表中选择“数据有效性”选项。

（2）在打开的“数据有效性”对话框的“设置”选项卡的“允许”下拉列表框中选择数据的类型，如整数、小数、序列、日期、时间以及文本长度等，在“数据”下拉列表框中设置数据的限制范围，如介于、大于、等于等，并在其下的参数框中设置具体范围，完成后单击确定按钮。

知识提示

在“数据有效性”对话框中单击“输入信息”选项卡，在其中可设置输入单元格数据时的提示信息的标题和内容；单击“出错警告”选项卡，在其中可设置输入单元格数据不符合有效性条件时，打开的提示信息的标题和内容；单击“输入法模式”选项卡，在其中可设置打开工作表时输入法的切换。

（3）以后在设置了数据有效性的单元格或单元格区域中，无须重复输入相应的数据，只需在单元格右侧单击按钮，在打开的下拉列表中选择所需的选项即可，如图6-58所示。

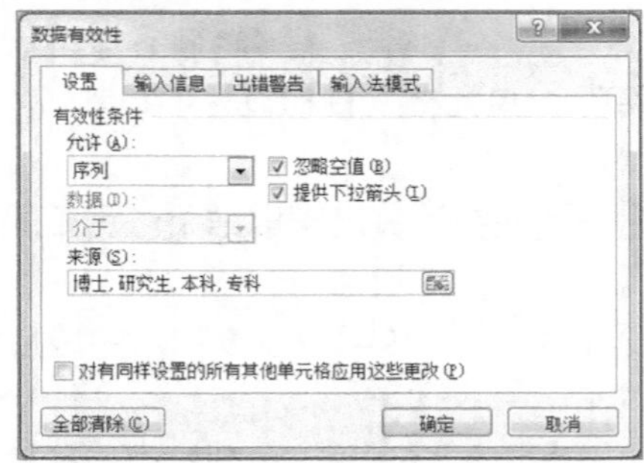

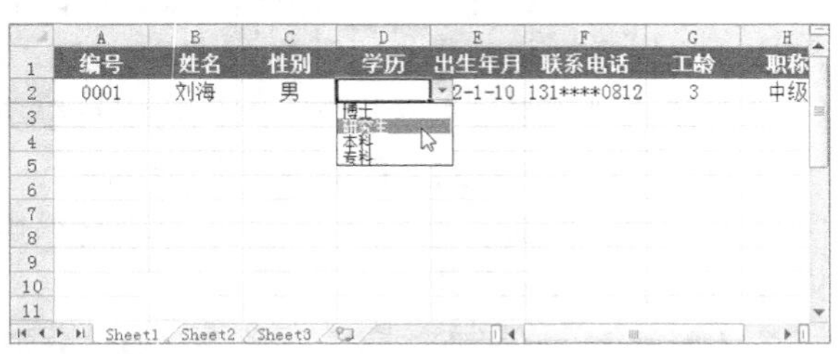

图6-58 设置数据有效性

操作技巧

如果不需要再对工作表设置数据有效性，可在“数据有效性”对话框左下角单击全部清除(C)按钮清除设置的数据有效性。

6.7 课后习题

（1）打开“工程施工进度表.xlsx”工作簿，在其中计算各支队工人每人每天需完成的工作量，完成后的参考效果如图6-59所示。

提示：在“工程施工进度表.xlsx”工作簿中选择B6单元格，输入公式“=B3*B4*B5”，然后按【Ctrl+Enter】组合键计算出结果，再通过单变量求解设置目标单元格为B6单元格，目标值为“500”，可变单元格为B5单元格，完成后用相同的方法计算另外3个支队工人每人每天需完成的工作量。

素材所在位置 光盘:\素材文件\第6章\课后习题\工程施工进度表.xlsx
效果所在位置 光盘:\效果文件\第6章\课后习题\工程施工进度表.xlsx
视频演示 光盘:\视频文件\第6章\计算工程施工进度表.swf

工程施工进度表

施工队伍	第1支队	第2支队	第3支队	第4支队
预计完工时间(天)	90	100	75	120
难度系数	1.5	1.6	1.4	1.7
每人每天工作量	3.7037037	3.125	4.7619048	2.4509804
预计每人工作量	500	500	500	500

图6-59 使用单变量求解工作量

（2）打开“求解方程组.xlsx”工作簿，在其中使用规划求解三元一次方程组，完成后的参考效果如图6-60所示。

提示：在“求解方程组.xlsx”工作簿的E3:E5单元格区域中输入相应的公式，然后通过规划求解设置目标单元格为E3单元格，且其值为“30”，可变单元格为C7:C9单元格区域，并添加约束值“E4=50”和“E5=20”，完成后进行求解即可。

素材所在位置 光盘:\素材文件\第6章\课后习题\求解方程组.xlsx
效果所在位置 光盘:\效果文件\第6章\课后习题\求解方程组.xlsx
视频演示 光盘:\视频文件\第6章\求解方程组.swf

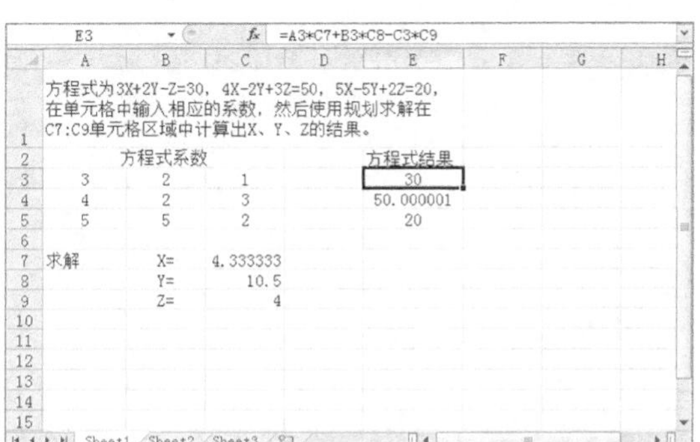

图6-60 使用规划求解三元一次方程组

（3）打开“方差分析.xlsx”工作簿，在其中对数据进行无重复双因素分析，完成后的参考效果如图6-61所示。

提示： 在“方差分析.xlsx”工作簿中设置无重复双因素分析输入区域为B2:C9单元格区域，输出区域为E1单元格，完成试验数据的无重复双因素方差分析。

素材所在位置　光盘:\素材文件\第6章\课后习题\方差分析.xlsx
效果所在位置　光盘:\效果文件\第6章\课后习题\方差分析.xlsx
视频演示　光盘:\视频文件\第6章\方差分析.swf

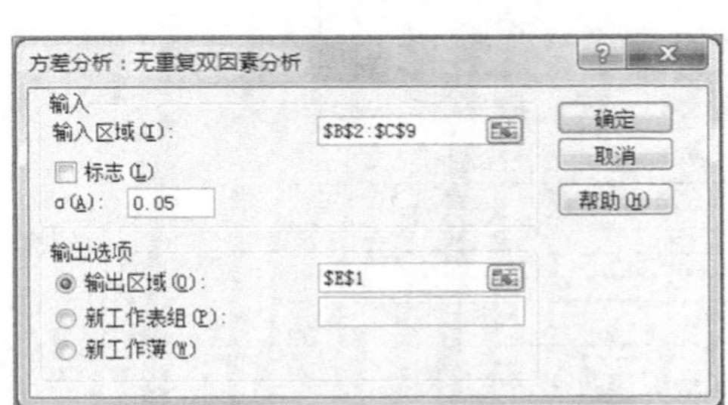

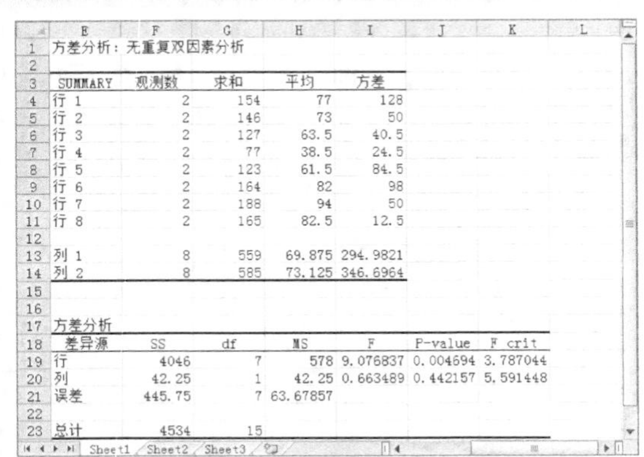

方差分析：无重复双因素分析

SUMMARY	观测数	求和	平均	方差
行 1	2	154	77	128
行 2	2	146	73	50
行 3	2	127	63.5	40.5
行 4	2	77	38.5	24.5
行 5	2	123	61.5	84.5
行 6	2	164	82	98
行 7	2	188	94	50
行 8	2	165	82.5	12.5
列 1	8	559	69.875	294.9821
列 2	8	585	73.125	346.6964

方差分析

差异源	SS	df	MS	F	P-value	F crit
行	4046	7	578	9.076837	0.004694	3.787044
列	42.25	1	42.25	0.663489	0.442157	5.591448
误差	445.75	7	63.67857			
总计	4534	15				

图6-61　使用无重复双因素分析试验数据

第7章 Excel表格数据的管理

使用Excel管理表格数据，可以实现数据的排序、筛选、分类汇总等。本章将详细讲解使用记录单快速输入数据，以及数据的筛选、排序和分类汇总等知识，使表格中的数据更整齐，查阅起来更方便。

学习要点

◎ 记录单的使用

◎ 数据的筛选

◎ 数据的排序

◎ 数据的分类汇总

学习目标

◎ 熟练掌握记录单的使用，并使用数据筛选功能查看符合条件的数据信息

◎ 熟练使用数据排序功能对数据的序列重新进行排列，并使用分类汇总功能将同一类别的数据进行汇总管理

7.1 记录单的使用

记录单详细记录了所需资料的单据。在Excel中，向一个数据量较大的表单中插入一行新记录时，通常需要逐行逐列地输入相应的数据。若使用Excel提供的“记录单”功能则可以帮助用户在一个小窗口中完成输入数据的工作。

7.1.1 添加“记录单”按钮

在默认情况下，在Excel功能选项卡中将不显示“记录单”命令，要使用记录单，可将其手动添加到“快速访问工具栏”中，然后单击该按钮执行相应的操作。其具体操作如下。

（1）在Excel工作界面中选择【文件】→【选项】菜单命令。

（2）在打开的“Excel选项”对话框中单击“快速访问工具栏”选项卡，在“从下拉位置选择命令”下拉列表框中选择“不在功能区中的命令”选项，在中间的列表框中选择“记录单”选项，单击 添加(A) >> 按钮将其添加到右侧的列表框中，如图7-1所示，完成后单击 确定 按钮。

（3）返回工作表中，在快速访问工具栏中可看到添加的“记录单”按钮。

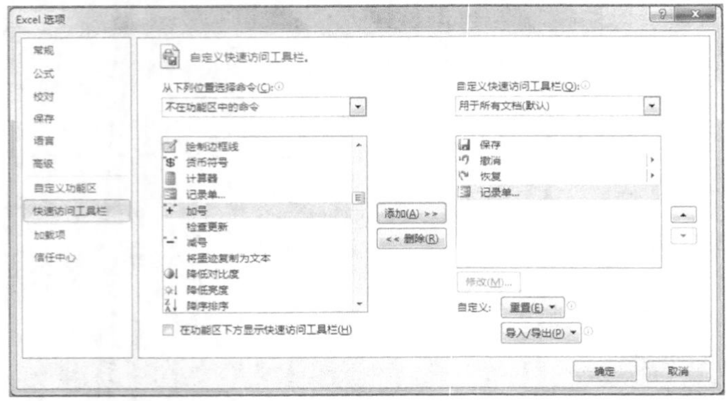

图7-1 添加“记录单”按钮到快速访问工具栏

知识提示

若只需在当前工作簿中使用记录单，可在“自定义快速访问工具栏”下拉列表框中选择需使用记录单的工作簿选项。

7.1.2 添加并编辑记录

记录单是用来管理表格中每一条记录的对话框，使用它可以方便地对表格中的记录执行添加、修改、查找、删除等操作，有利于数据的管理。

要添加并编辑记录，可在工作表中选择除标题外其他含有数据的单元格区域，然后在快速访问工具栏中单击“记录单”按钮，在打开的记录单对话框中执行以下操作。

◎ **添加记录**：在打开的记录单对话框的空白文本框中输入相应的内容，然后按【Enter】键或单击 新建(W) 按钮，继续添加记录到表格中，完成后单击 关闭(L) 按钮关闭记录单对

话框即可，如图7-2所示。

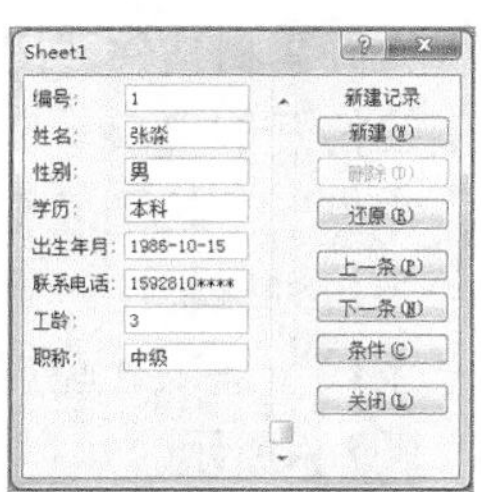

图7-2 记录单对话框

- ◎ **修改记录**：在打开的记录单对话框中拖动垂直滚动条至需要修改的记录，在其中根据需要修改记录的相关项目即可。在修改记录后，将激活[还原(R)]按钮，单击该按钮可还原修改错误的数据。
- ◎ **查找记录**：在打开的记录单对话框中单击[条件(C)]按钮，继续在打开的对话框中输入查找条件，完成后按【Enter】键，在当前对话框中将查找出符合条件的记录并将其显示出来。
- ◎ **删除记录**：要删除某条记录，可在打开的记录单对话框中查找需要删除的记录，然后单击[删除(D)]按钮，系统打开提示记录将被删除的对话框，完成后单击[确定]按钮确定删除记录。

知识提示

利用记录单查找记录时，输入的查找条件越多，查找到符合条件的记录就越准确。另外，在打开的记录单对话框中单击[上一条(P)]按钮或[下一条(N)]按钮，可查看当前记录的上一条或下一条记录。

7.1.3 课堂案例1——制作房屋租赁登记表

本案例将在提供的素材文件中使用记录单添加并编辑数据记录，完成后的参考效果如图7-3所示。

素材所在位置　光盘:\素材文件\第7章\课堂案例1\房屋租赁登记表.xlsx

效果所在位置　光盘:\效果文件\第7章\课堂案例1\房屋租赁登记表.xlsx

视频演示　光盘:\视频文件\第7章\制作房屋租赁登记表.swf

房屋租赁登记表

起止日期	租借人	楼盘名称	户型	使用面积	楼层	租价	联系电话
2014-9-3	梁左民	金房苑	一室一厅	52	3/7层	¥1,500.00	1395656****
2014-9-5	王福	世纪城	两室两厅	84	8/18层	¥2,000.00	1374587****
2014-9-6	李秋玉	阳光花园	两室一厅	75	6/16层	¥1,800.00	1385587****
2014-9-8	蔡满贯	华益半岛	三室两厅	96	7/18层	¥2,500.00	1596120****
2014-9-12	张文锦	时代之城	一室一厅	45	5/7层	¥1,200.00	1365303****
2014-9-15	徐乾	东方新城	一室一厅	50	10/18层	¥1,500.00	1596110****
2014-9-17	杨斌	圣菲城	一室一厅	48	25/26层	¥1,300.00	1372342****
2014-9-20	汪月梅	水岸汇景	两室两厅	88	8/32层	¥2,400.00	1586754****
2014-9-23	郑元元	幸福枫景	三室两厅	120	5/7层	¥3,200.00	1895670****
2014-9-26	刘谦民	美丽鹏城	一室一厅	50	25/32层	¥1,500.00	1846580****
2014-9-28	简伊	凯旋门	一室一厅	45	12/24层	¥1,200.00	1368794****
2014-9-29	蔡华	菁华苑	两室一厅	68	2/12层	¥1,600.00	1380749****
2014-9-30	毕海波	海棠月色	两室一厅	78	7/7层	¥1,800.00	1389540****

图7-3　“房屋租赁登记表”的参考效果

职业素养

房屋租赁登记是房地产租赁活动中的一个重要环节，也是租赁经营活动中的一个必须的法定程序。只有办理了租赁登记，才能切实保护租赁双方的合法权益，方便房地产管理部门统一掌握、管理和规范房地产租赁市场。在进行租赁登记前，必须先审查相应材料是否齐全、是否真实。

（1）打开素材文件“房屋租赁登记表.xlsx”，选择【文件】→【选项】菜单命令。

（2）在打开的“Excel选项”对话框中单击“快速访问工具栏”选项卡，在“从下拉位置选择命令”下拉列表框中选择“不在功能区中的命令”选项，在“自定义快速访问工具栏”下拉列表框中选择“用于‘房屋租赁登记表.xlsx’”选项，在中间的列表框中选择“记录单”选项，单击添加(A) >>按钮将其添加到右侧的列表框中，完成后单击确定按钮，如图7-4所示。

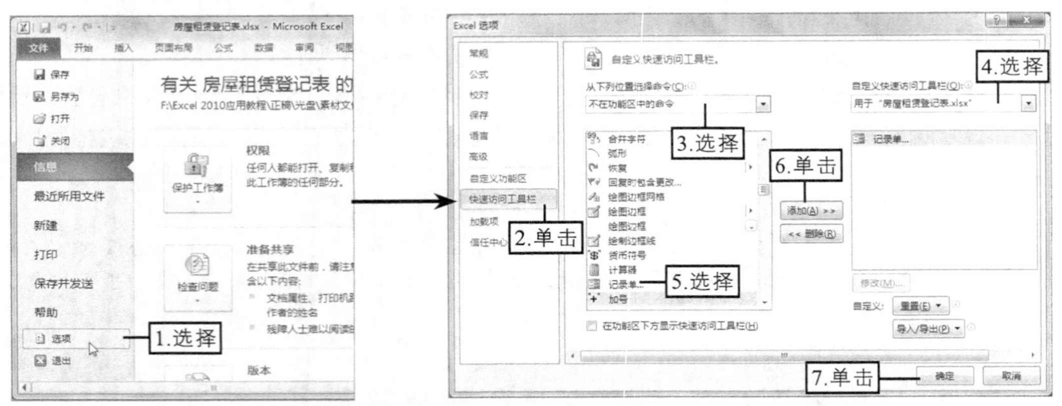

图7-4　添加“记录单”按钮到快速访问工具栏

（3）返回工作表中选择A2:H10单元格区域，在快速访问工具栏中单击“记录单”按钮。

（4）在打开的对话框中单击新建(W)按钮，在打开的空白记录单对话框的各文本框中输入相应的项目内容，如图7-5所示，然后按【Enter】键，在所选区域下方将添加输入的记录数据，且记录单对话框的各项目文本框自动跳转到下一条记录单中。

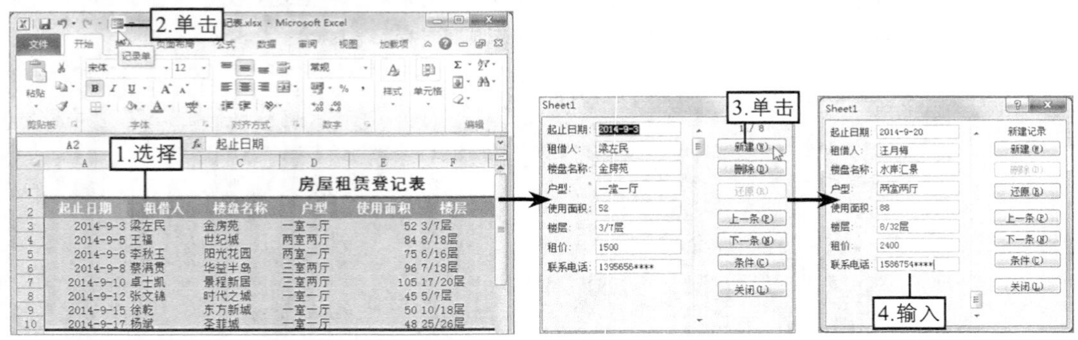

图7-5　添加记录

（5）在打开的空白记录单对话框中继续添加记录，完成记录的添加后单击条件(C)按钮，如图7-6所示。

（6）在打开的对话框中输入查找条件，完成后按【Enter】键即可在当前对话框中显示查找到的符合条件的记录。

（7）单击删除(D)按钮，系统将打开提示记录将被删除的对话框，完成后单击确定按钮确定删除查找到的记录，如图7-7所示。

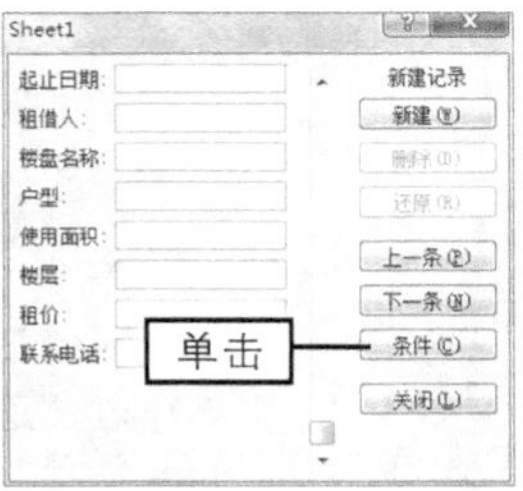

图7-6　单击“条件”按钮

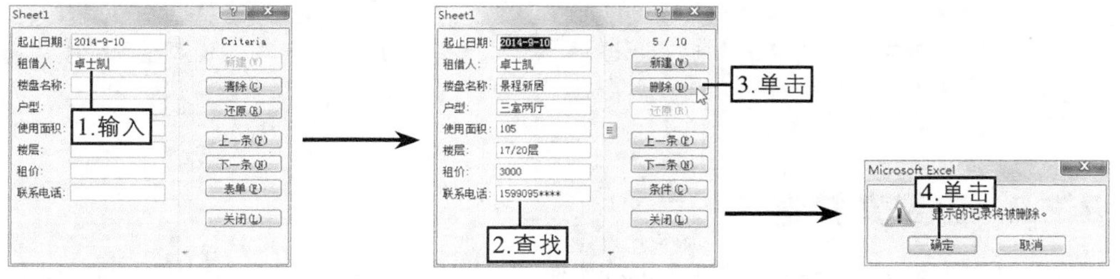

图7-7　查找并删除记录

（8）返回工作表中，可查看所选区域下方添加的记录数据，且其中起止日期为“2014-9-10”和租借人“卓士凯”的记录已被删除，如图7-8所示。

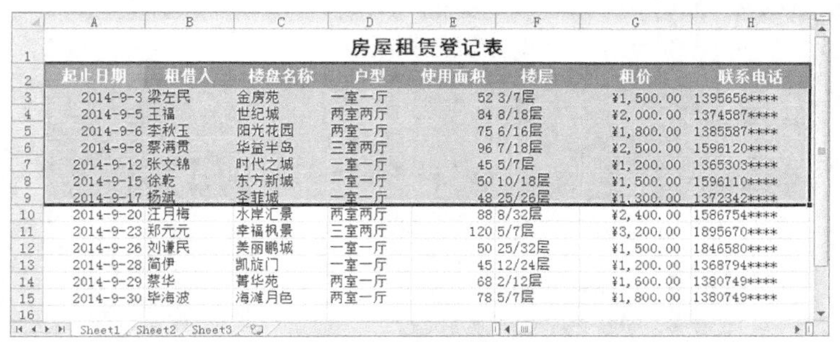

房屋租赁登记表

起止日期	租借人	楼盘名称	户型	使用面积	楼层	租价	联系电话
2014-9-3	梁左民	金房苑	一室一厅	52	3/7层	¥1,500.00	1395656****
2014-9-5	王福	世纪城	两室两厅	84	8/18层	¥2,000.00	1374587****
2014-9-6	李秋玉	阳光花园	两室一厅	75	6/16层	¥1,800.00	1385587****
2014-9-8	蔡满贯	华益半岛	三室两厅	96	7/18层	¥2,500.00	1596120****
2014-9-12	张文锦	时代之城	一室一厅	45	5/7层	¥1,200.00	1365303****
2014-9-15	徐乾	东方新城	一室一厅	50	10/18层	¥1,500.00	1596110****
2014-9-17	杨斌	圣菲城	一室一厅	48	25/26层	¥1,300.00	1372342****
2014-9-20	汪月梅	水岸汇景	两室两厅	88	8/32层	¥2,400.00	1586754****
2014-9-23	郑元元	幸福枫景	三室两厅	120	5/7层	¥3,200.00	1895670****
2014-9-26	刘谦民	美丽鹏城	一室一厅	50	25/32层	¥1,500.00	1846580****
2014-9-28	简伊	凯旋门	一室一厅	45	12/24层	¥1,200.00	1368794****
2014-9-29	蔡华	菁华苑	两室一厅	68	2/12层	¥1,600.00	1380749****
2014-9-30	毕海波	海滩月色	两室一厅	78	5/7层	¥1,800.00	1380749****

图7-8　查看添加并编辑记录后的效果

操作技巧

若在工作表中输入了重复的记录数据，可执行删除重复项操作，其方法为：在工作表中选择任意一个有数据的单元格，在【数据】→【数据工具】组中单击“删除重复项”按钮，在打开的“删除重复项”对话框中设置一个或多个包含重复值的列，完成后单击确定按钮，在打开的提示对话框中将提示发现了重复值，并将其删除，保留了唯一值，单击确定按钮完成操作。

7.2　数据的筛选

在数据量较多的表格中当需要查看具有某些特定条件的数据时，如只显示金额在5000元以上的产品名称、成绩在90分以上的考试人员等，此时可使用数据筛选功能快速将符合条件的数据显示出来，而隐藏表格中的其他数据。数据筛选功能是对数据进行分析时的常用操作之一，数据筛选分为3种情况：自动筛选、高级筛选和自定义筛选。

7.2.1　自动筛选

自动筛选数据就是根据用户设定的筛选条件，自动将表格中符合条件的数据显示出来，而将表格中的其他数据进行隐藏。自动筛选的方法非常简单，只需在工作表中选择需筛选数据的工作表表头，在【数据】→【排序和筛选】组中单击“筛选”按钮，返回工作表中即可看到表头的各字段名称右侧显示出按钮，单击该按钮，在打开的下拉列表中选择筛选条件，则表格中将显示出符合筛选条件的记录。

知识提示

要取消已设置的数据筛选状态，显示表格中的全部数据，只需在工作表中再次单击“筛选”按钮即可。

7.2.2 自定义筛选

自定义筛选是在自动筛选的基础上进行操作的，即在自动筛选后的需自定义的字段名称右侧单击按钮，在打开的下拉列表中选择相应的选项，即确定筛选条件后在打开的“自定义自动筛选方式”对话框中设置自定义的筛选条件，然后单击确定按钮完成操作，如图7–9所示。

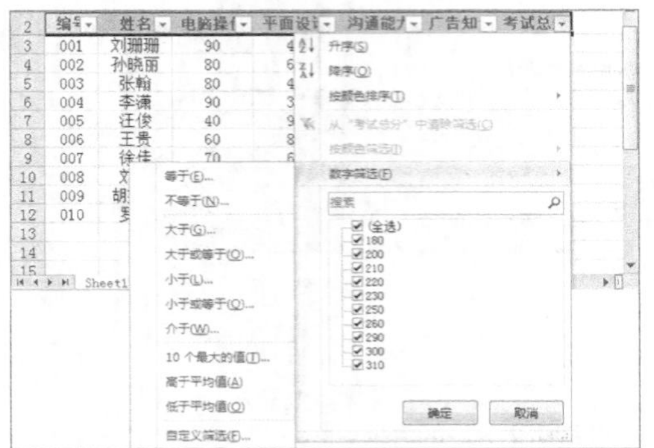

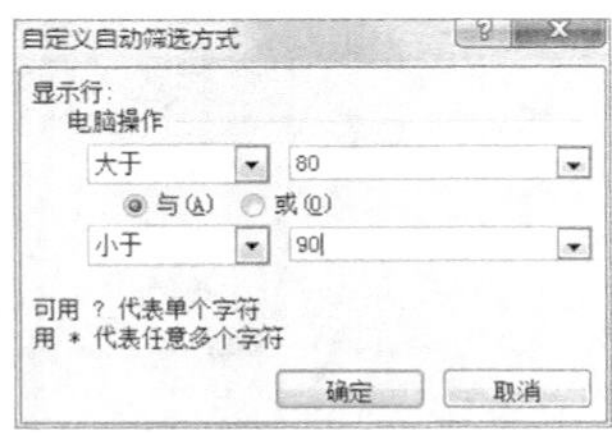

图7–9 自定义筛选数据

知识提示

在“自定义自动筛选方式”对话框左侧的下拉列表框中只能执行选择操作，而右侧的下拉列表框可直接输入数据，在输入筛选条件时，可使用通配符代替字符或字符串，如用“？”代表任意单个字符，用“*”代表任意多个字符。

7.2.3 高级筛选

由于自动筛选是根据Excel提供的条件进行筛选数据，若要根据自己设置的筛选条件对数据进行筛选，则需使用高级筛选功能。高级筛选功能可以筛选出同时满足两个或两个以上约束条件的记录。高级筛选的具体操作如下。

（1）在工作表的空白单元格中输入设置的筛选条件，然后选择需要进行筛选的单元格区域。

（2）在【数据】→【排序和筛选】组中单击高级按钮。

（3）在打开的“高级筛选”对话框中选择存放筛选结果的位置，在“条件区域”参数框中输入或选择设置条件所在的单元格区域，然后单击确定按钮完成操作，如图7–10所示。

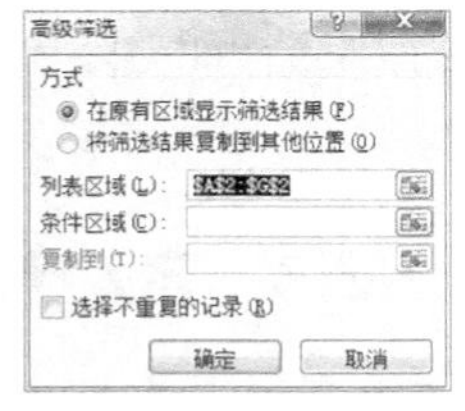

图7–10 设置高级筛选的选项

知识提示

在“高级筛选”对话框中单击选中“在原有区域显示筛选结果”单选项可在原有区域中显示筛选结果；单击选中“将筛选结果复制到其他位置”单选项可在“复制到”参数框中设置存放筛选结果的单元格区域；单击选中“选择不重复的记录”复选框，当有多行满足条件时将只显示或复制唯一行，排除重复的行。

7.2.4 课堂案例2——筛选超市产品数据

本案例将在提供的素材文件中首先对超市产品的销量进行自定义筛选，然后对超市产品的库存量进行高级筛选，筛选数据前后的参考效果如图7-11所示。

素材所在位置　光盘:\素材文件\第7章\课堂案例2\超市产品统计表.xlsx

效果所在位置　光盘:\效果文件\第7章\课堂案例2\超市产品统计表.xlsx

视频演示　光盘:\视频文件\第7章\筛选超市产品数据.swf

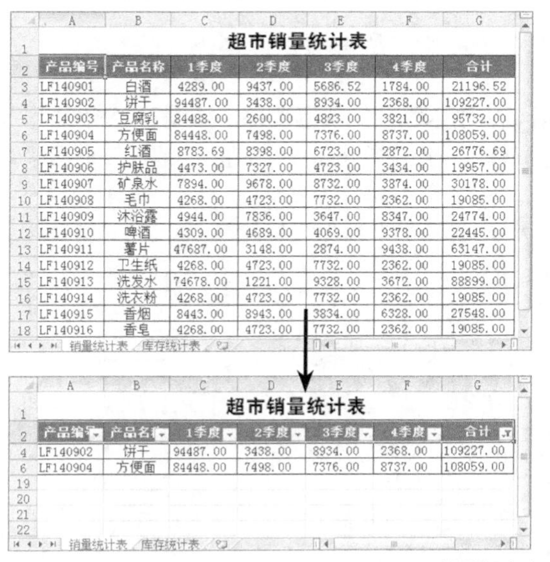

超市销量统计表

产品编号	产品名称	1季度	2季度	3季度	4季度	合计
LF140901	白酒	4289.00	9437.00	5686.52	1784.00	21196.52
LF140902	饼干	94487.00	3438.00	8934.00	2368.00	109227.00
LF140903	豆腐乳	84488.00	2600.00	4823.00	3821.00	95732.00
LF140904	方便面	84448.00	7498.00	7376.00	8737.00	108059.00
LF140905	红酒	8783.69	8398.00	6723.00	2872.00	26776.69
LF140906	护肤品	4473.00	7327.00	4723.00	3434.00	19957.00
LF140907	矿泉水	7894.00	9678.00	8732.00	3874.00	30178.00
LF140908	毛巾	4268.00	4723.00	7732.00	2362.00	19085.00
LF140909	沐浴露	4944.00	7836.00	3647.00	8347.00	24774.00
LF140910	啤酒	4309.00	4689.00	4069.00	9378.00	22445.00
LF140911	薯片	47687.00	3148.00	2874.00	9438.00	63147.00
LF140912	卫生纸	4268.00	4723.00	7732.00	2362.00	19085.00
LF140913	洗发水	74678.00	1221.00	9328.00	3672.00	88899.00
LF140914	洗衣粉	4268.00	4723.00	7732.00	2362.00	19085.00
LF140915	香烟	8443.00	8943.00	3834.00	6328.00	27548.00
LF140916	香皂	4268.00	4723.00	7732.00	2362.00	19085.00

超市销量统计表

产品编号	产品名称	1季度	2季度	3季度	4季度	合计
LF140902	饼干	94487.00	3438.00	8934.00	2368.00	109227.00
LF140904	方便面	84448.00	7498.00	7376.00	8737.00	108059.00

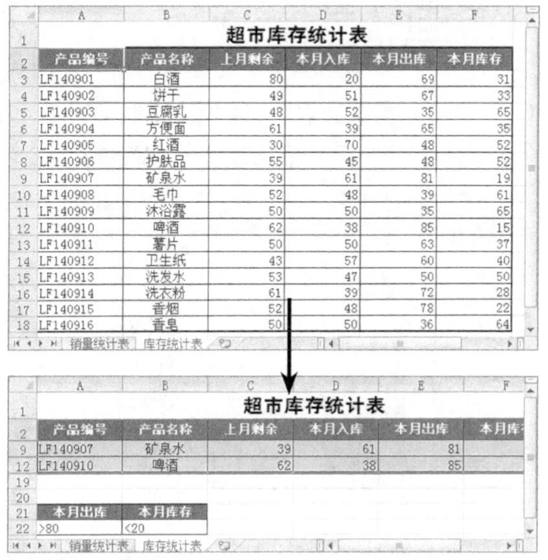

超市库存统计表

产品编号	产品名称	上月剩余	本月入库	本月出库	本月库存
LF140901	白酒	80	20	69	31
LF140902	饼干	49	51	67	33
LF140903	豆腐乳	48	52	35	65
LF140904	方便面	61	39	65	35
LF140905	红酒	30	70	48	52
LF140906	护肤品	55	45	48	52
LF140907	矿泉水	39	61	81	19
LF140908	毛巾	52	48	39	61
LF140909	沐浴露	50	50	35	65
LF140910	啤酒	62	38	85	15
LF140911	薯片	50	50	63	37
LF140912	卫生纸	43	57	60	40
LF140913	洗发水	53	47	50	50
LF140914	洗衣粉	61	39	72	28
LF140915	香烟	52	48	78	22
LF140916	香皂	50	50	36	64

超市库存统计表

产品编号	产品名称	上月剩余	本月入库	本月出库	本月库存
LF140907	矿泉水	39	61	81	
LF140910	啤酒	62	38	85	

本月出库	本月库存
>80	<20

图7-11　筛选超市产品数据前后的参考效果

（1）打开素材文件“超市产品统计表.xlsx”，在“销量统计表”工作表中选择A2:G2单元格区域，在【数据】→【排序和筛选】组中单击“筛选”按钮。

（2）返回工作表，在“合计”字段右侧单击按钮，在打开的下拉列表中选择【数字筛选】→【大于】选项，如图7-12所示。

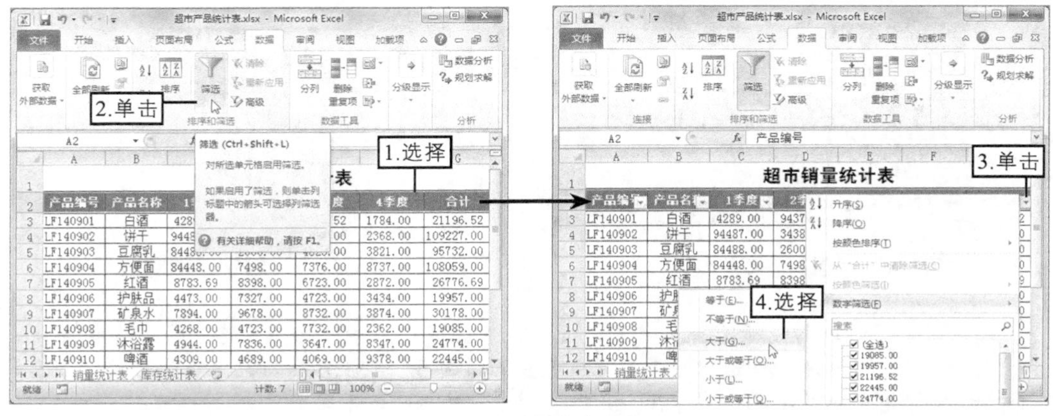

图7-12　选择筛选方式

（3）在打开的“自定义自动筛选方式”对话框的“大于”下拉列表框右侧的下拉列表框中输入数据“100000”，然后单击 确定 按钮，如图7-13所示。

（4）返回工作表中，可看到并筛选出满足自定义条件的数据记录，如图7-14所示。

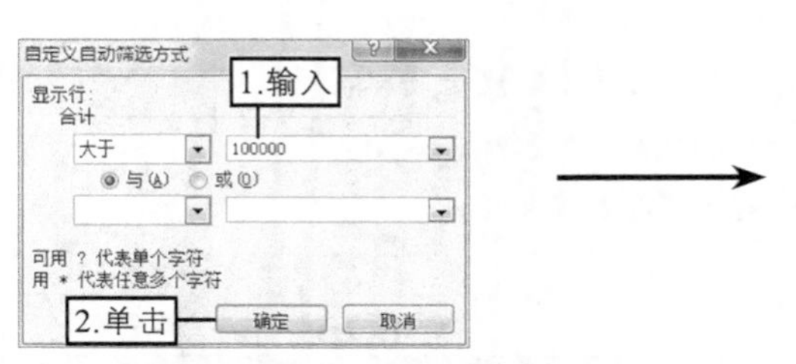

图7-13　设置自定义筛选条件

超市销量统计表

产品编号	产品名称	1季度	2季度	3季度	4季度	合计
LF140902	饼干	94487.00	3438.00	8934.00	2368.00	109227.00
LF140904	方便面	84448.00	7498.00	7376.00	8737.00	108059.00

3.查看

图7-14　自定义筛选数据

（5）在“库存统计表”工作表的A21:B24单元格区域中输入设置的筛选条件，如图7-15所示。

（6）选择A2:F18单元格区域，在【数据】→【排序和筛选】组中单击 高级 按钮，如图7-16所示。

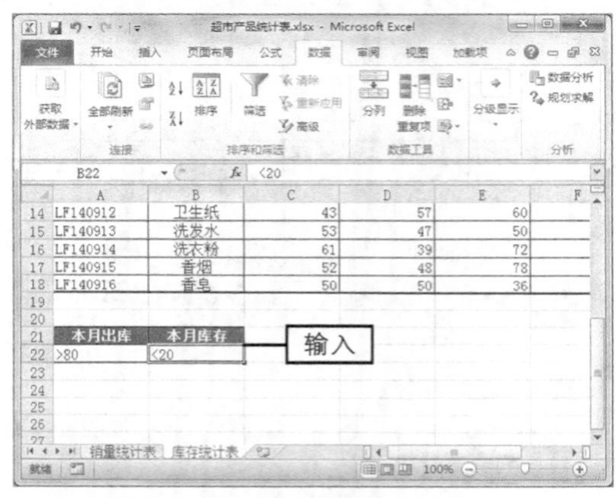

图7-15　输入设置的筛选条件

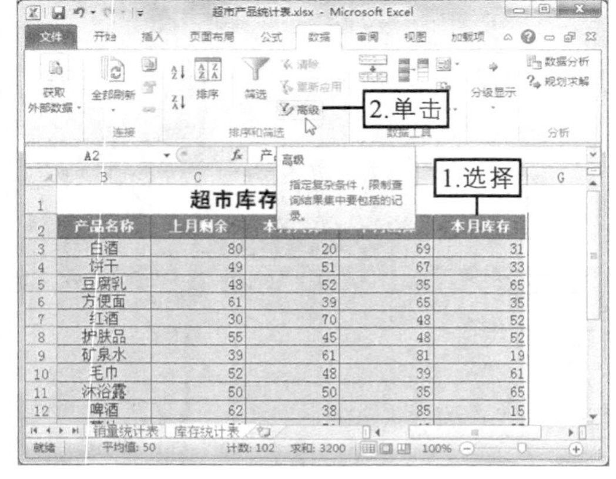

图7-16　单击“高级”按钮

（7）在打开的“高级筛选”对话框中将光标定位到“条件区域”文本框中，在工作表中选择A21:B24单元格区域，完成后单击 确定 按钮，如图7-17所示。

（8）返回工作表中，可看到高级筛选后显示出满足条件的记录信息，如图7-18所示。

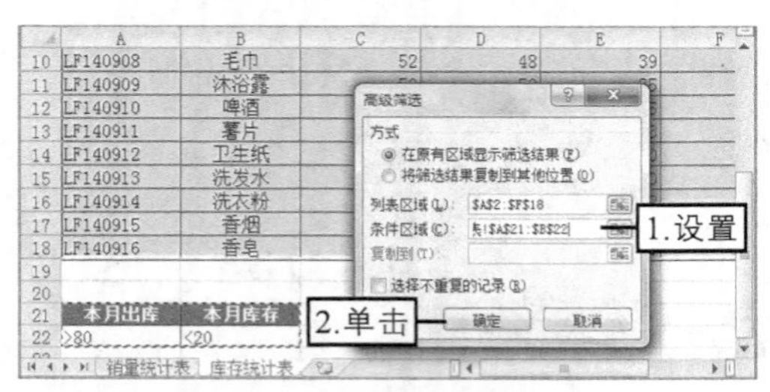

图7-17　设置高级筛选选项

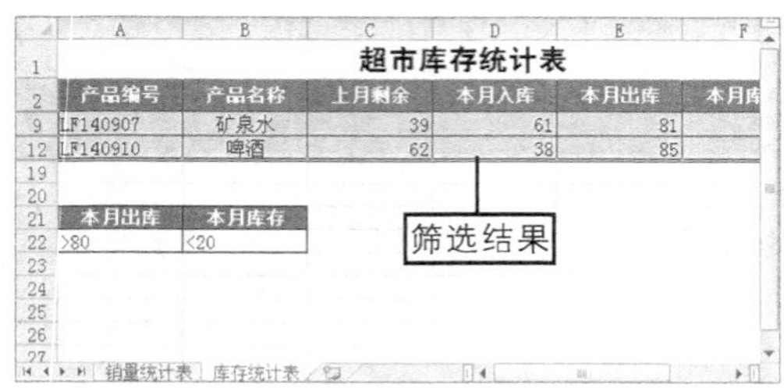

图7-18　查看筛选结果

知识提示　使用高级筛选前，必须先设置条件区域，且条件区域的字段应与表格字段一致，否则不能筛选出结果。完成数据的筛选后，要显示所有记录数据可选择任意一个有数据的单元格，并在【数据】→【排序和筛选】组中单击 清除 按钮。

7.3 数据的排序

数据排序是指按一定的方式将表格中的数据重新排列，它有助于快速直观地显示、组织并查找所需数据。数据排序的方法有3种：简单排序、复杂排序和和自定义排序。

7.3.1 简单排序

数据的简单排序指在工作表中以一列单元格中的数据为依据，对所有数据进行排列。要进行简单排序，可在工作表中选择需排序列中“表头”数据下对应的任意单元格，然后在【数据】→【排序和筛选】组中单击“升序”按钮或“降序”按钮，文本列的数据将按首字母的先后进行排列；数值列的数据将按数值的大小进行排列，且其他与之对应的数据将自动进行排列。

操作技巧

若在工作表中选择需排序列中“表头”数据下对应的单元格区域，将打开“排序提醒”对话框，提示需要扩展选定区域或只对当前选定区域进行排序，如图7-19所示。若只对当前选定区域进行排序，其他与之对应的数据将不自动进行排序。

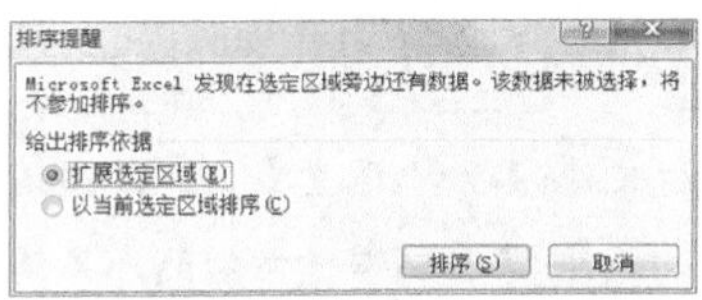

图7-19 “排序提醒”对话框

7.3.2 多条件排序

多条件排序通过设置多个关键字对数据进行排序，并能以其他关键字对相同排序的数据进行排序。其具体操作如下。

(1) 在工作表中选择需要排序的任意一个单元格或单元格区域，在【数据】→【排序和筛选】组中单击“排序”按钮。

(2) 在打开的“排序”对话框中默认只有一个主要关键字，用户可根据需要单击添加条件(A)按钮添加次要关键字，并在“排序依据”和“次序”下拉列表框中选择相应的选项，当主要关键字数据相同时，将按照次要关键字排序，也可单击删除条件(D)按钮删除不需要的次要关键字，如图7-20所示，完成后单击确定按钮，工作表中的数据即可根据设置的排序条件进行排序。

图7-20 “排序”对话框

知识提示

在“排序”对话框中单击选项(O)...按钮，可在打开的“排序选项”对话框中设置以行、列、字母或笔划等方式进行排序。

7.3.3 自定义排序

在进行一些特殊数据的排序时，按数值大小或首字母的顺序排列不能满足工作需要时，可自定义排序的规则，其具体操作如下。

（1）在“排序”对话框的“次序”下拉列表框中选择“自定义序列”选项。

（2）在打开的“自定义序列”对话框中选择“新序列”选项，然后在右边的文本框中输入新序列，单击添加(A)按钮新序列将出现在序列的列表中。

（3）完成后依次单击确定按钮即可按自定义的序列方式对单元格中的数据进行排序。

7.3.4 课堂案例3——对销售记录进行排序

根据提供的素材文件，首先使用简单排序对销量进行升序排列，然后使用多条件排序对产品名称和销售额进行降序排列，完成后的参考效果如图7-21所示。

素材所在位置 光盘:\素材文件\第7章\课堂案例3\产品销售记录表.xlsx

效果所在位置 光盘:\效果文件\第7章\课堂案例3\产品销售记录表.xlsx

视频演示 光盘:\视频文件\第7章\对销售记录进行排序.swf

产品销售记录表

日期	销售人员	产品名称	单价（元）	销量（台）	销售额（
2014-10-1	王小波	电视机	¥3,688.00	10	¥36,880
2014-10-3	耿值	冰箱	¥2,699.00	8	¥21,592
2014-10-5	王小波	电饭煲	¥299.00	15	¥4,485
2014-10-7	孙继海	微波炉	¥768.00	12	¥9,216
2014-10-8	萧笑笑	洗衣机	¥1,888.00	6	¥11,328
2014-10-9	李云湘	空调	¥5,999.00	20	¥119,980
2014-10-10	孙继海	手机	¥1,680.00	16	¥26,880
2014-10-12	耿值	洗衣机	¥1,888.00	12	¥22,656
2014-10-15	萧笑笑	电视机	¥3,688.00	5	¥18,440
2014-10-18	王小波	微波炉	¥768.00	10	¥7,680
2014-10-21	萧笑笑	电饭煲	¥299.00	20	¥5,980
2014-10-22	萧笑笑	电饭煲	¥299.00	9	¥2,691
2014-10-25	李云湘	冰箱	¥2,699.00	8	¥21,592
2014-10-27	耿值	冰箱	¥2,699.00	5	¥13,495
2014-10-29	李云湘	空调	¥5,999.00	9	¥53,991
2014-10-30	孙继海	手机	¥1,680.00	10	¥16,800

销售表 Sheet2 Sheet3

图7-21 “产品销售记录表”的参考效果

职业素养

产品销售记录表用来记录产品的实际销售情况，因此做好销售记录，不仅可以及时反映销售情况，而且有利于管理人员分析销售数据，制定销售计划。

（1）打开素材文件“产品销售记录表.xlsx”，选择E4单元格，在【数据】→【排序和筛选】组中单击“升序”按钮，如图7-22所示，完成后工作表中的数据将根据E4单元格对应列中的数据按首个字母的先后顺序进行排列，且其他与之对应的数据将自动进行排序。

（2）选择A2:F18单元格区域，在【数据】→【排序和筛选】组中单击“排序”按钮，如图7-23所示。

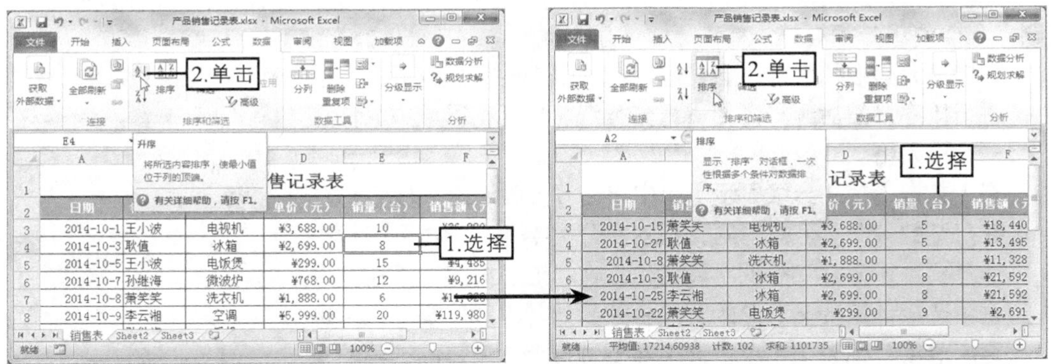

图7-22　对单列进行排序　　图7-23　单击“排序”按钮

（3）在打开的“排序”对话框的“主要关键字”下拉列表框中选择“产品名称”选项，在“次序”下拉列表框中选择“降序”选项，然后单击 添加条件(A) 按钮，在“次要关键字”下拉列表框中选择“销售额（元）”选项，在“次序”下拉列表框中选择“降序”选项，完成后单击 确定 按钮。

（4）返回工作表中，可看到表格数据已根据设置的排序条件重新排序，如图7-24所示。

图7-24　自定义排序

操作技巧

数据的复杂排序是指按照多个条件对数据进行排序，即在多列数据中进行排序。在复杂排序过程中，要以某个数据为依据进行排列，该数据称为关键字。以关键字进行排序，对应其他列中的单元格数据将随之发生改变。其方法为在工作表中选择多列数据对应的单元格区域，且应先选择关键字所在的单元格，在【数据】→【排序和筛选】组中单击“升序”按钮或“降序”按钮，完成排序后将自动以该关键字进行排序，未选择的单元格区域将不参与排序。

7.4　数据的分类汇总

数据的分类汇总是指当表格中的记录越来越多，且出现相同类别的记录时，可按某一字段进行排序，然后将相同项目的记录集合在一起，分门别类地进行汇总。

7.4.1 创建分类汇总

分类汇总是按照表格数据中的分类字段进行汇总，同时，还需要设置分类的汇总方式和汇总项。当要使用分类汇总，首先需要创建分类汇总，其具体操作如下。

(1) 在创建分类汇总之前，首先应对工作表中的数据以汇总选项进行排序，然后选择需要进行分类汇总单元格区域中的任意一个单元格。

(2) 在【数据】→【分级显示】组中单击“分类汇总”按钮。

(3) 在打开的“分类汇总”对话框的“分类字段”下拉列表框中选择要进行分类汇总的字段名称；在“汇总方式”下拉列表框中选择计算分类汇总的汇总函数，如“求和”等；在“选定汇总项”列表框中单击选中需要进行分类汇总的选项的复选框，如图7-25所示，完成后单击确定按钮。

图7-25 “分类汇总”对话框

知识提示

在“分类汇总”对话框中单击选中“每组数据分页”复选框可按每个分类汇总自动分页；单击选中“汇总结果显示在数据下方”复选框可指定汇总行位于明细行的下面；单击全部删除(R)按钮可删除已创建好的分类汇总。

7.4.2 显示或隐藏分类汇总

创建数据的分类汇总后，在工作表的左侧将显示不同级别分类汇总的按钮，单击相应的按钮可分别显示或隐藏汇总项和相应的明细数据。分别介绍如下。

◎ **隐藏明细数据**：在工作表的左上角单击1按钮将隐藏所有项目的明细数据，只显示合计数据；单击2按钮将隐藏相应项目的明细数据，只显示相应项目的汇总项；而单击-按钮将隐藏明细数据，只显示汇总项。

◎ **显示明细数据**：在工作表的左上角单击3按钮将显示各项目的明细数据，也可单击+按钮将折叠的明细数据显示出来。

知识提示

在【数据】→【分级显示】组中单击显示明细数据或隐藏明细数据按钮也可显示或隐藏单个分类汇总的明细行。

7.4.3 课堂案例4——汇总各区域销售数据

根据提供的素材文件，首先以销售区域为关键字进行排序，然后分类汇总各区域产品的总销量，完成后的参考效果如图7-26所示。

素材所在位置	光盘:\素材文件\第7章\课堂案例4\各区域销售数据汇总表.xlsx
效果所在位置	光盘:\效果文件\第7章\课堂案例4\各区域销售数据汇总表.xlsx
视频演示	光盘:\视频文件\第7章\汇总各区域销售数据.swf

销售区域	产品名称	第1季度	第2季度	第3季度	第4季度	合计
北京	空调	49644.66	39261.80	41182.60	31175.78	161264.84
北京	洗衣机	45607.00	62678.00	54275.00	65780.00	228340.00
北京 汇总		95251.66	101939.80	95457.60	96955.78	389604.84
广州	冰箱	66745.50	53481.00	43581.00	59685.00	223492.50
广州	电视	24926.00	54559.82	46042.00	37317.88	162845.70
广州	洗衣机	21822.99	57277.26	56505.60	21025.00	156630.85
广州 汇总		113494.49	165318.08	146128.60	118027.88	542969.05
上海	冰箱	23210.50	26872.00	32150.00	43789.00	126021.50
上海	电视	32422.37	34486.60	54230.82	44040.74	165180.53
上海	洗衣机	43697.00	42688.00	64275.00	55769.00	206429.00
上海 汇总		99329.87	104046.60	150655.82	143598.74	497631.03
深圳	空调	37429.10	57284.80	43172.20	32796.00	170682.10
深圳	冰箱	33510.65	35852.79	47030.76	53577.10	169971.30
深圳 汇总		70939.75	93137.59	90202.96	86373.10	340653.40
总计		379015.77	464442.07	482444.98	444955.50	1770858.32

图7-26　“各区域销售数据汇总表”的汇总效果

（1）打开素材文件“各区域销售数据汇总表.xlsx”，选择A3单元格，在【数据】→【排序和筛选】组中单击“升序”按钮，将工作表中的数据以“销售区域”列为依据进行升序排列，如图7-27所示。

（2）选择A2:G12单元格区域，在【数据】→【分级显示】组中单击“分类汇总”按钮，如图7-28所示。

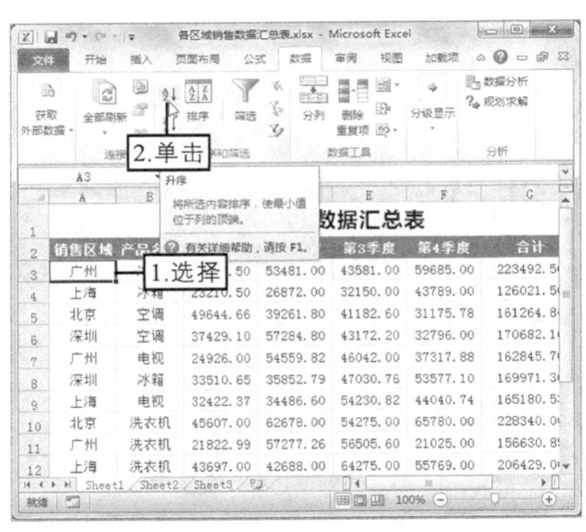

图7-27　以“销售区域”为依据进行排序

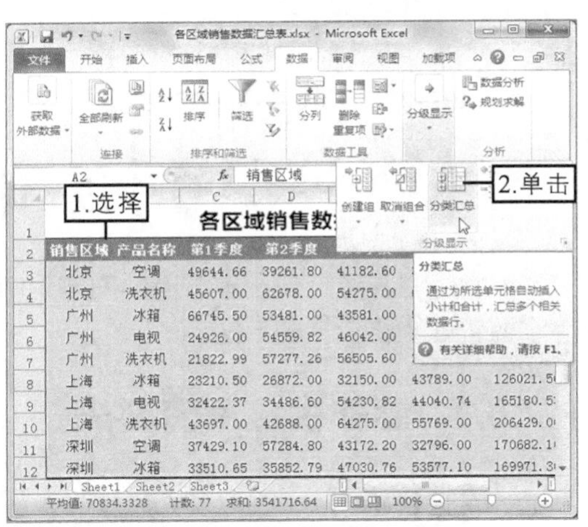

图7-28　单击“分类汇总”按钮

（3）在打开的“分类汇总”对话框的“分类字段”下拉列表框中选择“销售区域”选项；在“选定汇总项”列表框中单击选中“第1季度”“第2季度”“第3季度”“第4季度”“合计”复选框，其他各项保持默认设置，如图7-29所示，完成后单击确定按钮。

（4）返回工作表，其中的数据将按照销售区域汇总各季度和合计的产品销量，如图7-30所示。

（5）在工作表的左上角单击按钮显示出所有项目的合计数据，如图7-31所示。

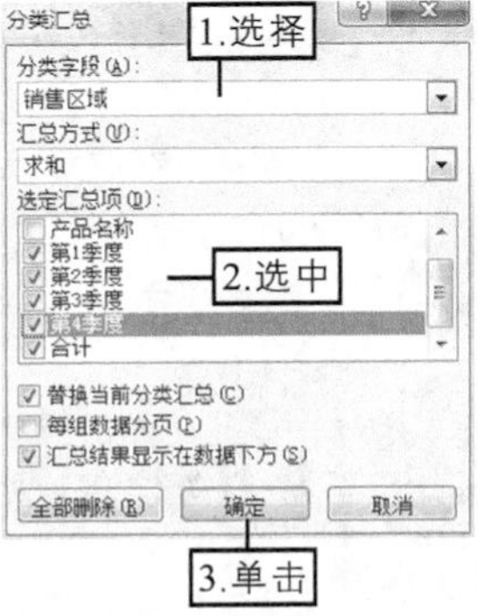

图7-29　设置分类汇总选项

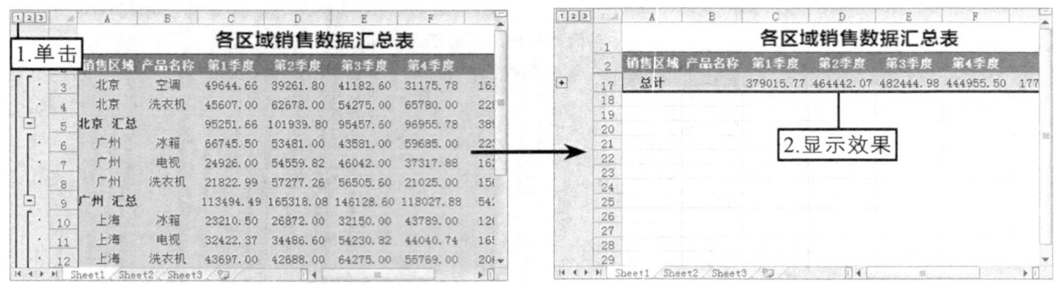

图7-30 分类汇总后的效果　　　　图7-31 隐藏明细数据

（6）单击 2 按钮显示出相应项目的汇总项，如图7-32所示，单击 + 按钮显示出某项目的明细数据，如图7-33所示。

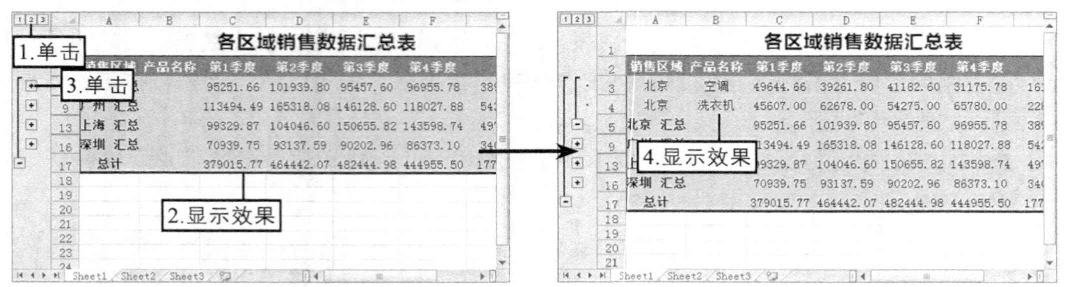

图7-32 显示相应项目的汇总项　　　　图7-33 显示某项目的明细数据

7.5 课堂练习

本课堂练习将综合使用本章所学的知识制作供应商资料表和制作日常费用管理表，使读者熟练掌握管理表格数据的方法。

7.5.1 制作供应商资料表

1. 练习目标

本练习的目标是添加最新的项目数据，并使用数据筛选功能管理供应商资料表中的数据。本练习完成后的参考效果如图7-34所示。

素材所在位置　光盘:\素材文件\第7章\课堂练习\供应商资料表.xlsx
效果所在位置　光盘:\效果文件\第7章\课堂练习\供应商资料表.xlsx
视频演示　光盘:\视频文件\第7章\制作供应商资料表.swf

职业素养

将供应商的资料整理成册，不仅方便了采购人员快速了解供应商的诚信与其他相关信息，更重要的是为与供应商建立长期友好的合作关系打下了坚实的基础。制作该表格时，由于项目内容较多，且输入的数据也较繁杂，因此可使用记录单输入各项目数据。

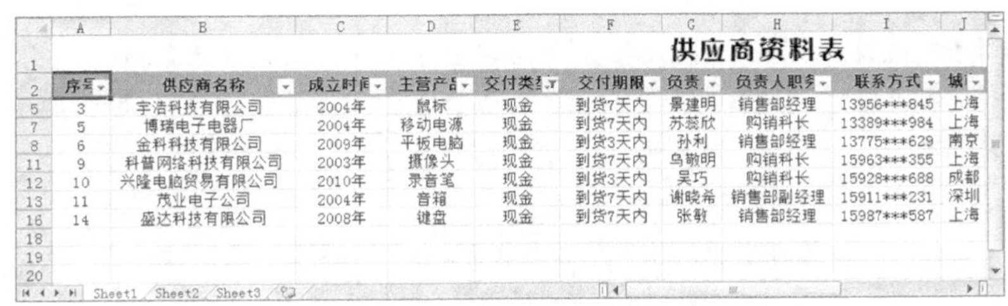

供应商资料表

序号	供应商名称	成立时间	主营产品	交付类型	交付期限	负责	负责人职务	联系方式	城市
3	宇浩科技有限公司	2004年	鼠标	现金	到货7天内	景建明	销售部经理	13956***845	上海
5	博瑞电子电器厂	2004年	移动电源	现金	到货7天内	苏馥欣	购销科长	13389***984	上海
6	金科科技有限公司	2009年	平板电脑	现金	到货3天内	孙利	销售部经理	13775***629	南京
9	科普网络科技有限公司	2003年	摄像头	现金	到货7天内	乌聊明	购销科长	15963***355	上海
10	兴隆电脑贸易有限公司	2010年	录音笔	现金	到货3天内	吴巧	购销科长	15928***688	成都
11	茂业电子公司	2004年	音箱	现金	到货7天内	谢晓希	销售部副经理	15911***231	深圳
14	盛达科技有限公司	2008年	键盘	现金	到货7天内	张敏	销售部经理	15987***587	上海

图7-34　“供应商资料表”参考效果

2. 操作思路

完成本练习首先需要在提供的素材文件中添加“记录单”按钮，然后使用记录单添加数据，并根据需要筛选表格中的数据，其操作思路如图7-35所示。

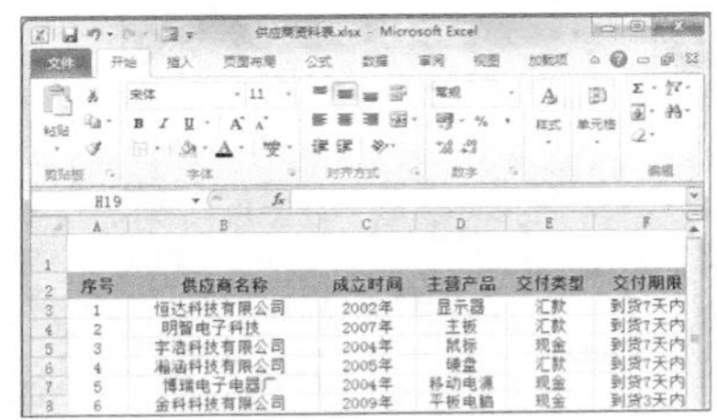

① 添加“记录单”按钮

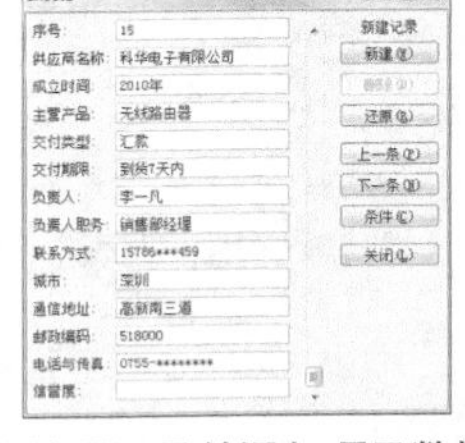

② 使用记录单添加项目数据

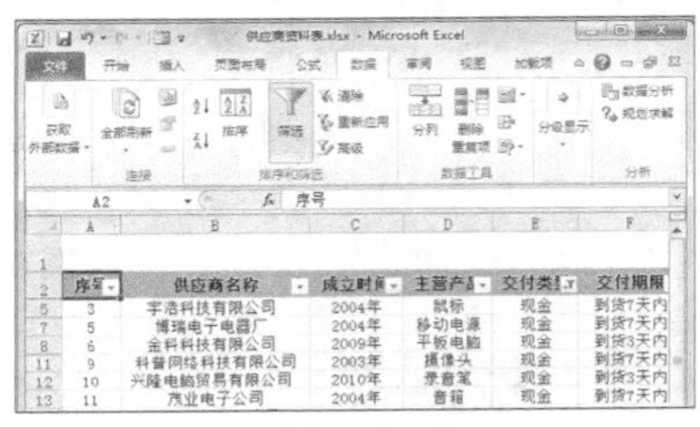

③ 筛选表格数据

图7-35　“供应商资料表”的制作思路

（1）打开素材文件“供应商资料表.xlsx”，选择【文件】→【选项】菜单命令。

（2）在打开的“Excel选项”对话框中单击“快速访问工具栏”选项卡，在“从下拉位置选择命令”下拉列表框中选择“不在功能区中的命令”选项，在“自定义快速访问工具栏”下拉列表框中选择“用于‘供应商资料表.xlsx’”选项，在中间的列表框中选择“记录单”选项，单击添加(A) >>按钮将其添加到右侧的列表框中，完成后单击确定按钮。

（3）选择A2:N15单元格区域，在快速访问工具栏中单击“记录单”按钮。

（4）在打开的对话框中单击新建(W)按钮，在打开的空白记录单对话框的各文本框中输入相应的项目内容，然后按【Enter】键在所选区域下方添加输入的记录数据，用相同的方法继续添加记录数据，完成后单击关闭(L)按钮。

（5）在添加的记录数据后输入相应的信誉度符号，然后选择A2:N17单元格区域，在【数据】→【排序和筛选】组中单击“筛选”按钮。

（6）返回工作表中在“交付类型”字段右侧单击按钮，在打开的下拉列表中撤销选中“全选”复选框，然后只单击选中“现金”复选框，完成后单击确定按钮筛选出交付类型为“现金”的供应商信息。

7.5.2 制作日常费用管理表

1. 练习目标

本练习的目标是使用数据排序和分类汇总管理表格数据。本练习完成后的参考效果如图7-36所示。

素材所在位置　光盘:\素材文件\第7章\课堂练习\日常费用管理表.xlsx

效果所在位置　光盘:\效果文件\第7章\课堂练习\日常费用管理表.xlsx

视频演示　光盘:\视频文件\第7章\制作日常费用管理表.swf

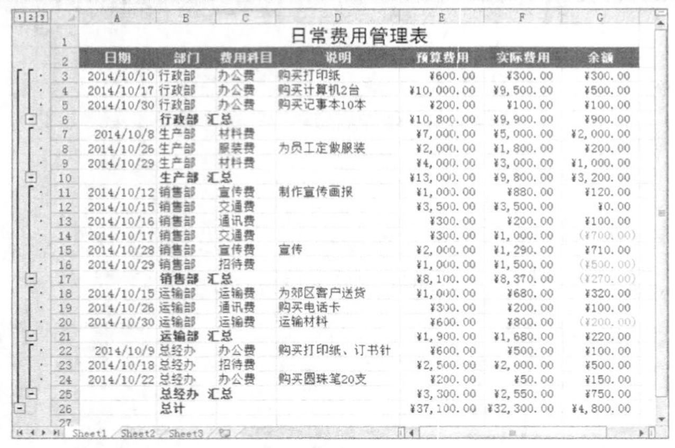

日常费用管理表

日期	部门	费用科目	说明	预算费用	实际费用	余额
2014/10/10	行政部	办公费	购买打印纸	¥600.00	¥300.00	¥300.00
2014/10/17	行政部	办公费	购买计算机2台	¥10,000.00	¥9,500.00	¥500.00
2014/10/30	行政部	办公费	购买记事本10本	¥200.00	¥100.00	¥100.00
	行政部 汇总			¥10,800.00	¥9,900.00	¥900.00
2014/10/8	生产部	材料费		¥7,000.00	¥5,000.00	¥2,000.00
2014/10/26	生产部	服装费	为员工定做服装	¥2,000.00	¥1,800.00	¥200.00
2014/10/29	生产部	材料费		¥4,000.00	¥3,000.00	¥1,000.00
	生产部 汇总			¥13,000.00	¥9,800.00	¥3,200.00
2014/10/12	销售部	宣传费	制作宣传画报	¥1,000.00	¥880.00	¥120.00
2014/10/15	销售部	交通费		¥3,500.00	¥3,500.00	¥0.00
2014/10/16	销售部	通讯费		¥300.00	¥200.00	¥100.00
2014/10/17	销售部	交通费		¥300.00	¥1,000.00	(¥700.00)
2014/10/28	销售部	宣传费	宣传	¥2,000.00	¥1,290.00	¥710.00
2014/10/29	销售部	招待费		¥1,000.00	¥1,500.00	(¥500.00)
	销售部 汇总			¥8,100.00	¥8,370.00	(¥270.00)
2014/10/15	运输部	运输费	为郊区客户送货	¥1,000.00	¥680.00	¥320.00
2014/10/26	运输部	通讯费	购买电话卡	¥300.00	¥200.00	¥100.00
2014/10/30	运输部	运输费	运输材料	¥600.00	¥800.00	(¥200.00)
	运输部 汇总			¥1,900.00	¥1,680.00	¥220.00
2014/10/9	总经办	办公费	购买打印纸、订书针	¥600.00	¥500.00	¥100.00
2014/10/18	总经办	招待费		¥2,500.00	¥2,000.00	¥500.00
2014/10/22	总经办	办公费	购买圆珠笔20支	¥200.00	¥50.00	¥150.00
	总经办 汇总			¥3,300.00	¥2,550.00	¥750.00
	总计			¥37,100.00	¥32,300.00	¥4,800.00

图7-36　“日常费用管理表”参考效果

2. 操作思路

完成本练习需要在提供的素材文件中根据“部门”项目进行升序排列，然后再以“部门”项目为分类字段进行求和汇总，其操作思路如图7-37所示。

① 数据排序

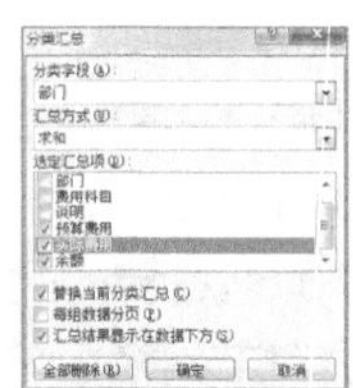

② 设置分类汇总选项

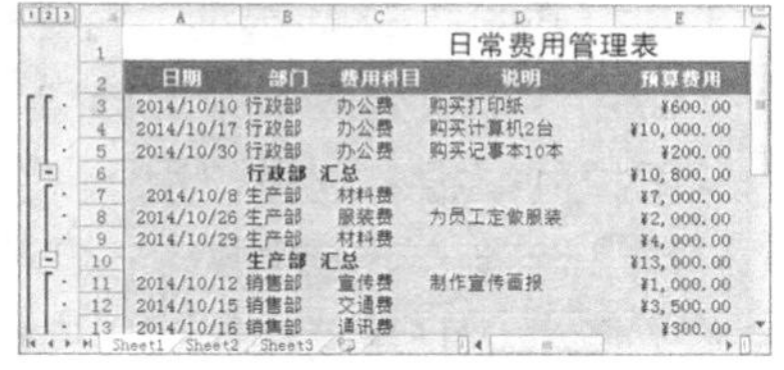

③ 分类汇总后的效果

图7-37　“日常费用管理表”的制作思路

（1）打开素材文件“日常费用管理表.xlsx”，选择B4单元格，在【数据】→【排序和筛选】组中单击“升序”按钮，将工作表中的数据以“部门”列为依据进行升序排列。

（2）选择A2:G12单元格区域，在【数据】→【分级显示】组中单击“分类汇总”按钮。

（3）在打开的“分类汇总”对话框的“分类字段”下拉列表框中选择“部门”选项；在“选定汇总项”列表框中单击选中“预算费用”“实际费用”“余额”复选框，其他各项保持默认设置，完成后单击确定按钮。

（4）返回工作表，其中的数据将按照部门分类汇总其预算费用、实际费用、余额。

7.6 拓展知识

在一些特殊情况下需要使用Excel的分列功能快速将一列中的数据分列显示，如将日期以月与日分列显示、将姓名以姓与名分列显示等。分列显示数据的具体操作如下。

（1）在工作表中选择需分列显示数据的单元格区域，然后在【数据】→【数据工具】组单击“分列”按钮。

（2）在打开的“文本分列向导–第1步”对话框中选择最合适的文件类型，如图7–38所示，然后单击下一步(N)>按钮，若单击选中“分隔符号”单选项，在打开的“文本分列向导–第2步”对话框中可根据需要设置分列数据所包含的分隔符号，如图7–39所示；若单击选中“固定宽度”单选项，在打开的对话框中可根据宽度建立分列线，如图7–40所示，完成后单击下一步(N)>按钮。

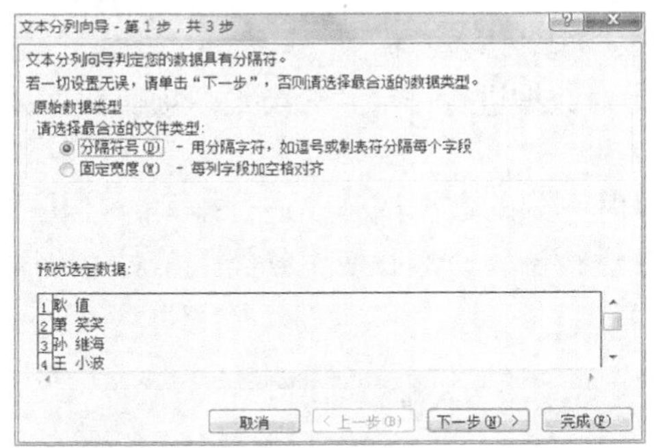

图7–38　选择最合适的文件类型

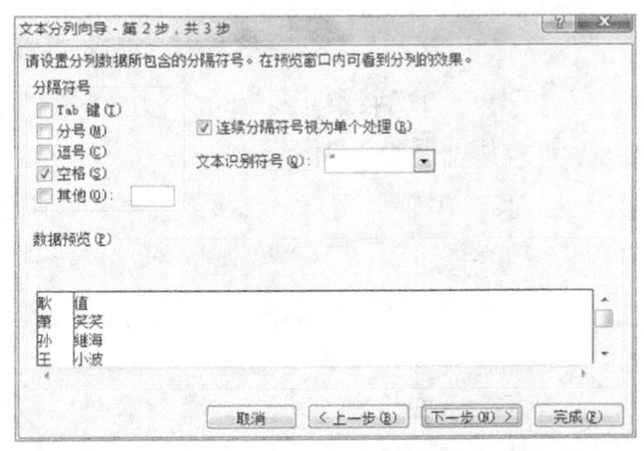

图7–39　设置分列数据所包含的分隔符号

（3）在打开的“文本分列向导–第3步”对话框中保持默认设置，单击完成(F)按钮，如图7–41所示，返回工作表中可看到分列显示数据后的效果。

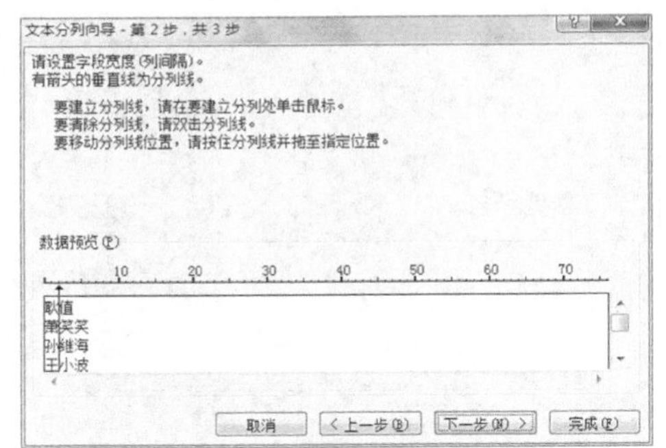

图7–40　建立分列线

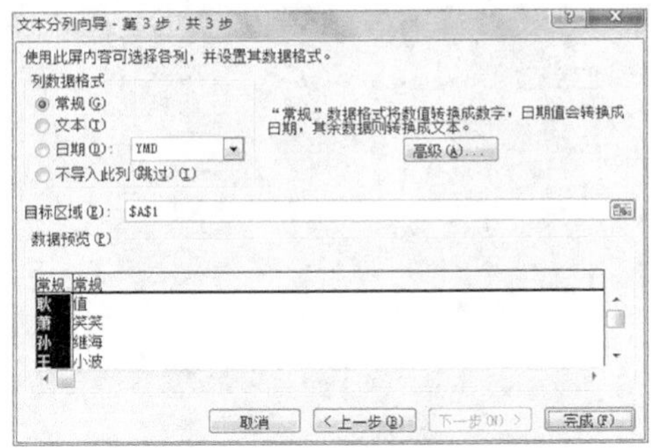

图7–41　确定选择列和数据格式

7.7 课后习题

（1）打开“值班记录表.xlsx”工作簿，在其中添加最新记录并筛选相应的数据，完成前后的参考效果如图7–42所示。

提示： 在“值班记录表.xlsx”工作簿中首先使用记录单添加最新的记录数据，然后筛选出除“运行情况良好”“正常”“无物资领取”以外的数据。

素材所在位置　光盘:\素材文件\第7章\课后习题\值班记录表.xlsx

效果所在位置　光盘:\效果文件\第7章\课后习题\值班记录表.xlsx

视频演示　光盘:\视频文件\第7章\值班记录表.swf

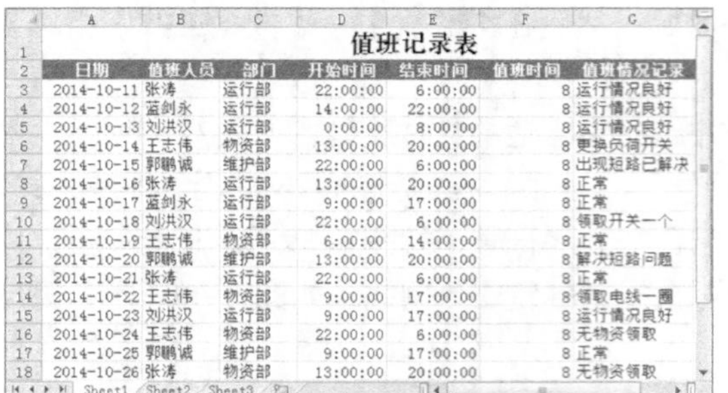

图7-42　管理“值班记录表”前后的参考效果

（2）打开“车辆管理表.xlsx”工作簿，在其中对数据进行排序并分类汇总项目数据，完成前后的参考效果如图7-43所示。

提示： 在“车辆管理表.xlsx”工作簿中以“品牌”列的数据按升序进行排列，且其中值相同的数据，以“型号”列的数据按升序进行排列，然后使用分类汇总对“品牌”列的数据以“所属部门”进行计数。

素材所在位置　光盘:\素材文件\第7章\课后习题\车辆管理表.xlsx
效果所在位置　光盘:\效果文件\第7章\课后习题\车辆管理表.xlsx
视频演示　光盘:\视频文件\第7章\车辆管理表.swf

图7-43　管理“车辆管理表”前后的参考效果

第8章

Excel图片与图形的使用

在Excel表格中若只有数据显示，不仅枯燥乏味，而且不够生动没有说服力，因此可插入图片、剪贴画、SmartArt图形等多种图形对象，使表格更美观，内容更丰富。本章将详细讲解插入图片与剪贴画、插入SmartArt图形、插入形状、插入艺术字等对象的方法。

学习要点

◎ 插入图片

◎ 插入剪贴画

◎ 插入SmartArt图形

◎ 插入形状

◎ 插入文本框

◎ 插入艺术字

学习目标

◎ 熟练掌握插入图片、剪贴画、SmartArt图形的方法，使表格更个性化

◎ 综合使用形状、文本框、艺术字等图形对象丰富表格内容

8.1 插入图片与剪贴画

在Excel表格中除了通过设置表格格式美化表格外，还可以插入计算机中保存的图片和系统自带的剪贴画，让表格更美观。

8.1.1 插入图片

在Excel表格中可以插入计算机中存放的任意格式的图片，插入图片的具体操作如下。

（1）在工作表中选择插入图片存放位置的单元格，在【插入】→【插图】组中单击“图片”按钮。

（2）在打开的“插入图片”对话框左侧的列表框中依次选择图片保存位置，在中间区域选择相应的图片，如图8-1所示，然后单击插入(S)按钮即可将所选的图片插入到表格中。

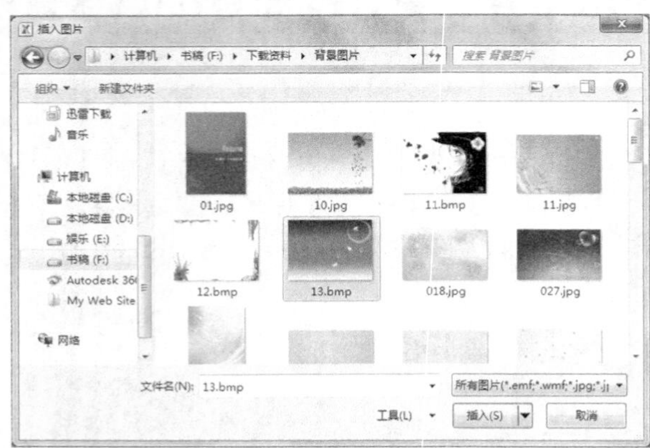

图8-1 “插入图片”对话框

操作技巧

如果在“插入图片”对话框中按住【Ctrl】或【Shift】键，可同时选择并插入多张图片。插入到工作表中的多张图片将以层叠的方式进行排列。

8.1.2 插入剪贴画

Excel自带的剪贴画是一种矢量图形，图片可以无限放大而不失真。在Excel中，剪贴画的类别可分为保健、标志、地点、地图、动物、符号等。根据不同用户的需要，可以在工作表中插入一些与表格相符的剪贴画，以陪衬出表格的美观。插入剪贴画的具体操作如下。

（1）在工作表中选择插入剪贴画存放位置的单元格，在【插入】→【插图】组中单击“剪贴画”按钮。

（2）在打开的“剪贴画”任务窗格的“搜索文字”文本框中输入需要插入的剪贴画的类别，然后单击搜索按钮，在下面的结果列表框中选择并单击需要插入的剪贴画，如图8-2所示，即可将其插入到工作表中。

图8-2 “剪贴画”任务窗格

（3）完成剪贴画的插入后，可在"剪贴画"任务窗格的右上角单击×按钮，关闭该任务窗格。

知识提示

在"剪贴画"任务窗格中单击"在Office.com中查找详细信息"超链接可在Office.com中查找到更多类别的剪贴画。

8.1.3 设置图片与剪贴画格式

在工作表中插入图片或剪贴画后，将激活图片工具的"格式"选项卡，如图8-3所示，在其中可根据需要调整对象效果、设置图片样式、更改排列顺序、大小等。各种设置方法分别介绍如下。

图8-3 图片工具的"格式"选项卡

◎ **调整对象效果**：在【格式】→【调整】组中单击相应的按钮可对所选的对象进行调整，如更正图片亮度、对比度、清晰度、更改图片颜色、更改艺术效果、压缩图片、更换图片、重设图片等。

◎ **设置图片样式**：在【格式】→【图片样式】组的列表框中可选择预定义的图片样式，也可分别单击图片边框、图片效果、图片版式按钮，重新设置图片的边框、视觉效果、版式等。

◎ **更改排列顺序**：当工作表中有多个图片时，可在【格式】→【图片样式】组中单击相应的按钮将图片上移一层、下移一层、组合图片、旋转图片等。

◎ **裁剪图片**：在【格式】→【大小】组中单击"裁剪"按钮下方的按钮，在打开的下拉列表中可选择相应的裁剪方式对图片进行裁剪，

◎ **更改大小**：在【格式】→【大小】组的"高度"和"宽度"数值框中可输入图片的高度值和宽度值更改图片大小。

知识提示

在"图片样式"和"大小"组中单击"对话框启动器"按钮，或在选择的对象上单击鼠标右键，在弹出的快捷菜单中选择"设置图片格式"命令，都可打开"设置图片格式"对话框，在其中可更详细地设置图片格式。

8.1.4 课堂案例1——插入并设置图片与剪贴画

本案例将在提供的素材文件中插入并设置图片与剪贴画的格式，完成后的参考效果如图8-4所示。

素材所在位置 光盘:\素材文件\第8章\课堂案例1\收费明细表.xlsx、背景1.png
效果所在位置 光盘:\效果文件\第8章\课堂案例1\收费明细表.xlsx
视频演示 光盘:\视频文件\第8章\插入并设置图片与剪贴画.swf

某牙科收费明细表

项目		特惠价（元/颗）	原价（元/颗）
种植牙	奥齿泰种植牙	¥5,980.00	¥9,800.00
	美国3I种植牙	¥7,000.00	¥12,000.00
	诺贝尔电脑速导种植牙	¥9,800.00	¥14,000.00
3D明星烤瓷牙	procera全瓷牙	¥2,780.00	¥4,500.00
	日本错美烤瓷牙	¥980.00	¥1,200.00
	德国泽康全瓷牙	¥3,360.00	¥4,200.00
正畸	国产真丝弓正畸	¥5,800.00	¥7,000.00
	时代天使数字隐身正畸	¥16,000.00	¥25,000.00
	3M自锁托槽正畸	¥14,000.00	¥20,000.00

图8-4 “收费明细表”的参考效果

职业素养

收费明细表是用来反映某个项目在一定时期内所发生的各项费用及其构成情况的报表。使用它不仅可以向顾客明确说明有哪些收费项目和具体金额，还可以让顾客监督收费情况，避免乱收费。为了吸引顾客查看该表，并留下深刻的印象，因此可以在表格中插入图形对象，使表格更美观形象。

（1）打开素材文件“收费明细表.xlsx”，选择A1单元格，在【插入】→【插图】组中单击“图片”按钮。

（2）在打开的“插入图片”对话框左侧的列表框中选择图片保存位置，在中间区域选择“背景1”图片，如图8-5所示，然后单击插入(S)按钮将所选的图片插入到表格中。

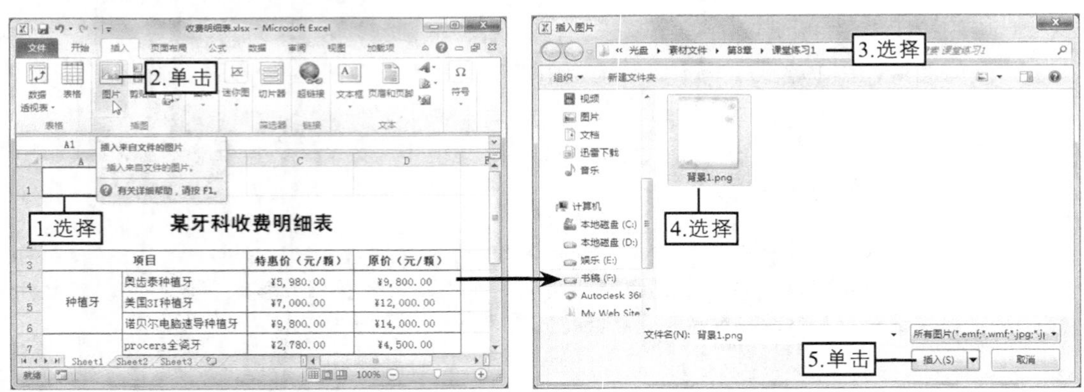

图8-5 插入图片

（3）在图片工具的【格式】→【调整】组中单击颜色按钮，在打开的下拉列表中选择“设置透明色”选项。

（4）此时，工作表中的鼠标光标变成形状，在工作表中相应数据的位置单击，即可将图片设置为透明色，并显示出图片下方相应的数据，如图8-6所示。

（5）在【格式】→【大小】组中单击“裁剪”按钮，然后将鼠标光标移到图片上方中间的控制点上，此时鼠标光标变为形状，按住鼠标左键不放，向下拖动到适合的位置后，释放鼠标。

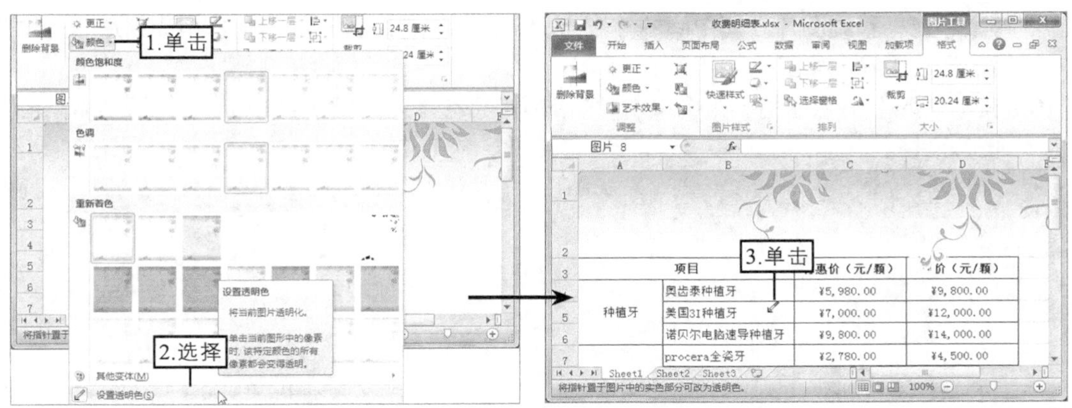

图8-6　设置图片的透明色

（6）用相同的方法将鼠标光标移到图片右侧中间的控制点上，此时鼠标光标变为┣形状，按住鼠标左键不放，向左拖动到适合的位置后，释放鼠标，如图8-7所示，完成后单击工作表中任意单元格。

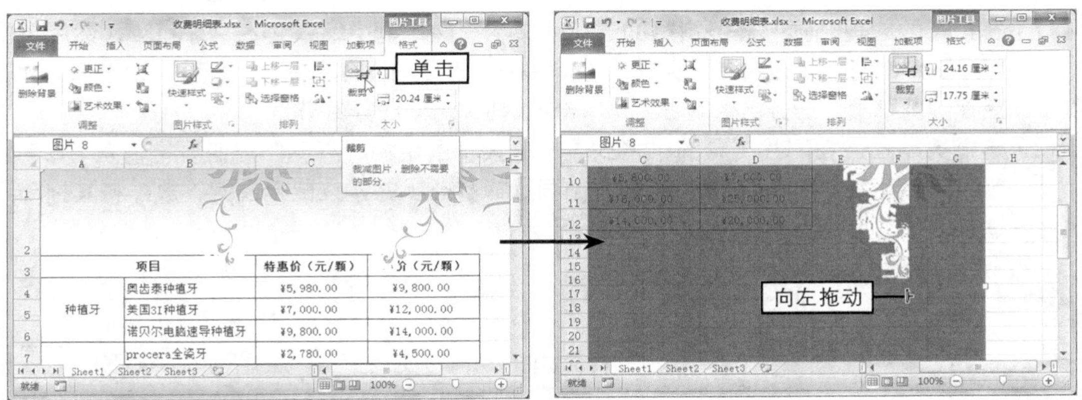

图8-7　裁剪图片

（7）选择图片对象，在【格式】→【大小】组的“高度”数值框中输入“12 厘米”，如图8-8所示，完成后按【Enter】键，其宽度值将自动进行调整。

（8）选择图片对象，按住鼠标左键不放，向上拖动到与顶端对齐后释放鼠标，如图8-9所示。

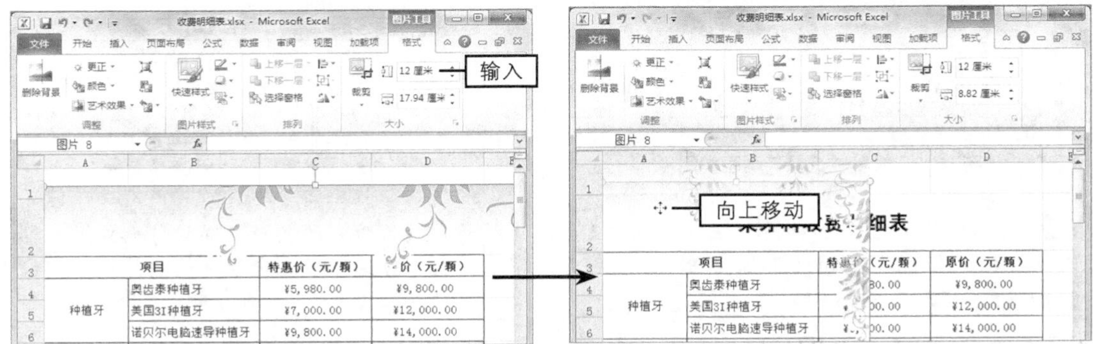

图8-8　更改图片大小

图8-9　移动图片位置

（9）将鼠标光标移到图片右侧中间的控制点上，按住鼠标左键不放，向右拖动到适合的位置后，释放鼠标，如图8-10所示。

（10）在【插入】→【插图】组中单击“剪贴画”按钮，如图8-11所示，打开“剪贴画”任务窗格。

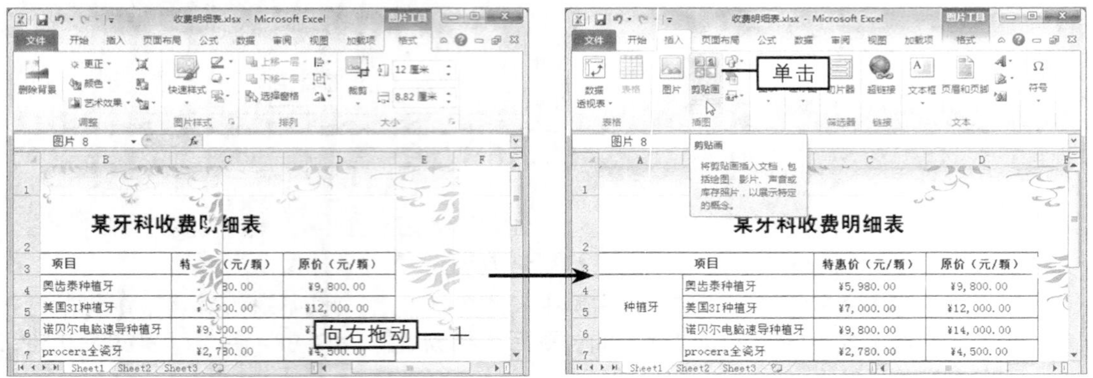

图8-10 更改图片大小　　　　图8-11 单击“剪贴画”按钮

（11）在打开的“剪贴画”任务窗格的“搜索文字”文本框中输入文本“牙科”，然后单击搜索按钮，在下面的结果列表框中选择并单击需要插入的剪贴画，如图8-12所示，完成后在“剪贴画”任务窗格的右上角单击×按钮关闭该任务窗格。

（12）选择剪贴画，在图片工具的【格式】→【大小】组的“高度”数值框中输入“2.5 厘米”，然后按【Enter】键，保存剪贴画选择状态，并按住鼠标左键不放，将其拖动到适合的位置后释放鼠标，如图8-13所示。

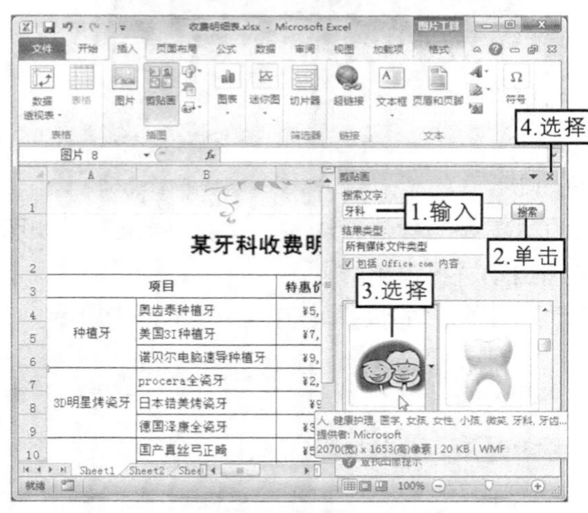

图8-12 搜索并选择剪贴画类别

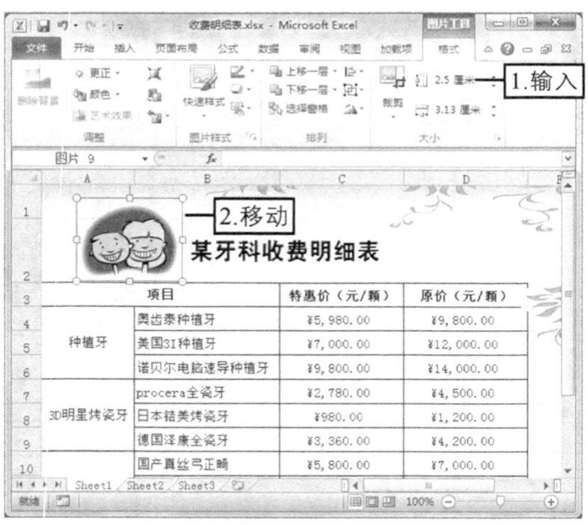

图8-13 更改剪贴画大小与位置

知识提示

在“剪贴画”任务窗格中将鼠标光标移动到搜索到的相应类别的剪贴画上，单击右侧出现的下拉按钮▾，在打开的下拉列表中可选择所需命令对该图片执行相应的操作。

（13）在【格式】→【图片样式】组的列表框中选择“居中矩形阴影”图片样式，如图8-14所示。

（14）在【格式】→【排列】组中单击按钮，在打开的下拉列表中选择“水平翻转”选项，如图8-15所示，在返回的工作表中可看到插入并设置剪贴画格式后的效果。

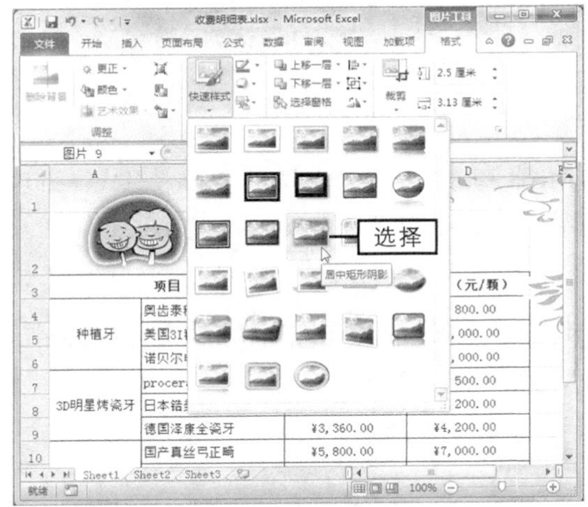

图8-14　设置图片样式

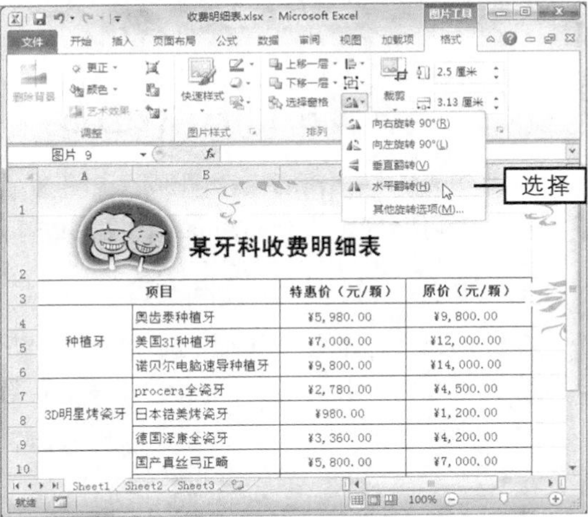

图8-15　旋转剪贴画

8.2　插入SmartArt图形

SmartArt图形用来表示不同类型数据的关系结构，如循环、层次结构、关系、矩阵、棱锥图、流程图等。使用它用户可创建出具有设计师水准的图形效果。

8.2.1　插入并编辑SmartArt图形

在工作表中插入SmartArt图形后，为了达到通过SmartArt图形来传达某些内容的目的，还需在插入的SmartArt图形中添加文字说明信息。插入并编辑SmartArt图形的具体操作如下。

（1）在【插入】→【插图】组中单击“插入SmartArt图形”按钮。

（2）在打开的“选择SmartArt图形”对话框左侧的列表框中选择图形的类型，在中间的列表框中选择插入的图形，如图8-16所示，完成后单击 确定 按钮即可将所选的SmartArt图形插入到表格中。

（3）单击SmartArt图形中显示“文本”信息的矩形框，将光标定位在其中并输入相应的信息内容，如图8-17所示，用相同的方法在其他矩形框中输入相应的信息内容。

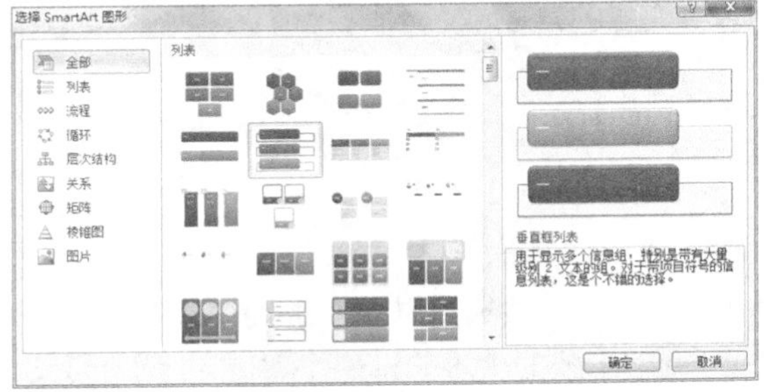

图8-16　选择SmartArt图形

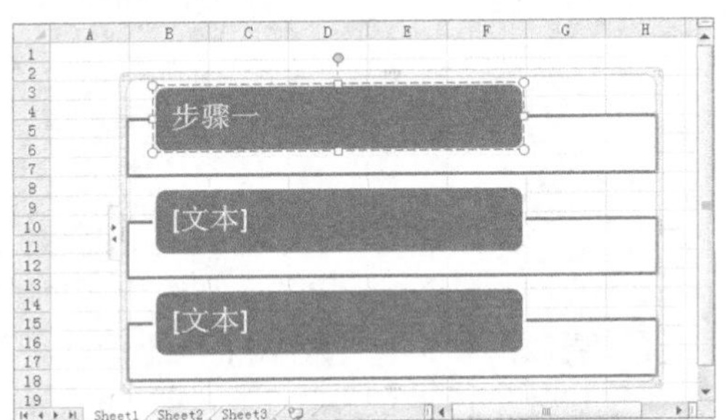

图8-17　在SmartArt图形中添加文本

知识提示　在SmartArt图形左侧单击按钮，在打开的“在此处键入文字”文本窗格的文本框中也可依次输入相应的文本内容，完成后若按【Enter】键将只能在相应的矩形框中换行输入并添加形状，并不会结束文字的编辑。

8.2.2 设置SmartArt图形

在工作表中插入SmartArt图形后，将激活SmartArt工具的“设计”选项卡和“格式”选项卡，在其中可以根据需要对SmartArt图形的布局、样式、大小等进行设置。

1. 通过“设计”选项卡设置

在SmartArt工具的“设计”选项卡中可以创建图形、更改SmartArt图形布局、设置SmartArt样式等，如图8-18所示。下面将对“设计”选项卡中常用的设置进行介绍。

图8-18 SmartArt工具的“设计”选项卡

◎ **创建图形**：在【设计】→【创建图形】组中单击添加形状按钮右侧的按钮可以在相应的位置添加形状，单击添加项目符号按钮可以添加项目符号以及对所选的项目符号和形状级别进行升级和降级调整等。

◎ **更改SmartArt图形布局**：在【设计】→【布局】组的列表框中可选择相应的的布局选项更改SmartArt图形布局。

◎ **设置SmartArt样式**：在【设计】→【SmartArt样式】组单击“更改颜色”按钮可更改SmartArt图形颜色，在该按钮右侧的列表框中可选择相应的图形样式快速应用SmartArt图形样式。

◎ **重置图形效果**：在【设计】→【重置】组单击“重设图形”按钮可放弃对SmartArt图形所做的更改，单击“转换为形状”按钮则可将SmartArt图形转换为形状。

2. 通过“格式”选项卡设置

在SmartArt工具的“格式”选项卡中可以更改形状、设置形状样式、设置艺术字样式、更改排列顺序和大小等，如图8-19所示。设置其排列顺序和大小的方法与更改图片的排列顺序和大小相同，这里不再赘述。下面对SmartArt图形的特有操作进行介绍。

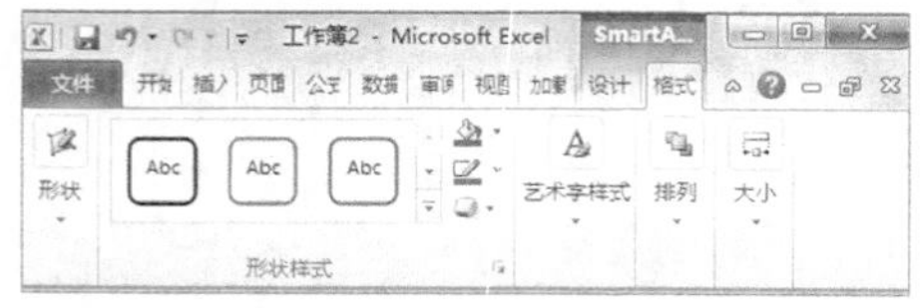

图8-19 SmartArt工具的“格式”选项卡

◎ **更改形状**：在【格式】→【形状】组中单击更改形状按钮可以更改SmartArt图形中的形状效果，且单击其下的增大和减小按钮可调整形状的大小。

◎ **设置形状样式**：在【格式】→【形状样式】组的列表框中可选择预定义的形状样式，也可分别单击形状填充、形状轮廓、形状效果按钮，重新设置SmartArt图形中形状的填充效果、轮廓效果、外观效果等。

◎ **设置艺术字样式**：在【格式】→【艺术字样式】组的列表框中可选择预定义的艺术字样式，也可分别单击文本填充、文本轮廓、文本效果按钮，重新设置SmartArt图形中艺术字的填充效果、轮廓效果、外观效果等。

知识提示

选择SmartArt图形，单击鼠标右键，在弹出的快捷菜单中选择“设置对象格式”命令，在打开的“设置形状格式”对话框中可进行更详细的设置。

8.2.3 课堂案例2——制作公司结构图

本案例将创建“公司结构图.xlsx”工作簿，并在其中插入、编辑并设置SmartArt图形，完成后的参考效果如图8-20所示。

效果所在位置 光盘:\效果文件\第8章\课堂案例2\公司结构图.xlsx

视频演示 光盘:\视频文件\第8章\制作公司结构图.swf

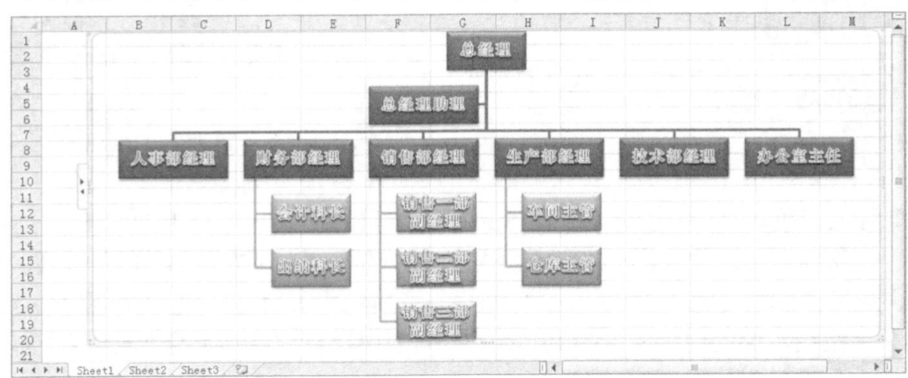

图8-20 “公司结构图”的参考效果

职业素养

公司结构图用来反映组织内各机构、岗位上下左右相互之间的关系，如公司的部门之间的关系，部门经理与下级之间的关系等。一个公司的组织结构图不仅展示了公司的组织结构是否合理、完善，还有助于新员工了解公司的概况。不同的行业部门划分、部门人员职能以及所需人员不同，每个行业的组织结构图也不一样，因此要根据企业具体情况制定具体的个性组织结构图。

（1）启动Excel，将新建的空白工作簿以“公司结构图”为名进行保存，在【插入】→【插图】组中单击“插入SmartArt图形”按钮。

（2）在打开的“选择SmartArt图形”对话框左侧的列表框中单击“层次结构”选项卡，在中间的列表框中选择“组织结构图”选项，如图8-21所示，完成后单击确定按钮。

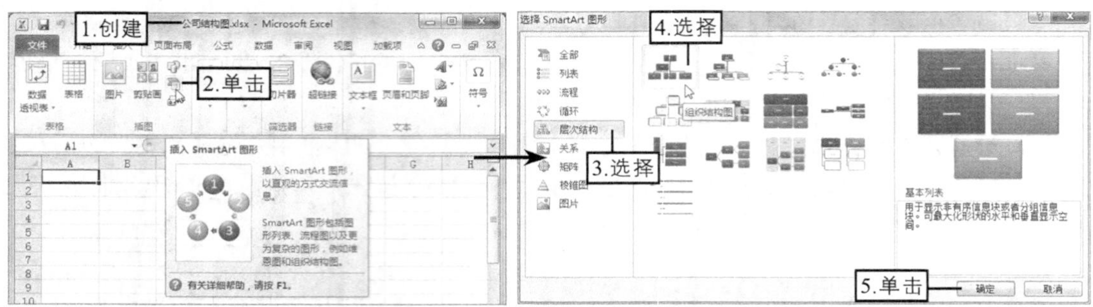

图8-21　选择SmartArt图形类型

（3）选择第三行左侧的矩形文本框，在SmartArt工具的【设计】→【创建图形】组中单击添加形状按钮右侧的按钮，在打开的下拉列表中选择“在后面添加形状”选项。

（4）用相同的方法在第三行矩形文本框后继续添加相应的矩形文本框，如图8-22所示。

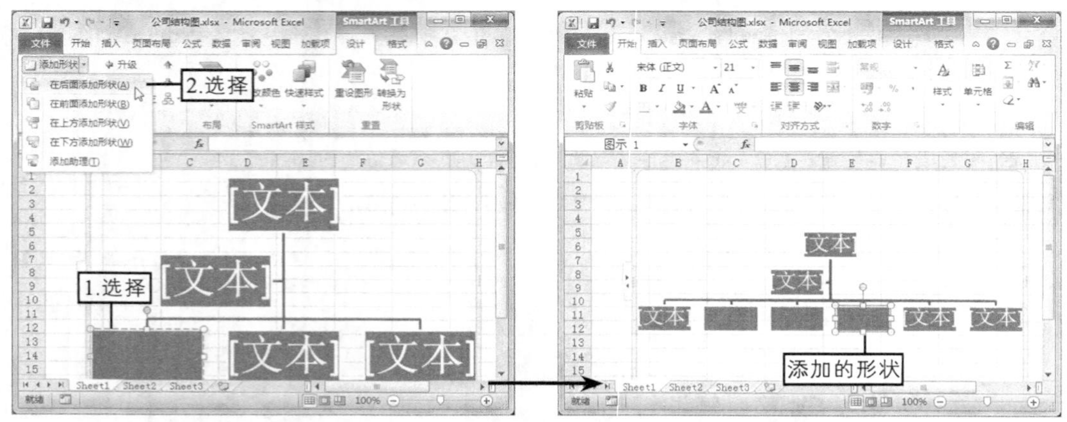

图8-22　添加形状

（5）选择第三行第二个矩形文本框，在SmartArt工具的【设计】→【创建图形】组中单击添加形状按钮右侧的按钮，在打开的下拉列表中选择“在下方添加形状”选项。

（6）默认选择添加的矩形文本框，在SmartArt工具的【设计】→【创建图形】组中单击添加形状按钮右侧的按钮，在打开的下拉列表中选择“在后面添加形状”选项，如图8-23所示。

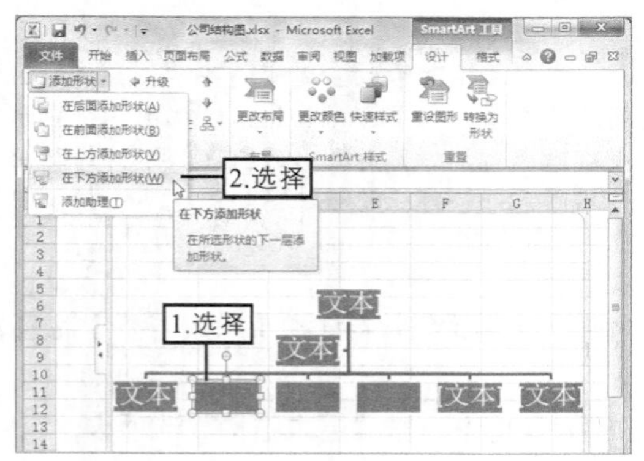

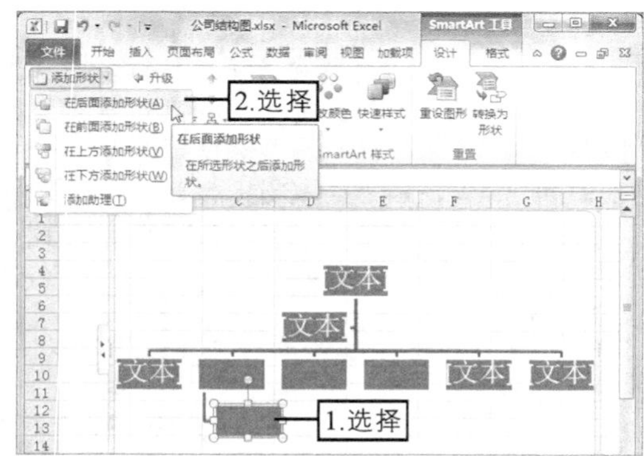

图8-23　继续添加形状

（7）用相同的方法继续添加更多的矩形文本框，如图8-24所示。

（8）将文本插入点定位到第一行的矩形文本框中输入文本“总经理”，然后用相同的方法在其他矩形文本框中输入相应的内容，如图8-25所示。

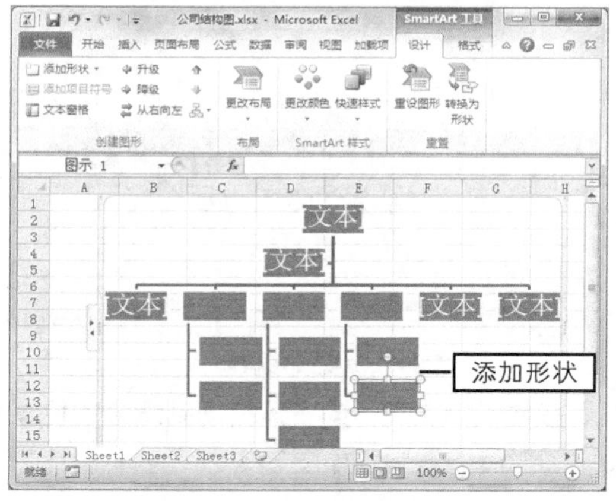

图8-24　继续添加形状

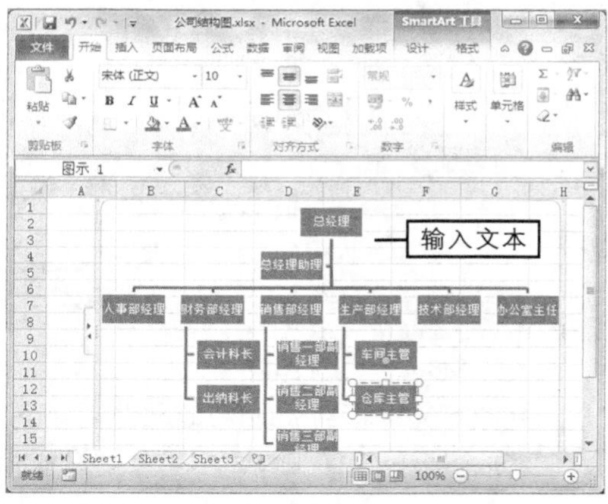

图8-25　输入文本

（9）选择SmartArt图形，在SmartArt工具的【设计】→【SmartArt样式】组中单击“更改颜色”按钮，在打开的下拉列表中选择“彩色-强调文字颜色”选项。

（10）在SmartArt工具的【设计】→【SmartArt样式】组中单击“快速样式”按钮，在打开的下拉列表中选择“强烈效果”选项，如图8-26所示。

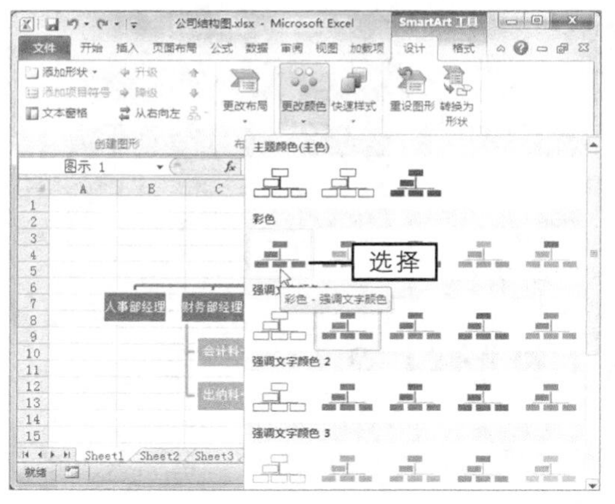

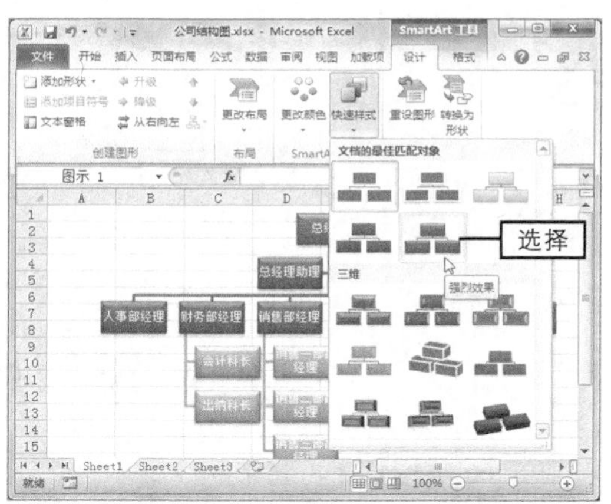

图8-26　设置SmartArt颜色和样式

（11）在SmartArt工具的【格式】→【艺术字样式】组中单击“快速样式”按钮，在打开的下拉列表中选择“填充-红色，强调文字颜色 2，粗糙棱台”选项，如图8-27所示。

（12）按住【Ctrl】键，在SmartArt图形中选择红色底纹的形状，然后在SmartArt工具的【格式】→【大小】组的“宽度”数值框中输入数值“2.5 厘米”，如图8-28所示。

操作技巧

由于SmartArt图形中的形状上方有一个矩形文本框，因此选择形状时应单击矩形框的四周更容易选择所需的形状。

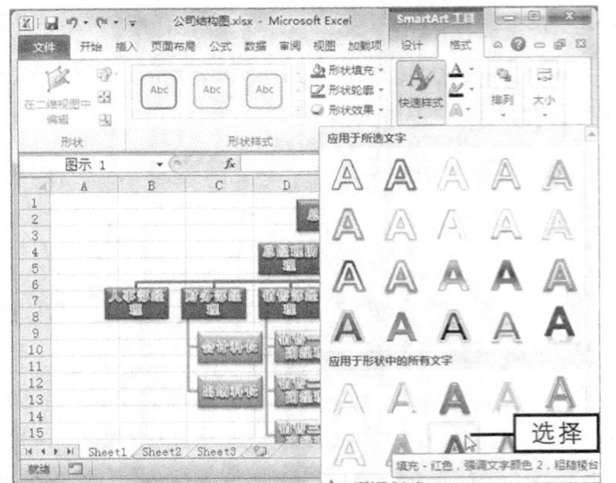

图8-27　设置艺术字样式

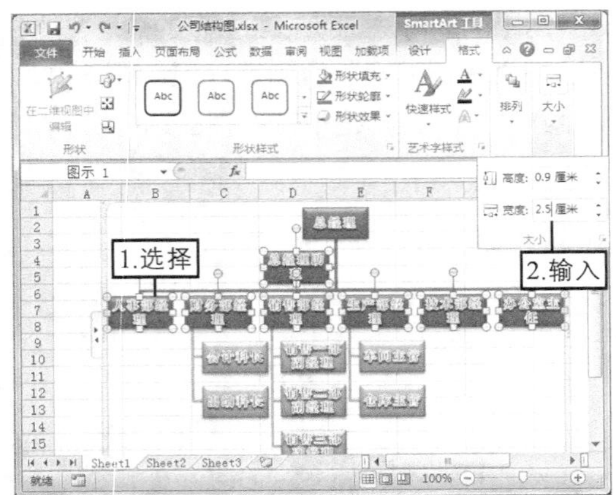

图8-28　更改形状大小

（13）将鼠标光标移到SmartArt图形的右下角，然后按住鼠标左键，向右角拖动到适合的位置后释放鼠标，返回工作表中可看到设置SmartArt图形后的效果，如图8-29所示。

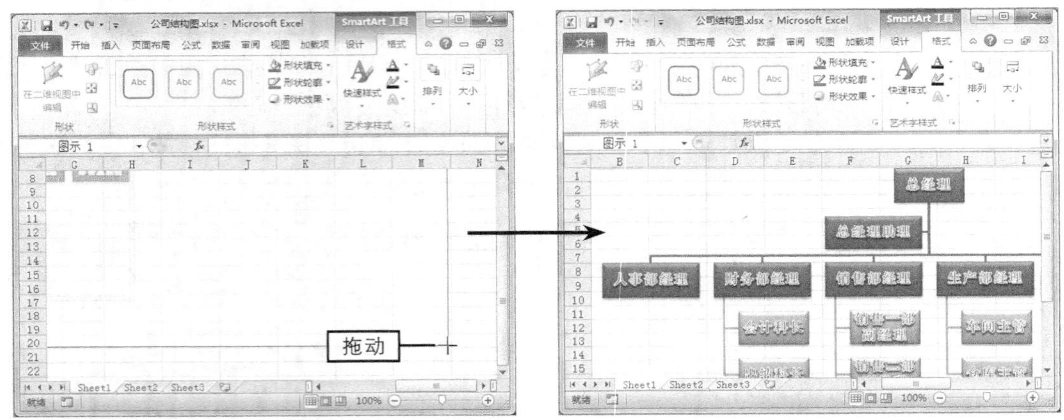

图8-29　调整SmartArt图形大小

8.3　插入其他图形对象

在Excel中用户还可将形状、文本框、艺术字等图形对象插入到表格中，增加表格的实用性和数据美观度。

8.3.1　插入并编辑形状

在Excel中可以插入不同类别的形状，如线条、矩形、流程图等，通过形状可以更加形象地说明设计者的意图。插入并编辑形状的具体操作如下。

（1）在【插入】→【插图】组中单击“形状”按钮，在打开的下拉列表中选择不同类别的形状。

（2）当鼠标光标变为+形状时，在工作表中按住鼠标左键拖动到适合的位置后释放鼠标，即可绘制出相应的形状。

（3）选择绘制的形状，并在形状上单击鼠标右键，在弹出的快捷菜单中选择“编辑文字”命令，在形状中输入相应的文本。

（4）完成后在绘图工具的“格式”选项卡中根据需要设置形状样式、设置艺术字样式、更改排列顺序和更改大小等，如图8-30所示。

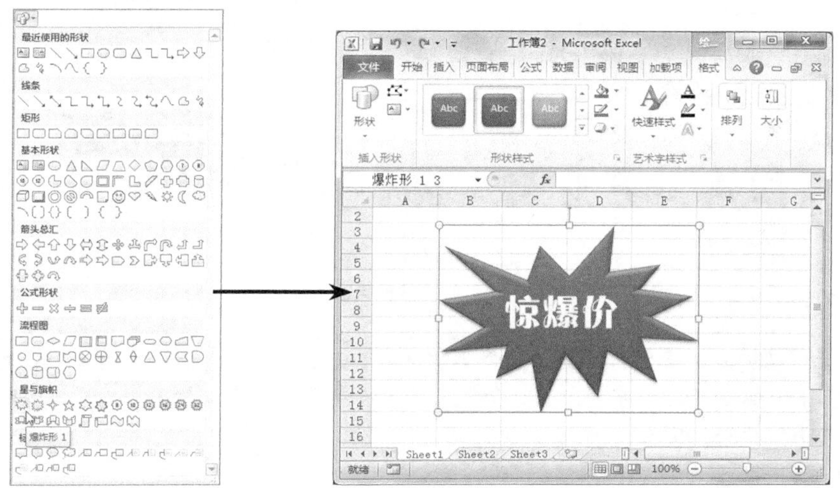

图8-30 插入并编辑形状

8.3.2 插入并编辑文本框

使用文本框可以为图形添加标注、标签等，这样不仅具有解释说明作用，而且还具有美化效果。插入并编辑文本框与插入并编辑形状的方法基本相似，用户可在【插入】→【插图】组中单击“形状”按钮，在打开的下拉列表中选择横排或垂直文本框对应的形状，或在【插入】→【文本】组中单击“文本框”按钮下方的按钮，在打开的下拉列表中选择横排或垂直文本框选项，当鼠标光标变为形状时，在工作表中按住鼠标左键拖动到适合的位置后释放鼠标，绘制出相应的文本框后，在其中输入相应的文本并设置文本框格式。

知识提示

选择形状和文本框中的文本，在“开始”选项卡中还可设置文本的字体格式、对齐方式等。

8.3.3 插入并编辑艺术字

艺术字即具有特殊效果的文字，它不仅可以像文字一样随意修改，而且可以像图片一样任意设置其大小、位置、效果等。插入并编辑艺术字的具体操作如下。

（1）在【插入】→【文本】组中单击“艺术字”按钮，在打开的下拉列表中选择一种艺术字样式。

（2）插入艺术字后，选择艺术字文本框中的文本内容“请在此输入您自己的内容”，然后输入所需的文本内容。

（3）在绘图工具的“格式”选项卡中根据需要设置形状样式、设置艺术字样式、更改排列顺

序和更改大小等，如图8-31所示。

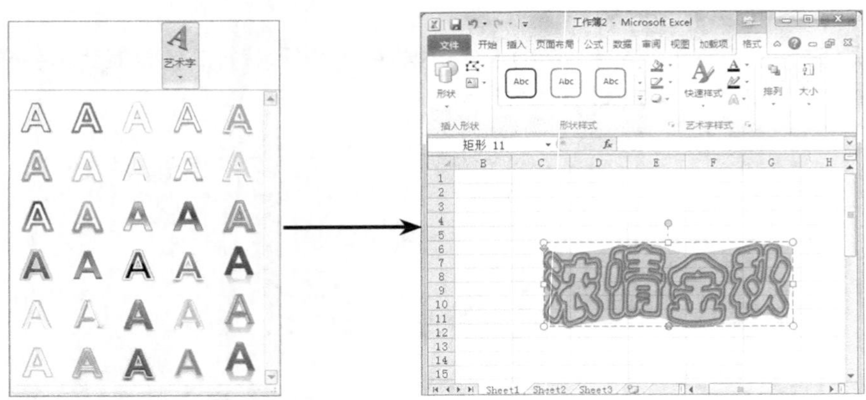

图8-31　插入并编辑艺术字

知识提示

设置艺术字的大小时，艺术字的文本大小与艺术字的文本框大小将同时改变，若只需改变艺术字的文本大小，可选择文本后，在【开始】→【字体】组中设置文本的字体大小。

8.3.4　课堂案例3——制作生日贺卡

本案例将创建“生日贺卡.xlsx”工作簿，并在其中插入并编辑形状、文本框、艺术字等图形对象，完成后的参考效果如图8-32所示。

素材所在位置　光盘:\素材文件\第8章\课堂案例3\生日背景.jpg
效果所在位置　光盘:\效果文件\第8章\课堂案例3\生日贺卡.xlsx
视频演示　光盘:\视频文件\第8章\制作“生日贺卡”.swf

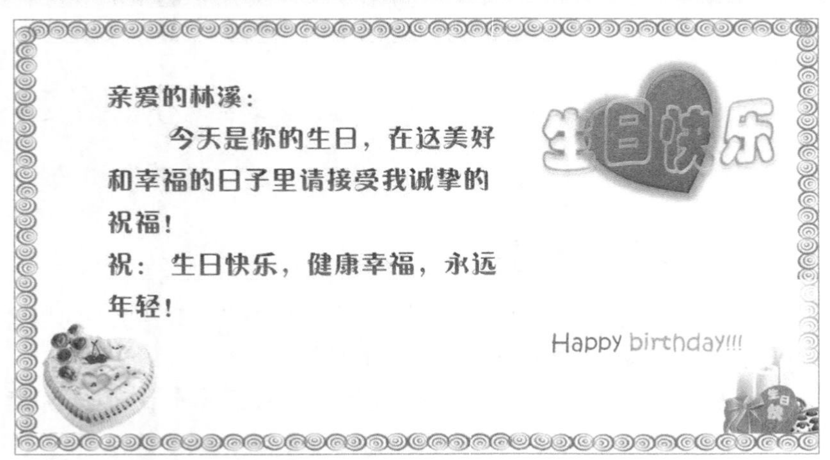

图8-32　“生日贺卡”的参考效果

（1）新建工作簿并将其以“生日贺卡”为名进行保存，然后在【插入】→【插图】组中单击“图片”按钮。

（2）在打开的“插入图片”对话框左侧的列表框中选择图片所在的路径，在其下的空白区域选择要插入的图片“生日背景.jpg”，单击 插入(S) 按钮，如图8–33所示。

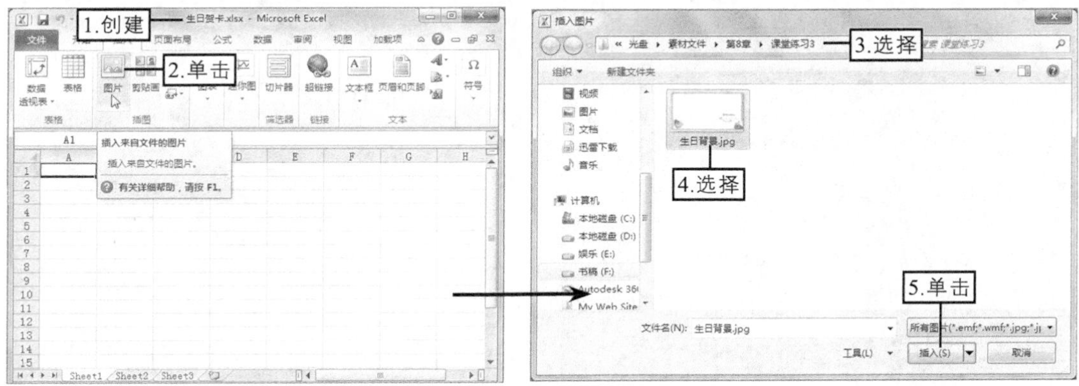

图8–33　插入图片

（3）在【插入】→【文本】组中单击“艺术字”按钮，在打开的下拉列表中选择“填充–紫色，强调文字颜色 4，外部阴影–强调文字颜色 4，软边缘棱台”选项。

（4）插入艺术字文本框后，保持文本框中“请在此放置您的文字”文本的选择状态，并输入文本内容“生日快乐”，如图8–34所示。

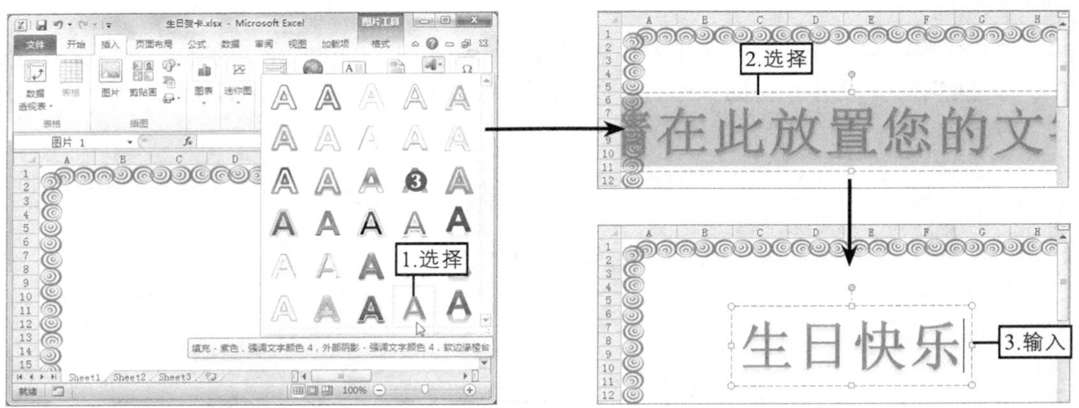

图8–34　插入艺术字

（5）选择艺术字文本框，当鼠标光标变为形状时，按住鼠标左键不放，向右侧拖动艺术字文本框到适合的位置后释放鼠标，如图8–35所示。

（6）在艺术字文本框中选择艺术字文本内容，将鼠标光标移动到浮动工具栏上，在“字体”下拉列表框中选择“华文彩云”选项，如图8–36所示。

（7）在绘图工具的【格式】→【艺术字样式】组中单击“文字效果”按钮，在打开的

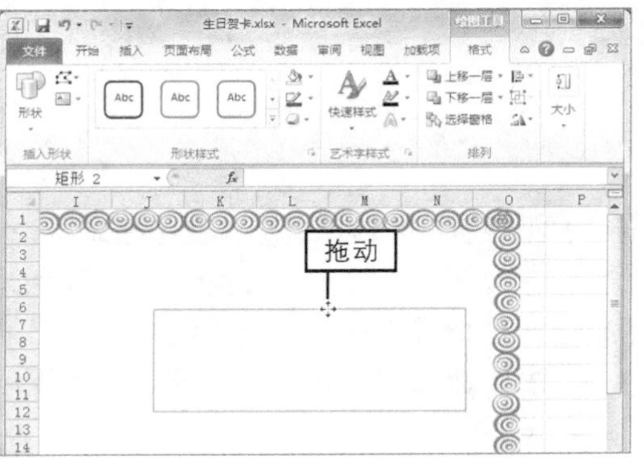

图8–35　调整艺术字位置

下拉列表中选择【转换】→【双波形 2】选项，如图8-37所示。

图8-36　设置艺术字字体

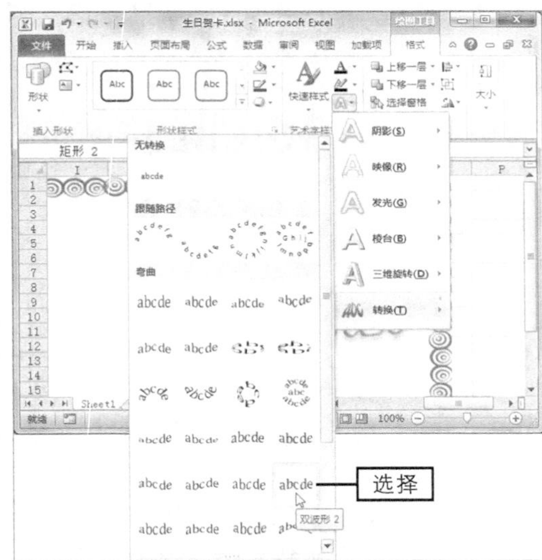

图8-37　设置艺术字文本效果

（8）在【插入】→【插图】组中单击“形状”按钮，在打开的下拉列表中选择“心形”选项。

（9）在工作表中鼠标光标变成十形状，将鼠标光标移动到“生日快乐”文本上，然后按住鼠标左键不放向右下角拖动鼠标到合适的位置后释放鼠标，绘制出所需的形状，如图8-38所示。

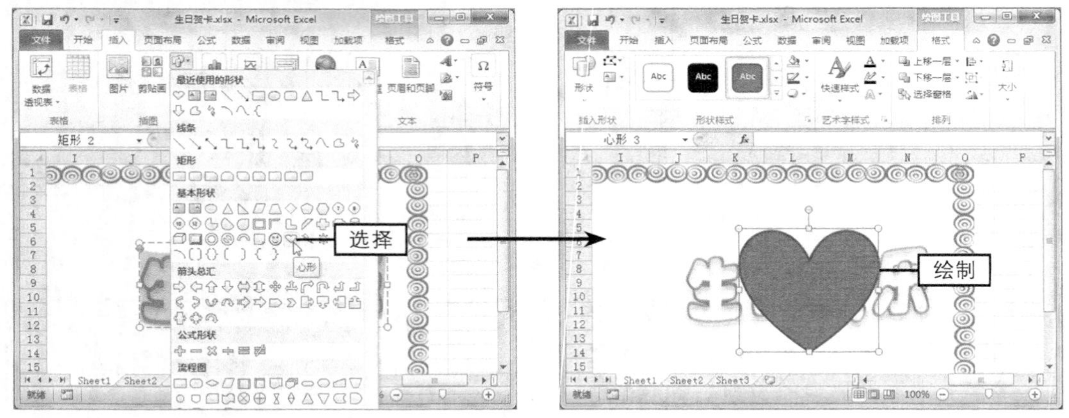

图8-38　插入形状

（10）保持形状的选择状态，在【格式】→【形状样式】组中单击按钮，在打开的下拉列表中选择“强烈效果-红色，强调颜色 2”选项，如图8-39所示。

（11）在【格式】→【排列】组中单击“下移一层”按钮右侧的按钮，在打开的下拉列表中选择“下移一层”选项，如图8-40所示，可看到形状下移到“生日快乐”文本下方。

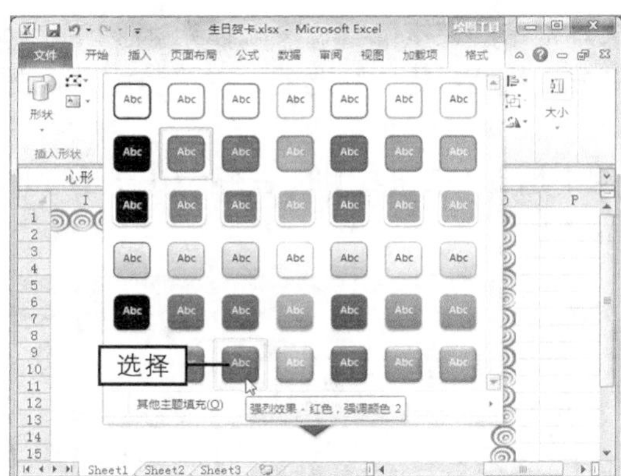

图8-39　设置形状样式

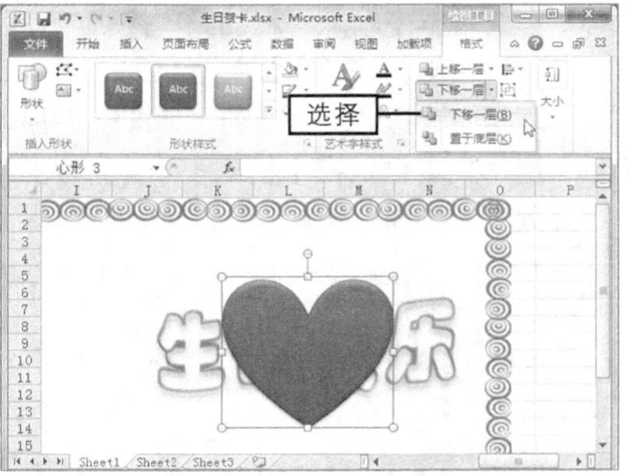

图8-40　更改排列顺序

（12）将鼠标光标移动到形状边框的 控制点上，此时鼠标光标变成 形状，然后按住鼠标左键不放并向左拖动鼠标调整形状的旋转角度，如图8-41所示。

（13）在【格式】→【形状样式】组中单击“形状效果”按钮 ，在打开的下拉列表中选择【发光】→【红色，18 pt 发光，强调文字颜色 2】选项，如图8-42所示。

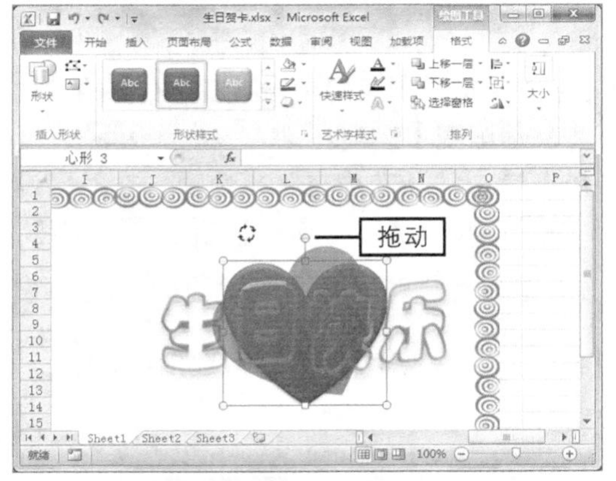

图8-41　调整形状旋转角度

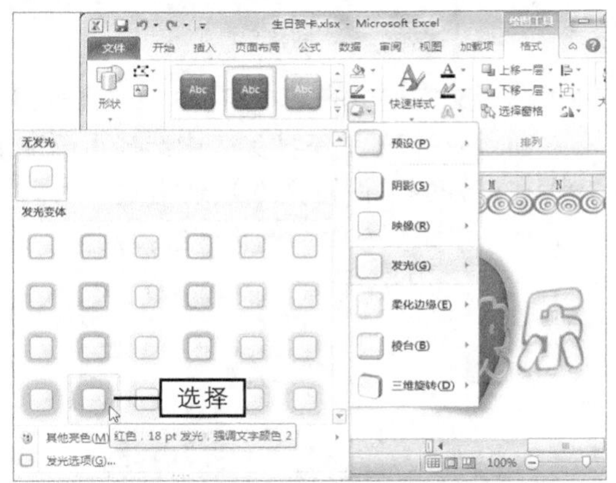

图8-42　选择“形状样式”列表中对应选项

（14）在【格式】→【插入形状】组中单击 按钮右侧的下拉按钮 ，在打开的下拉列表中选择“横排文本框”选项。

（15）此时鼠标光标变成十形状，然后按住鼠标左键不放并拖动鼠标到适合的位置后释放鼠标，绘制出以拖动的起始位置和终止位置为对角顶点的文本框，如图8-43所示。

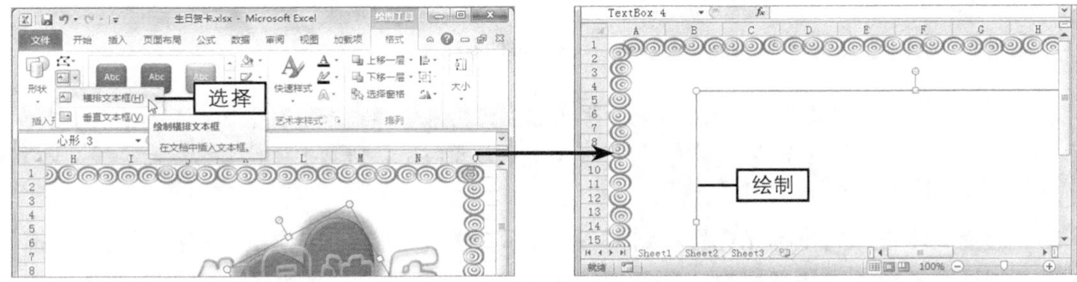

图8-43　绘制横排文本框

（16）在文本框中输入相应的文本内容，并选择文本框中的文本内容，将鼠标光标移动到浮动工具栏上，在“字体”下拉列表框中选择“方正粗活意简体”选项，在“字号”下拉列表框中选择“27”选项，如图8-44所示。

（17）选择文本框，在【格式】→【形状样式】组中单击按钮右侧的按钮，在打开的下拉列表中选择“无轮廓”选项，如图8-45所示。

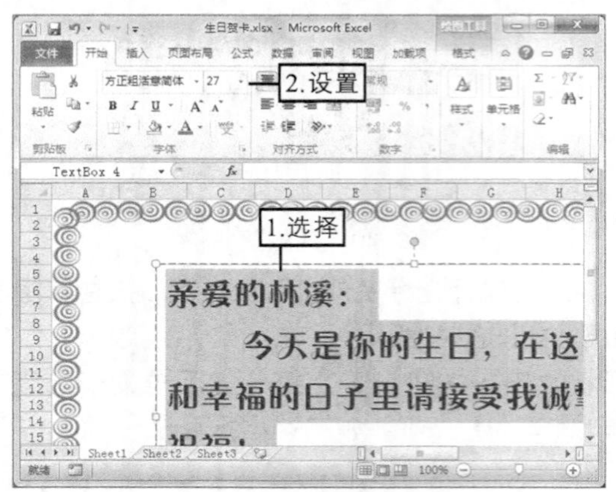

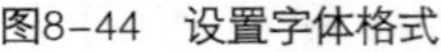

图8-44 设置字体格式

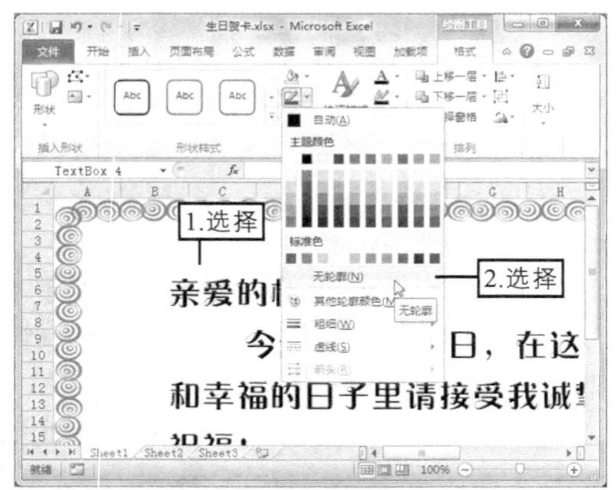

图8-45 设置形状轮廓

（18）选择文本框中的文本内容，在【格式】→【艺术字样式】组中单击按钮右侧的下拉按钮，在打开的下拉列表中选择【渐变】→【其他渐变】选项。

（19）在打开的“设置文本效果格式”对话框中单击选中“渐变填充”单选项，在“预设颜色”下拉列表框中选择“红日西斜”选项，如图8-46所示，完成后单击 关闭 按钮。

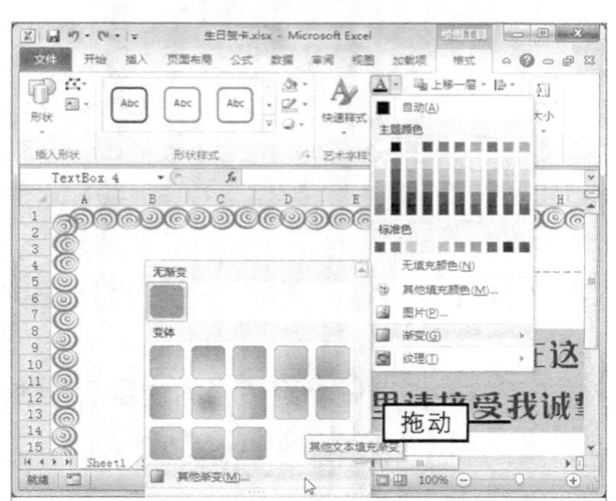

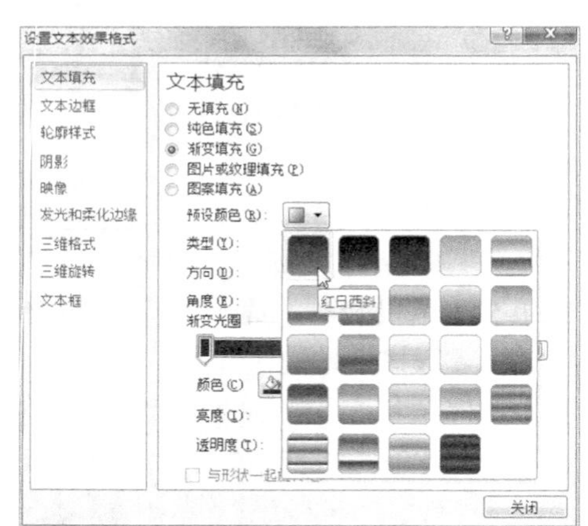

图8-46 设置文本的渐变效果

> **知识提示**
>
> 为艺术字或文本框中的文本内容应用艺术字样式后，在【格式】→【艺术字样式】组中单击“快速样式”按钮，在打开的下拉列表中选择“清除艺术字”选项可清除设置的艺术字样式。

（20）选择文本框，将鼠标光标移动到其下方中间的控制点上，按住鼠标左键不放向下拖动到适合的位置后释放鼠标，将文本框中的文本内容完全显示出来，如图8-47所示。

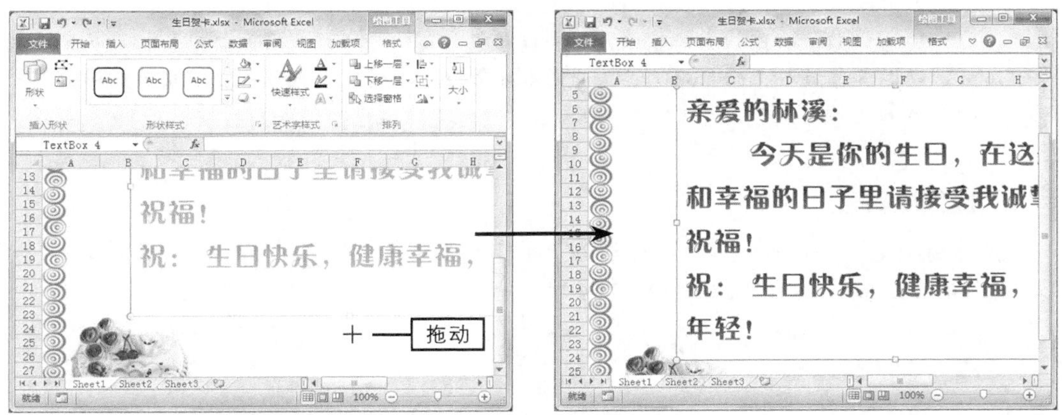

图8-47　调整文本框大小

8.4　课堂练习

本课堂练习将综合使用本章所学的知识制作招聘流程图和产品宣传单，使读者熟练掌握Excel图片与图形的使用方法。

8.4.1　制作招聘流程图

1. 练习目标

本练习的目标是插入不同类型的形状制作招聘流程图。本练习完成后的参考效果如图8-48所示。

效果所在位置　光盘:\效果文件\第8章\课堂练习\招聘流程图.xlsx

视频演示　光盘:\视频文件\第8章\制作招聘流程图.swf

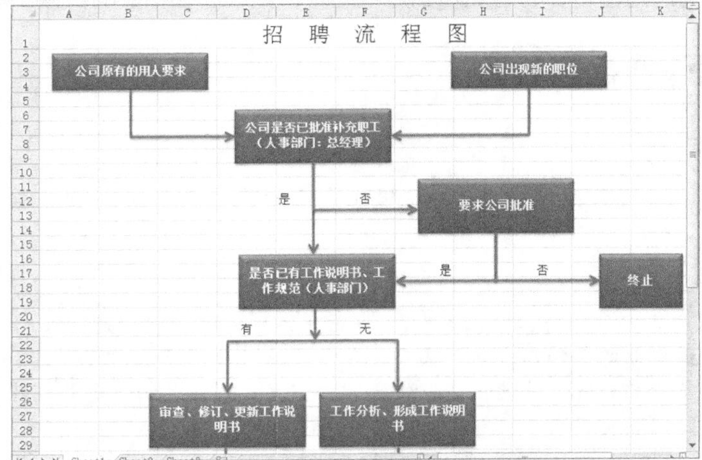

图8-48　“招聘流程图”参考效果

职业素养

招聘流程图用来对招聘人才的过程进行说明，它不仅可以帮助招聘人员了解招聘的具体流程，而且规范了企业的人才管理。在通常情况下，可以用流程图的方式来表现招聘过程。

2. 操作思路

完成本练习需要在创建的“招聘流程图”工作簿中插入并编辑“流程图：过程”和“肘形箭头连接符”形状，其操作思路如图8-49所示。

① 创建工作簿并插入形状

② 复制并编辑形状

③ 在相应的位置添加文本

图8-49 “招聘流程图”的制作思路

(1) 创建“招聘流程图”工作簿，合并A1:K1单元格区域，并输入文本“招聘流程图”，在【插入】→【插图】组中单击“形状”按钮，在打开的下拉列表的“流程图”栏中选择“流程图：过程”选项。

(2) 当鼠标光标变为+形状时，在工作表中按住鼠标左键拖动到适合的位置后释放鼠标，绘制出相应的形状，并在其中输入所需的文本，然后设置其形状样式和字体格式。

(3) 单击“形状”按钮，在打开的下拉列表中选择“肘形箭头连接符”选项，然后以绘制的流程图下方中间的控制点为起点绘制出连接符形状，并设置其形状样式。

(4) 选择流程图，按住【Ctrl】键，并按住鼠标左键拖动形状到所需的位置，然后修改其中的文本内容，用相同的方法继续复制所需的流程图并修改文本内容。

(5) 继续绘制所需的连接符，将各流程图连接起来，完成后在相应的位置添加文本。

8.4.2 制作产品宣传单

1. 练习目标

本练习的目标是为某产品制作宣传单，要求内容简单明了，突出产品特点。本练习完成后的参考效果如图8-50所示。

职业素养

产品宣传单是以企业文化、企业产品为传播内容，是企业对外最直接、最形象、最有效的宣传形式，产品宣传单是企业宣传不可缺少的资料，它可以清晰表达宣传单中的内容，快速传达宣传单中的信息。因此，制作产品宣传单时就需要图文并茂，内容简单明了，外观美观大方。

素材所在位置 光盘:\素材文件\第8章\课堂练习\背景.jpg、产品.jpg
效果所在位置 光盘:\效果文件\第8章\课堂练习\产品宣传单.xlsx
视频演示 光盘:\视频文件\第8章\制作产品宣传单.swf

图8-50 “产品宣传单”参考效果

2. 操作思路

完成本练习需要在创建的“产品宣传单.xlsx”工作簿中插入并编辑图片、艺术字、文本框、SmartArt图形等对象，其操作思路如图8-51所示。

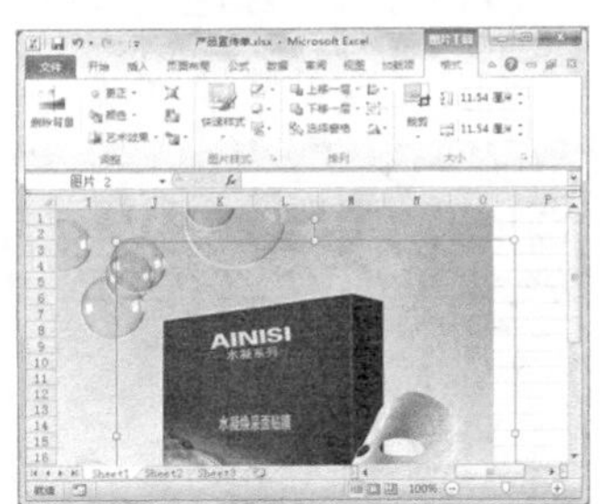

① 插入并编辑图片

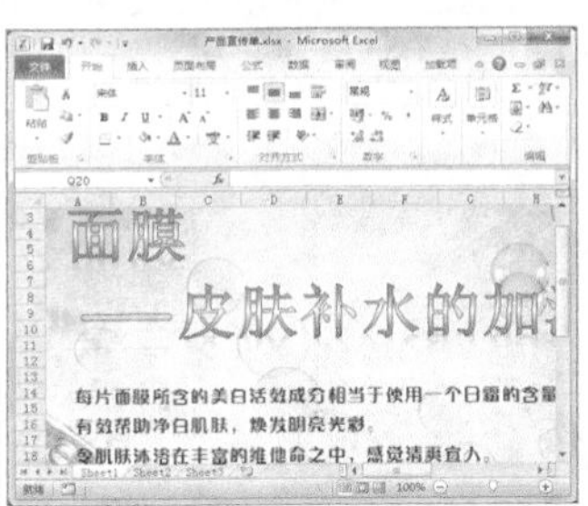

② 插入并编辑艺术字和文本框

③ 插入并编辑SmartArt图形

图8-51 “产品宣传单”的制作思路

(1) 创建“产品宣传单.xlsx”工作簿，在【插入】→【插图】组中单击“图片”按钮，在打开的“插入图片”对话框左侧的列表框中依次选择图片保存位置，在中间区域选择相应的图片，然后单击插入(S)按钮。

(2) 将“产品”图片的高度和宽度调整为“11.54 厘米”，然后将其移动到“背景”图片的右侧，并将其白色底纹设置为透明色。

(3) 插入艺术字并输入相应的文本，然后设置艺术字的字体大小为“50”，艺术字样式的文本填充效果为渐变填充的预设颜色“彩虹出岫 II”。

(4) 插入文本框并输入相应的文本，然后设置文本框中文本的字体格式为“方正粗活意简体，16”，继续设置形状填充效果为“无颜色填充”，形状轮廓为“无轮廓”，文本填充效果为“深蓝”。

（5）插入SmartArt图形并添加形状，在其中输入相应的文本，然后更改SmartArt样式的颜色为“彩色-强调文字颜色”，快速样式为“粉末”，艺术字样式为“填充-红色，强调文字颜色 2，粗糙棱台”，完成后调整SmartArt图形的位置与大小。

8.5 拓展知识

掌握了使用Excel图片与图形的相关知识点后，读者还可了解并学习一些与本章知识点相关的拓展知识，以便操作起来更方便，更得心应手。

1. 批注的使用

在Excel中，批注是一种十分有用的提醒方式，使用它不仅可以解释复杂的公式，还可以将对其他用户工作簿的反馈意见写在批注当中以方便互相交流。插入批注的的具体操作如下。

（1）选择需插入批注的单元格，在【审阅】→【批注】组中单击“新建批注”按钮，或单击鼠标右键，在弹出的快捷菜单中选择“插入批注”命令。

（2）在打开的批注编辑框中输入批注内容，完成后在批注编辑框之外的任意位置单击即可退出批注的编辑状态。

（3）若需继续设置批注格式，可在【审阅】→【批注】组中单击“编辑批注”按钮选择批注，并在相应的功能选项卡中设置批注格式，或在批注上单击鼠标右键，在弹出的快捷菜单中选择“设置批注格式”命令。

（4）在打开的“设置批注格式”对话框中分别设置其字体格式、对齐方式、颜色与线条等，完成后单击 确定 按钮，如图8-52所示。

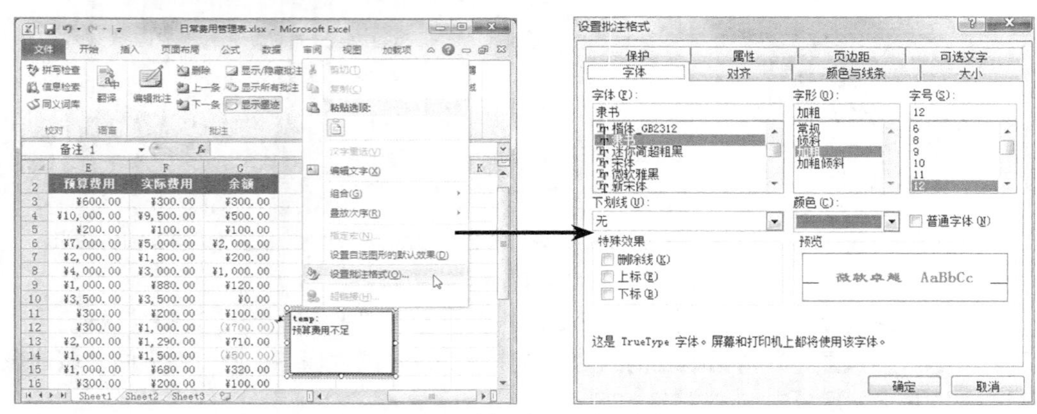

图8-52　插入并设置批注格式

知识提示

插入批注后单元格右上角将出现一个红色的小三角形表示该单元格附有批注，且将鼠标光标移至红色三角形上，该批注才会显示出来。若需将批注总是显示在单元格上方，可在【审阅】→【批注】组中单击 显示/隐藏批注 按钮；再次单击该按钮则隐藏批注；当工作表中有多个批注时，可单击 显示所有批注 按钮将其全部显示出来；当不再需要某个单元格中的批注时，可单击 删除 按钮将其删除。

2. 屏幕截图

屏幕截图是Excel 2010中的新增功能，它无需退出正在使用的程序，即可快速截取屏幕快照，并将其添加到工作簿中。屏幕截图的方式有如下两种。

◎ **直接截取整个窗口：**在工作表中选择某个单元格作为插入屏幕截图的起始位置，然后在【插入】→【插图】组中单击“屏幕截图”按钮，在打开的下拉列表的“可用视窗”栏中直接选择当前的可用视窗即可，如图8-53所示。

◎ **截取窗口的部分数据：**在桌面任务栏的程序按钮上单击需截图程序对应的按钮，在工作表中选择某个单元格作为插入屏幕截图的起始位置，然后在【插入】→【插图】组中单击“屏幕截图”按钮，在打开的下拉列表中选择“屏幕剪辑”选项，当桌面呈灰度显示，且鼠标光标变成+形状时，按住鼠标左键不放进行拖动，如图8-54所示，直到将需剪辑的内容全部框中后释放鼠标，完成后在工作表中即可看到屏幕截图后的效果，且截取的对象以图片形式显示，因此设置屏幕截图的格式与设置图片的格式方法一样，都可在激活的图片工具的“格式”选项卡中执行相应的操作。

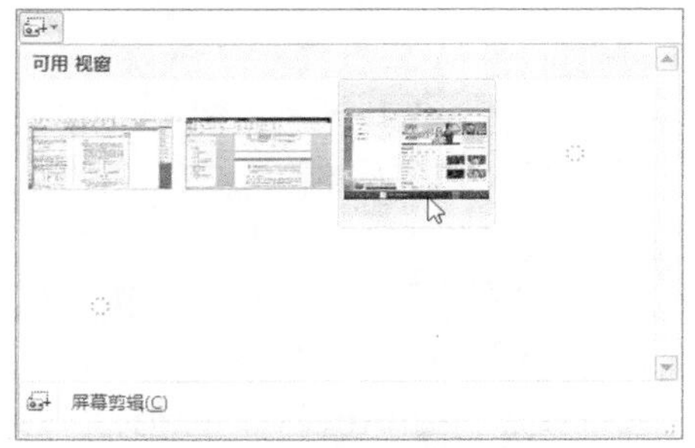

图8-53　直接截取整个窗口

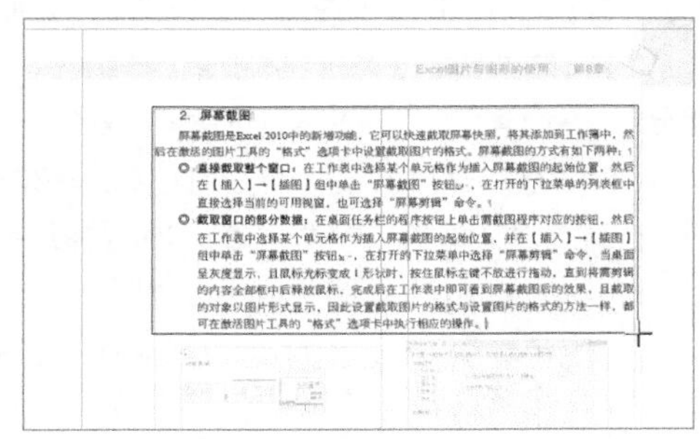

2. 屏幕截图

屏幕截图是Excel 2010中的新增功能，它可以快速截取屏幕快照，将其添加到工作簿中，然后在激活的图片工具的“格式”选项卡中设置截取图片的格式。屏幕截图的方式有如下两种：

◎ 直接截取整个窗口：在工作表中选择某个单元格作为插入屏幕截图的起始位置，然后在【插入】→【插图】组中单击“屏幕截图”按钮，在打开的下拉菜单的列表框中直接选择当前的可用视窗，也可选择“屏幕剪辑”命令。

◎ 截取窗口的部分数据：在桌面任务栏的程序按钮上单击需截图程序对应的按钮，然后在工作表中选择某个单元格作为插入屏幕截图的起始位置，并在【插入】→【插图】组中单击“屏幕截图”按钮，在打开的下拉菜单中选择“屏幕剪辑”命令，当桌面呈灰度显示，且鼠标光标变成I形状时，按住鼠标左键不放进行拖动，直到将需剪辑的内容全部框中后释放鼠标，完成后在工作表中即可看到屏幕截图后的效果，且截取的对象以图片形式显示，因此设置截取图片的格式与设置图片的格式的方法一样，都可在激活图片工具的“格式”选项卡中执行相应的操作。

图8-54　截取窗口的部分数据

知识提示

屏幕截图只能捕获没有最小化到任务栏的窗口，因此，“可用视窗”栏中的缩略图将只显示当前没有最小化且已经打开的窗口。

8.6 课后习题

（1）打开“产品宣传资料.xlsx”工作簿，在其中插入并编辑剪贴画、艺术字、形状，完成后的参考效果如图8-55所示。

提示：在“产品宣传资料.xlsx”工作簿中首先插入剪贴画并调整剪贴画位置与大小，然后插入艺术字，设置其字体为“华文彩云”，并调整艺术字位置与大小，再插入形状，在其中输入相应的文本，并设置形状中文本的字体格式为“方正大黑简体，16”，对齐方式为“居中”，完成后复制形状，并分别设置其形状样式。

素材所在位置	光盘:\素材文件\第8章\课后习题\产品宣传资料.xlsx
效果所在位置	光盘:\效果文件\第8章\课后习题\产品宣传资料.xlsx
视频演示	光盘:\视频文件\第8章\美化产品宣传资料.swf

倩影产品宣传资料

随着社会经济的不断进步和物质生活的极大丰富，越来越多的人开始注重保养自己。本产品针对不同皮肤的性质，将产品分为三个系列：A控油系列、B活肤系列、C美白系列。

产品项目	产品名称	产品特点	适合人群	产品价格
A控油系列	控油洁面啫喱	高泡沫型洁面品，油型及偏油型肌肤适用	适合油型肤质及混合型偏油肤质	199元
	控油调理露	平衡油脂分泌，补充水分（建议与毛孔紧致调理露配合使用）		
	毛孔紧致调理露	收缩毛孔（毛孔粗大处使用，用后30分钟才能使用其他护肤品）		
B活肤系列	保湿洁面乳	无泡沫，非常爽滑，洗后皮肤无紧绷感	适合缺水型肤质	299元
	焕采轻雾	雾状，轻便易携带，不易破损（喷时离面部距离为20 cm）		
	水润保湿霜	清爽不油腻		
	焕采眼晶莹露	清爽，透明者哩状		
C美白系列	亮白洁面乳	低泡沫型洁面品，滋润有光泽	适合色素沉着及肤色较黄，有斑的人群	399元
	柔白亮肤水	含有海藻、珍珠提取液		
	亮白乳液	长期使用皮肤白皙有光泽		
	嫩白水晶	透明状、吸收快，有晒后修护作用，使用后皮肤白皙透亮		

图8-55 “产品宣传资料”的参考效果

（2）创建“员工培训流程图.xlsx”工作簿，在其中插入并编辑图片、文本框、SmartArt图形，完成后的参考效果如图8-56所示。

提示： 在创建的“员工培训流程图.xlsx”工作簿中首先插入图片并更正图片的亮度和对比度为“亮度：+40% 对比度：+20%”，然后插入文本框并输入相应的文本，再设置文本框的形状样式为“细微效果-橙色，强调颜色 6”，其中文本的字体格式为“方正粗活意简体，26，加粗”，对齐方式为“居中”，艺术字样式为“填充-橄榄色，强调文字颜色 3，轮廓-文本 2”，继续插入SmartArt图形并添加形状，再输入相应的文本，并更改布局为“连续循环”，更改SmartArt样式的颜色为“彩色-强调文字颜色”，快速样式为“强烈效果”，完成后调整各对象的位置与大小。

素材所在位置 光盘:\素材文件\第8章\课后习题\背景.jpg
效果所在位置 光盘:\效果文件\第8章\课后习题\员工培训流程图.xlsx
视频演示 光盘:\视频文件\第8章\制作员工培训流程图.swf

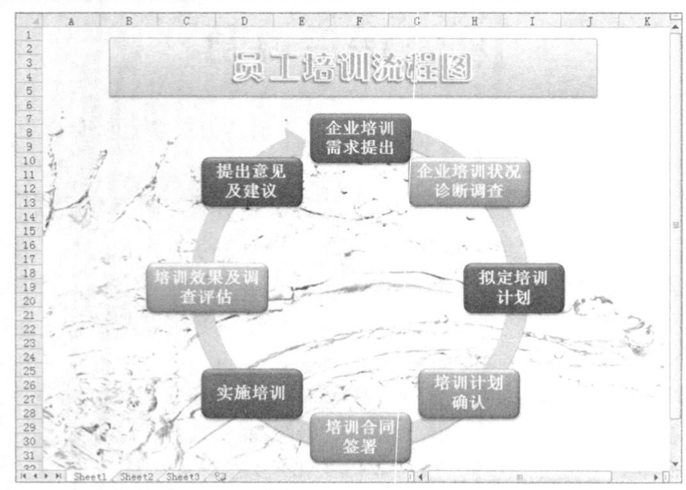

图8-56 “员工培训流程图”的参考效果

第9章

Excel图表的使用

在Excel中使用图表可以清楚地显示各个数据的大小和变化情况，以帮助用户分析数据，查看数据的差异、走势、预测趋势。本章将详细讲解图表的创建、编辑、美化等操作方法以及图表的一些特殊使用技巧。

学习要点

◎ 认识图表
◎ 创建图表
◎ 编辑并美化图表
◎ 图表的使用技巧

学习目标

◎ 熟练掌握图表的创建、编辑、美化操作，如设计图表效果、设置图表布局、设置图表格式等操作
◎ 掌握图表的使用技巧，如添加趋势线、组合框的使用

9.1 认识图表

图表是Excel的重要数据分析工具。使用图表分析数据之前，了解图表有哪些类型和作用可以帮助用户选择更适合的图表准确地分析数据，了解图表的组成部分可以帮助用户更好地认识图表，并对图表执行相应的操作。

9.1.1 图表的类型

在Excel中提供了多种图表类型，不同的图表类型所使用的场合各不相同。Excel中的图表类型有以下几种。

◎ **柱形图**：是Excel的默认图表类型。通常用来描述不同时期数据的变化情况或描述不同类别数据之间的差异，也可以同时描述不同时期、不同类别数据的变化和差异。

◎ **折线图**：是用直线段将各数据点连接起来而组成的图形，以折线方式显示数据的变化趋势。通常折线图用来分析数据随时间的变化趋势，也可用来分析多组数据随时间变化的相互作用和相互影响。

◎ **饼图**：通常只用一组数据系列作为源数据。它是将一个圆划分为若干个扇形，每个扇形代表数据系列中的一项数据值，其大小用来表示相应数据项占该数据系列总和的比例值。通常饼图用来描述比例、构成等信息。

◎ **条形图**：是使用水平横条的长度来表示数据值的大小。条形图主要用来比较不同类别数据之间的差异情况。一般把分类项在垂直轴上标出，而把数据的大小在水平轴上标出。这样可以突出数据之间差异的比较，而淡化时间的变化。

◎ **面积图**：实际上折线图的另一种表现形式，它使用折线和分类轴（*X* 轴）组成的面积以及两条折线之间的面积来显示数据系列的值。面积图除了具备折线图的特点，强调数据随时间的变化以外，还可通过显示数据的面积来分析部分与整体的关系。

◎ ***XY* 散点图**：与折线图类似，它不仅可以用线段，而且可以用一系列的点来描述数据。*XY* 散点图除了可以显示数据的变化趋势以外，更多地用来描述数据之间的关系。

◎ **股价图**：是一类比较复杂的专用图形，通常需要特定的几组数据。主要用来研判股票或期货市场的行情，描述一段时间内股票或期货的价格变化情况。

◎ **曲面图**：是在原始数据的基础上，通过跨两维的趋势线描述数据的变化趋势，而且可以通过拖放图形的坐标轴方便地变换观察数据的角度。

◎ **圆环图**：与饼图类似，但它可以显示多个数据系列。即它由多个同心的圆环组成，每个圆环划分为若干个圆环段，每个圆环段代表一个数据值在相应数据系列中所占的比例。常用来比较多组数据的比例和构成关系。

◎ **气泡图**：相当于在*XY* 散点图的基础上增加了第三个变量，即气泡的尺寸。气泡图用于分析更加复杂的数据关系。除了描述两组数据之间的关系之外，还可以描述数据本身的另一种指标。

◎ **雷达图**：由一组坐标轴和3个同心圆构成，每个坐标轴代表一个指标。主要用来进行多指标体系分析的专业图表。

9.1.2 图表的组成部分

图表中包含了多个组成部分，但不同的图表类型，图表中显示的各部分及所处的位置也各不相同。下面以柱形图为例介绍图表的组成部分，如图9-1所示。

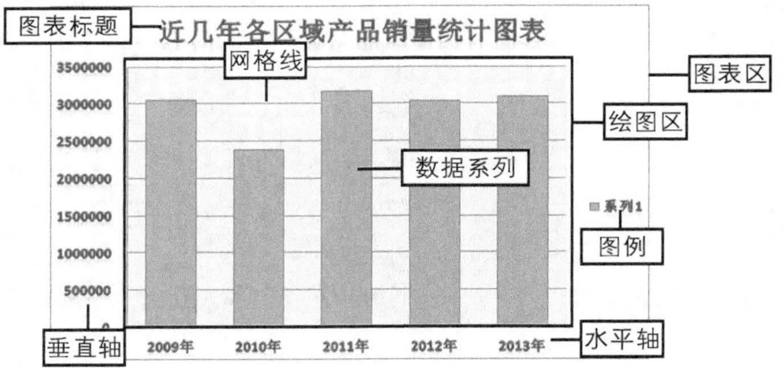

图9-1 图表的组成部分

- ◎ **图表区：**是图表最基本的组成部分，是整个图表的背景区域，图表的其他组成部分都集中在图表区，如图表标题、绘图区、图例、分类轴、数值轴、数据系列、网格线等。
- ◎ **绘图区：**是图表的重要组成部分，它是通过轴来界定的区域，其中主要包括数据系列和网格线等。
- ◎ **图表标题：**用来显示图表的名称。
- ◎ **数据系列：**根据用户指定的图表类型以系列的方式显示在图表中的可视化数据。即在图表中绘制的相关数据点，这些数据源自数据表的行或列。在图表中标识数据系列中数据点的详细信息的数据称为数据标签。
- ◎ **图例：**用于表示图表中的数据系列的名称或分类而指定的图案或颜色。
- ◎ **坐标轴：**主要分为水平轴和垂直轴，水平轴主要用于显示文本标签；垂直轴可以确定图表中垂直坐标轴的最小和最大刻度值。

9.2 创建图表

在创建图表之前，首先应制作或打开一个创建图表所需的数据区域存储的表格，然后再选择适合数据的图表类型。创建图表的方法有如下两种。

- ◎ **单击按钮快速创建图表：**选择需要创建图表的数据单元格区域，在【插入】→【图表】组中选择创建的图表类型，单击相应的按钮后，在打开的下拉列表中选择相应图表的子类型，如图9-2所示，即可在工作表中快速创建所需的图表。
- ◎ **通过对话框创建图表：**选择需要创建图表的数据单元格区域，在【插入】→【图表】组中单击“对话框启动器”按钮，在打开的“插入图表”对话框中选择所需的图表类型，如图9-3所示，完成后单击“确定”按钮即可创建出所需的图表。

知识提示

创建图表时，若只选择一个单元格，则Excel自动将紧邻该单元格的包含数据的所有单元格创建在图表中。

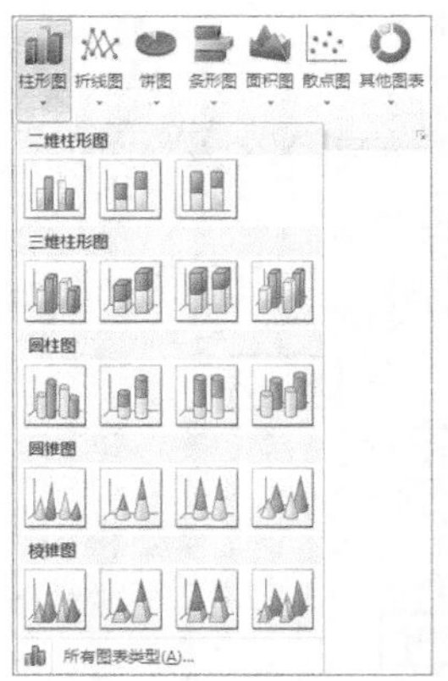

图9-2 在功能选项卡中选择图表类型

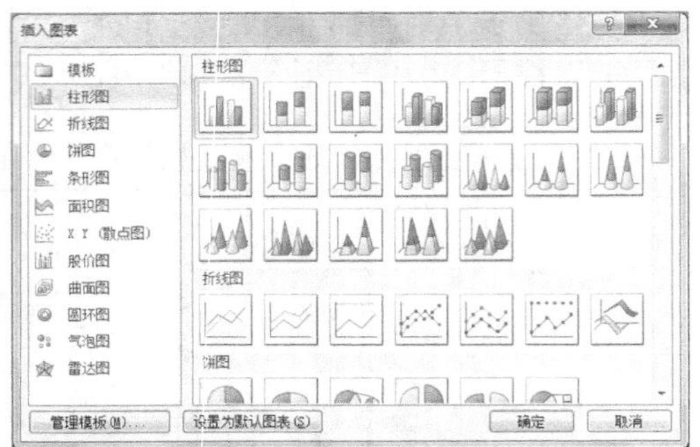

图9-3 在“插入图表”对话框选择图表类型

9.3 编辑并美化图表

图表创建完成后，将激活图表工具的“设计”“布局”“格式”选项卡，用户如果对默认的图表效果不满意，可通过相应的选项卡对其进行编辑和美化，使图表更加美观和清晰。

9.3.1 设计图表效果

在图表工具的“设计”选项卡中可以更改图形类型、更改图表数据区域、设置图表布局、设置图标样式等，如图9-4所示。下面分别进行介绍。

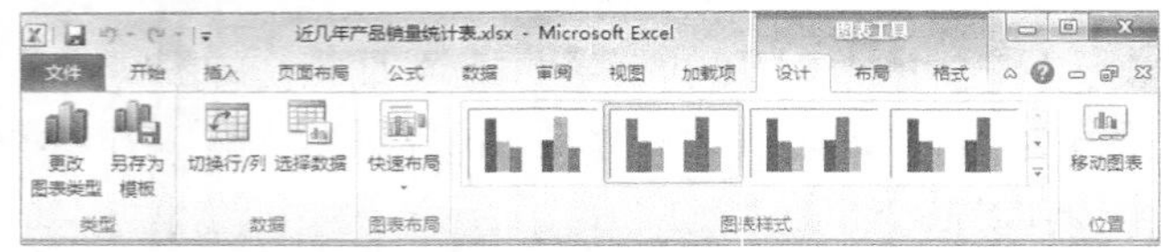

图9-4 图表工具的“设计”选项卡

◎ **更改图表类型**：在【设计】→【类型】组中单击“更改图表类型”按钮，在打开的“更改图表类型”对话框中选择所需的图表类型，完成后单击确定按钮即可。

◎ **更改图表数据区域**：在【设计】→【数据】组中单击“切换行/列”按钮可交换当前图表坐标轴上的数据，即将X轴的数据切换到Y轴，Y轴的数据切换到X轴；单击“选择数据”按钮，在打开的“选择数据源”对话框中可编辑图表的数据区域、数据系列、图表标签等，完成后单击确定按钮。

◎ **设置图表布局**：在【设计】→【图表布局】组的列表框中可选择相应的布局选项快速应用图表布局。

◎ **设置图表样式**：在【设计】→【图表样式】组的列表框中可选择相应的图表样式快速应用图表样式。

◎ **移动图表位置**：在【设计】→【位置】组单击“移动图表”按钮，在打开的“移动图表”对话框中可选择新建工作表或当前工作簿中的某个工作表作为存放图表的位置，完成后单击确定按钮即可。

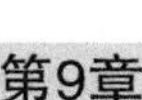

9.3.2 设置图表布局

在图表工具的“布局”选项卡中不仅可以方便快捷地选择并设置图表元素、设置图表标签、设置图表坐标轴、设置图表背景，而且可根据需要添加相应的数据线对图表数据进行分析等，如图9-5所示。下面分别进行介绍。

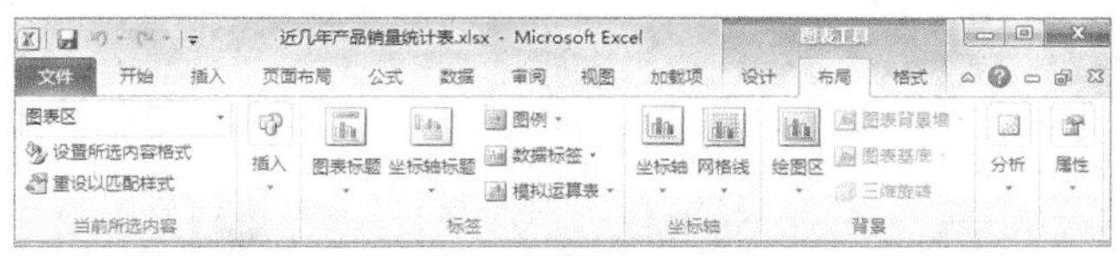

图9-5 图表工具的“布局”选项卡

◎ **选择并设置图表元素**：在【布局】→【当前所选内容】组的下拉列表框中可选择图表中的某个组成元素，然后单击 设置所选内容格式 按钮，在打开的对话框中设置所选图表元素的格式。

◎ **设置图表标签**：在【布局】→【标签】组中可单击相应的按钮，在打开的下拉列表中选择相应的选项分别设置图表标题、坐标轴标题、图例、数据标签和模拟运算表的效果。

◎ **设置图表坐标轴**：在【布局】→【坐标轴】组中可分别单击“坐标轴”按钮或“网格线”按钮，在打开的下拉列表中选择相应的选项设置图表的坐标轴和网格线效果。

◎ **设置图表背景**：在【布局】→【背景】组中单击“绘图区”按钮，在打开的下拉列表中可选择相应的选项设置绘图区背景。

◎ **对图表数据进行分析**：在【布局】→【分析】组中分别单击相应的按钮，在打开的下拉列表中可选择相应的选项分别添加并设置趋势线、折线、涨/跌柱线、误差线等，对图表数据进行分析。

知识提示

选择图表中的某个元素，按住鼠标左键不放并拖动到目标位置后释放鼠标，可移动图表区中各组成元素的位置，但是各组成元素都不能超出图表区范围。

9.3.3 设置图表格式

在图表工具的“格式”选项卡中不仅可以选择并设置所选内容，而且可设置形状样式、设置艺术字样式、排列顺序、更改大小等，由于设置图表格式的方法与前面第8章介绍的设置图形对象格式的方法基本相同，这里不再赘述。

操作技巧

在图表中分别双击各组成元素，可打开相应的对话框，在其中可详细设置各组成元素的格式，如填充效果、边框颜色、边框样式、阴影、三维格式等。

9.3.4 课堂案例1——创建并编辑销售对比图表

本案例将在提供的素材文件中创建并编辑“销售对比图表”，分析表格中的相关数据，完成后的参考效果如图9-6所示。

素材所在位置　光盘:\素材文件\第9章\课堂案例1\销售对比图表.xlsx

光盘:\效果文件\第9章\课堂案例1\销售对比图表.xlsx

视频演示　　光盘:\视频文件\第9章\创建并编辑销售对比图表.swf

销售数据表

销售员	第1季度	第2季度	第3季度	第4季度	总计
李立	125341	155861	118642	169753	569597
李可欣	216843	193546	256872	238621	905882
王嘉文	315687	298634	334671	356279	1305271
苟盼盼	359841	365214	298723	284612	1308390
潘勇	183576	201675	264236	145678	795165
谢吉川	124789	157896	149214	157895	589794
孔汉杰	145665	114567	104567	120345	485144
邓珊	237641	268468	247263	314676	1068048
杨丽娟	156794	147956	116579	135794	557123
左一瀚	183576	298634	247263	238621	968094

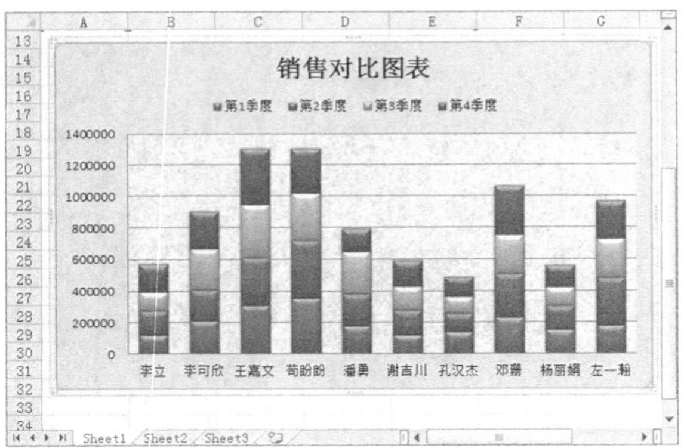

图9-6　根据数据源创建销售对比图表的参考效果

职业素养

对一定时期内的销售数据进行统计与分析，不仅可以及时掌握销售动态，而且可以详细观察销售数据的变化规律及发展趋势，为管理者制定销售决策提供数据依据。一般情况下，可定期（如按年度、月度或者季度）从不同角度分析并统计销售数据。

（1）打开素材文件“销售对比图表.xlsx”，选择需创建图表的数据区域，这里选择A2:E12单元格区域，然后在【插入】→【图表】组中单击“柱形图”按钮，在打开的下拉列表中选择“堆积柱形图”选项。

（2）在工作表中创建出相应的柱形图，且激活图表工具的“设计”“布局”“格式”选项卡，如图9-7所示。

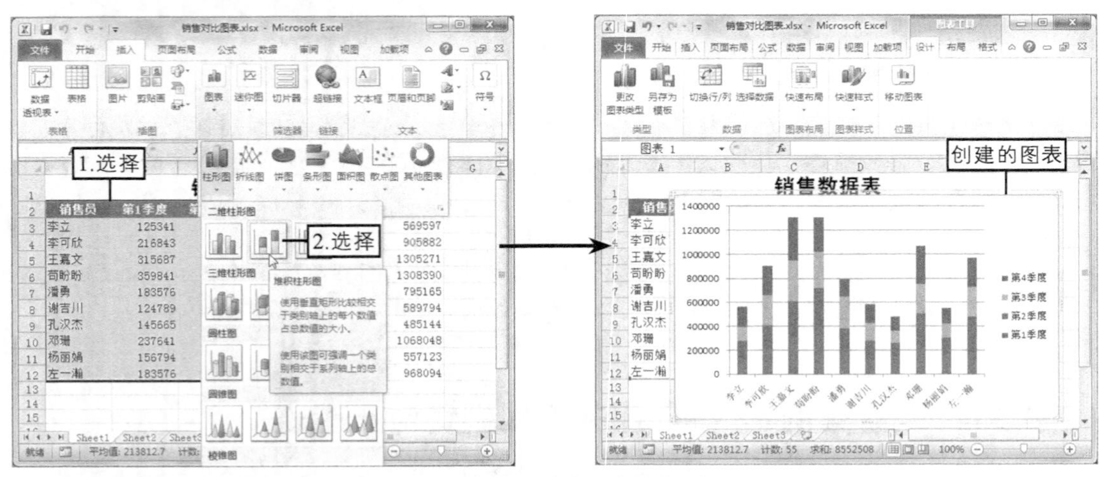

图9-7　选择图表类型并创建图表

（3）将鼠标光标移动到图表区上，当鼠标光标变成形状后按住鼠标左键不放，拖动图表到

所需的位置，这里将其拖动到数据区域的左下角，在移动图表的过程中图表区呈白色半透明的虚框显示。

（4）释放鼠标，图表区和图表区中各组成部分的位置即可移动到指定位置，如图9-8所示。

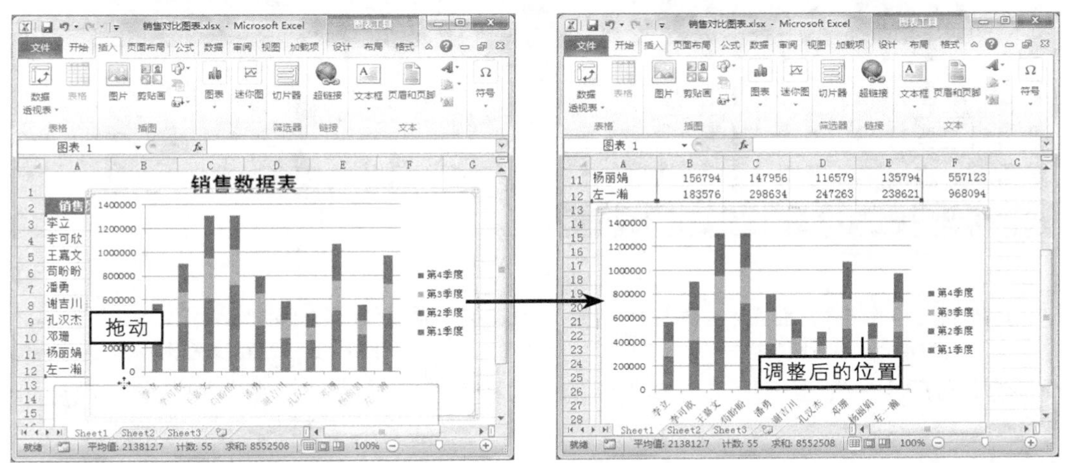

图9-8　调整图表位置

（5）在图表的空白区域单击并选择图表，在图表工具的【设计】→【图表布局】组中单击“快速布局”按钮，在打开的下拉列表中选择“布局 3”选项快速布局图表，如图9-9所示。

（6）在显示的“图表标题”文本框中选择文本“图表标题”，然后输入文本“销售对比图表”，如图9-10所示。

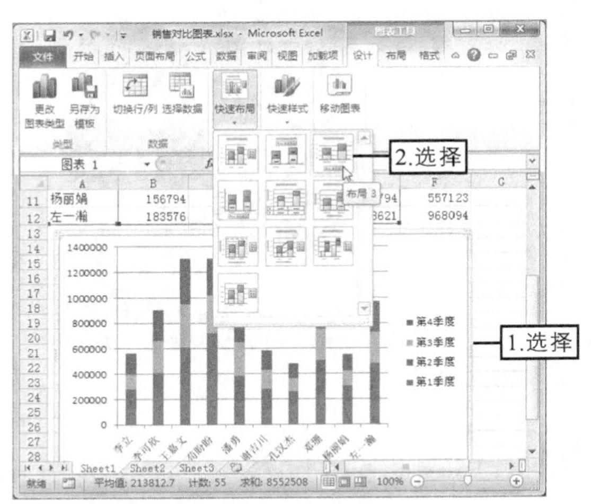

图9-9　快速布局图表

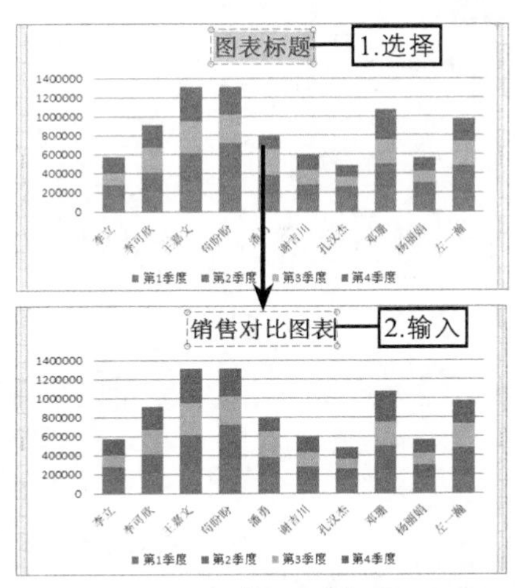

图9-10　输入图表标题

（7）选择图表区，在图表工具的【设计】→【图表样式】组中单击“快速样式”按钮，在打开的下拉列表中选择“样式 26”选项，如图9-11所示。

（8）在图表工具的【布局】→【标签】组中单击图例·按钮，在打开的下拉列表中选择“在顶部显示图例”选项，如图9-12所示。

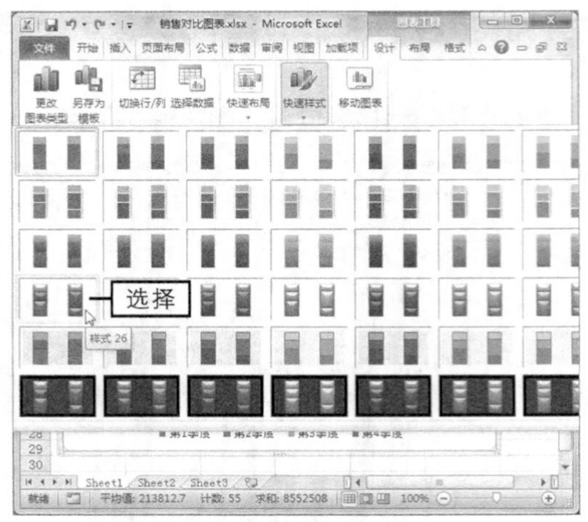

图9-11　设置图表样式

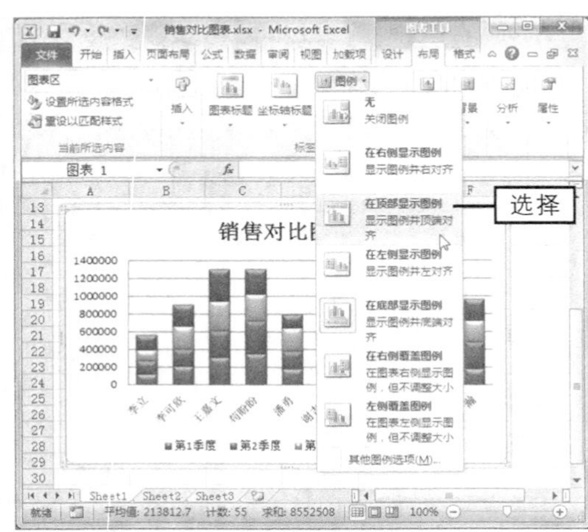

图9-12　设置图表图例

（9）在【布局】→【当前所选内容】组的下拉列表框中选择“绘图区”选项，然后单击设置所选内容格式按钮。

（10）在打开的“设置绘图区格式”对话框的“填充”选项卡右侧单击选中“图片或纹理填充”单选项，然后在“纹理”栏中单击按钮，在打开的下拉列表中选择“蓝色面巾纸”选项，如图9-13所示，完成后单击关闭按钮。

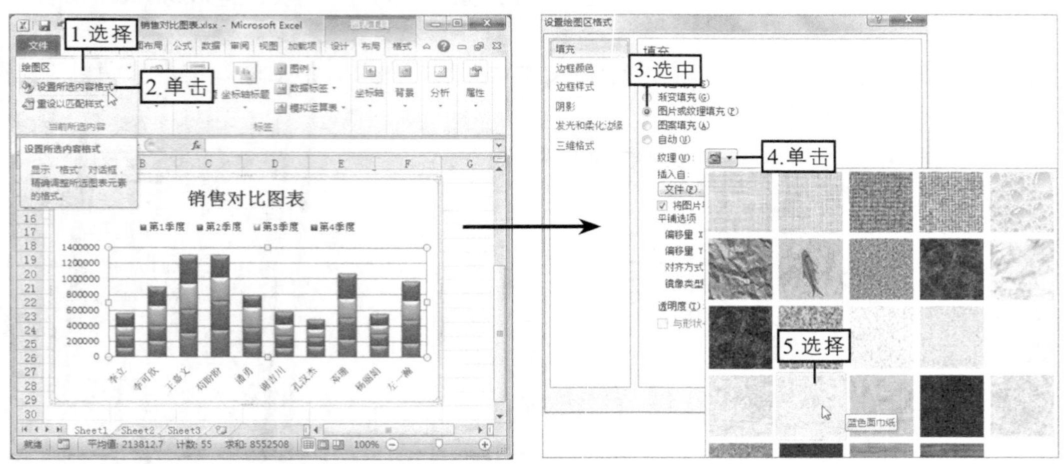

图9-13　设置绘图区格式

知识提示

设置图表区或绘图区背景颜色时，不能与数据系列的颜色太相近，否则将影响数据系列的显示。

（11）选择图表区，在图表工具的【格式】→【形状样式】组中单击“形状填充”按钮右侧的·按钮，在打开的下拉列表中选择“橙色，强调文字颜色 6，淡色 60%”选项，如图9-14所示。

（12）在图表工具的【格式】→【艺术字样式】组中单击“快速样式”按钮，在打开的下拉列表中选择“渐变填充-橙色，强调文字颜色 6，内部阴影”选项，如图9-15所示。

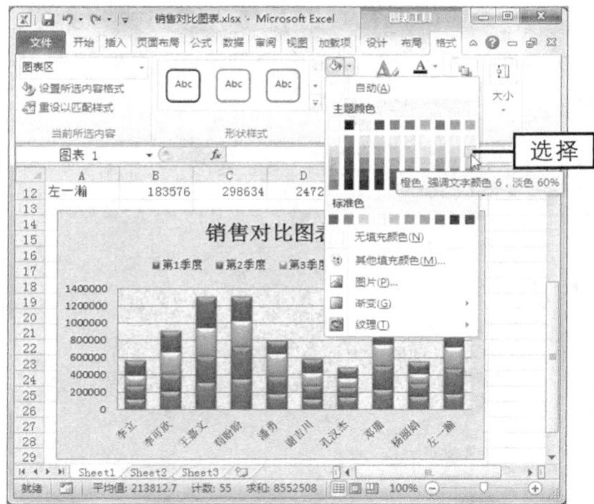

图9-14 设置形状填充样式

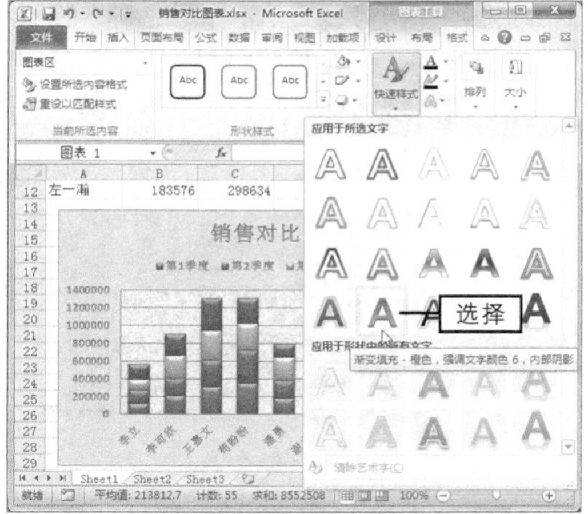

图9-15 设置艺术字样式

（13）分别在图表工具的【格式】→【大小】组的“高度”和“宽度”数值框中输入“9 厘米”和“15 厘米”，完成后按【Enter】键，如图9-16所示。

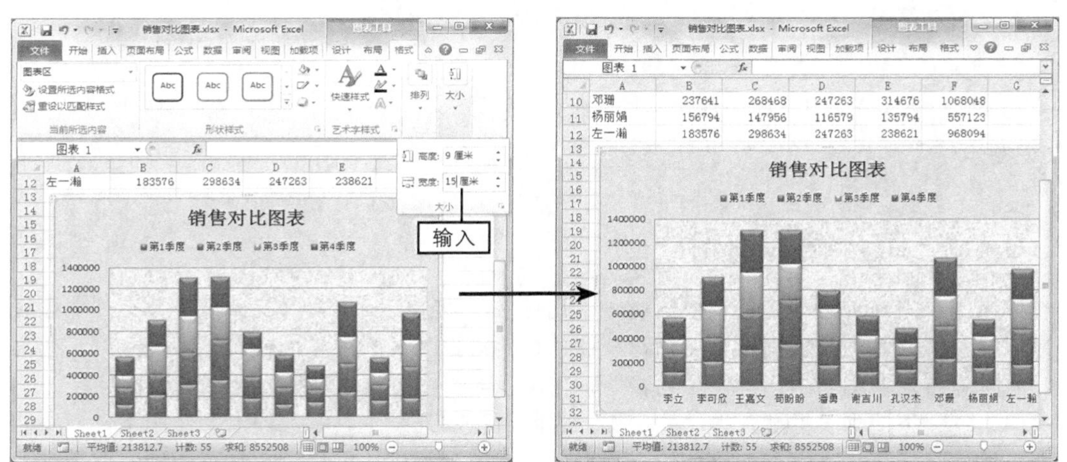

图9-16 调整图表大小

9.4 图表的使用技巧

掌握图表的使用技巧，不仅可以更准确地分析数据，而且可以提高图表的可读性，增加图表的信息量。

9.4.1 添加趋势线

趋势线用于以图形的方式显示数据的趋势并帮助分析预测问题。在图表中添加趋势线可延伸至实际数据以外来预测未来值，其具体操作如下。

（1）选择创建的图表，在图表工具的【布局】→【分析】组中单击“趋势线”按钮，在打开的下拉列表中选择所需的趋势线选项。

（2）在添加的趋势线上单击鼠标右键，在弹出的快捷菜单中选择“设置趋势线格式”命令。

（3）在打开的“设置趋势线格式”对话框的“趋势线选项”选项卡中分别设置趋势线分析类型、趋势线名称、趋势预测值及其关选项后单击关闭按钮即可，如图9-17所示。

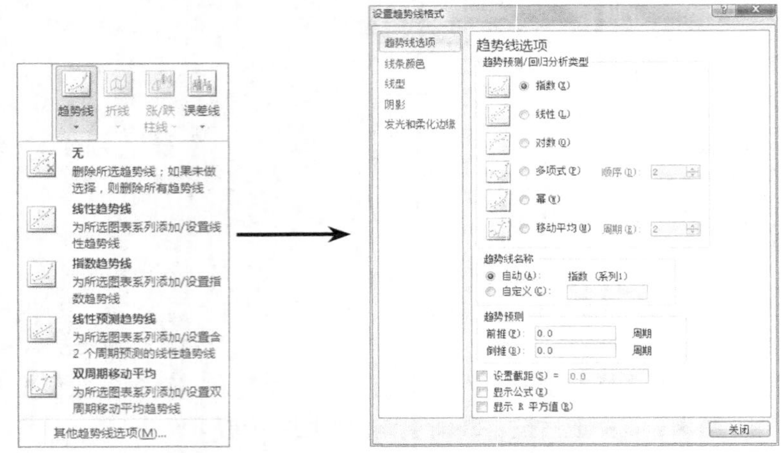

图9-17　添加并设置趋势线格式

知识提示

在工作表中不能向三维图表、堆积图表、雷达图、饼图、曲面图或圆环图中的数据系列添加趋势线。

9.4.2　组合框的使用

如果图表中同时显示的系列数据较多，此时表示数据的图示就会变得较小，不利于查看，如果只显示某一系列的数据，当要查看其他系列的数据时又必须添加或删除系列数据，非常麻烦。此时就可以在图表中创建下拉列表框，它可以随时在图表中切换显示系列数据。

由于创建下拉列表框涉及控件的使用，因此可在“开发工具”选项卡中使用组合框控件。组合框控件就是将文本框与列表框组合起来创建下拉列表框，用户可在其下拉列表框中查看并选择所需的列表项填入文本框。使用组合框的具体操作如下。

（1）默认情况下，Excel工作界面中并不显示“开发工具”选项卡，因此首先应选择【文件】→【选项】菜单命令，在打开的“Excel 选项”对话框中选择“自定义功能区”选项卡，在右侧的列表框中单击选中“开发工具”复选框，如图9-18所示，完成后单击确定按钮在功能区中显示该选项卡。

（2）在【开发工具】→【控件】组中单击“插入”按钮，在打开的下拉列表的“表单控件”栏中单击“组合框控件”按钮。

（3）在图表中的相应位置按住鼠标左键不放并拖动鼠标到合适的位置释放鼠标，绘制出一个下拉列表框。

（4）在绘制的下拉列表框上单击鼠标右键，在弹出的快捷菜单中选择“设置控件格式”命令，在打开的“设置对象格式”对话框的“控制”选项卡中分别设置数据源区域、单元格链接等，完成后单击确定按钮，如图9-19所示。

（5）单击图表或图表外的任意单元格退出下拉列表框编辑状态，完成后在下拉列表框中即可选择相应的选项显示所需的数据。

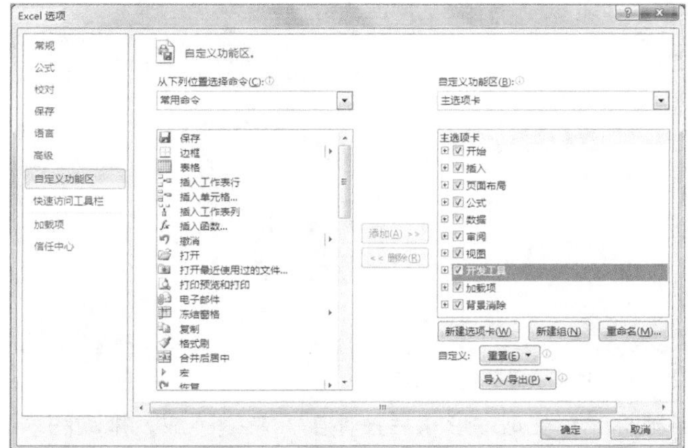

图9-18　显示“开发工具”选项卡

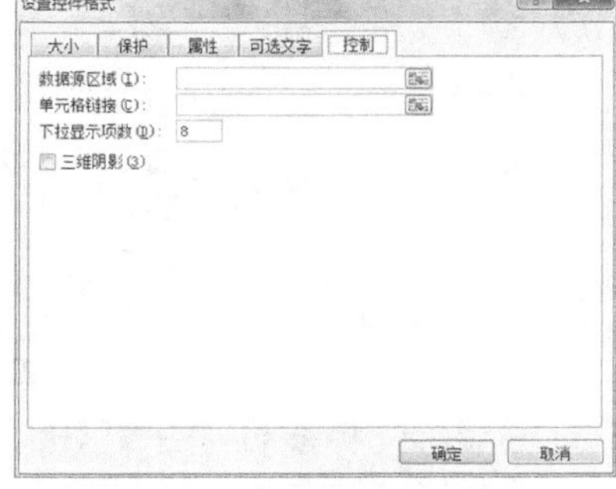

图9-19　设置控件格式

9.4.3　课堂案例2——创建动态图表

本案例将根据提供的素材文件中的数据源，创建“销售数据预测图表”和“各产品的销售数据分析图表”，完成后的参考效果如图9-20所示。

素材所在位置　光盘:\素材文件\第9章\课堂案例2\近几年各产品的销售统计表.xlsx

效果所在位置　光盘:\效果文件\第9章\课堂案例2\近几年各产品的销售统计表.xlsx

视频演示　光盘:\视频文件\第9章\创建动态图表.swf

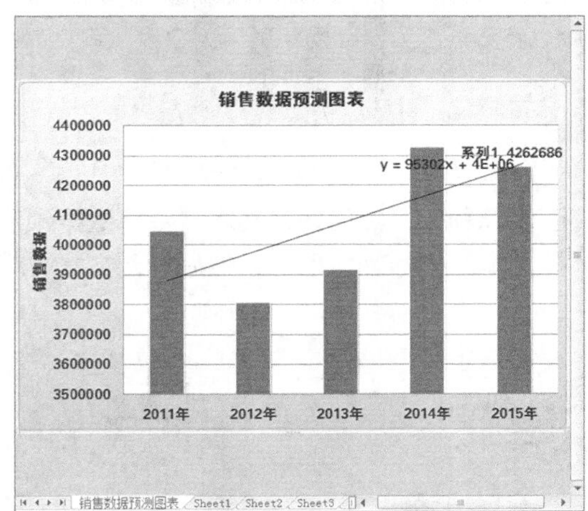

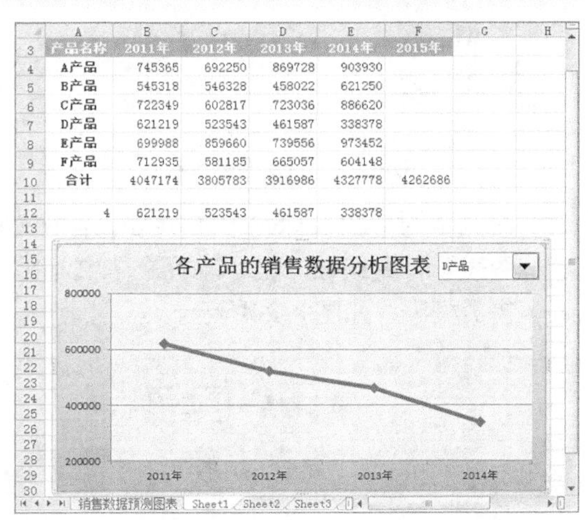

产品名称	2011年	2012年	2013年	2014年	2015年
A产品	745365	692250	869728	903930	
B产品	545318	546328	458022	621250	
C产品	722349	602817	723036	886620	
D产品	621219	523543	461587	338378	
E产品	699988	859660	739556	973452	
F产品	712935	581185	665057	604148	
合计	4047174	3805783	3916986	4327778	4262686
4	621219	523543	461587	338378	

图9-20　创建的动态图表的参考效果

（1）打开素材文件“近几年各产品的销售统计表.xlsx”，按住【Ctrl】键，同时选择B3:F3和B10:F10单元格区域，然后在【插入】→【图表】组中单击“柱形图”按钮，在打开的下拉列表中选择“簇状柱形图”选项，创建出相应的柱形图，如图9-21所示。

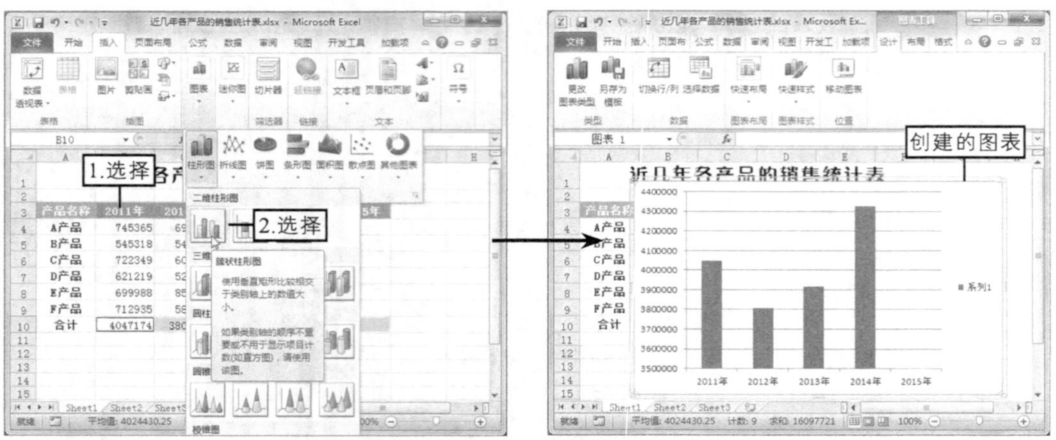

图9-21　选择图表类型并创建图表

（2）将鼠标光标移动到图表区上，当鼠标光标变成✥形状后按住鼠标左键不放，拖动图表到数据区域的右侧后释放鼠标，如图9-22所示。

（3）在图表工具的【设计】→【图表布局】组中单击“快速布局”按钮，在打开的下拉列表中选择“布局 6”选项，如图9-23所示。

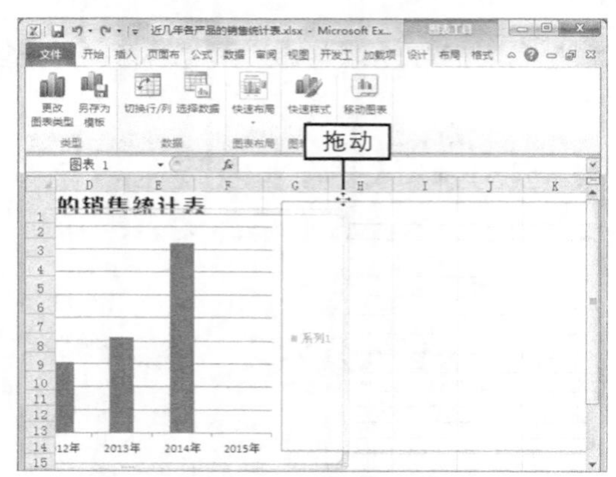

图9-22　调整图表位置

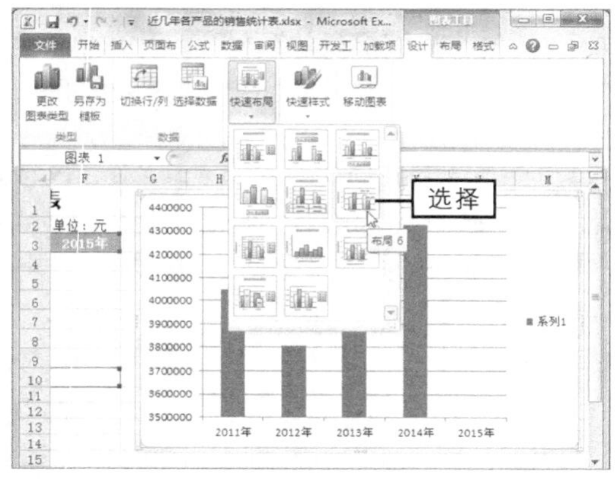

图9-23　快速布局图表

（4）在显示的“图表标题”文本框中选择文本“图表标题”，然后输入文本“销售数据预测图表”，继续在“坐标轴标题”文本框中选择文本“坐标轴标题”，然后输入文本“销售数据”，如图9-24所示。

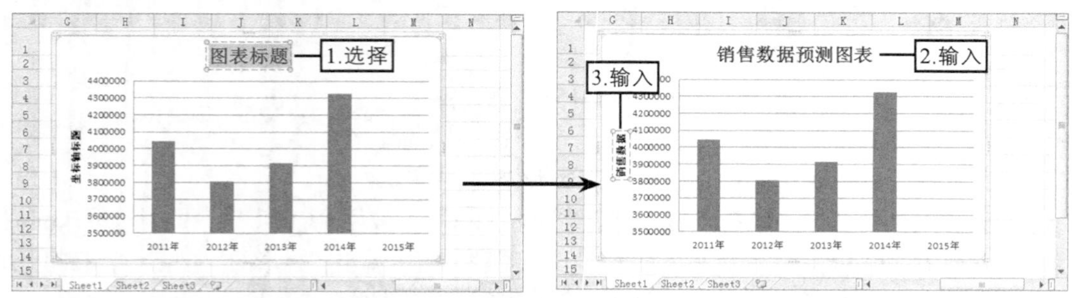

图9-24　输入图表和坐标轴标题

（5）选择图表区，在图表工具的【设计】→【图表样式】组中单击“快速样式”按钮，在打开的下拉列表中选择“样式 12”选项，如图9-25所示。

（6）在图表工具的【格式】→【形状样式】组的列表框中单击按钮，在打开的下拉列表中选择“细微效果-橙色，强调颜色 6”选项，如图9-26所示。

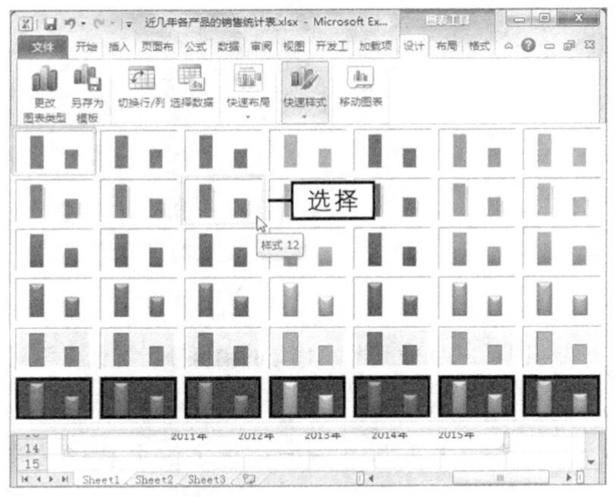

图9-25　设置图表样式

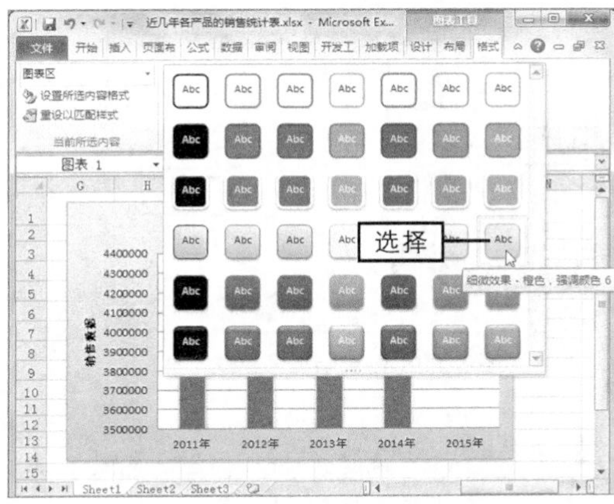

图9-26　设置形状样式

（7）在【布局】→【分析】组中单击“趋势线”按钮，在打开的下拉列表中选择“线性趋势线”选项，如图9-27所示。

（8）在添加的趋势线上单击鼠标右键，在弹出的快捷菜单中选择“设置趋势线格式”命令，如图9-28所示。

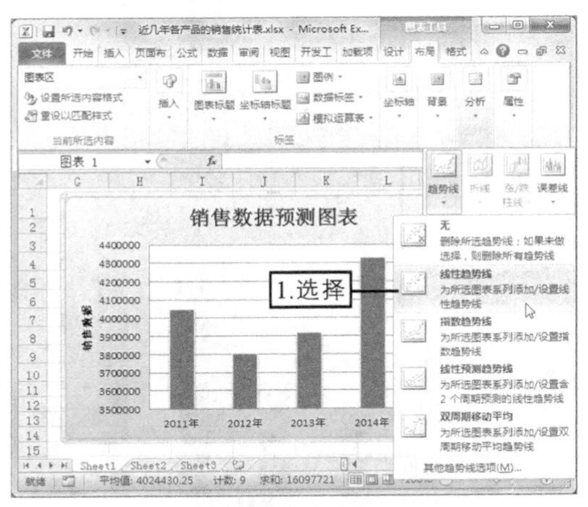

图9-27　选择趋势线类型

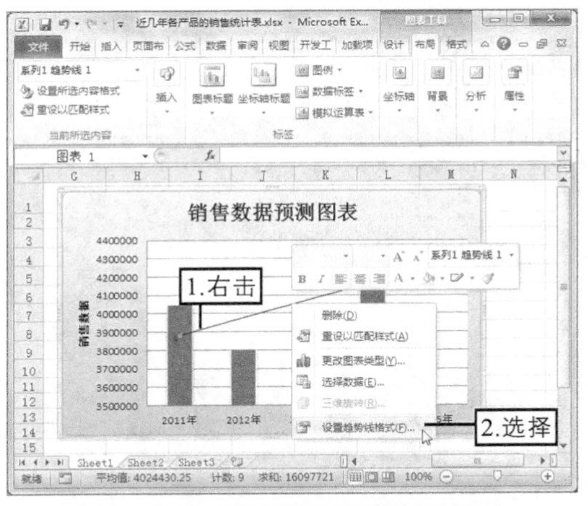

图9-28　选择“设置趋势线格式”命令

（9）在打开的“设置趋势线格式”对话框的“趋势线选项”选项卡的“趋势线名称”栏中单击选中“自定义”单选项，在其文本框中输入“预测2015年销售额”，在“趋势预测”栏的“前推”数值框中输入“0.1”，并单击选中“显示公式”复选框，如图9-29所示，完成后单击关闭按钮。

（10）在工作表中将显示出趋势线对应的公式“y = 95302x + 4E+06”，然后在工作表中选择F10单元格，反复输入与预测值相近的相应数据，直到图表中的公式与“y = 95302x + 4E+06”相近时，即可预测出2015年的总销售额为“4262686”，如图9-30所示。

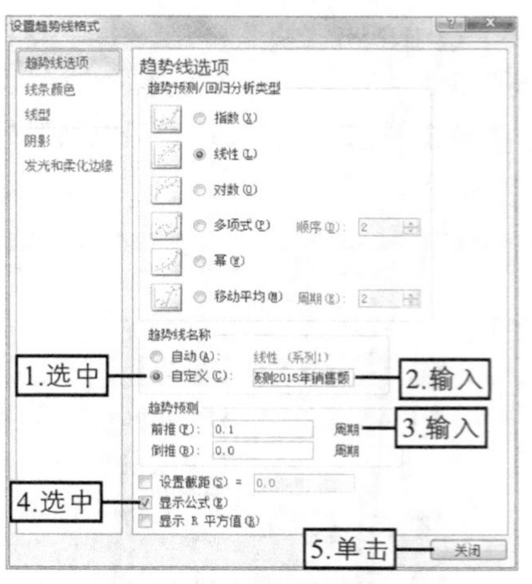

图9-29　设置趋势线格式

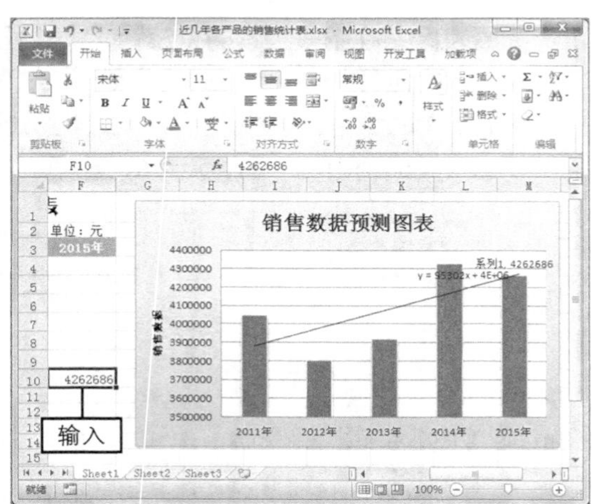

图9-30　预测出2015年的销售额

知识提示

选择添加趋势线的图表，再次在图表工具的【布局】→【分析】组中单击“趋势线”按钮，在打开的下拉列表中选择“无”选项可删除已添加的趋势线。

（11）选择图表区，在图表工具的【设计】→【位置】组中单击“移动图表”按钮。

（12）在打开的“移动图表”对话框中单击选中“新工作表”单选项，然后在其后的文本框中输入新工作表名称“销售数据预测图表”，完成后单击确定按钮，即可在新建的“销售数据预测图表”工作表中看到所需的图表，如图9-31所示。

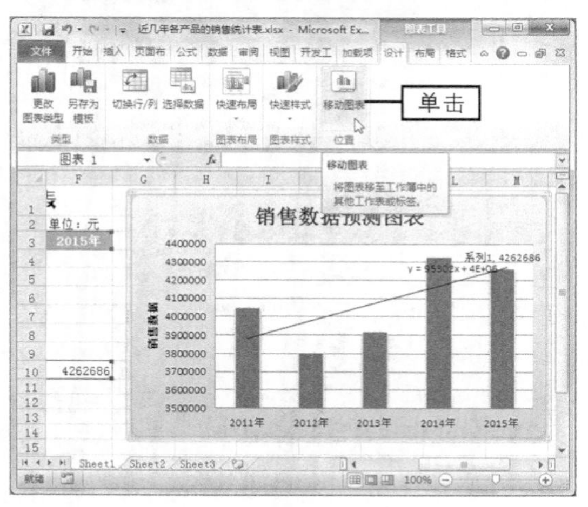

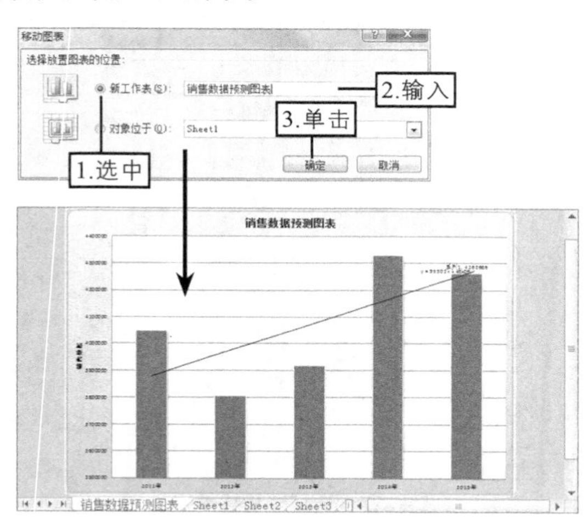

图9-31　移动图表位置

（13）在【开始】→【字体】组中设置图表中的字体格式为“方正大黑简体，20，深蓝”，如图9-32所示。

（14）选择数据源工作表，即“Sheet1”工作表，并选择A12单元格输入数字“1”，再选择B12:E12单元格区域，输入公式“=INDEX(B4:E9,$A$12,1)”，完成后按【Ctrl+Enter】组合键返回A产品近几年每年的销售额，如图9-33所示。

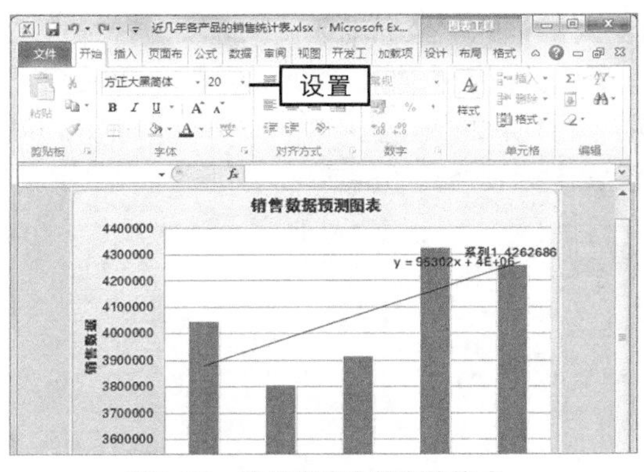

图9-32 设置图表中的字体格式

图9-33 输入公式

（15）按住【Ctrl】键，选择B3:E3和B12:E12单元格区域，在【插入】→【图表】组中单击“折线图”按钮，在打开的下拉列表中选择“带数据标记的折线图”选项，如图9-34所示，创建出所需的折线图。

（16）将鼠标光标移动到图表区上，当鼠标光标变成形状后按住鼠标左键不放，拖动图表到数据区域的左下角后释放鼠标，如图9-35所示。

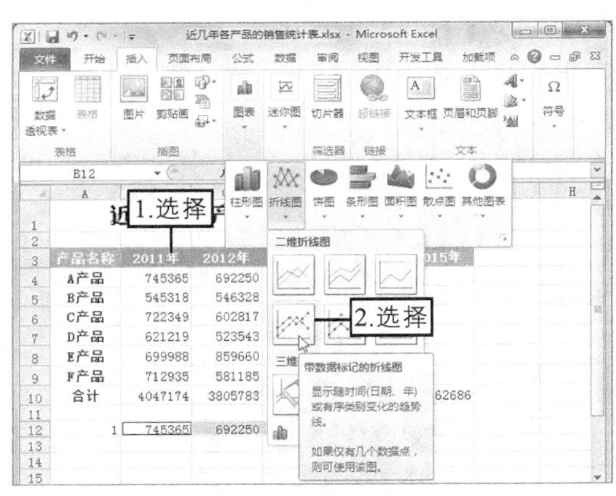

图9-34 选择图表类型并创建图表

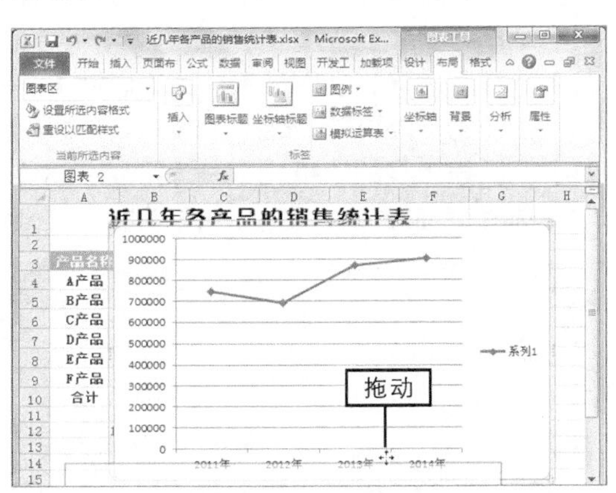

图9-35 调整图表位置

（17）在图表工具的【布局】→【标签】组中单击“图表标题”按钮，在打开的下拉列表中选择“图表上方”选项。

（18）在显示的“图表标题”文本框中选择文本“图表标题”，然后输入文本“各产品的销售数据分析图表”，如图9-36所示。

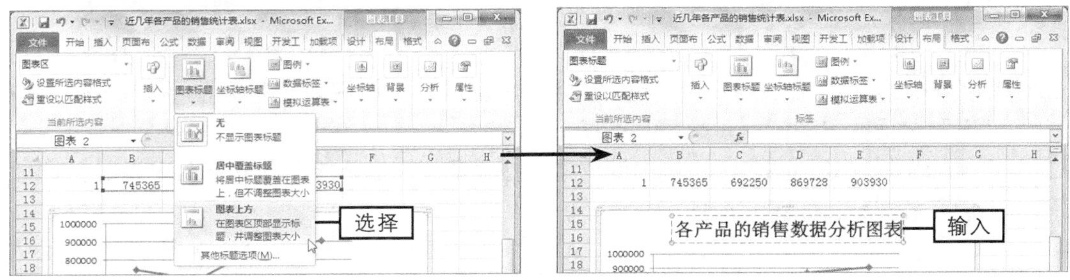

图9-36 输入图表标题

（19）双击垂直轴，在打开的“设置坐标轴格式”对话框的“坐标轴选项”选项卡右侧的“最小值”栏中单击选中“固定”单选项，在其后的数值框中输入“200000.0”，然后在“主要刻度单位”栏中单击选中“固定”单选项，在其后的数值框中输入“200000.0”，完成后单击 关闭 按钮返回工作表中，可看到设置坐标轴格式后的效果，如图9-37所示。

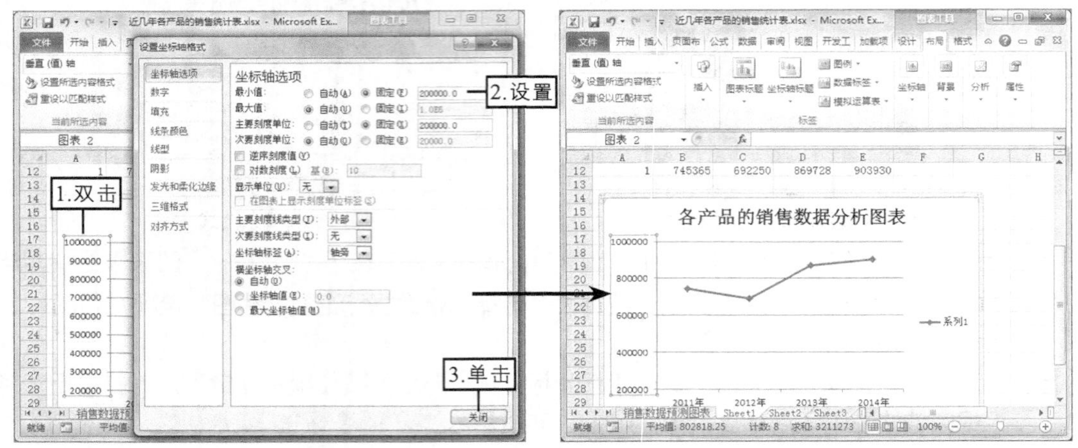

图9-37　设置坐标轴格式

（20）选择图表区，在图表工具的【设计】→【图表样式】组中单击“快速样式”按钮，在打开的下拉列表中选择“样式36”选项，如图9-38所示。

（21）在图表工具的【格式】→【形状样式】组的列表框中单击按钮，在打开的下拉列表中选择“细微效果-红色，强调颜色2”选项，如图9-39所示。

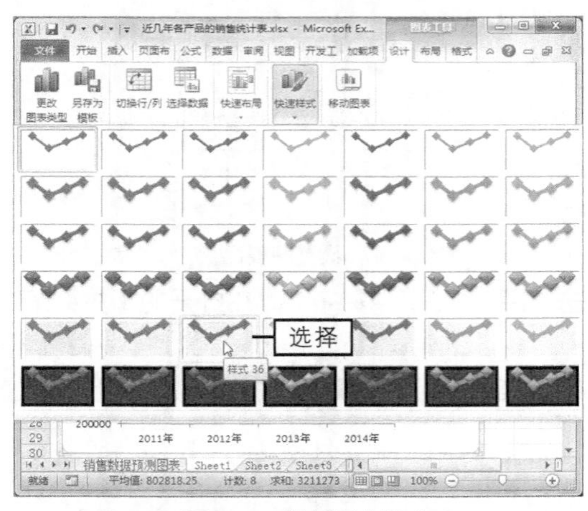

图9-38　设置图表样式

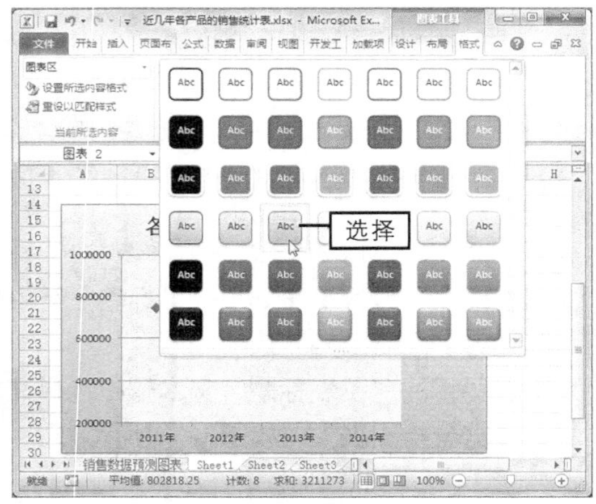

图9-39　设置形状样式

（22）在图表工具的【布局】→【标签】组中单击 图例 按钮，在打开的下拉列表中选择“无”选项关闭图例项，如图9-40所示。

（23）将鼠标光标移动到图表区右侧中间位置，按住鼠标左键不放，向右拖动图表到合适的大小后释放鼠标，如图9-41所示。

图9-40　关闭图例项

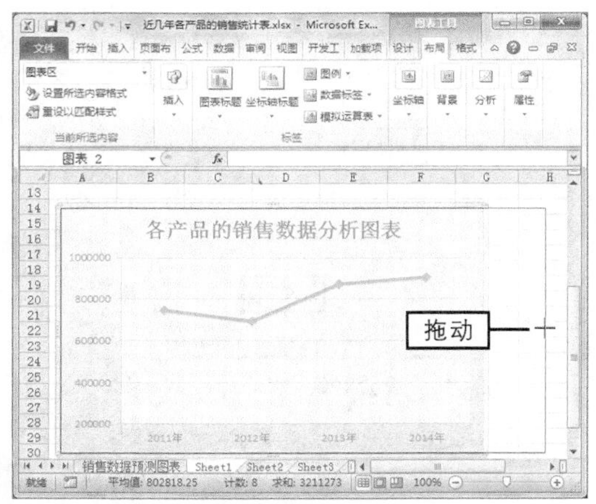

图9-41　调整图表大小

（24）在【开发工具】→【控件】组中单击“插入”按钮，在打开的下拉列表中选择“组合框窗体控件”选项，如图9-42所示。

（25）在图表右上角按住鼠标左键不放并拖动鼠标到合适的位置释放鼠标后即可绘制出一个下拉列表框，如图9-43所示。

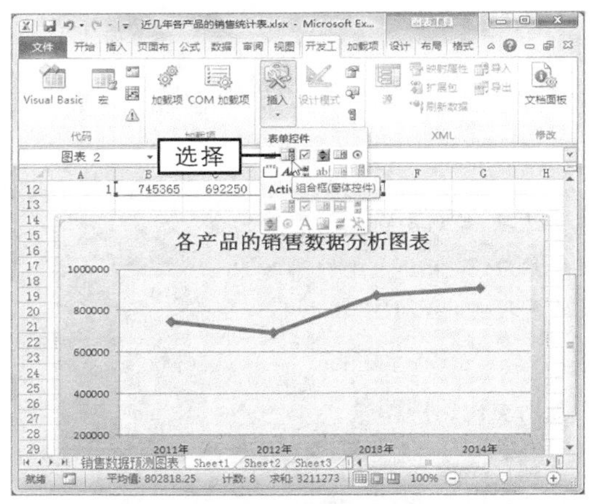

图9-42　选择组合框控件

图9-43　绘制组合框

（26）在下拉列表框上单击鼠标右键，在弹出的快捷菜单中选择“设置控件格式”命令，如图9-44所示。

（27）在打开的“设置对象格式”对话框的“控制”选项卡中设置数据源区域为“$A$4:$A$9”；单元格链接为“$A$12”，下拉显示项数为“6”，然后单击确定按钮，如图9-45所示。

（28）单击图表退出下拉列表框的编辑状态，在下拉列表框中选择需查看的列表项，如选择“D产品”选项，在图表中将显示D产品的销售量，如图9-46所示。

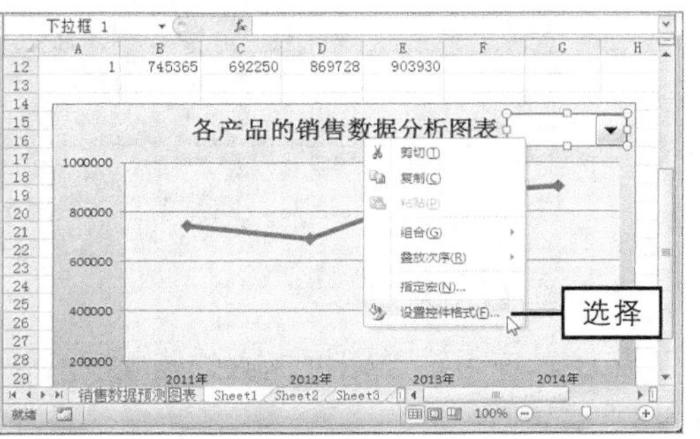

图9-44　选择“设置控件格式”命令

图9-45　设置对象格式

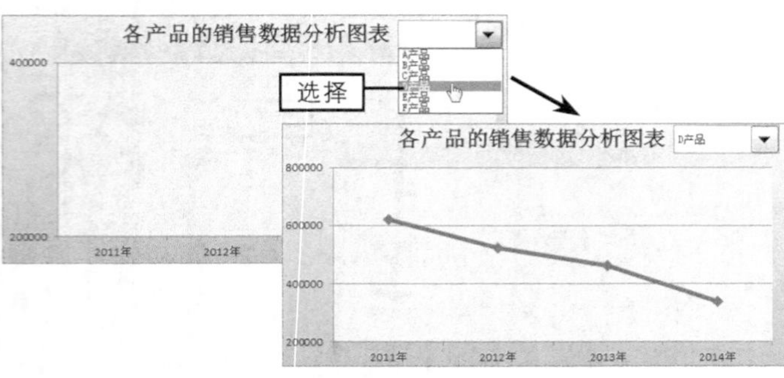

图9-46　选择并显示列表项

9.5 课堂练习

本课堂练习将综合使用本章所学的知识制作费用支出比例图表和制作生产误差散点图，使读者熟练掌握Excel图表的使用方法。

9.5.1 制作费用支出比例图表

1. 练习目标

本练习的目标是根据公司费用支出清单制作费用支出比例图表。本练习完成后的参考效果如图9-47所示。

素材所在位置	光盘:\素材文件\第9章\课堂练习\费用支出比例图表.xlsx
效果所在位置	光盘:\效果文件\第9章\课堂练习\费用支出比例图表.xlsx
视频演示	光盘:\视频文件\第9章\制作费用支出比例图表.swf

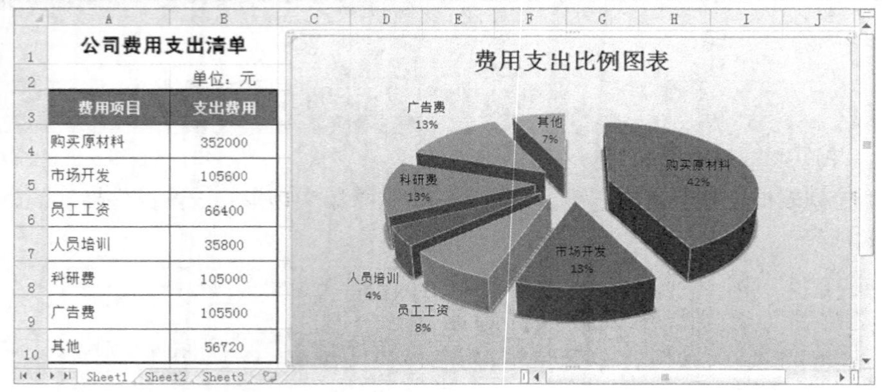

图9-47　“费用支出比例图表”的参考效果

2. 操作思路

完成本练习需要根据提供的素材文件中的数据源创建并编辑“饼图”，其操作思路如图9-48所示。

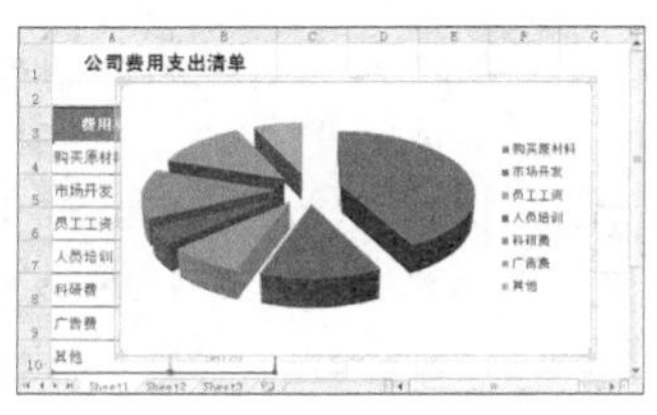

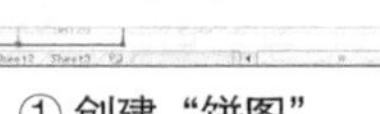
① 创建“饼图”

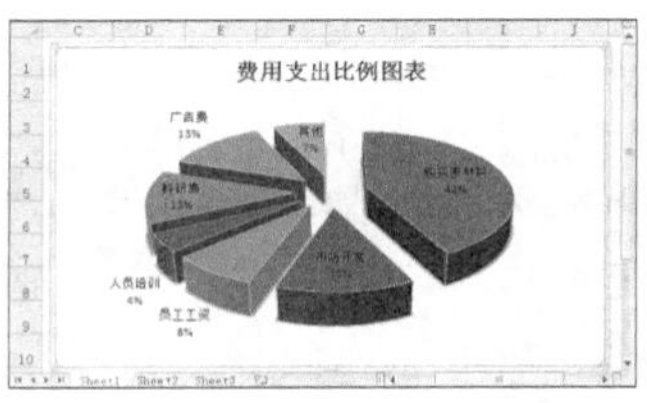

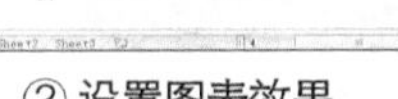
② 设置图表效果

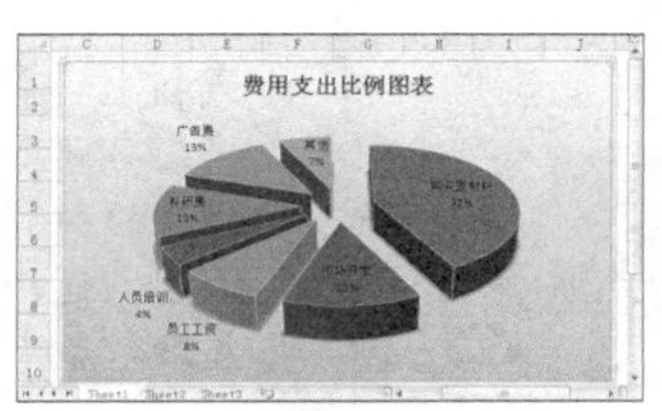

③ 设置图表格式

图9-48 “费用支出比例图表”的制作思路

（1）打开“费用支出比例图表.xlsx”工作簿，选择A4:B10单元格区域，在【插入】→【图表】组中单击“饼图”按钮，在打开的下拉列表中选择“分离型三维饼图”选项创建相应的饼图。

（2）将创建的图表向右拖动，并调整其图表大小，然后在图表工具的【设计】→【图表布局】组中单击“快速布局”按钮，在打开的下拉列表中选择“布局 1”选项，并将图表标题名称修改为“费用支出比例图表”。

（3）选择图表区，在图表工具的【设计】→【图表样式】组中单击“快速样式”按钮，在打开的下拉列表中选择“样式 10”选项快速应用图表样式。

（4）在图表工具的【格式】→【形状样式】组的列表框中单击按钮，在打开的下拉列表中选择“细微效果-紫色，强调颜色 4”选项设置图表的形状样式。

（5）在图表工具的【格式】→【艺术字样式】组中单击“快速样式”按钮，在打开的下拉列表中选择“渐变填充-紫色，强调文字颜色 4，映像”选项设置艺术字样式。

9.5.2 制作生产误差散点图

1. 练习目标

本练习的目标是根据缺席员工的数量制作生产误差散点图。本练习完成后的参考效果如图9-49所示。

素材所在位置　光盘:\素材文件\第9章\课堂练习\生产误差散点图.xlsx
效果所在位置　光盘:\效果文件\第9章\课堂练习\生产误差散点图.xlsx
视频演示　光盘:\视频文件\第9章\制作生产误差散点图.swf

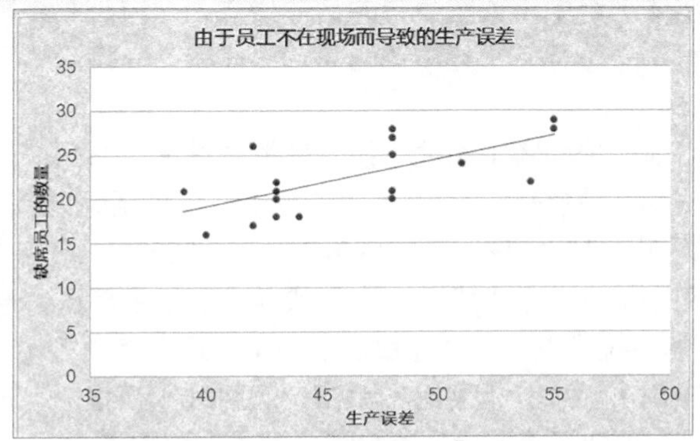

图9-49 “生产误差散点图”的参考效果

职业素养

为了控制产品的质量，加强生产现场的管理，提高生产能力，生产部门的管理人员应定期进行生产误差的分析。用Excel提供的散点图来分析生产误差，可根据各种因素的数据散点很明显地对比出该因素在生产误差范围内的分布状况。对分布密集的散点造成的生产误差，生产管理人员必须引起重视，要总结原因，汲取经验，并采取措施来减少该类误差的发生。

2. 操作思路

完成本练习需要在提供的素材文件中创建并编辑散点图，然后通过添加趋势线清楚地观察图表的变化趋势，其操作思路如图9-50所示。

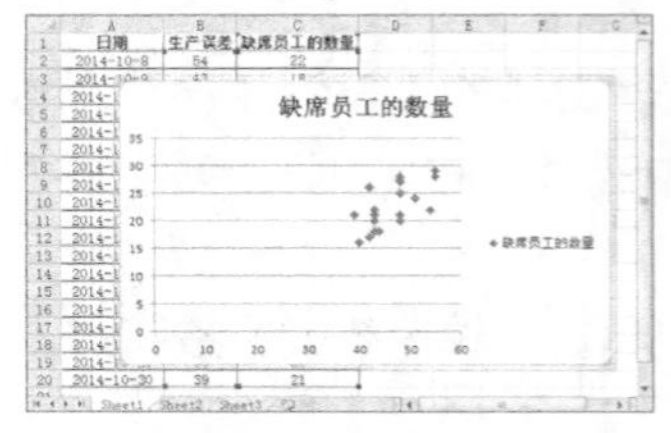

① 创建散点图

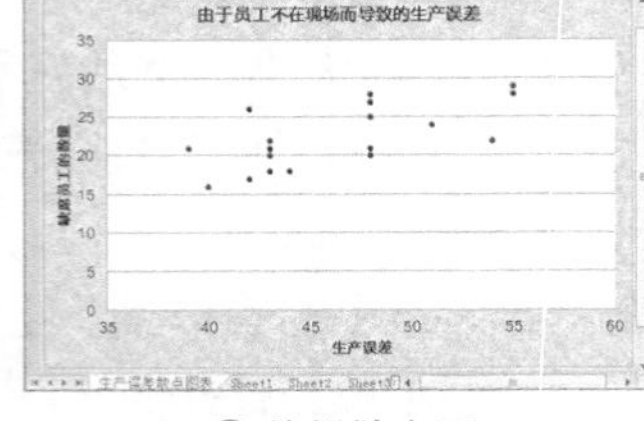

② 编辑散点图

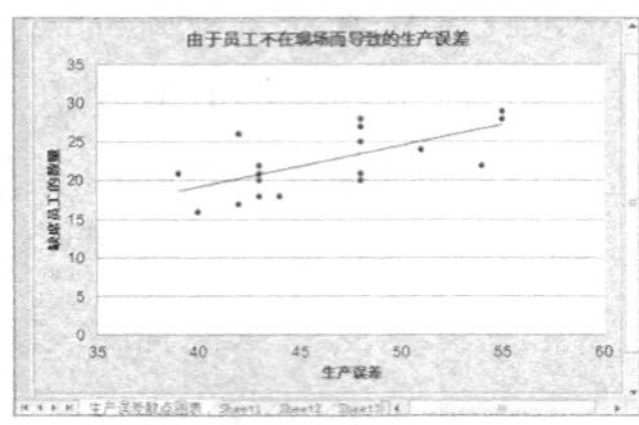

③ 添加趋势线

图9-50 "生产误差散点图"的制作思路

（1）打开"生产误差散点图.xlsx"工作簿，选择B1:C20单元格区域，在【插入】→【图表】组中单击"散点图"按钮，在打开的下拉列表中选择"仅带数据标记的散点图"选项创建相应的散点图。

（2）选择图表区，在图表工具的【设计】→【位置】组中单击"移动图表"按钮，在打开的"移动图表"对话框中单击选中"新工作表"单选项，然后在其后的文本框中输入新工作表名称"生产误差散点图表"，完成后单击确定按钮。

（3）在图表工具的【设计】→【图表布局】组中单击"快速布局"按钮，在打开的下拉列表中选择"布局 1"选项，然后将图表标题和坐标轴标题分别修改为"由于员工不在现场而导致的生产误差""生产误差""缺席员工的数量"。

（4）双击水平轴，在打开的"设置坐标轴格式"对话框的"坐标轴选项"选项卡右侧的"最小值"栏中单击选中"固定"单选项，在其后的数值框中输入"35.0"，完成后单击关闭按钮。

（5）在【开始】→【字体】组中设置图表中的字体格式为"方正兰亭黑简体，18"，然后在图表工具的【布局】→【标签】组中单击图例按钮，在打开的下拉列表中选择"无"选项关闭图例项。

（6）在【布局】→【当前所选内容】组的下拉列表框中选择"系列'缺席员工的数量'"选项，然后单击设置所选内容格式按钮，在打开的对话框中设置数据标记选项为内置的类型，数据标记填充为"紫色网格"纹理，完成后单击关闭按钮。

（7）选择图表区，在图表工具的【格式】→【形状样式】组中单击"形状填充"按钮右侧的按钮，在打开的下拉列表中选择【纹理】→【花束】选项。

（8）在图表工具的【布局】→【分析】组中单击"趋势线"按钮，在打开的下拉列表中选择"线性趋势线"选项即可将所选的趋势线类型添加到图表中。

9.6 拓展知识

在Excel中组合图表是指在一个图表中包含两种或两种以上的图表类型，如：在一个图表中同时具有折线系列和柱形系列。组合图表只适合具有多条不同的数据系列时使用。创建组合图表的具体操作如下。

（1）首先创建具有多条不同的数据系列的图表，然后在图表中选择需创建另一个图表类型的数据系列。

（2）在所选的数据系列上单击鼠标右键，在弹出的快捷菜单中选择“更改系列图表类型”命令，或在图表工具的【设计】→【类型】组中单击“更改图表类型”按钮。

（3）在打开的“更改图表类型”对话框中选择另一个图表类型，然后单击确定按钮，返回工作表中可看到图表上具有两种图表类型，如图9-51所示。

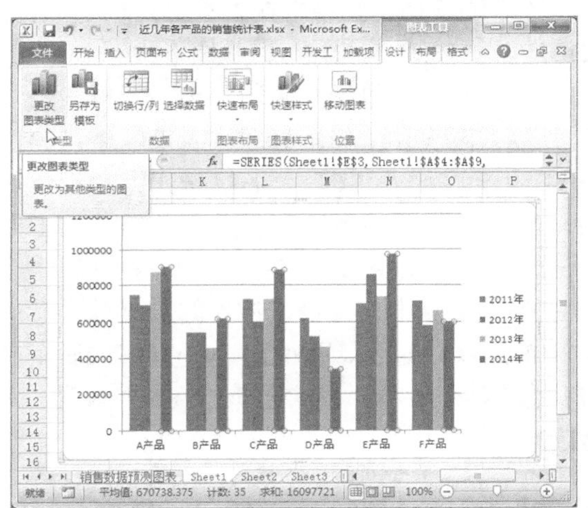

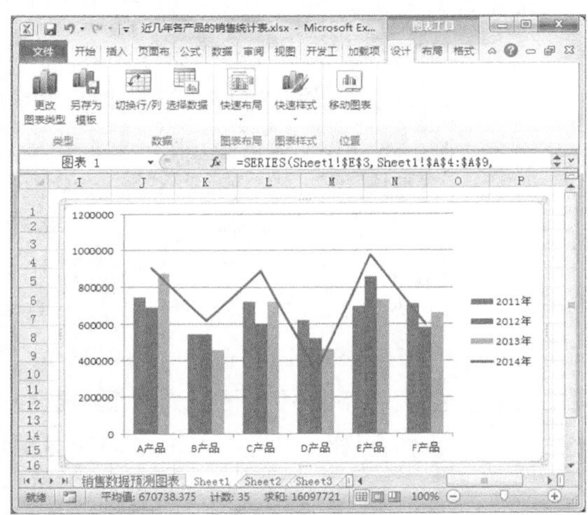

图9-51 创建组合图表

9.7 课后习题

（1）打开“人口比例图表.xlsx”工作簿，在其中创建并编辑“三维簇状柱形图”，完成后的参考效果如图9-52所示。

提示： 在“人口比例图表.xlsx”工作簿中首先选择A2:C6单元格区域，创建“三维簇状柱形图”图表，然后设置图表布局为“布局 3”，并输入图表标题“男女比例图表”，再设置图表样式为“样式 34”，形状样式为“细微效果-蓝色，强调颜色 1”，完成后移动图表到适合位置并调整图表大小。

素材所在位置 光盘:\素材文件\第9章\课后习题\人口比例图表.xlsx
效果所在位置 光盘:\效果文件\第9章\课后习题\人口比例图表.xlsx
视频演示 光盘:\视频文件\第9章\人口比例图表.swf

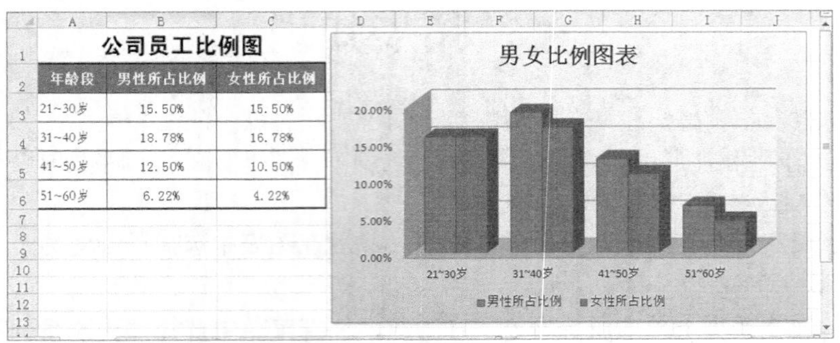

公司员工比例图

年龄段	男性所占比例	女性所占比例
21~30岁	15.50%	15.50%
31~40岁	18.78%	16.78%
41~50岁	12.50%	10.50%
51~60岁	6.22%	4.22%

图9-52 “人口比例图表”的参考效果

（2）打开“各地区楼盘销售动态图表.xlsx”工作簿，在其中创建并编辑折线图，然后使用组合框创建下拉列表框，完成后的参考效果如图9-53所示。

提示： 在“各地区楼盘销售动态图表.xlsx”工作簿的B15单元格中输入数据“1”，选择C15:F15单元格区域输入公式“=INDEX(C4:F13,$B$15,1)”，并按【Ctrl+Enter】组合键，然后按住【Ctrl】键选择C3:F3和C15:F15单元格区域，创建“折线图”图表，设置图表布局为“布局 6”，并输入图表和坐标轴标题“各地区楼盘销售动态图表”和“销售额”，设置图表样式为“样式 36”，形状样式为“彩色轮廓-红色，强调颜色 2”，再移动图表到适合位置并调整图表大小，继续在工作簿的【开发工具】→【控件】组中单击“插入”按钮，在打开的下拉列表中选择“组合框”选项，在图表右上角绘制下拉列表框，并设置控件的数据源区域为“$B$4:$B$13”；单元格链接为“$B$15”，下拉显示项数为“10”，完成后后在图表上单击并在下拉列表框中选择需查看的某列表项 ，如选择“上海”选项，完成后在图表中将显示上海的楼盘销售数据。

素材所在位置 光盘:\素材文件\第9章\课后习题\各地区楼盘销售动态图表.xlsx
效果所在位置 光盘:\效果文件\第9章\课后习题\各地区楼盘销售动态图表.xlsx
视频演示 光盘:\视频文件\第9章\创建各地区楼盘销售动态图表.swf

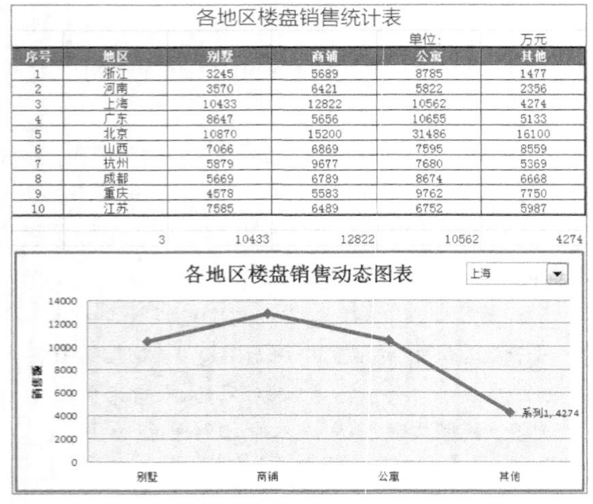

各地区楼盘销售统计表

单位: 万元

序号	地区	别墅	商铺	公寓	其他
1	浙江	3245	5689	8785	1477
2	河南	3570	6421	5822	2356
3	上海	10433	12822	10562	4274
4	广东	8647	5656	10655	5133
5	北京	10870	15200	31486	16100
6	山西	7066	6869	7595	8559
7	杭州	5879	9677	7680	5369
8	成都	5669	6789	8674	6668
9	重庆	4578	5583	9762	7750
10	江苏	7585	6489	6752	5987
	3	10433	12822	10562	4274

图9-53 “各地区楼盘销售动态图表”的参考效果

第10章

Excel迷你图与数据透视图表的使用

在Excel中还可使用迷你图与数据透视图表更直观地查看表格数据，并深入分析表格数据。本章将详细讲解迷你图的使用、数据透视图表的使用、切片器的使用方法。

学习要点

- ◎ 使用迷你图
- ◎ 迷你图与图表的组合使用
- ◎ 创建并编辑数据透视表
- ◎ 切片器的使用
- ◎ 创建并设置数据透视图

学习目标

- ◎ 掌握迷你图的使用方法，如创建迷你图、编辑与美化迷你图、迷你图与图表的组合使用等
- ◎ 掌握数据透视图表的使用方法，如创建并编辑数据透视表、创建并设置数据透视图、切片器的使用等

10.1 使用迷你图

Excel 2010提供了一种全新的图表制作工具，即迷你图，它可以把数据以小图的形式呈现在单元格中，同时还可与图表组合创建出全新的图表样式，达到分析表格数据的目的。

10.1.1 创建迷你图

迷你图是存在于单元格中的小图表，它以单元格为绘图区域，可以简单快捷地绘制出数据小图表分析表格数据。在Excel中迷你图有3种图表类型：折线图、柱形图、盈亏。

创建迷你图的方法非常简单，其具体操作如下。

（1）选择存放迷你图的单元格或单元格区域，在【插入】→【迷你图】组中选择所需的迷你图类型。

（2）系统自动将鼠标光标定位到打开的“创建迷你图”对话框的“数据范围”文本框中，在工作表中选择要创建迷你图的数据区域，然后单击确定按钮，完成后在相应的单元格中即可创建出所需的迷你图，如图10-1所示。

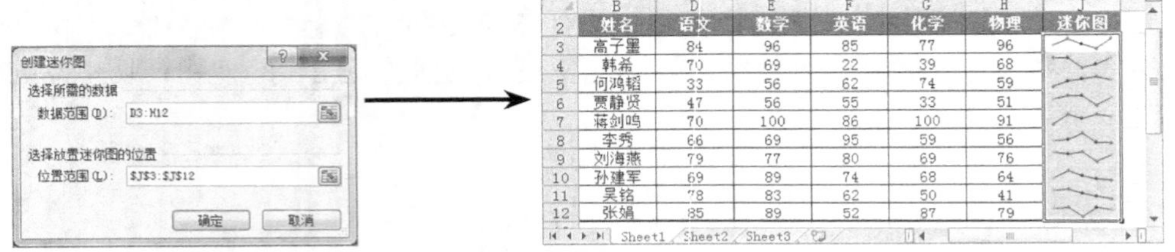

	B	D	E	F	G	H	J
2	姓名	语文	数学	英语	化学	物理	迷你图
3	高子墨	84	96	85	77	96	
4	韩希	70	69	22	39	68	
5	何鸿韬	33	56	62	74	59	
6	贾静贤	47	56	55	33	51	
7	蒋剑鸣	70	100	86	100	91	
8	李秀	66	69	95	59	56	
9	刘海燕	79	77	80	69	76	
10	孙建军	69	89	74	68	64	
11	吴铭	78	83	62	50	41	
12	张娟	85	89	52	87	79	

图10-1 创建迷你图

只有使用Excel 2010创建的数据源区域才能创建迷你图，打开低版本的Excel不能直接创建，必须将数据复制至Excel 2010工作簿中才能使用该功能。

知识提示

10.1.2 编辑并美化迷你图

为了使创建的迷你图效果更美观，更清楚地表现其数据关系，可在激活的迷你图工具的“设计”选项卡中（见图10-2）执行相应的操作编辑并美化迷你图效果，下面分别进行介绍。

图10-2 迷你图工具的“设计”选项卡

◎ **编辑迷你图数据**：在【设计】→【迷你图】组中单击“编辑数据”按钮下方的按钮，在打开的下拉列表中选择“编辑组位置和数据”选项可编辑创建的组迷你图中位置与数据，选择“编辑单个迷你图的数据”命令可编辑单个迷你图的源数据区域。

◎ **更改迷你图类型**：在【设计】→【类型】组中选择相应的迷你图类型即可。

◎ **显示迷你图标记**：在【设计】→【显示】组中单击选中相应的复选框即可。

◎ **更改迷你图样式**：在【设计】→【样式】组的列表框中可选择预设的迷你图样式，也可单击“迷你图颜色”按钮右侧的按钮设置迷你图颜色，单击“标记颜色”按钮设置迷你图上的标记颜色。

◎ **设置迷你图分组**：在【设计】→【分组】组中单击相应的按钮，可分别设置坐标轴选项、组合或取消组合迷你图、清除迷你图。

10.1.3 迷你图与图表的组合使用

由于迷你图不是真正存在于单元格内的“内容”，因此不能直接引用它。如果要在图表等其他功能中引用迷你图，则需要将迷你图转换为图片，这样才能实现图表与迷你图功能的组合使用。组合使用迷你图与图表的具体操作如下。

（1）选择已创建迷你图的某个单元格，按【Ctrl+C】组合键复制该迷你图。

（2）选择一个空白单元格，在【开始】→【剪贴板】组中单击“粘贴”按钮下方的按钮，在打开的下拉列表中选择“链接的图片”选项将迷你图粘贴为链接图片。

（3）选择粘贴的图片，按【Ctrl+X】组合键剪切图片。

（4）在图表中对应的数据系列上单击两次选择该数据系列，然后按【Ctrl+V】组合键将剪切的迷你图图片粘贴到数据系列中，完成后用相同的方法将其他迷你图图片粘贴到相应的数据系列中即可。

10.1.4 课堂案例1——对比分析产品销量

本案例将在提供的素材文件中组合使用迷你图与图表对比分析表格中的产品销量，完成后的参考效果如图10-3所示。

素材所在位置　光盘:\素材文件\第10章\课堂案例1\产品销量对比分析表.xlsx

效果所在位置　光盘:\效果文件\第10章\课堂案例1\产品销量对比分析表.xlsx

视频演示　光盘:\视频文件\第10章\对比分析产品销量.swf

产品销量数据表

单位：台

产品名称	第1季度	第2季度	第3季度	第4季度	总计	迷你图
平板电脑	600	480	550	520	2150	
微波炉	260	200	240	380	1080	
冰箱	360	420	480	385	1645	
电视机	458	450	480	512	1900	
洗衣机	365	380	336	445	1526	
电磁炉	350	256	449	357	1412	
空调	380	415	567	456	1818	

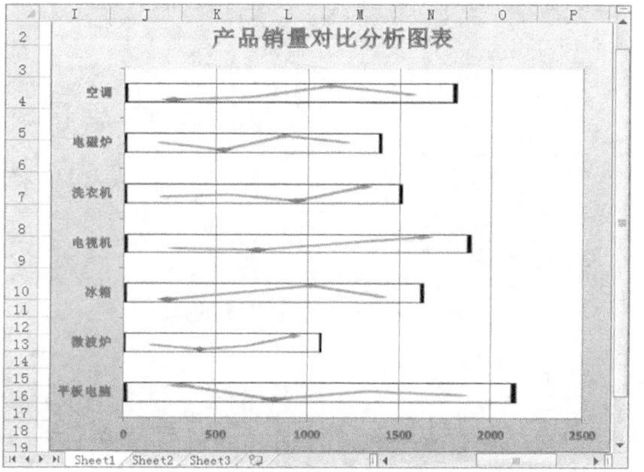

图10-3　组合使用迷你图与图表分析产品销量的参考效果

（1）打开素材文件“产品销量对比分析表.xlsx”，选择存放迷你图的单元格区域，这里选择G4:G10单元格区域，然后在【插入】→【迷你图】组中单击“折线图”按钮，如图10-4所示。

（2）系统自动将鼠标光标定位到打开的“创建迷你图”对话框的“数据范围”文本框中，在工作表中选择要创建迷你图的数据区域，这里选择B4:E10单元格区域，然后单击 确定 按钮，如图10-5所示，完成后在相应的单元格中即可创建出所需的迷你图。

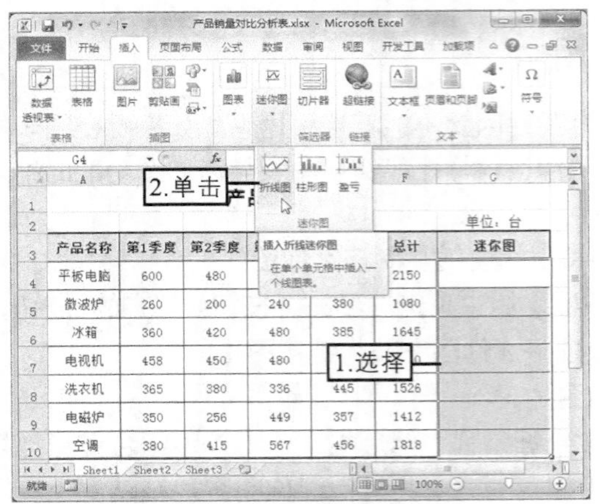

图10-4　选择迷你图类型

图10-5　选择迷你图数据区域

（3）在迷你图工具的【设计】→【显示】组中单击选中“高点”和“低点”复选框，如图10-6所示。

（4）在迷你图工具的【设计】→【样式】组中单击按钮，在打开的下拉列表中选择“迷你图样式彩色 #4”选项，如图10-7所示。

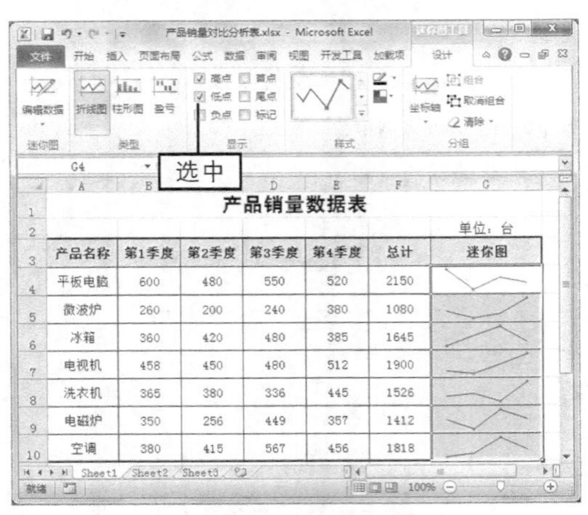

图10-6　显示迷你图高低点

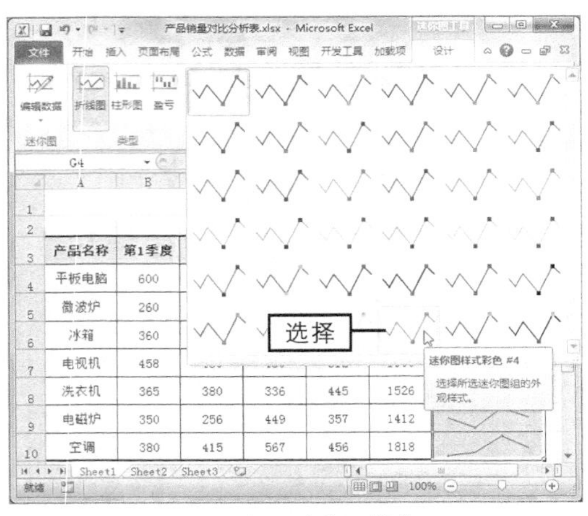

图10-7　设置迷你图样式

操作技巧

创建迷你图时，若选择了存放迷你图的单元格区域，创建的迷你图将自动组合为一组迷你图，此时可单击 取消组合 按钮取消迷你图的组合。

（5）在迷你图工具的【设计】→【样式】组中单击“迷你图颜色”按钮右侧的按钮，在打开的下拉列表中选择【粗细】→【3 磅】选项，如图10-8所示。

（6）按住【Ctrl】键，选择A4:A10和F4:F10单元格区域，然后在【插入】→【图表】组中单击“条形图”按钮，在打开的下拉列表中选择“簇状条形图”选项，如图10-9所示，创建出相应的条形图。

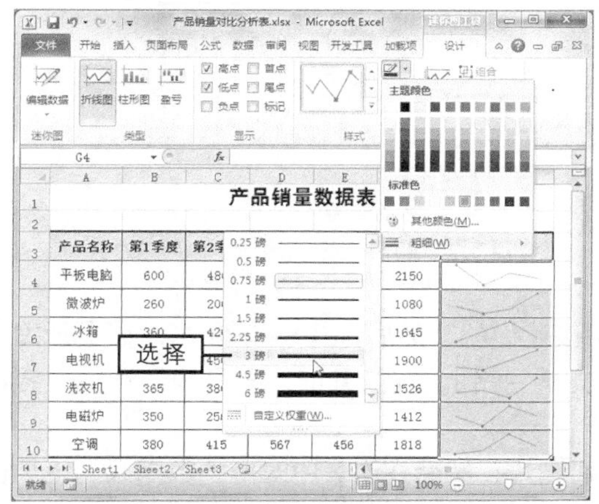

图10-8　设置迷你图线条粗细

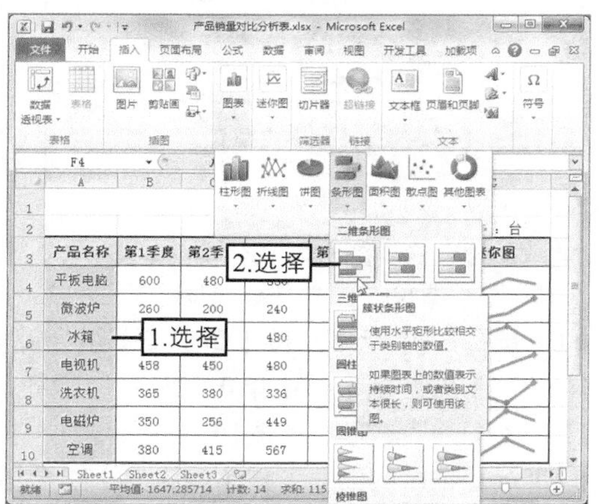

图10-9　选择图表类型

（7）在图表工具的【布局】→【标签】组中单击“图表标题”按钮，在打开的下拉列表中选择“图表上方”选项。

（8）在显示的“图表标题”文本框中选择文本“图表标题”，然后输入文本“产品销量对比分析图表”，如图10-10所示。

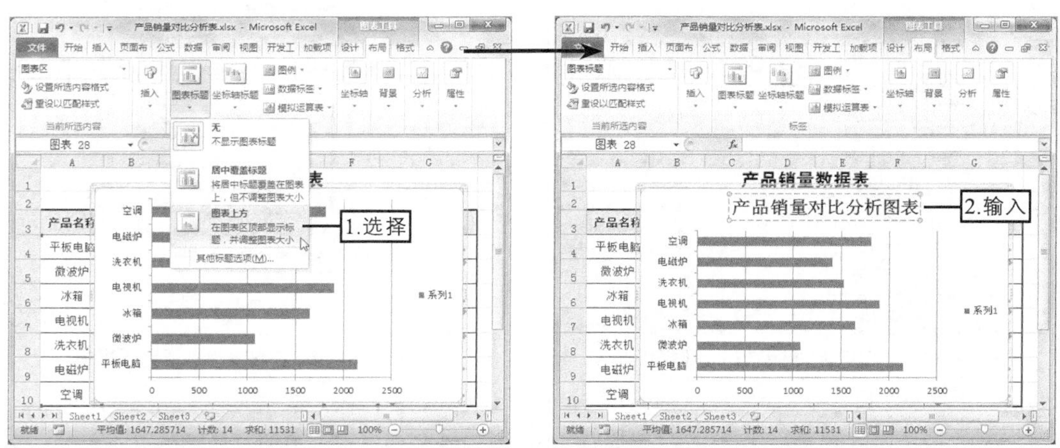

图10-10　设置图表标题

（9）在图表工具的【布局】→【标签】组中单击图例按钮，在打开的下拉列表中选择“无”选项关闭图例，如图10-11所示。

（10）将鼠标光标移动到图表区上，当鼠标光标变成形状后按住鼠标左键不放，拖动图表到数据区域的右方后释放鼠标，如图10-12所示。

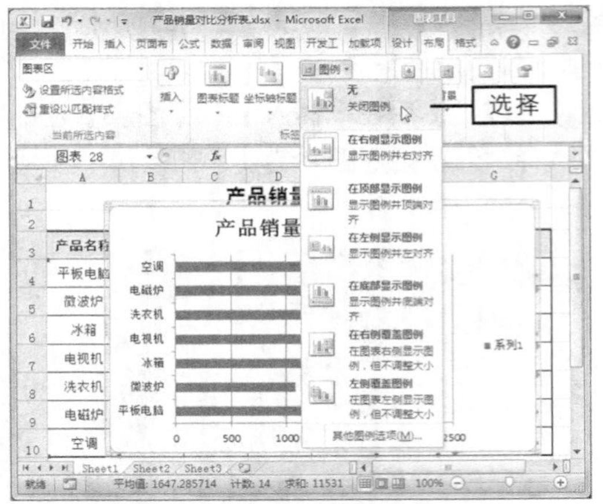

图10-11 关闭图表图例

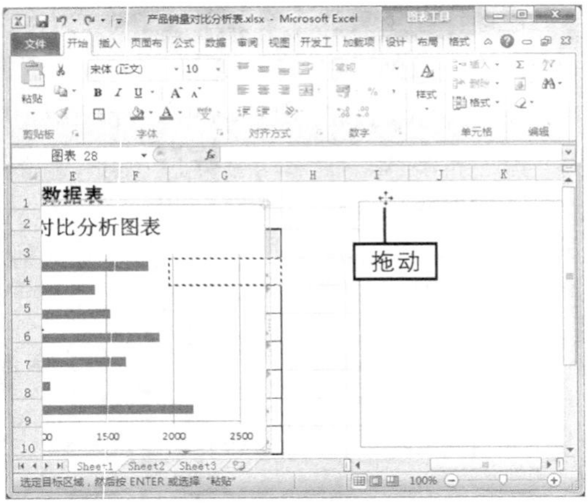

图10-12 调整图表位置

（11）选择G4单元格，按【Ctrl+C】组合键复制该迷你图，然后选择H4单元格，在【开始】→【剪贴板】组中单击“粘贴”按钮下方的按钮，在打开的下拉列表中选择“链接的图片”选项，如图10-13所示。

（12）选择粘贴的图片，按【Ctrl+X】组合键剪切图片，然后在图表中对应的数据系列上单击两次选择该数据系列，然后按【Ctrl+V】组合键将剪切的迷你图图片粘贴到数据系列中，如图10-14所示。

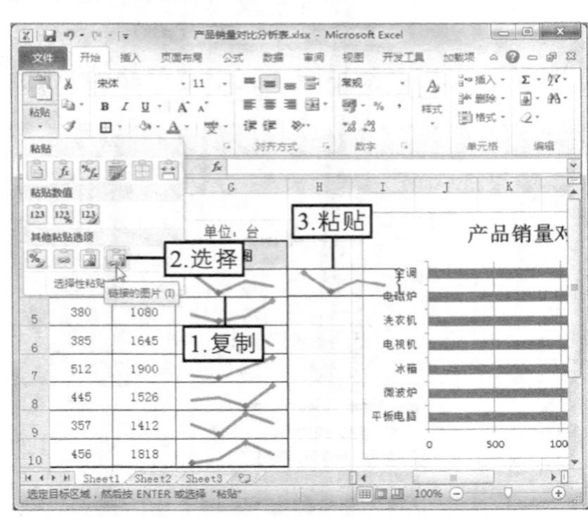

图10-13 复制并粘贴单个迷你图

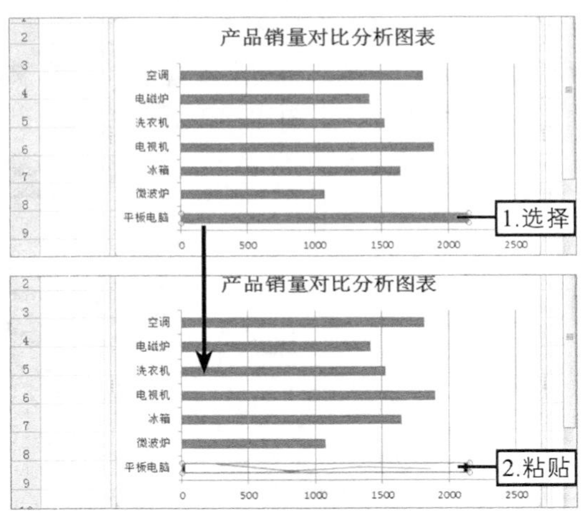

图10-14 剪切并粘贴迷你图到图表中

知识提示

将复制的迷你图以链接的图片粘贴到单元格中，是因为若修改源数据区域，迷你图与粘贴的链接图片效果将随源数据区域的改变而改变。

（13）用相同的方法将其他迷你图粘贴到相应的数据系列中，如图10-15所示。

（14）在图表工具的【格式】→【形状样式】组的列表框中单击按钮，在打开的下拉列表中选择“细微效果-紫色，强调颜色 4”选项，如图10-16所示。

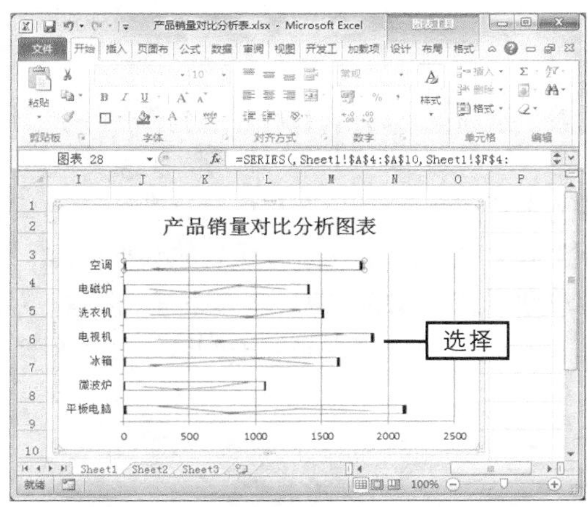

图10-15 继续粘贴迷你图到图表中

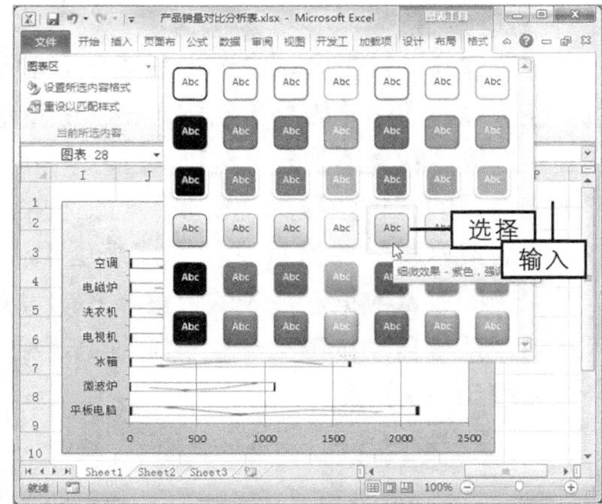

图10-16 设置形状样式

（15）在图表工具的【格式】→【艺术字样式】组中单击“快速样式”按钮，在打开的下拉列表中选择“渐变填充-蓝色，强调文字颜色 1”选项，如图10-17所示。

（16）分别在图表工具的【格式】→【大小】组的“高度”和“宽度”数值框中输入“12 厘米”和“15 厘米”，完成后按【Enter】键，如图10-18所示。

图10-17 设置艺术字样式

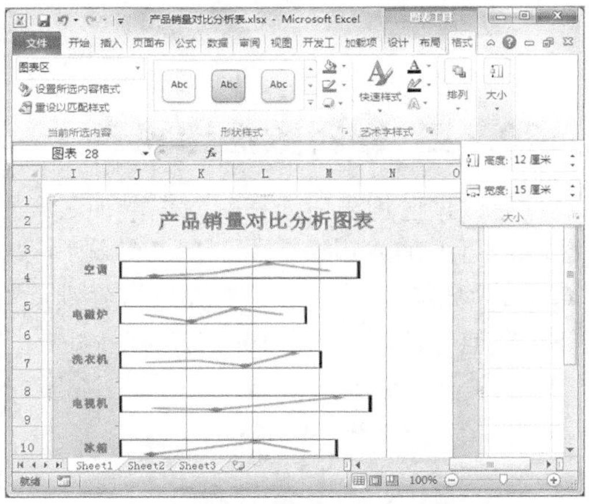

图10-18 调整图表大小

10.2 使用数据透视表

在Excel中使用数据透视表可深入分析表格数据，并解决一些预料之外的工作表数据或外部数据源问题。另外，Excel 2010还提供了一种可视性极强的筛选方法，即使用切片器来筛选数据透视表中的数据。

10.2.1 创建数据透视表

数据透视表是一种查询并快速汇总大量数据的交互式方式。使用它不仅可以多种方式查询大量数据，而且可以对数据进行分类汇总等。要创建数据透视表，必须连接到一个数据源，并

输入报表的位置。其具体操作如下。

(1)在工作表的数据区域中选择任意一个单元格。

(2)在【插入】→【表格】组中单击“数据透视表”按钮下方的·按钮，在打开的下拉列表中选择“数据透视表”选项。

(3)在打开的“创建数据透视表”对话框的“请选择要分析的数据”栏中默认选中“选择一个表或区域”单选项，并在“表/区域”参数框中输入创建数据透视表的数据区域；在“选择放置数据透视表的位置”栏中设置存放数据透视表的位置，完成后单击 确定 按钮，系统自动创建一个空白的数据透视表，并打开“数据透视表字段列表”任务窗格，如图10-19所示。

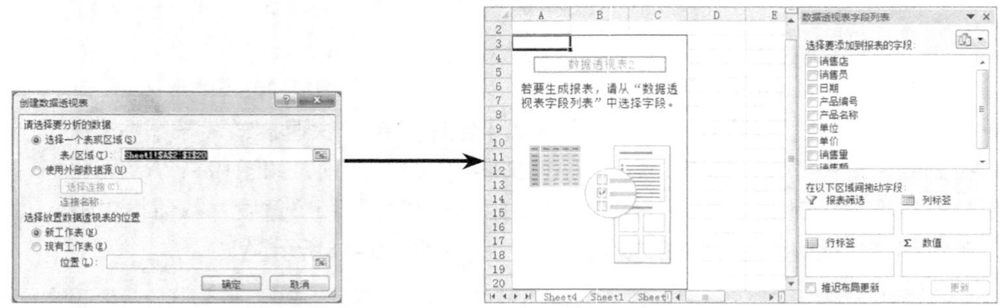

图10-19 创建数据透视表

10.2.2 编辑数据透视表

创建数据透视表后，在“数据透视表字段列表”任务窗格的“选择要添加到报表的字段”列表框中可添加或删除字段，在“在以下区域间拖动字段”栏中可重新排列和定位字段。通过“数据透视表字段列表”任务窗格可分别设置数据透视表的字段列表、报表筛选、列标签、行标签、数值等选项，如图10-20所示。

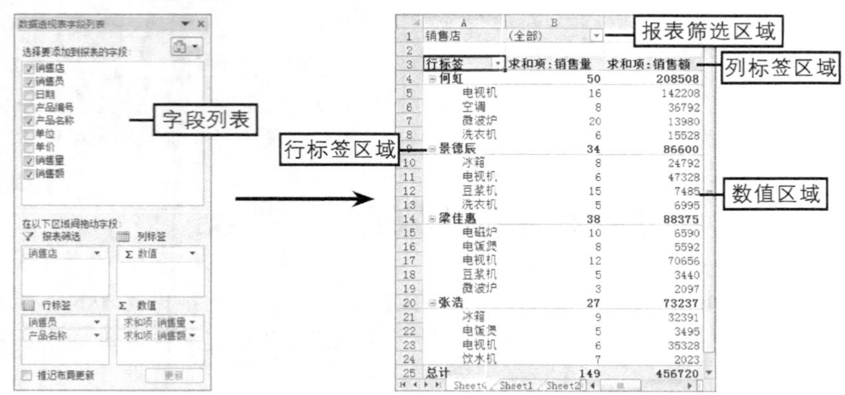

图10-20 认识数据透视表

1. 添加字段

在数据的字段列表中包含了数据透视表中所有的数据字段（也称为数据列表），要将所需的字段添加到数据透视表的相应区域，其方法有如下两种。

◎ **添加字段到默认区域：**在“数据透视表字段列表”任务窗格的字段列表中直接单击选中各字段名称的复选框，这些字段将自动放置在数据透视表的默认区域。

◎ **添加字段到指定区域：**在字段列表的字段名称上单击鼠标右键，在弹出的快捷菜单中选择“添加到报表筛选”“添加到行标签”“添加到列标签”或“添加到值”命令，或拖动所需的字段到“数据透视表字段列表”任务窗格下方的各个区域中，即可将所需的字段放置在数据透视表中的指定区域中。

2. 移动字段

要在不同的区域之间移动字段，可在“数据透视表字段列表”任务窗格的“在以下区域间拖动字段”栏的相应区域中单击所需的字段，在打开的下拉列表中选择需要移动到其他区域的选项，如“移动到行标签”和“移动到列标签”命令等。

3. 设置值字段

默认情况下，数据透视表的数值区域显示为求和项。用户也可根据需要设置值字段，如平均值、最大值、最小值、计数、乘积、偏差、方差等。设置值字段的具体操作如下。

（1）在“数据透视表字段列表”任务窗格的“数值”栏中单击所需的字段，在打开的下拉列表中选择“值字段设置”选项。

（2）在打开的“值字段设置”对话框的“值汇总方式”选项卡的“计算类型”列表框中选择字段计算的类型；在“值显示方式”选项卡中设置数据显示的方式，如无计算、百分比、差异等，完成后单击 确定 按钮即可，如图10-21所示。

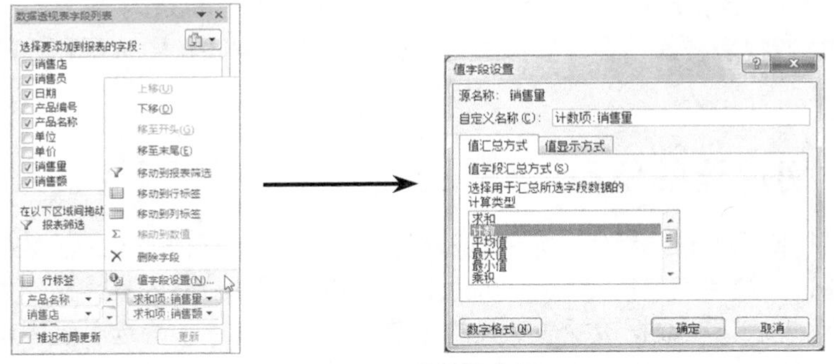

图10-21　设置值字段

知识提示

在数据透视表中选择某个数值，在数据透视表工具的【选项】→【活动字段】组中单击 字段设置 按钮，也可打开“值字段设置”对话框设置值字段。

4. 编辑数据透视表中的数据

在工作表中若数据透视表的数据源区域发生了改变，那么要同时更改数据透视表中的数据，可在数据透视表工具的【选项】→【数据】组中执行如下操作。

◎ **更新数据透视表中的数据：**单击“刷新”按钮下方的按钮，在打开的下拉列表中选择“刷新”或“全部刷新”选项即可。

◎ **更改数据透视表中的数据源区域**：单击“更改数据源”按钮下方的按钮，在打开的下拉列表中选择“更改数据源”选项，在打开的“更改数据透视表数据源”对话框中重新设置数据透视表的数据源区域，完成后单击按钮。

知识提示

在数据透视表工具的【选项】→【操作】组中单击“清除”按钮，在打开的下拉列表中选择“全部清除”选项可清除数据透视表中的数据。

10.2.3 设置数据透视表

为了使数据透视表的效果更美观，可在数据透视表的任意位置单击并选择某个单元格，然后在数据透视表工具的“设计”选项卡（见图10-22）中执行如下操作。

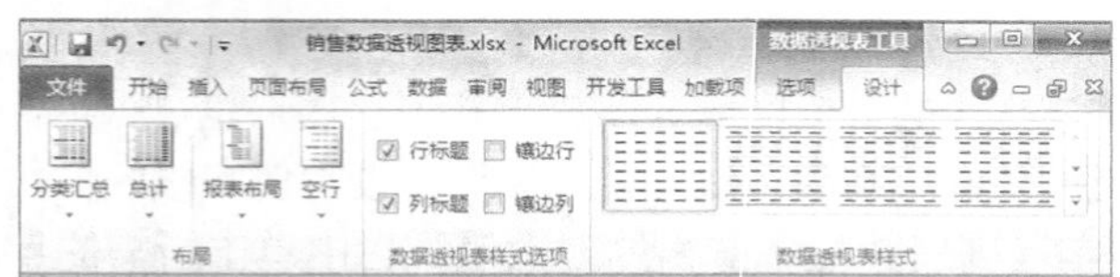

图10-22 数据透视表工具的“设计”选项卡

◎ **重新布局数据透视表**：在“布局”组中单击相应的按钮，在打开的下拉列表中选择所需的选项即可。

◎ **显示数据透视表样式选项**：在“数据透视表样式选项”组中单击选中数据透视表样式选项对应的复选框即可，如列标题、行标题、镶边行和镶边列等。

◎ **设置数据透视表样式**：在“数据透视表样式”组的列表框中选择预设的数据透视表样式即可。

10.2.4 切片器的使用

切片器是易于使用的筛选组件，它包含一组按钮，使用户能快速地筛选数据透视表中的数据，而不需要通过下拉列表查找要筛选的项目。创建并设置切片器的具体操作如下。

（1）选择数据透视表，在数据透视表工具的【选项】→【排序和筛选】组中单击“插入切片器”按钮下方的按钮，在打开的下拉列表中选择“插入切片器”选项。

（2）在打开的“插入切片器”对话框中单击选中创建切片器的数据透视表字段的复选框，完成后单击按钮即可在工作表中为选中的字段创建一个切片器。

（3）选择切片器，在激活的切片器工具的“选项”选项卡中分别设置切片器样式、设置切片器中按钮的排列方式和大小、调整切片器的排列方式和大小等。

（4）在切片器上单击相应项目对应的按钮，数据透视表中的数据将发生相应的变化，如图10-23所示。

操作技巧

选择切片器上的某个筛选项后，在切片器的右上角单击按钮，可选择切片器中的所有筛选项，即清除筛选器；若需直接删除切片器，可选择切片器后按【Delete】键。

图10-23　创建并设置切片器

10.2.5　课堂案例2——制作产品问题分析表

本案例将根据素材文件中的数据源创建数据透视表，并插入切片器筛选所需的数据，完成后的参考效果如图10-24所示。

素材所在位置　光盘:\素材文件\第10章\课堂案例2\产品问题分析表.xlsx

光盘:\效果文件\第10章\课堂案例2\产品问题分析表.xlsx

视频演示　光盘:\视频文件\第10章\制作产品问题分析表.swf

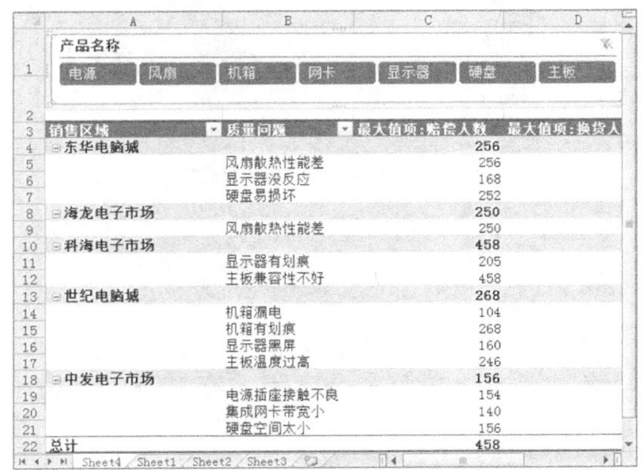

产品名称：电源　风扇　机箱　网卡　显示器　硬盘　主板

销售区域	质量问题	最大值项:赔偿人数	最大值项:换货人
东华电脑城		256	
	风扇散热性能差	256	
	显示器没反应	168	
	硬盘易损坏	252	
海龙电子市场		250	
	风扇散热性能差	250	
科海电子市场		458	
	显示器有划痕	205	
	主板兼容性不好	458	
世纪电脑城		268	
	机箱漏电	104	
	机箱有划痕	268	
	显示器黑屏	160	
	主板温度过高	246	
中发电子市场		156	
	电源插座接触不良	154	
	集成网卡带宽小	140	
	硬盘空间太小	156	
总计		458	

Sheet4　Sheet1　Sheet2　Sheet3

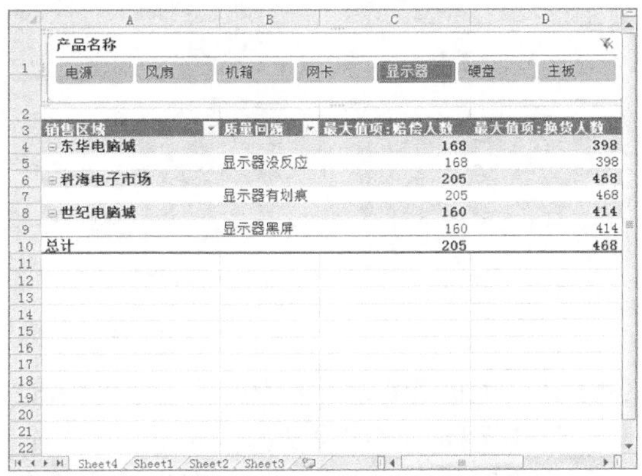

产品名称：电源　风扇　机箱　网卡　显示器　硬盘　主板

销售区域	质量问题	最大值项:赔偿人数	最大值项:换货人数
东华电脑城		168	398
	显示器没反应	168	398
科海电子市场		205	468
	显示器有划痕	205	468
世纪电脑城		160	414
	显示器黑屏	160	414
总计		205	468

Sheet4　Sheet1　Sheet2　Sheet3

图10-24　“产品问题分析表”的参考效果

职业素养

产品出现一些质量问题在所难免，而售出的产品是否存在质量因素，客户反馈回来的信息是质量管理部门作为产品分析的依据。产品质量问题分析表将根据客户对产品质量的反馈信息，从赔偿、退货和换货等情况分析质量因素形成的原因，从而针对问题制定相应的管理措施，以控制和提高产品的质量。

（1）打开素材文件“产品问题分析表.xlsx”，选择A2:F15单元格区域，在【插入】→【表格】组中单击“数据透视表”按钮下方的按钮，在打开的下拉列表中选择“数据透视表”选项。

（2）在打开的“创建数据透视表”对话框中确认要分析的数据区域和存放数据透视图表的位置，这里保持默认设置，然后单击确定按钮，如图10-25所示。

图10-25　选择数据透视表的分析区域与存放位置

（3）系统自动创建一个空白的数据透视表并打开“数据透视表字段列表”任务窗格，在“选择要添加到报表的字段”列表框中单击选中图10-26所示的相应字段对应的复选框，为数据透视表添加字段。

图10-26　创建数据透视表并添加字段

（4）在“数据透视表字段列表”任务窗格的“数值”栏中单击第一个字段，在打开的下拉列表中选择“值字段设置”选项。

（5）在打开的“值字段设置”对话框的“值汇总方式”选项卡的“计算类型”列表框中选择“最大值”选项，完成后单击 确定 按钮，如图10-27所示，用相同的方法将数值区域中其他两个值字段设置为“最大值”。

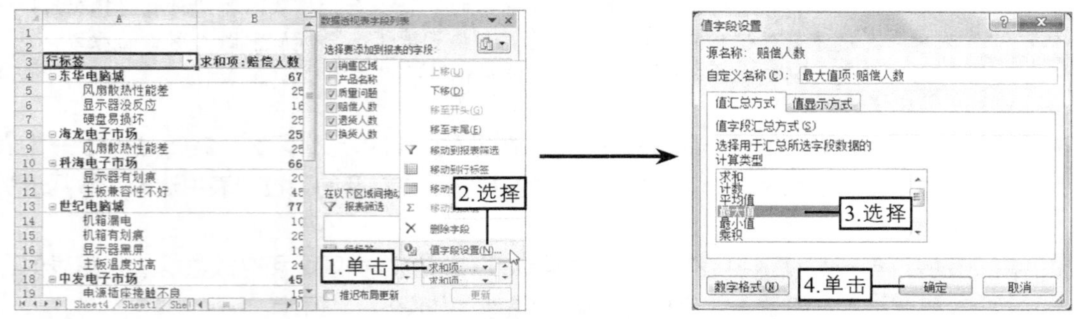

图10-27　设置值字段

（6）在数据透视表工具的【设计】→【布局】组中单击“报表布局”按钮，在打开的下拉列表中选择“以大纲形式显示”选项，如图10-28所示。

（7）在数据透视表工具的【设计】→【数据透视表样式】组的列表框中单击按钮，在打开的下拉列表中选择“数据透视表样式中等深浅 10”选项，如图10-29所示。

图10-28　布局数据透视表

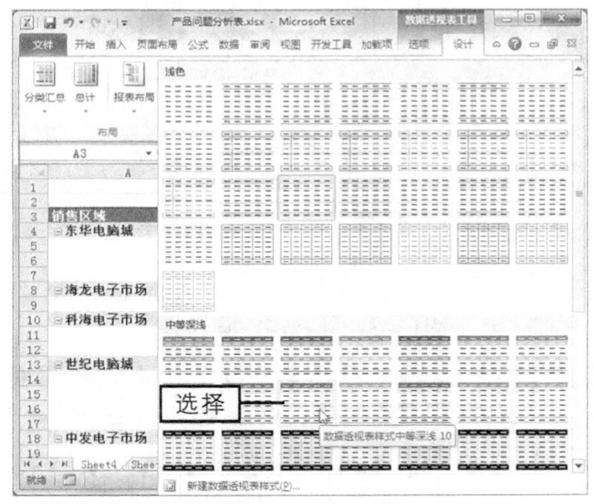

图10-29　设置数据透视表样式

（8）在数据透视表工具的【选项】→【排序和筛选】组中单击“插入切片器”按钮下方的按钮，在打开的下拉列表中选择“插入切片器”选项。

（9）在打开的“插入切片器”对话框中单击选中“产品名称”字段对应的复选框，完成后单击确定按钮，如图10-30所示，即可在工作表中为选中的字段创建一个切片器。

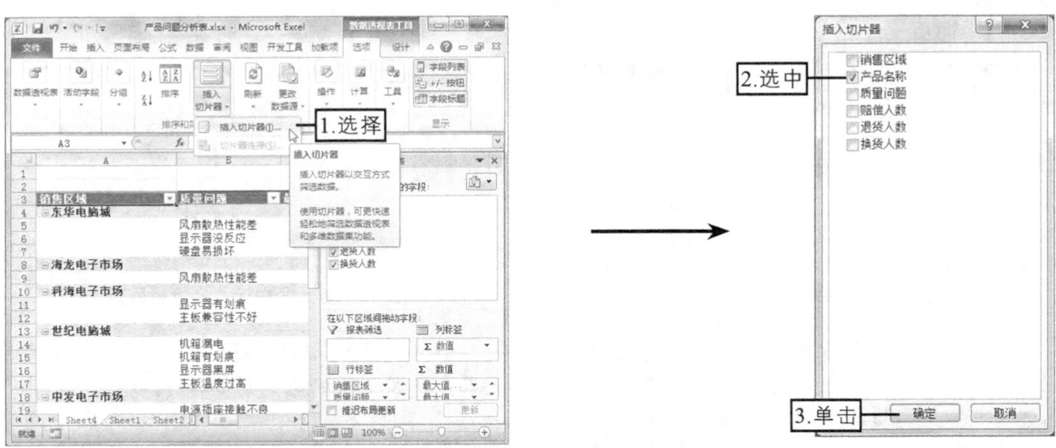

图10-30　选择创建切片器的字段

（10）在工作表中调整第一行和第二行的行高，然后将鼠标光标移动到切片器的边框上，当鼠标光标变成形状后按住鼠标左键不放，拖动切片器到数据透视表的左上角后释放鼠标，如图10-31所示。

（11）在切片器工具的【选项】→【按钮】组的“列”数值框中输入数据“7”，然后在“大小”组的“高度”和“宽度”数值框中分别输入“2 厘米”和“16 厘米”，完成后按【Enter】键，如图10-32所示。

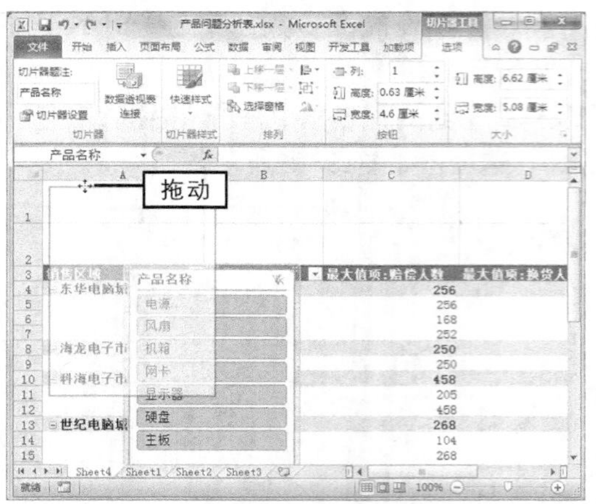

图10-31　调整切片器位置

图10-32　设置切片器中按钮和切片器的排列方式与大小

（12）在切片器工具的【选项】→【切片器样式】组中单击“快速样式”按钮，在打开的下拉列表中选择“切片器样式深色 2”选项，如图10-33所示。

（13）在切片器上单击相应项目对应的按钮，这里单击“显示器”按钮，数据透视表中的数据将只显示与显示器项目相关的数据，如图10-34所示。

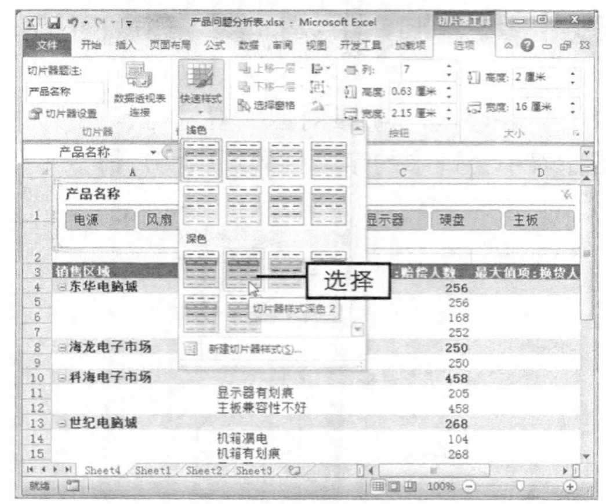

图10-33　设置切片器样式

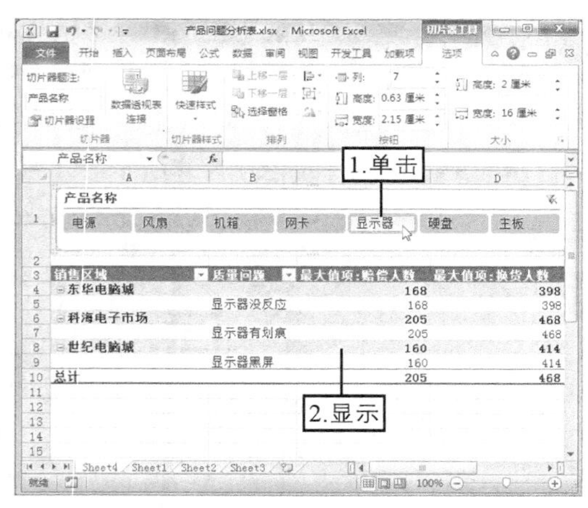

图10-34　使用切片器查看数据

操作技巧

当不再需要某个切片器时，可以将其与数据透视表的连接断开。断开切片器连接的方法为选择数据透视表中的任意数据，在数据透视表工具的【选项】→【排序和筛选】组中单击“插入切片器”按钮下方的·按钮，在打开的下拉列表中选择“切片器连接”选项，在打开的“切片器连接”对话框中撤销选中要与其断开与切片器连接的任何数据透视表字段的复选框即可。

10.3　使用数据透视图

数据透视图以图形形式表示数据透视表中的数据。它有助于形象呈现数据透视表中的汇总数据，方便用户查看、对比、分析数据趋势。

10.3.1 创建数据透视图

在Excel中数据透视图中通常有一个与之相关联的数据透视表，两个报表中的字段相互对应。因此要创建数据透视图，不仅可以通过数据区域创建数据透视图，还可通过数据透视表创建数据透视图。

1. 通过数据区域创建数据透视图

通过数据区域创建数据透视图与创建数据透视表的方法相似，其具体操作如下。

(1) 在工作表的数据区域中选择任意一个单元格，在【插入】→【表格】组中单击“数据透视表”按钮下方的·按钮，在打开的下拉列表中选择“数据透视图”选项。

(2) 在打开的“创建数据透视表及数据透视图”对话框中设置数据透视表和数据透视图的数据源和存放位置，然后单击确定按钮，系统将创建一个空白的数据透视表和数据透视图，并打开“数据透视表字段列表”任务窗格，如图10-35所示。

(3) 在“数据透视表字段列表”任务窗格中根据需要编辑数据透视表，完成后即可创建出带有数据的数据透视表和数据透视图。

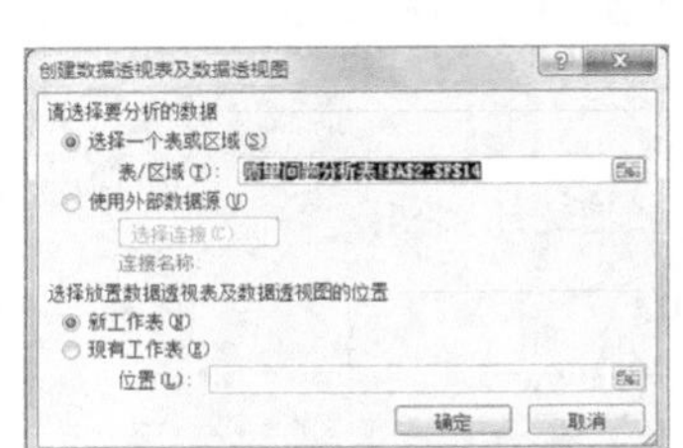

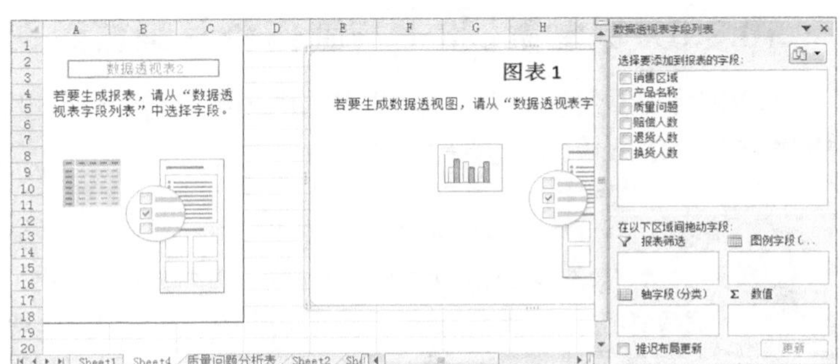

图10-35 同时创建数据透视表与数据透视图

2. 通过数据透视表创建数据透视图

在工作表中若已经创建有数据透视表，那么可直接通过数据透视表创建数据透视图，其具体操作如下。

(1) 选择数据透视表中的任意单元格，在数据透视表工具的【选项】→【工具】组中单击“数据透视图”按钮。

(2) 在打开的“插入图表”对话框中选择所需的数据透视图表类型，然后单击确定按钮即可在工作表中创建出所需的数据透视图，且激活数据透视图工具的“设计”“布局”“格式”“分析”选项卡。

10.3.2 设置数据透视图

由于数据透视图不仅具有数据透视表的交互性功能，还具有图表的图释功能。因此设置数据透视图与图表的方法基本相似，可在数据透视图工具的“设计”“布局”“格式”选项卡中分别设计数据透视图效果、设置数据透视图布局、设置数据透视图格式，除此之外，数据透视图工具中多了一个“分析”选项卡，如图10-36所示，在其中可执行如下操作。

图10-36 数据透视图工具的“分析”选项卡

◎ **设置活动字段**：在数据透视图中选择坐标轴中的数据，在数据透视图工具的【分析】→【活动字段】组中单击相应的按钮可展开或折叠整个字段。

◎ **编辑数据透视图数据**：在数据透视图工具的【分析】→【数据】组中单击相应的按钮，也可插入切片器、更新数据透视图中的数据、消除数据透视图中的数据。

◎ **显示/隐藏字段列表或字段按钮**：在数据透视图工具的【分析】→【显示/隐藏】组中单击“字段列表”按钮可隐藏“数据透视表字段列表”任务窗格，再次单击该按钮则显示出“数据透视表字段列表”任务窗格；单击“字段按钮”按钮下方的按钮，在打开的下拉列表中相应的选项默认呈选择状态，当再次选择所需的选项时则撤销选择相应的选项，即隐藏相应的字段按钮。

10.3.3 课堂案例3——制作每月销售数据统计表

本案例将根据素材文件中的数据源同时创建数据透视表和数据透视图分析销售数据，完成后的参考效果如图10-37所示。

素材所在位置 光盘:\素材文件\第10章\课堂案例3\每月销售数据统计表.xlsx

光盘:\效果文件\第10章\课堂案例3\每月销售数据统计表.xlsx

视频演示 光盘:\视频文件\第10章\制作每月销售数据统计表.swf

地区	(全部)				
行标签	求和项:1月	求和项:2月	求和项:3月	求和项:4月	求和项:5月
江杰	39579	78730	93985	10628	22432
李国彬	66054	43265	97404	71496	48370
刘海	14990	17587	27732	1755	73135
母云奎	38038	58182	63014	88418	51936
蒲志刚	77757	62107	67070	98059	35218
张开志	59579	58730	43935	25628	36432
总计	295997	318601	393140	295984	267523

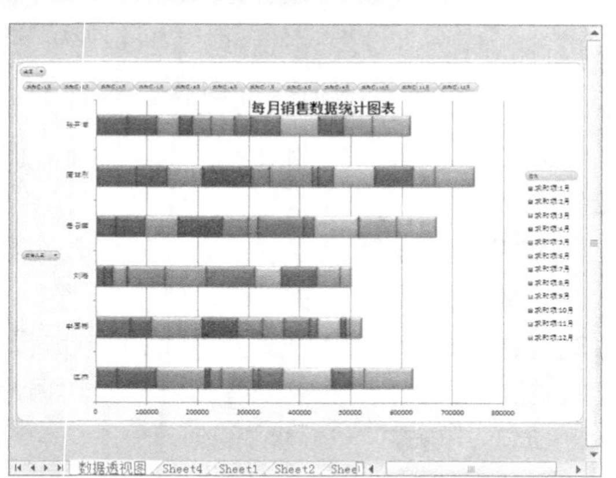

图10-37 同时创建数据透视表和数据透视图的参考效果

（1）打开素材文件“每月销售数据统计表.xlsx”，选择A2:N8单元格区域，然后在【插入】→【表格】组中单击“数据透视表”按钮下方的按钮，在打开的下拉列表中选择“数据透视图”选项。

（2）在打开的“创建数据透视表及数据透视图”对话框中确认数据透视表和数据透视图的数据源和存放位置，这里保持默认设置，然后单击 确定 按钮，如图10-38所示。

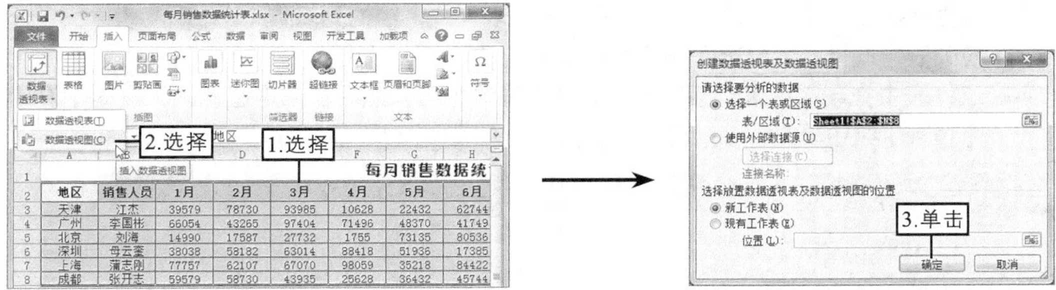

图10-38 选择数据透视表和数据透视图的数据源和存放位置

(3)系统自动在新工作表中创建一个空白的数据透视表和数据透视图，并打开“数据透视表字段列表”任务窗格，在“选择要添加到报表的字段”列表框中单击选中图10-39所示的相应字段对应的复选框，为数据透视表和数据透视图添加相应的字段。

图10-39 创建数据透视表和数据透视图并添加字段

(4)在“数据透视表字段列表”任务窗格的字段列表中将鼠标光标移动到“地区”项目上，并按住鼠标左键不放将其拖动到其下的“报表筛选”区域中释放鼠标。

(5)在工作表中的数据透视表上方将显示“报表筛选”区域，如图10-40所示，在其右侧单击▾按钮，在打开的下拉列表中选择相应的选项即可只查看所选区域的数据。

图10-40 移动字段

（6）在数据透视表工具的【设计】→【数据透视表样式】组的列表框中单击按钮，在打开的下拉列表中选择“数据透视表样式中等深浅 5”选项，如图10-41所示。

（7）在工作表中拖动水平滚动条显示并选择数据透视图，然后在数据透视图工具的【设计】→【位置】组中单击“移动图表”按钮，如图10-42所示。

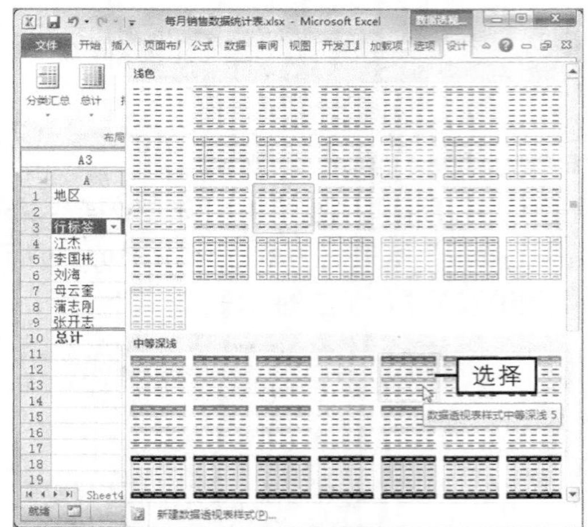

图10-41　设置数据透视表样式

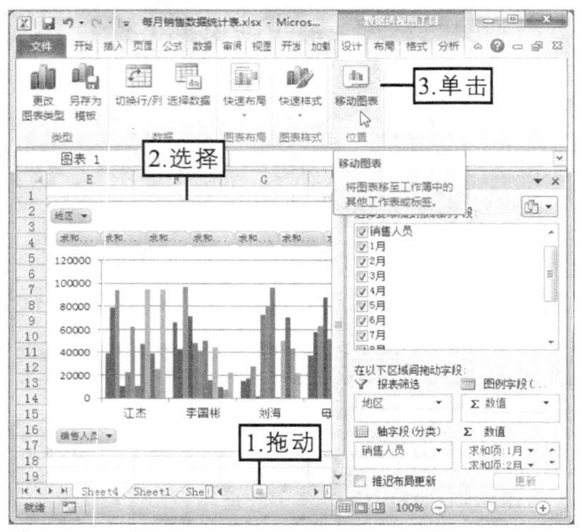

图10-42　单击“移动图表”按钮

（8）在打开的“移动图表”对话框中单击选中“新工作表”单选项，然后在其后的文本框中输入新工作表名称“数据透视图”，完成后单击按钮即可在新建的“数据透视图”工作表中看到所需的数据透视图，如图10-43所示。

（9）在“数据透视表字段列表”任务窗格右上角单击按钮隐藏该任务窗格，如图10-44所示。

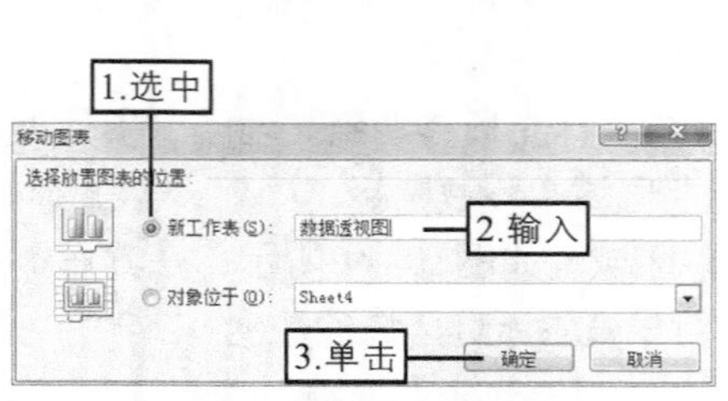

图10-43　移动数据透视图

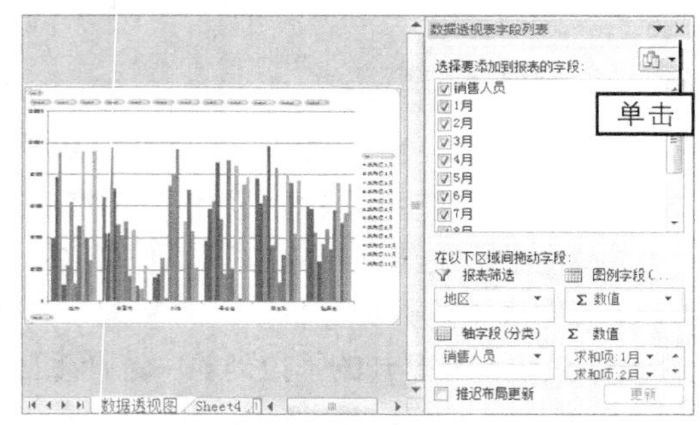

图10-44　隐藏“数据透视表字段列表”任务窗格

（10）在数据透视图工具的【布局】→【标签】组中单击“图表标题”按钮，在打开的下拉列表中选择“居中覆盖标题”选项，然后在显示的“图表标题”文本框中选择文本“图表标题”，并输入文本“每月销售数据统计图表”，如图10-45所示。

（11）选择数据透视图，在数据透视图工具的【设计】→【类型】组中单击“更改图表类型”按钮。

（12）在打开的“更改图表类型”对话框中单击“条形图”选项卡，在其中选择“堆积条形图”图表类型，然后单击按钮，如图10-46所示。

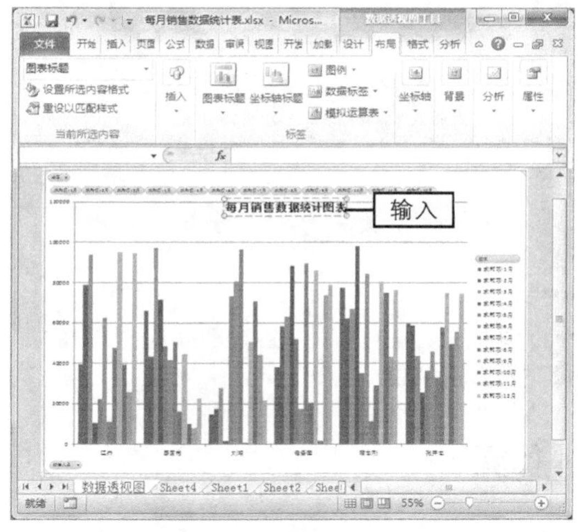

图10-45　设置数据透视图标题

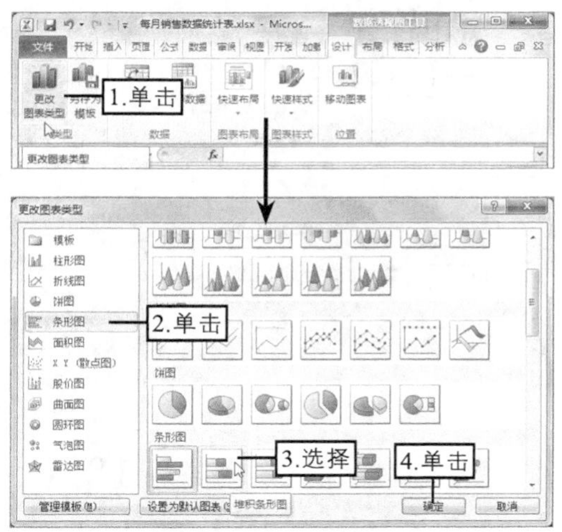

图10-46　更改数据透视图类型

知识提示

气泡图、散点图和股价图等图表类型不能通过数据透视表数据创建数据透视图。

（13）在数据透视图工具的【设计】→【图表样式】组中单击“快速样式”按钮，在打开的下拉列表中选择“样式 26”选项，如图10-47所示。

（14）在数据透视图工具的【格式】→【形状样式】组的列表框中单击按钮，在打开的下拉列表中选择“细微效果-橄榄色，强调颜色 3”选项，如图10-48所示。

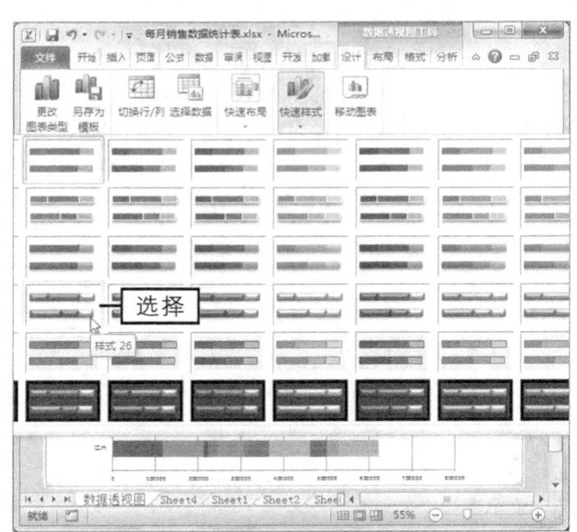

图10-47　设置数据透视图样式

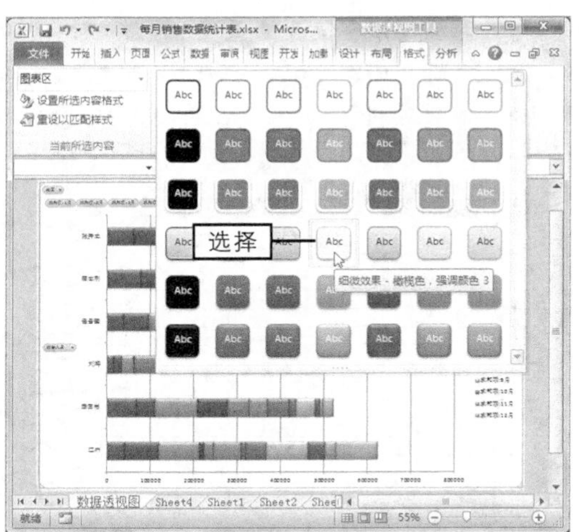

图10-48　设置数据透视图形状样式

（15）在数据透视图中的按钮上单击，如单击“地区”按钮，在打开的下拉列表中单击选中“选择多项”复选框，然后在其列表框中撤销选中“全部”复选框，并选择所需的地区对应的复选框，如单击选中“成都”和“上海”复选框，完成后单击 确定 按钮，返回工作表中将只显示所选地区员工的销售数据，如图10-49所示。

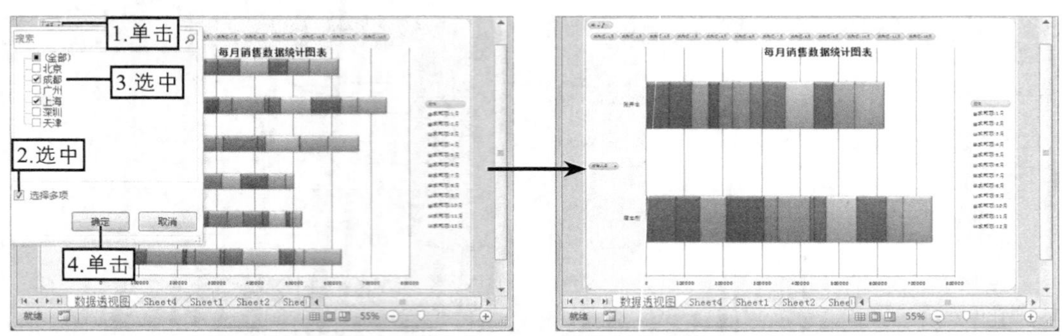

图10-49　查看某个地区的员工销售数据

10.4　课堂练习

本课堂练习将综合使用本章所学的知识制作培训成绩迷你图和销售数据透视图表，使读者熟练掌握Excel迷你图和数据透视图表的使用方法。

10.4.1　制作培训成绩迷你图

1. 练习目标

本练习的目标是使用迷你图和图表分析员工培训成绩。本练习完成后的参考效果如图10-50所示。

素材所在位置　光盘:\素材文件\第10章\课堂练习\培训成绩迷你图.xlsx
效果所在位置　光盘:\效果文件\第10章\课堂练习\培训成绩迷你图.xlsx
视频演示　光盘:\视频文件\第10章\制作培训成绩迷你图.swf

员工培训成绩表

财务知识	法律知识	英语口语	职业素养	人力管理	总成绩
85	88	70	80	82	465
60	61	50	63	61	357
92	94	90	91	89	555
54	55	58	75	55	357
90	89	96	99	92	558
89	96	89	75	90	522
89	96	89	75	90	522
72	60	95	84	90	471
85	88	70	80	82	465
92	94	90	91	89	555
84	95	87	78	85	516
72	60	95	84	90	471
54	55	58	75	55	357
90	89	96	99	92	558
84	95	87	78	85	516
60	61	50	63	61	357

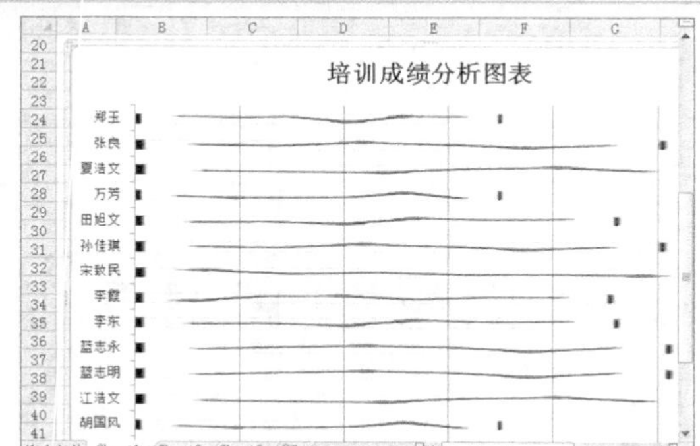

图10-50　“培训成绩迷你图”的参考效果

2. 操作思路

完成本练习需要根据素材文件中的数据源创建并编辑“迷你图”，然后再组合使用迷你图和图表，其操作思路如图10-51所示。

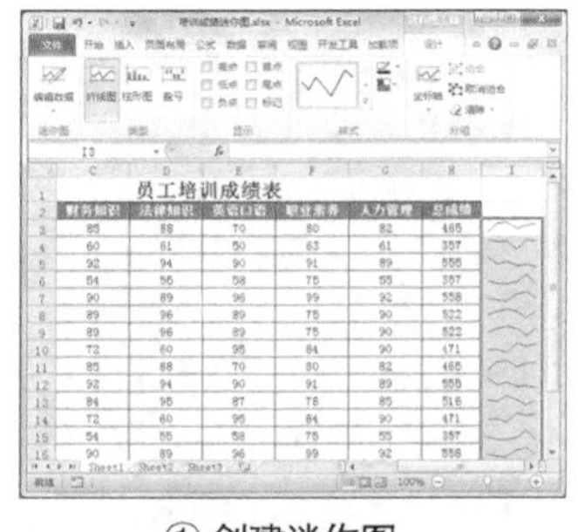

① 创建迷你图

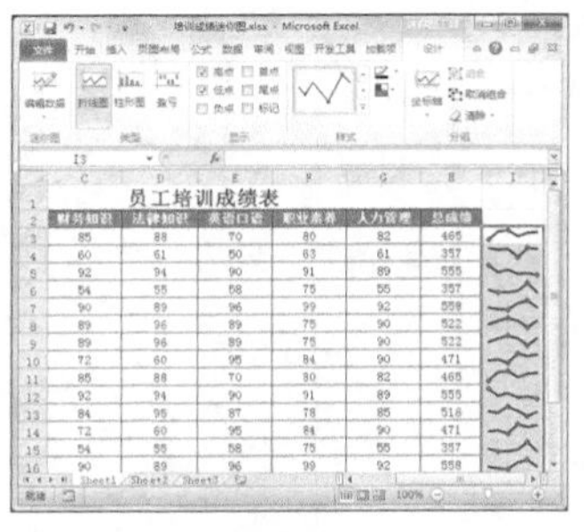

② 编辑迷你图

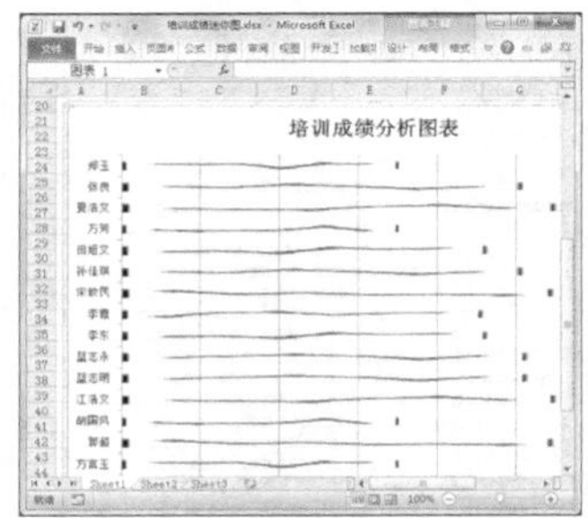

③ 组合使用迷你图与图表

图10-51 “培训成绩迷你图”的制作思路

（1）打开“培训成绩迷你图.xlsx”工作簿，选择I3:I18单元格区域，在【插入】→【迷你图】组中单击“折线图”按钮。

（2）系统自动将鼠标光标定位到打开的“创建迷你图”对话框的“数据范围”文本框中，在工作表中选择B3:G18单元格区域，然后单击 确定 按钮，在相应的单元格中创建出所需的迷你图。

（3）在迷你图工具的【设计】→【显示】组中单击选中“高点”和“低点”复选框，然后在迷你图工具的【设计】→【样式】组中单击按钮，在打开的下拉列表中选择“迷你图样式彩色 #3”选项，并单击“迷你图颜色”按钮右侧的按钮，在打开的下拉列表中选择【粗细】→【2.25 磅】选项。

（4）按住【Ctrl】键，选择A3:A18和H3:H18单元格区域，在【插入】→【图表】组中单击“条形图”按钮，在打开的下拉列表中选择“簇状条形图”选项创建相应的条形图。

（5）调整图表大小与位置，并设置图表标题为“培训成绩分析图表”，完成后关闭图例。

（6）选择I3单元格，按【Ctrl+C】组合键复制该迷你图，然后选择J4单元格，在【开始】→【剪贴板】组中单击“粘贴”按钮下方的按钮，在打开的下拉列表中选择“链接的图片”选项。

（7）选择粘贴的图片，按【Ctrl+X】组合键剪切图片，然后在图表中对应的数据系列上单击两次选择该数据系列，然后按【Ctrl+V】组合键将剪切的迷你图图片粘贴到数据系列中。用相同的方法将其他迷你图粘贴到相应的数据系列中。

10.4.2 制作销售数据透视图表

1. 练习目标

本练习的目标是分别使用数据透视表和数据透视图分析销售数据。本练习完成后的参考效果如图10-52所示。

素材所在位置 光盘:\素材文件\第10章\课堂练习\销售数据透视图表.xlsx
效果所在位置 光盘:\效果文件\第10章\课堂练习\销售数据透视图表.xlsx
视频演示 光盘:\视频文件\第10章\制作销售数据透视图表.swf

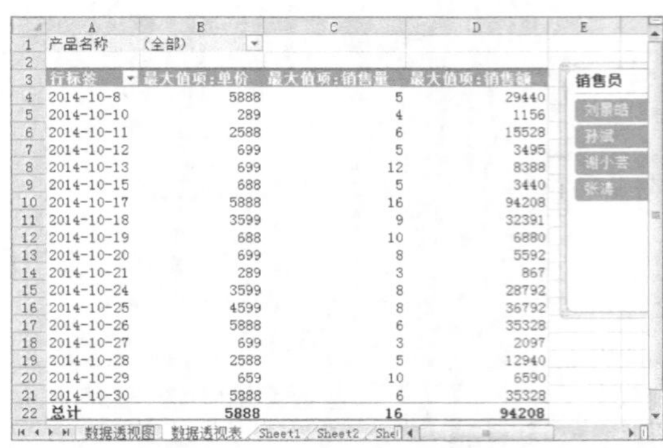

	A	B	C	D
1	产品名称	(全部)		
2				
3	行标签	最大值项:单价	最大值项:销售量	最大值项:销售额
4	2014-10-8	5888	5	29440
5	2014-10-10	289	4	1156
6	2014-10-11	2588	6	15528
7	2014-10-12	699	5	3495
8	2014-10-13	699	12	8388
9	2014-10-15	688	5	3440
10	2014-10-17	5888	16	94208
11	2014-10-18	3599	9	32391
12	2014-10-19	688	10	6880
13	2014-10-20	699	8	5592
14	2014-10-21	289	3	867
15	2014-10-24	3599	8	28792
16	2014-10-25	4599	8	36792
17	2014-10-26	5888	6	35328
18	2014-10-27	699	3	2097
19	2014-10-28	2588	5	12940
20	2014-10-29	659	10	6590
21	2014-10-30	5888	6	35328
22	总计	5888	16	94208

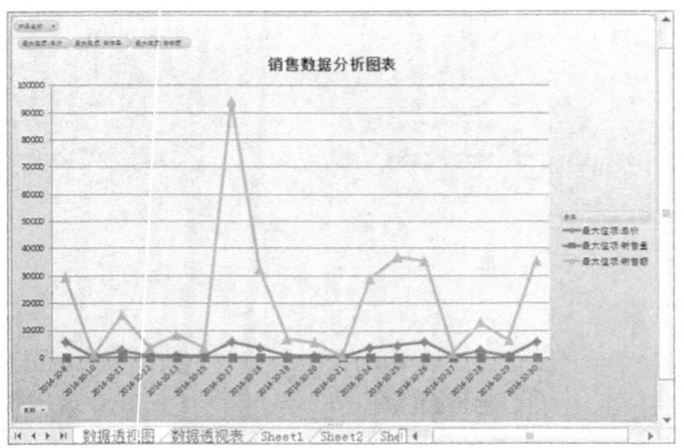

图10-52　“销售数据透视图表”的参考效果

2. 操作思路

完成本练习需要在素材文件中先创建并编辑数据透视表，再插入切片器筛选数据，然后根据数据透视表创建并编辑数据透视图，其操作思路如图10-53所示。

① 创建并编辑数据透视表

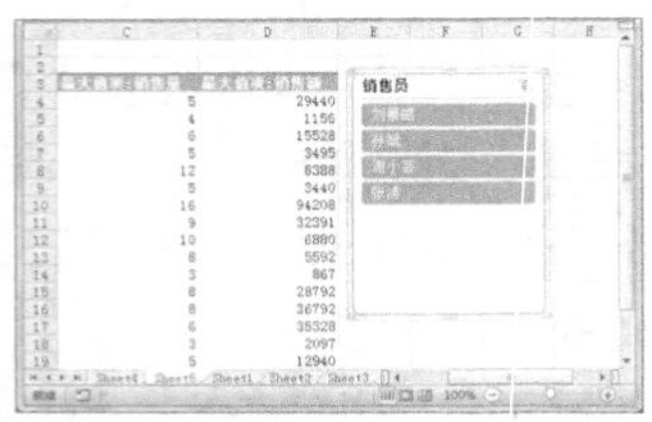

② 插入切片器

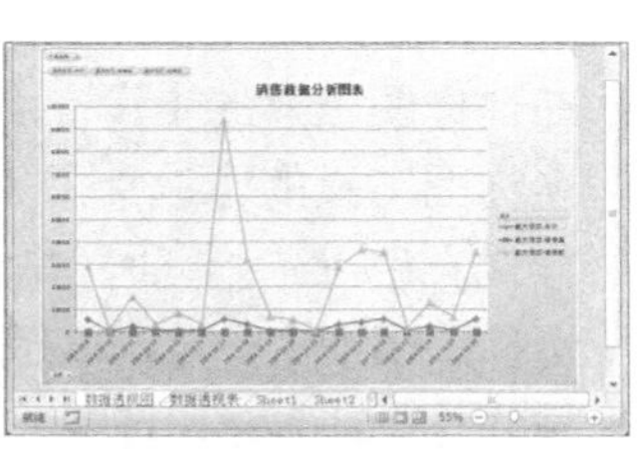

③ 创建并编辑数据透视图

图10-53　“销售数据透视图表”的制作思路

（1）打开“销售数据透视图表.xlsx”工作簿，选择A2:F20单元格区域，在【插入】→【表格】组中单击“数据透视表”按钮下方的按钮，在打开的下拉列表中选择“数据透视表”选项。

（2）在打开的“创建数据透视表”对话框中确认要分析的数据区域和存放数据透视图表的位置，然后单击 确定 按钮，系统自动创建一个空白的数据透视表，并打开“数据透视表字段列表”任务窗格。

（3）在“数据透视表字段列表”任务窗格的“选择要添加到报表的字段”列表框中单击选中相应字段对应的复选框，为数据透视表添加字段，然后将鼠标光标移动到字段列表中的“产品名称”项目上，并按住鼠标左键不放将其拖动到“报表筛选”区域，完成后再将“数值”区域中各选项的值字段设置为“最大值”。

（4）在数据透视表工具的【设计】→【数据透视表样式】组的列表框中单击按钮，在打开的下拉列表中选择“数据透视表样式中等深浅 11”选项。

（5）在数据透视表工具的【选项】→【排序和筛选】组中单击“插入切片器”按钮下方的按钮，在打开的下拉列表中选择“插入切片器”选项，在打开的“插入切片器”对话框中单击选中“销售员”字段对应的复选框，完成后单击 确定 按钮创建切片器。

（6）将切片器移动到数据透视表的右侧，然后在切片器工具的【选项】→【切片器样式】组中单击“快速样式”按钮，在打开的下拉列表中选择“切片器样式深色 3”选项。

（7）选择数据透视表中的任意单元格，在数据透视表工具的【选项】→【工具】组中单击

“数据透视图”按钮，在打开的“插入图表”对话框中选择“折线图”选项，然后单击确定按钮，在工作表中创建出所需的数据透视图。

（8）将数据透视图移动到新建的“数据透视图”工作表中，并将“Sheet4”工作表重命名为“数据透视表”，然后选择“数据透视图”工作表，并在“数据透视表字段列表”任务窗格右上角单击按钮隐藏该任务窗格。

（9）设置数据透视图图表标题为“销售数据分析图表”，然后在数据透视图工具的【设计】→【图表样式】组中单击“快速样式”按钮，在打开的下拉列表中选择“样式 34”选项，完成后在【格式】→【形状样式】组的列表框中单击按钮，在打开的下拉列表中选择“细微效果-紫色，强调颜色 4”选项。

10.5 拓展知识

在Excel中，宏可以将一系列操作和指令组合在一起，形成一个单独的命令，并将该命令保存起来，以后执行该命令时将自动执行设置的一系列操作。因此如果需要反复执行某一系列操作，可以使用宏来执行，这样可以极大地提高工作效率。

要使用宏，首先需要将一系列操作录制为新宏，即将宏保存到文档中，当需要时再运行宏即可快速完成一系列复杂的操作。录制并运行宏的具体操作如下。

（1）在【开发工具】→【代码】组中单击“录制宏”按钮。

（2）在打开的“录制新宏”对话框的“宏名”文本框中输入宏的名称，如输入“产品价格表”，在“快捷键”栏中指定一个快捷键，在“保存在”下拉列表框中选择所需的保存位置，在“说明”文本框中输入对宏的说明，然后单击确定按钮。

（3）在当前工作表中执行相应的操作，如在“工作簿2”工作簿中输入数据、设置格式，完成后在【开发工具】→【代码】组中单击“停止录制”按钮结束宏的录制。

（4）当需要在其他工作表中运行宏时，只需选择所需的工作表，在其中按指定的快捷键或在【开发工具】→【代码】组中单击“宏”按钮，在打开的“宏”对话框中选择创建的宏选项，然后单击执行(R)按钮即可，如在“工作簿3”工作簿中运行宏后的效果如图10-54所示。

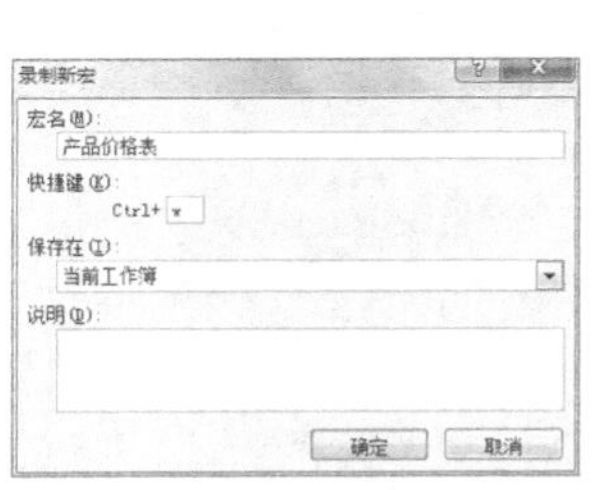

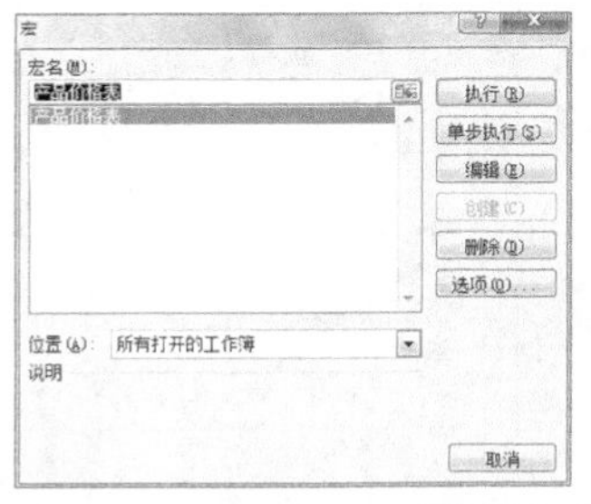

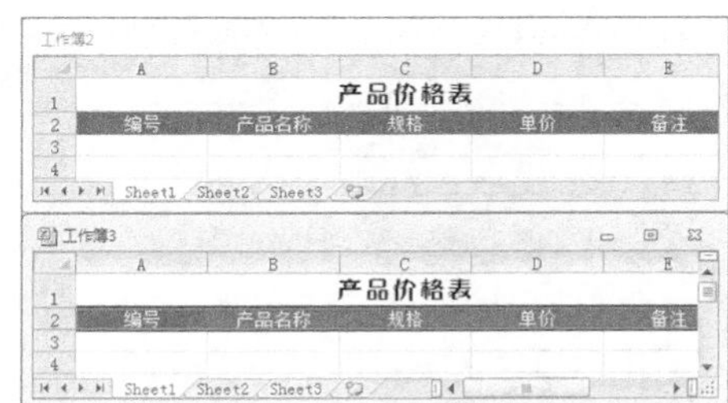

图10-54 录制并运行宏

知识提示

在录制新宏的过程中应尽量避免进行其他操作，否则Excel会将其视为宏命令的一部分，增加执行宏的时间和系统负载。

10.6 课后习题

（1）打开“各区域年度销售统计表.xlsx”工作簿，在其中组合使用迷你图与图表，完成后的参考效果如图10-55所示。

提示： 在“各区域年度销售统计表.xlsx”工作簿中首先选择B16:E16单元格区域，然后为B3:E14数据区域创建迷你图，并显示迷你图高点、低点，再设置迷你图样式为“迷你图样式深色 #5”，迷你图的线条粗细为“1.5 磅”，继续插入簇状条形图，切换图表数据的行/列，设置图表标题为“各区域销售统计表”，关闭图例，并调整图表位置与大小，完成后复制相应的迷你图到图表的数据系列中。

素材所在位置 光盘:\素材文件\第10章\课后习题\各区域年度销售统计表.xlsx
效果所在位置 光盘:\效果文件\第10章\课后习题\各区域年度销售统计表.xlsx
视频演示 光盘:\视频文件\第10章\各区域年度销售统计表.swf

（2）打开“产品生产记录表.xlsx”工作簿，同时创建并编辑数据透视表和数据透视图，完成后的参考效果如图10-56所示。

提示： 在“产品生产记录表.xlsx”工作簿中选择A2:F15单元格区域，创建数据透视表和数据透视图，然后添加相应的字段，并将“日期”字段拖动到“报表筛选”区域，继续设置数据透视表的样式为“数据透视表样式中等深浅 14”，数据透视图的图表样式为“样式 32”，形状样式为“细微效果-黑色，深色 1”，完成后调整数据透视图的位置与大小。

素材所在位置 光盘:\素材文件\第10章\课后习题\产品生产记录表.xlsx
效果所在位置 光盘:\效果文件\第10章\课后习题\产品生产记录表.xlsx
视频演示 光盘:\视频文件\第10章\产品生产记录表.swf

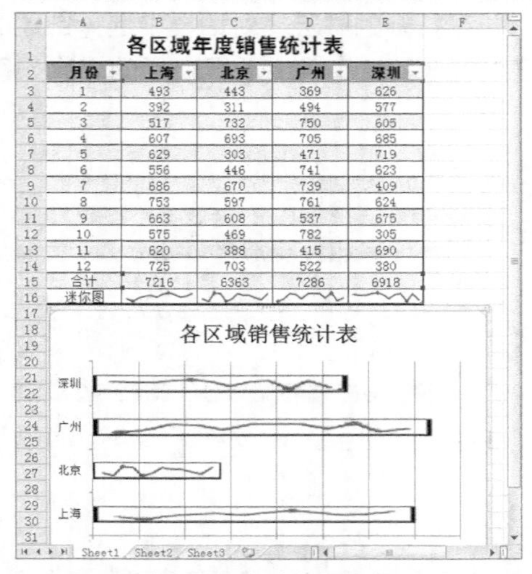

各区域年度销售统计表

月份	上海	北京	广州	深圳
1	493	443	369	626
2	392	311	494	577
3	517	732	750	605
4	607	693	705	685
5	629	303	471	719
6	556	446	741	623
7	686	670	739	409
8	753	597	761	624
9	663	608	537	675
10	575	469	782	305
11	620	388	415	690
12	725	703	522	380
合计	7216	6363	7286	6918
迷你图				

图10-55 “各区域年度销售统计表”的参考效果

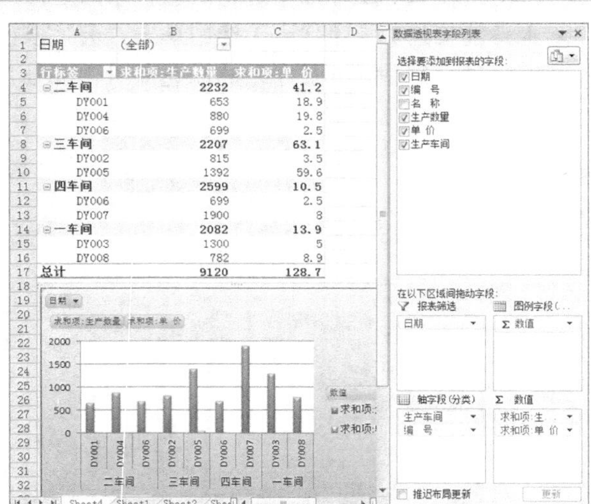

日期	（全部）	
行标签	求和项:生产数量	求和项:单 价
二车间	2232	41.2
DY001	653	18.9
DY004	880	19.8
DY006	699	2.5
三车间	2207	63.1
DY002	815	3.5
DY005	1392	59.6
四车间	2599	10.5
DY006	699	2.5
DY007	1900	8
一车间	2082	13.9
DY003	1300	5
DY008	782	8.9
总计	9120	128.7

图10-56 “产品生产记录表”的参考效果

第11章 Excel的其他应用

在Excel中还提供了一些其他应用，如共享工作簿、链接与嵌入对象、超链接的使用、打印表格数据等。掌握了这些功能，不仅能制作出更专业的表格，而且还可提高工作效率。本章将分别讲解这些功能的具体应用。

学习要点

◎ 共享工作簿

◎ 链接与嵌入对象

◎ 超链接的使用

◎ 设置主题

◎ 设置页面

◎ 预览并打印表格数据

学习目标

◎ 掌握共享工作簿、链接与嵌入对象、超链接的使用等知识，更好地实现Excel的其他应用

◎ 掌握设置主题、设置页面、预览并打印表格数据等知识，以打印出满意的表格效果

11.1 共享工作簿

为了提高办公效率，方便更多用户编辑和查阅Excel工作簿中的数据，可将自己的文档存放在网络的公用文件夹中，这样局域网中的其他用户便可通过“网上邻居”来访问该文件夹中的工作簿，并对其进行修改。

11.1.1 设置共享工作簿

要实现在局域网中共享Excel工作簿，首先需要对在局域网中共享的工作簿进行相应的设置，完成后其他用户才可使用并编辑该工作簿。设置共享工作簿的具体操作如下。

(1) 创建或打开供多用户编辑的工作簿，在【审阅】→【更改】组中单击共享工作簿按钮。

(2) 在打开的“共享工作簿”对话框的“编辑”选项卡中单击选中“允许多用户同时编辑，同时允许工作簿合并”复选框，在“高级”选项卡中选择要用于修订和更新变化的选项，然后单击确定按钮。

(3) 将该工作簿保存到其他用户能够访问的网络位置，如共享文件夹，且在工作簿中可看到标题栏的工作簿名称后将出现“[共享]”字样，如图11-1所示。

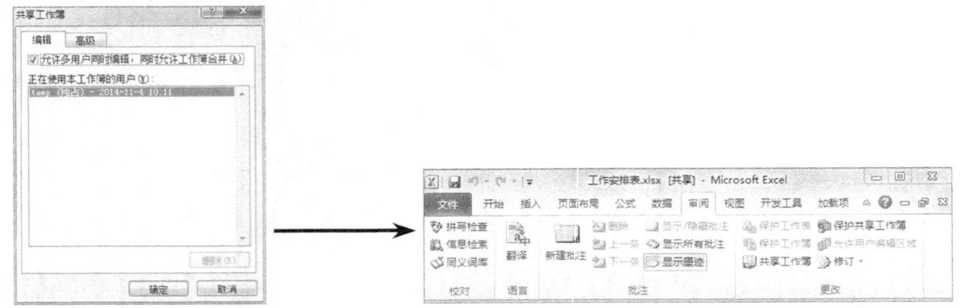

图11-1　设置共享工作簿

知识提示

要在局域网中撤销共享工作簿，可先确定其他正在编辑该工作簿的用户是否已停止编辑，并已保存和关闭该工作簿，然后在【审阅】→【更改】组中单击共享工作簿按钮，在打开的“共享工作簿”对话框的“编辑”选项卡中撤销选中“允许多用户同时编辑，同时允许工作簿合并”复选框，单击确定按钮即可。

11.1.2 修订共享工作簿

当工作簿完成共享设置后，其他用户便可与编辑本地工作簿一样，在其中输入和修改数据。但是为了避免多人在编辑工作簿时产生冲突，还需对工作簿设置修订。共享工作簿的修订主要有以下两个方面。

◎ **突出显示修订**：打开已共享的工作簿，在【审阅】→【更改】组中单击修订·按钮，在打开的下拉列表中选择“突出显示修订”选项，在打开的“突出显示修订”对话框中默认选中“编辑时跟踪修订信息，同时共享工作簿”复选框，然后设置时间、修订人、位置等选项，完成后单击确定按钮即可，如图11-2所示。

◎ **接受或拒绝修订**：打开已共享的工作簿，在【审阅】→【更改】组中单击修订按钮，在打开的下拉列表中选择“接受/拒绝修订”选项，在打开的“接受或拒绝修订”对话框中设置时间、修订人、位置等选项，然后单击确定按钮，在打开的“接受或拒绝修订”对话框中显示出有关修订的详细信息，如图11-3所示，单击接受(A)按钮接受该修订，单击拒绝(R)按钮则拒绝对相应信息所作的修改，也可单击全部接受(C)按钮或全部拒绝(J)按钮接受或拒绝所有对共享工作簿所作的修改。

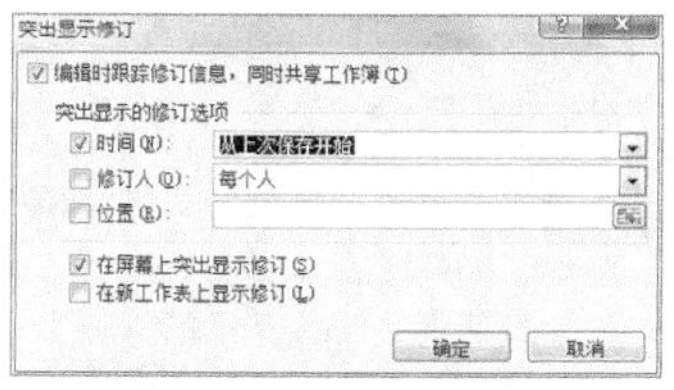

图11-2 突出显示修订

图11-3 接受或拒绝修订

操作技巧

具有网络共享访问权限的所有用户都具有共享工作簿的访问权限，除非共享工作簿的用户通过锁定单元格并保护工作表来限制访问。要保护共享的工作簿，可在【审阅】→【更改】组中单击保护共享工作簿按钮，为共享工作簿设置密码，其他用户必须输入此密码才能打开工作簿。

11.1.3 课堂案例1——共享会议安排表

本案例需要将提供的素材文件共享到局域网中，并突出显示和接受修订，完成后的参考效果如图11-4所示。

素材所在位置 光盘:\素材文件\第11章\课堂案例1\会议安排表.xlsx

效果所在位置 光盘:\效果文件\第11章\课堂案例1\会议安排表.xlsx

视频演示 光盘:\视频文件\第11章\共享会议安排表.swf

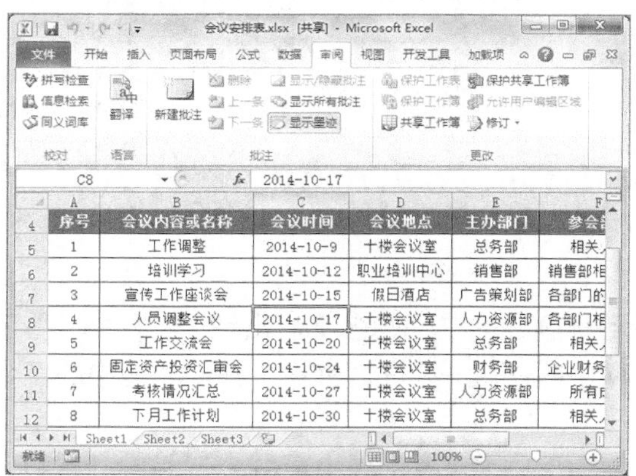

序号	会议内容或名称	会议时间	会议地点	主办部门	参会…
1	工作调整	2014-10-9	十楼会议室	总务部	相关…
2	培训学习	2014-10-12	职业培训中心	销售部	销售部相…
3	宣传工作座谈会	2014-10-15	假日酒店	广告策划部	各部门的…
4	人员调整会议	2014-10-17	十楼会议室	人力资源部	各部门相…
5	工作交流会	2014-10-20	十楼会议室	总务部	相关…
6	固定资产投资汇审会	2014-10-24	十楼会议室	财务部	企业财务…
7	考核情况汇总	2014-10-27	十楼会议室	人力资源部	所有…
8	下月工作计划	2014-10-30	十楼会议室	总务部	相关…

图11-4 共享会议安排表的参考效果

（1）打开素材文件“会议安排表.xlsx”，在【审阅】→【更改】组中单击共享工作簿按钮，如图11-5所示。

（2）在打开的“共享工作簿”对话框的“编辑”选项卡中单击选中“允许多用户同时编辑，同时允许工作簿合并”复选框，如图11-6所示。

图11-5　单击“共享工作簿”按钮

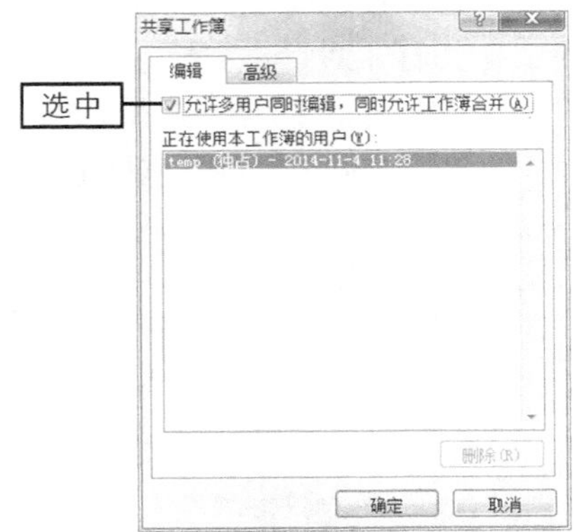

图11-6　设置多用户同时编辑工作簿

（3）单击“高级”选项卡，在“更新”栏中单击选中“自动更新间隔”单选项，在其后的数值框中输入“30”，单击 确定 按钮，如图11-7所示。

（4）在打开的提示对话框中单击 确定 按钮确认保存工作簿，并完成工作簿的共享设置，如图11-8所示。

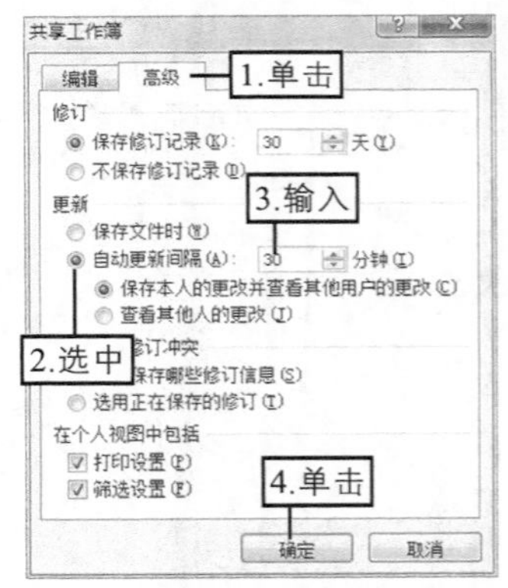

图11-7　设置更新间隔时间

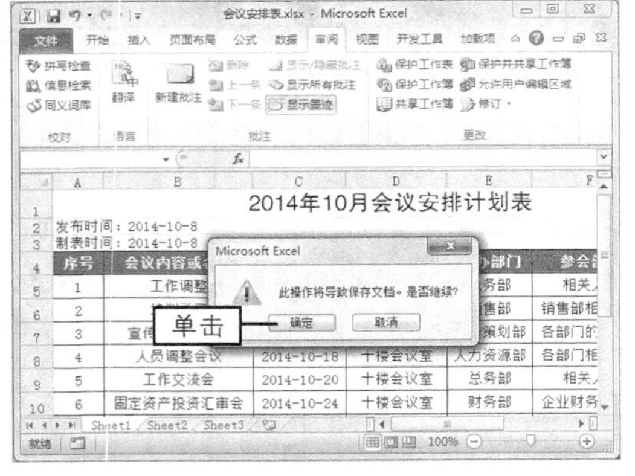

图11-8　确认共享工作簿

操作技巧

在“共享工作簿”对话框的“编辑”选项卡的“正在使用本工作簿的用户”列表框中选择除自己以外的某个用户选项，然后单击 删除(R) 按钮可撤销该用户的使用权限。

（5）返回工作簿中可看到标题栏的工作簿名称后出现了“[共享]”字样，然后将该工作簿保存到已共享在局域网中的任意一个文件夹中，使局域网中的多个用户可同时访问并修改该工作簿的内容。

（6）继续在工作簿的【审阅】→【更改】组中单击 修订 按钮，在打开的下拉列表中选择“突出显示修订”选项，如图11-9所示。

（7）在打开的“突出显示修订”对话框中单击选中“修订人”复选框，在其后的下拉列表框中保持默认选择“每个人”选项，然后单击选中“位置”复选框，在工作表中选择

A5:G12单元格区域，完成后单击确定按钮，如图11-10所示。

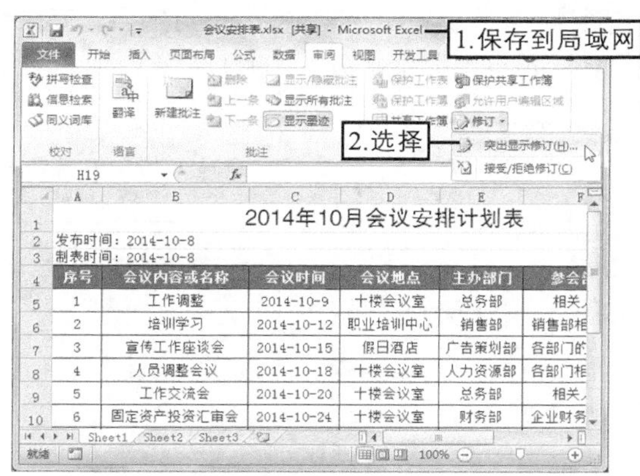

图11-9 选择“突出显示修订”命令

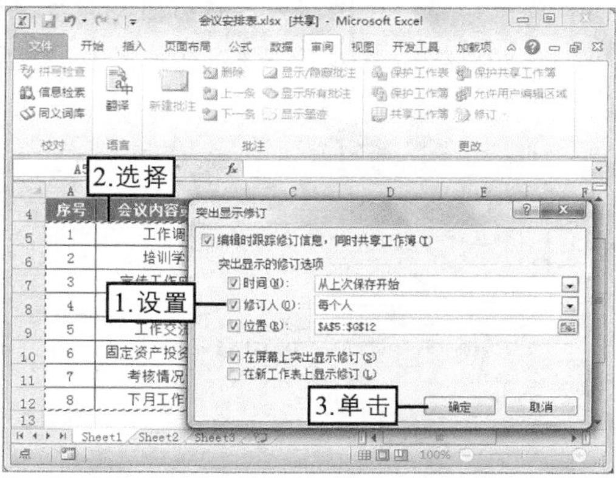

图11-10 设置突出显示修订

（8）这里由于还未对共享工作簿进行修订，因此将打开图11-11所示的提示对话框，然后单击确定按钮完成突出显示修订的设置。

（9）选择C8单元格，输入修订内容“2014-10-17”，完成后在该单元格左上角将自动添加一个批注，其中包含了修订人、修订日期以及修订内容，如图11-12所示。

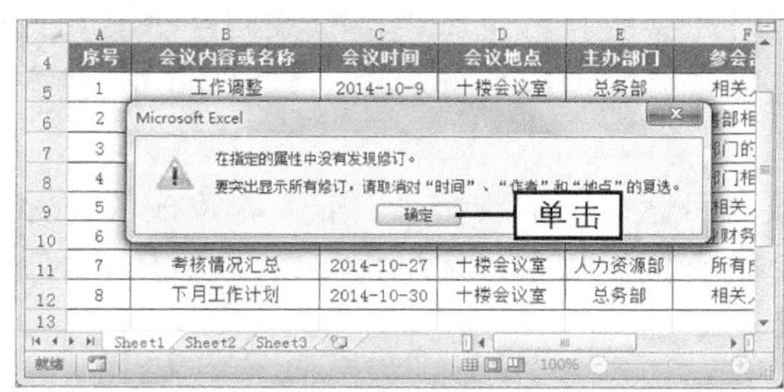

图11-11 确认突出显示修订

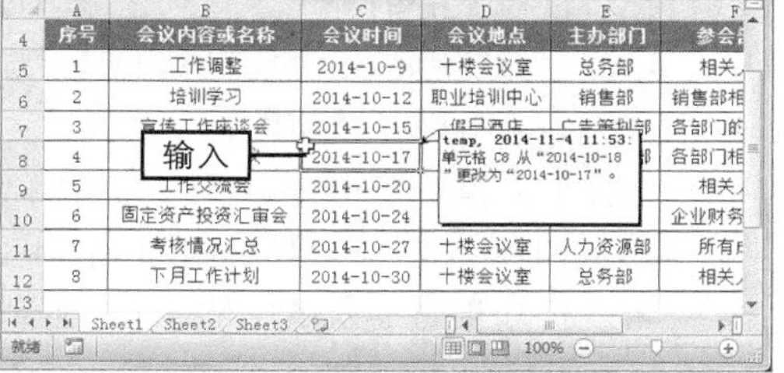

图11-12 输入并突出显示修订内容

（10）在【审阅】→【更改】组中单击修订按钮，在打开的下拉列表中选择“接受/拒绝修订”选项，如图11-13所示。

（11）在打开的提示对话框中单击确定按钮确认保存工作簿，然后在打开的“接受或拒绝修订”对话框中保持默认设置，单击确定按钮，如图11-14所示。

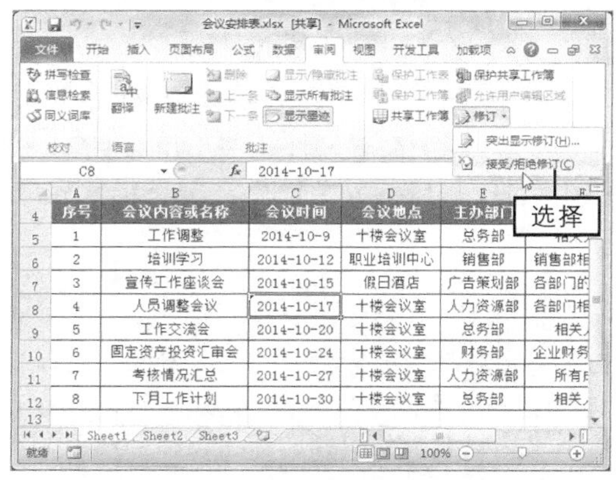

图11-13 选择接受修订命令

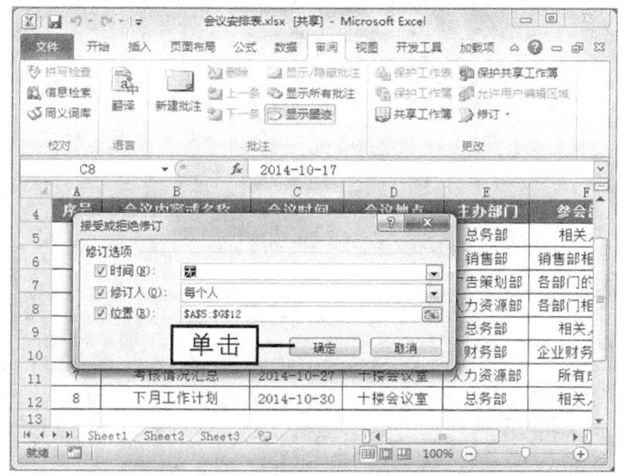

图11-14 设置接受或拒绝修订

（12）在打开的“接受或拒绝修订”对话框中将显示出有关修订的详细信息，包括该工作簿中共有多少修订、修订人、修订日期以及修订内容等，单击[接受(A)]按钮接受修订内容，并关闭该对话框。返回工作簿中所作修改的单元格将不再突出显示修订，如图11-15所示。

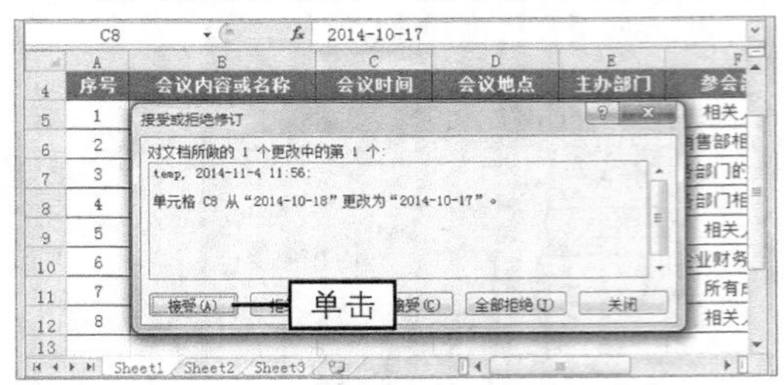

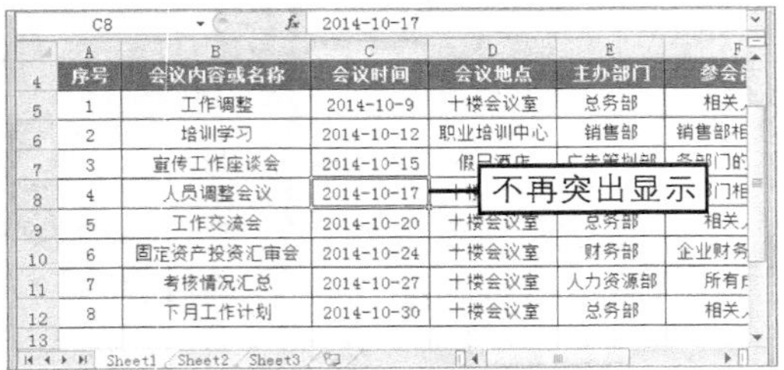

图11-15　接受修订

11.2　链接与嵌入对象

Office中各个组件之间主要是通过链接与嵌入对象来实现协同工作的，链接对象和嵌入对象之间的主要差别在于数据存储于何处以及将数据放入目标文档后是如何更新的，下面分别进行介绍。

◎ 在链接对象的情况下，只有在修改源文档时才会更新信息。链接的数据存储于源文档中，目标文档中仅存储文档的地址，并显示链接数据的外部对象。如果用户比较注重文档大小，则可以使用链接对象。

◎ 在嵌入对象的情况下，修改源文档不会改变目标文档中的信息。嵌入对象成了目标文档中的一部分，一旦插入，就不再与源文档有任何联系。在源程序中双击嵌入对象就可以打开它的主程序并对它进行编辑。

11.2.1　创建链接或嵌入对象

要创建链接或嵌入对象，应先选择单元格作为链接或嵌入对象的存储位置，然后在【插入】→【文本】组中单击“插入对象”按钮，在打开的“对象”对话框中执行相应的操作，下面分别介绍。

◎ **嵌入对象**：在“对象”对话框的“新建”选项卡的“对象类型”列表框中选择需嵌入的对象选项，如图11-16所示，然后单击[确定]按钮即可创建嵌入对象。

◎ **链接对象**：在“对象”对话框中单击“由文件创建”选项卡，再单击[浏览(B)...]按钮，如图11-17所示，在打开的“浏览”对话框中选择需链接的文件，然后单击[插入(S)]按钮，返回“对象”对话框单击选中“链接到文件”或“显示为图标”复选框，完成后单击[确定]按钮即可创建链接对象。

知识提示

在工作表中链接或嵌入的对象，不仅可用源文件的方式显示，也可以用图标的方式显示。自定义链接或嵌入对象的图标和图标标题的方法为：在“对象”对话框的相应选项卡中单击选中“显示为图标”复选框后，单击[更改图标(I)...]按钮，在打开的“更改图标”对话框的“图标”列表框中选择相应的图标，在“图标标题”文本框中输入相应的内容，完成后单击[确定]按钮即可。

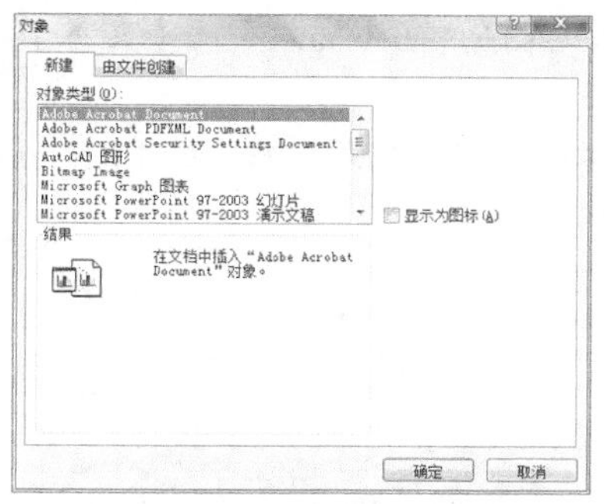

图11-16　创建嵌入对象

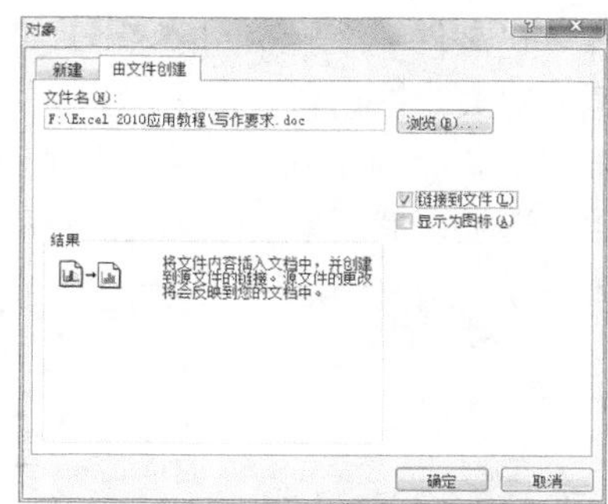

图11-17　创建链接对象

11.2.2 编辑链接或嵌入对象

在工作表中创建链接或嵌入对象后，还可在其中编辑对象的内容，并设置相应的格式，下面分别进行介绍。

◎ **编辑链接或嵌入对象**：选择创建的新对象后，在其上单击鼠标右键，在弹出的快捷菜单中选择【文档 对象】→【编辑】命令，或双击创建的新对象，在Excel中将对象切换到相应的主程序，在其中可对新建的对象进行编辑。

◎ **使用其他程序编辑对象**：要使用其他程序编辑工作表中的嵌入对象，可以对该对象的类型进行转换，其方法为在工作表中的对象上单击鼠标右键，在弹出的快捷菜单中选择【文档 对象】→【转换】命令，在打开的“类型转换”对话框的列表框中选择对象要转换的类型，然后单击 确定 按钮即可。

11.2.3 课堂案例2——链接与嵌入对象

本案例将在提供的素材文件中链接图片对象，并嵌入Word对象，完成后的参考效果如图11-18所示。

素材所在位置　光盘:\素材文件\第11章\课堂案例2\装修费用清单.xlsx、户型图.png

光盘:\效果文件\第11章\课堂案例2\装修费用清单.xlsx

视频演示　光盘:\视频文件\第11章\链接与嵌入对象.swf

装修费用清单

房屋的装修费用主要包括基础装修和主材，下面主要对主材部分进行报价，包含卧室、书房、客厅、厨房、卫生间等用到的材料以及家用电器。

户型图.png

房间	序号	名称	数量	单位	单价	总价
主卧	1	主卧衣柜	6.44	m^2	508	3271.52
	2	主卧床	1	个	3500	3500
	3	主卧床垫	1	个	2000	2000
次卧	4	次卧衣柜	4.6	m^2	508	2336.8
	5	次卧床	1	个	2000	2000
	6	次卧床垫	1	个	1500	1500
	7	写字桌	1	个	300	300
书房	8	书柜	5	m^2	508	2540
	9	书桌+椅子	1	套	500	500
	10	沙发床	1	个	1200	1200
客厅	11	客厅沙发	1	套	3500	3500
	12	电视	1	个	3500	3500
	13	电视墙	1	套	58	58
	14	空调	1	1.5P	3000	3000

图11-18　“装修费用清单”的参考效果

（1）打开素材文件“装修费用清单.xlsx”，选择A2单元格，在【插入】→【文本】组中单击“插入对象”按钮。

（2）打开“对象”对话框，“新建”选项卡的“对象类型”列表框中选择“Microsoft Word文档”选项，然后单击确定按钮，如图11–19所示。

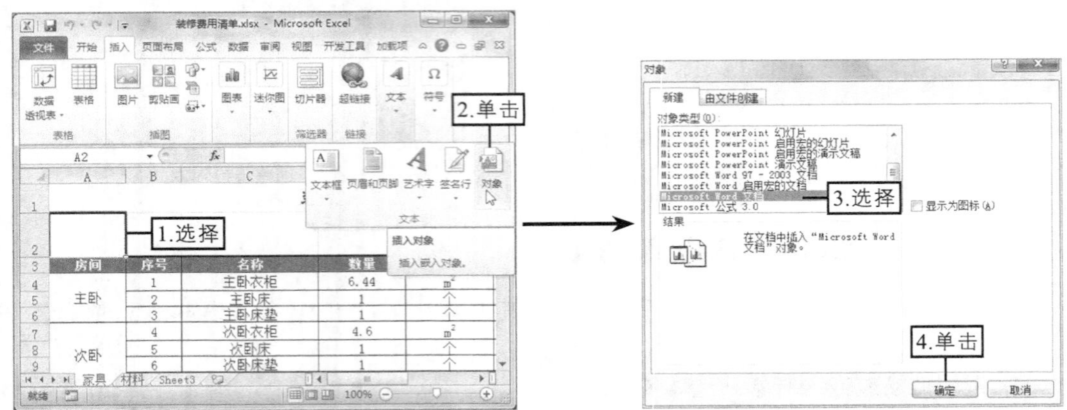

图11–19　创建嵌入对象

（3）打开文档的主程序，并插入对象编辑框，在嵌入的Word对象中输入相应的文本，如图11–20所示，完成后在工作表中单击任意单元格退出Word对象的编辑状态。

（4）单击嵌入的Word对象边框，将鼠标光标移动到其右下角的控制点上，按住鼠标左键不放拖动Word对象边框到适合的大小后释放鼠标，如图11–21所示。

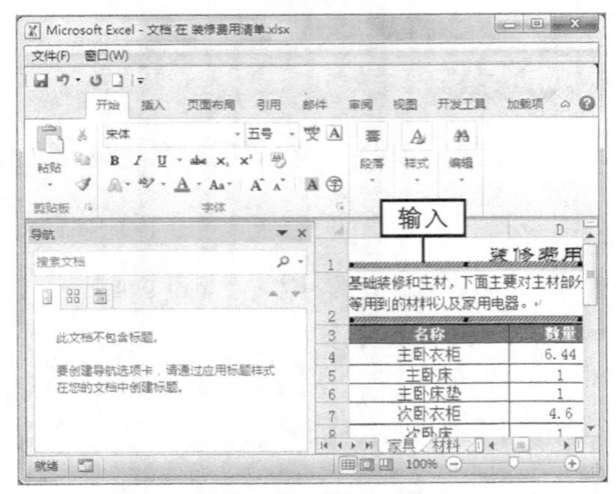

图11–20　输入Word对象文本

图11–21　编辑Word对象的大小

（5）双击嵌入对象并选择其中的文本，然后在打开的主程序窗口中设置文档的字体格式为“小四，黑体，深红”，如图11–22所示。

（6）选择H2单元格，在【插入】→【文本】组中单击“插入对象”按钮，在打开的“对象”对话框中单击“由文件创建”选项卡，再单击浏览(B)...按钮，在打开的“浏览”对话框中选择需链接的文件“户型图.png”，然后单击插入(S)按钮，如图11–23所示。

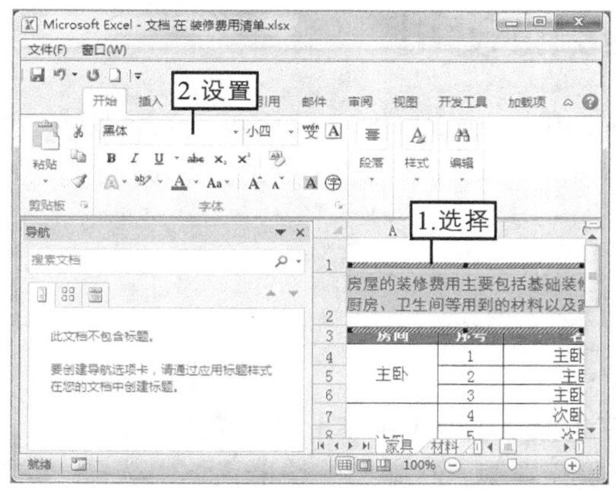

图11-22　设置Word对象的字体格式

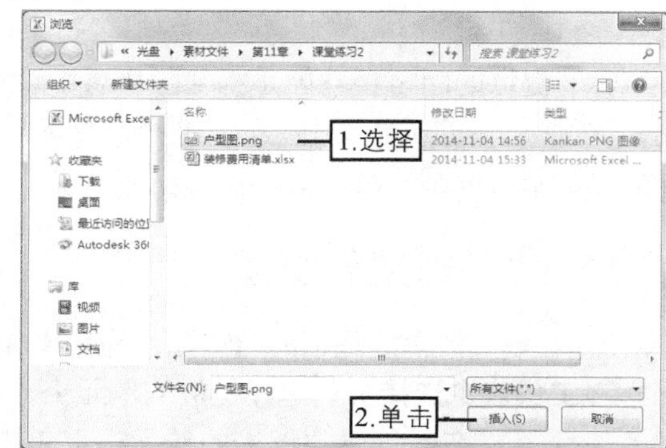

图11-23　选择链接对象

（7）返回“对象”对话框，单击选中“链接到文件”复选框，完成后单击 确定 按钮在工作表中以图标的形式显示对象，如图11-24所示。

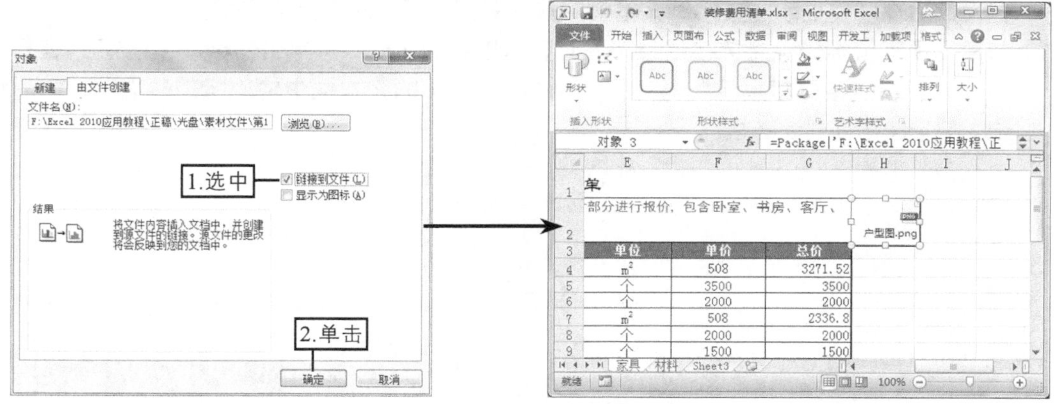

图11-24　创建链接对象

（8）在工作表中双击链接对象，在打开的“打开软件包内容”对话框中单击 打开(O) 按钮，即可打开图像编辑软件查看链接的图片效果，如图11-25所示。

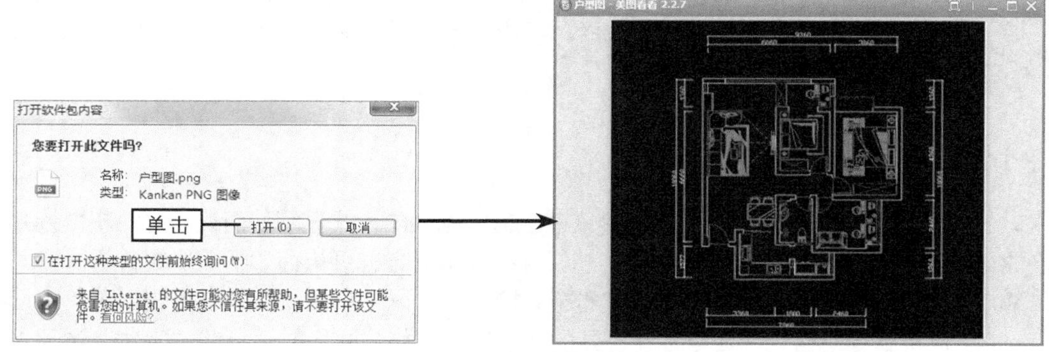

图11-25　查看链接的图片效果

11.3 超链接的使用

Excel提供的超链接功能是指在工作表中设置相应的数据或图片，然后通过单击数据或图片，切换到所需的工作表中。该功能可以帮助用户快速切换到所需的工作表，不仅提高了工作效率，而且操作起来非常方便。

11.3.1 创建超链接

使用超链接前需要先创建超链接，其具体操作如下。

（1）在工作表中选择要创建超链接的单元格，在【插入】→【链接】组中单击“超链接”按钮，或在需创建超链接的单元格上单击鼠标右键，在弹出的快捷菜单中选择“超链接”命令。

（2）在打开的“插入超链接”对话框（见图11-26）的“链接到”栏下选择超链接需要链接到的位置，在右侧的列表框中选择需链接的文件或工作表中的单元格，或是新建的文档，然后在“要显示的文字”文本框中输入要用于表示超链接的文字。

（3）若要实现当鼠标光标悬停在超链接上时显示信息的功能，可单击 屏幕提示(P)... 按钮，在打开的“设置超链接屏幕提示”对话框（见图11-27）的文本框中输入所需的文字，然后单击 确定 按钮创建超链接。

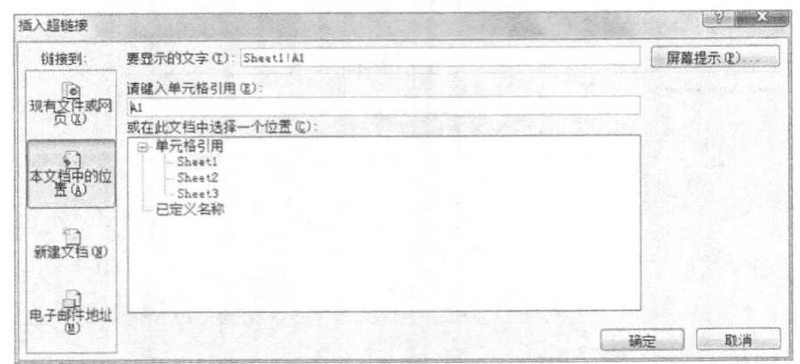

图11-26 “插入超链接”对话框

图11-27 “设置超链接屏幕提示”对话框

操作技巧

创建超链接后，单击超链接所在的单元格可打开该超链接的工作表或网页。若需选择创建了超链接的单元格，则可单击并按住鼠标左键不放选择该单元格，或选择该单元格周围未创建超链接的单元格，然后通过按键盘上的【↑】【↓】【←】【→】4个方向键选择所需单元格。

11.3.2 编辑超链接

默认情况下在单元格中创建的超链接以蓝色带下画线的形式显示，而访问过的超链接则以紫色带下画线的形式显示。如果对创建的超链接效果不满意，可执行如下操作编辑超链接。

- ◎ **更改超链接的文字外观**：在创建的超链接上单击鼠标右键，在弹出的快捷菜单中选择“设置单元格格式”命令，在打开的“设置单元格格式”对话框的“字体”选项卡中更改超链接的文字外观，或清除超链接的下画线。
- ◎ **更改超链接地址**：要链接到其他文件或地址，可在该超链接上单击鼠标右键，在弹出

的快捷菜单中选择“编辑超链接”命令，在打开的“编辑超链接”对话框（见图11-28）的“链接到”栏下单击相应的按钮，并在“或在此文档中选择一个位置”栏中选择相应的选项，完成后单击[确定]按钮。

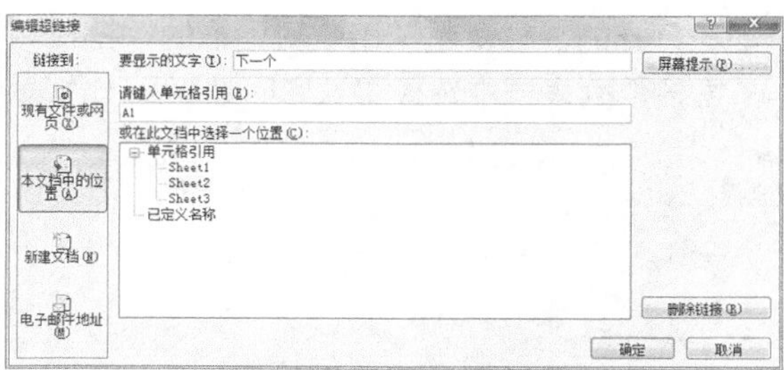

图11-28 编辑超链接

◎ **更改超链接的显示名称**：要更改已创建的超链接显示的提示文字，可将鼠标光标移动到包含超链接的单元格中直接进行编辑，或在“编辑超链接”对话框的“要显示的文字”文本框中输入相应的提示。

◎ **删除超链接**：用鼠标右键单击该超链接，在弹出的快捷菜单中选择“取消超链接”命令，或在“编辑超链接”对话框中单击[删除链接(R)]按钮即可删除已创建的超链接，并将该超链接变成普通文本。

11.3.3 课堂案例3——为产品库存管理表创建超链接

本案例将在提供的素材文件中创建并编辑超链接，实现工作表之间的快速切换，完成后的参考效果如图11-29所示。

素材所在位置 光盘:\素材文件\第11章\课堂练习3\产品库存管理表.xlsx

效果所在位置 光盘:\效果文件\第11章\课堂练习3\产品库存管理表.xlsx

视频演示 光盘:\视频文件\第11章\为产品库存管理表创建超链接.swf

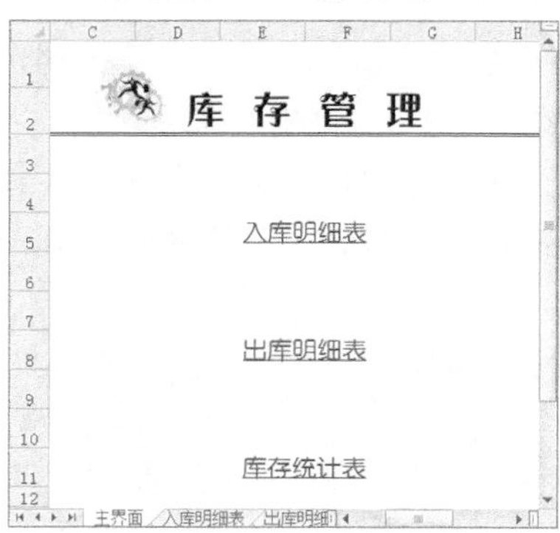

返回主界面 返回出库明细表 返回库存统计表

产品入库明细表

入库日期	产品编码	产品名称	颜色	单位	单价	数量
2014-10-13	DF-RK-1004	冰箱	银色	台	￥ 3,699.00	10
2014-10-26	DF-RK-1013	冰箱	红色	台	￥ 3,699.00	15
2014-10-15	DF-RK-1005	电磁炉	黑色	台	￥ 499.00	12
2014-10-25	DF-RK-1012	电磁炉	黑色	台	￥ 499.00	18
2014-10-10	DF-RK-1002	电饭煲	白色	台	￥ 599.00	25
2014-10-17	DF-RK-1006	电饭煲	白色	台	￥ 599.00	16
2014-10-22	DF-RK-1010	电视机	黑色	台	￥ 5,999.00	10
2014-10-28	DF-RK-1015	电视机	黑色	台	￥ 5,999.00	15
2014-10-17	DF-RK-1007	豆浆机	红色	台	￥ 499.00	8
2014-10-23	DF-RK-1011	豆浆机	粉红色	台	￥ 499.00	20
2014-10-8	DF-RK-1001	空调	白色	台	￥ 5,699.00	5
2014-10-12	DF-RK-1003	空调	白色	台	￥ 5,699.00	8
2014-10-29	DF-RK-1016	空调	银色	台	￥ 5,699.00	8

主界面 入库明细表 出库明细表 库存统计表

图11-29 创建超链接后的产品库存管理表的参考效果

职业素养

库存管理是指在物流过程中商品数量的管理。通过库存管理系统可以及时反映各种物资的仓储、流向情况，为生产管理和成本核算提供依据；通过库存分析，为管理及决策人员提供库存资金占用情况、物资积压情况、短缺/超储情况等不同的统计分析信息；通过对批号的跟踪，实现专批专管，保证质量跟踪的贯通。

（1）打开素材文件“产品库存管理表.xlsx”，在“主界面”工作表中选择“入库明细表”文本所在的单元格，然后在【插入】→【链接】组中单击“超链接”按钮。

（2）在打开的“插入超链接”对话框的“链接到”栏下单击“本文档中的位置”选项卡，在右侧的列表框中选择“入库明细表”工作表名称，单击确定按钮，如图11-30所示。

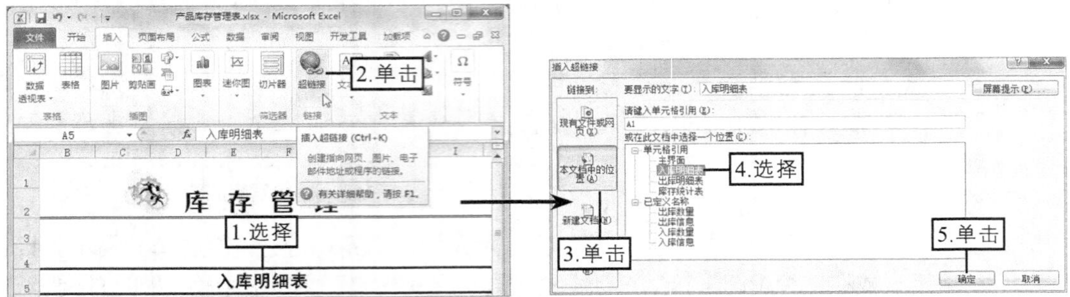

图11-30 设置超链接位置

（3）返回“主界面”工作表，将鼠标光标移到创建的超链接上时将显示其具体链接位置。

（4）用相同的方法为“出库明细表”和“库存统计表”工作表创建相应的超链接，如图11-31所示。

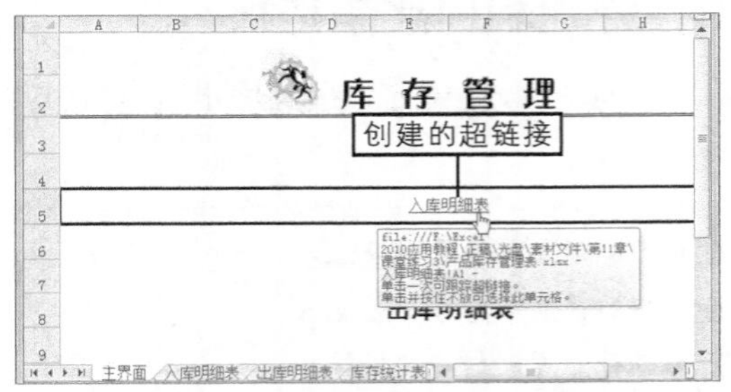

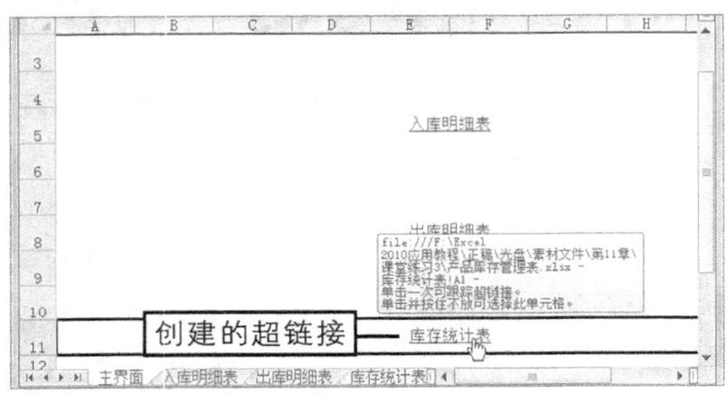

图11-31 创建相应的超链接

（5）在“主界面”工作表的创建超链接单元格右侧的空白处单击并选择该单元格，这里同时选择A5、A8和A11单元格，设置其字体格式为“方正准圆简体，16”，如图11-32所示。

（6）将鼠标光标移到创建的“入库明细表”超链接上，单击它立即链接到“入库明细表”工作表，并指向A1单元格，然后在【插入】→【链接】组中单击“超链接”按钮，如图11-33所示。

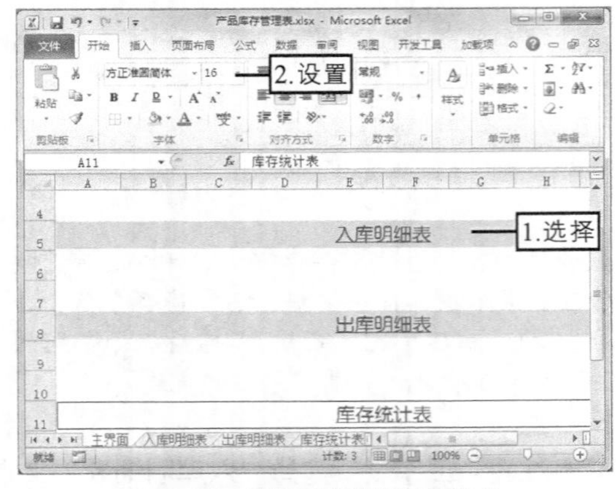

图11-32 编辑超链接的字体格式

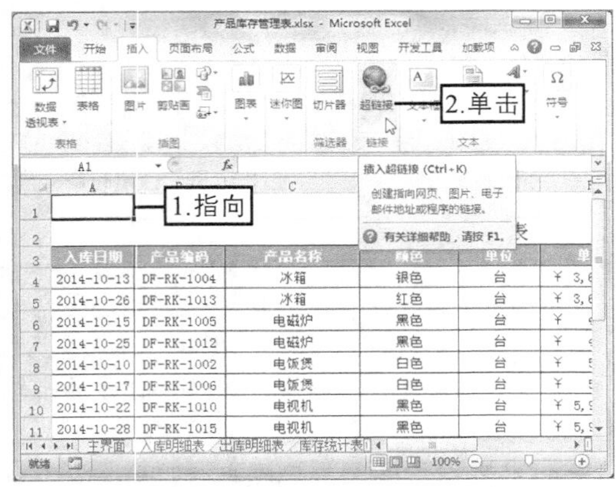

图11-33 应用超链接

（7）在打开的“插入超链接”对话框的“要显示的文字”文本框中输入文本“返回主界面”，在右下方的列表框中选择“主界面”工作表名称，然后单击确定按钮。

（8）在“入库明细表”工作表的A1单元格中单击超链接，将返回“主界面”工作表，这样无须在工作表标签上进行选择就可快速切换到所需的工作表，如图11–34所示。

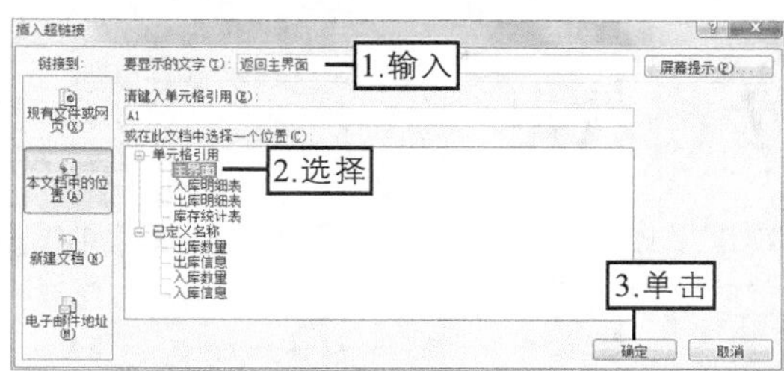

图11–34 创建“返回主界面”超链接

（9）选择创建超链接的单元格，这里选择A1单元格，设置其字体格式为“12，加粗”，对齐方式为“居中”，填充颜色为“橄榄色，强调文字颜色 3，淡色 40%”，如图11–35所示。

（10）用相同的方法在“入库明细表”工作表的D1和G1单元格中创建“返回出库明细表”和“返回库存汇总表”超链接，并设置其单元格格式，如图11–36所示。

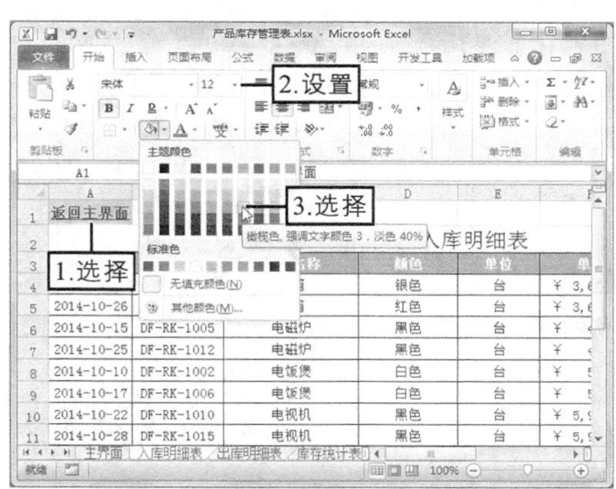

图11–35 编辑“返回主界面”超链接

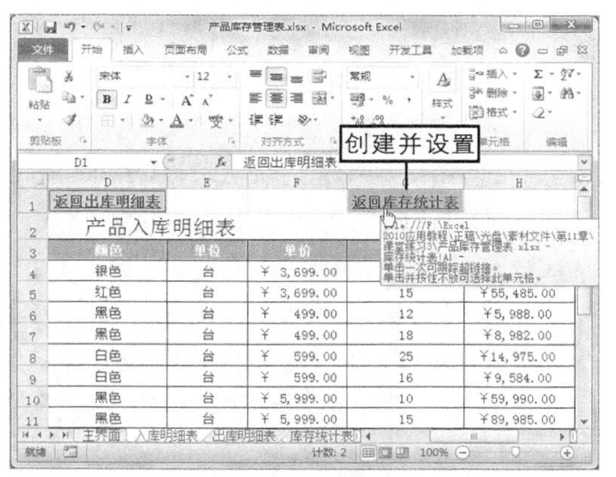

图11–36 创建并编辑更多超链接

（11）用相同的方法在“出库明细表”工作表的A1、D1和G1单元格中创建并编辑“返回主界面”“返回入库明细表”“返回库存汇总表”超链接。在“库存汇总表”工作表的A1、D1、G1单元格中创建并编辑“返回主界面”“返回入库明细表”“返回出库明细表”超链接，如图11–37所示。

图11–37 创建并编辑更多超链接

操作技巧

在Excel中还可用HYPERLINK函数为存储在Internet或计算机中的文件快速创建超链接。如假设在“产品库存管理表”工作簿的“库存统计表”工作表的A14单元格中输入公式“=HYPERLINK("[产品库存管理表.xlsx]主界面!A1")”，并按【Enter】键，单击它即可链接到“主界面”工作表的A1单元格中。

11.4 打印表格数据

为了使表格数据具有较强的可读性，并能美观地呈现在纸张上，在打印表格数据之前应先对工作表进行页面设置，然后预览打印效果，满意后就可以开始打印了。

11.4.1 设置主题

主题是一组统一的设计元素，它可以使用主题颜色、字体、效果设置文档的外观。通过主题不仅可以快速而轻松地设置整个文档的格式，而且可以赋予文档专业和时尚的外观。设置主题的方式有如下两种。

- ◎ **应用预设的主题样式**：在【页面布局】→【主题】组中单击“主题”按钮，在打开的下拉列表中选择一种预设的主题样式，如图11-38所示，工作表中的数据包括图表即可应用该主题的字体格式、颜色、效果等样式；若选择“启用来自Office.com的内容更新”命令则可在网络上查找更多的主题样式。
- ◎ **自定义主题样式**：在【页面布局】→【主题】组中分别单击、、按钮，在打开的下拉列表中选择主题的颜色、文字字体以及效果选项即可，也可选择相应的命令重新新建所需的主题样式。

图11-38　应用预设的主题样式

11.4.2 页面设置

页面设置是指对需打印表格的页面进行合理的布局和格式设置，如设置页边距、纸张方向、纸张大小、页眉/页脚等。在工作表中不仅可以在【页面布局】→【页面设置】组中单击相应的按钮进行设置，也可在“页面设置”对话框中单击相应的选项卡分别进行设置。

1. 通过“页面设置”组设置

在【页面布局】→【页面设置】组中可执行如下操作。

- ◎ **设置页边距**：单击“页边距”按钮，在打开的下拉列表中可选择已定义好的“普通”“宽”“窄”3种页边距，也可选择“自定义页边距”选项，在打开的“页面设置”对话框的“页边距”选项卡中自定义页边距。
- ◎ **设置纸张方向**：单击纸张方向按钮，在打开的下拉列表中可选择“纵向”或“横向”选项之后设置纸张的方向。

◎ **设置纸张大小**：单击纸张大小按钮，在打开的下拉列表中可选择已定义好的纸张大小，也可选择“其他纸张大小”命令，在打开的“页面设置”对话框的“页面”选项卡中中自定义纸张大小。

◎ **设置打印区域**：在工作表中选择需要打印的单元格区域，然后单击打印区域按钮，在打开的下拉列表中选择“设置打印区域”选项，可将所选的单元格区域设置为打印区域，且设置的打印区域以虚线框显示，完成后再选择“取消印区域”命令，可取消设置的打印区域。

2. 通过“页面设置”对话框设置

在【页面布局】→【页面设置】组右下角单击“对话框启动器”按钮，可打开“页面设置”对话框，如图11-39所示，在其中可进行详细页面设置。

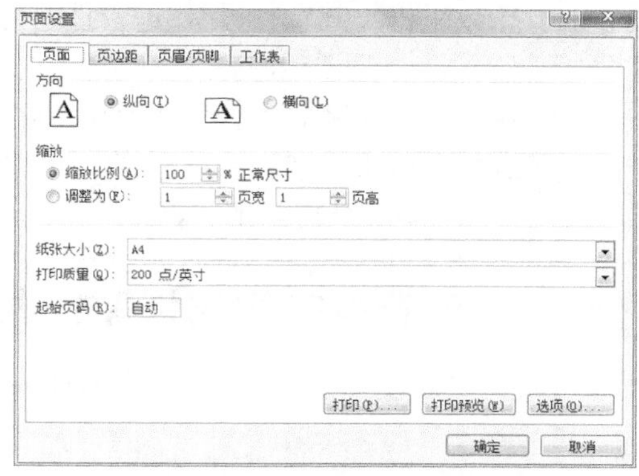

图11-39 通过“页面设置”对话框设置

◎ **设置页面**：在“页面”选项卡的“方向”栏中可设置纸张的排列方向；在“缩放”栏中可设置表格的缩放比例与纸张尺寸；在“纸张大小”下拉列表框中可选择打印纸张的规格，如A4、B5等。

◎ **设置页边距**：在“页边距”选项卡中可以设置表格数据距页面上、下、左、右各边的距离以及表格在页面中的居中方式等。

◎ **设置页眉/页脚**：在“页眉/页脚”选项卡的“页眉”和“页脚”下拉列表框中可选择一种预设页眉和页脚样式，也可单击自定义页眉(C)...或自定义页脚(U)...按钮，在打开的“页眉”或“页脚”对话框中自定义喜欢的页眉与页脚样式，完成后单击确定按钮。

◎ **设置打印标题与区域**：在“工作表”选项卡的“打印区域”文本框中可设置工作表的打印区域；在“顶端标题行”文本框中可设置固定打印的顶端标题；在“左端标题行”文本框中可设置固定打印的左端标题，完成后即可以报表的形式打印区域数据。

11.4.3 预览并打印表格数据

为了确保设置以及打印的准确性，在打印表格数据之前可以选择【文件】→【打印】菜单命令，或在“页面设置”对话框的各选项卡中分别单击打印(P)...按钮或打印预览(W)按钮打开打印页面，如图11-40所示，在其中继续设置打印选项，并预览打印效果。下面对常用的打印设置进行介绍。

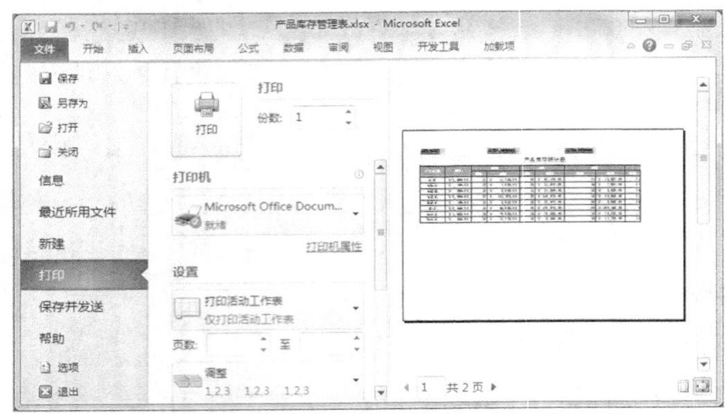

图11-40　打印页面

◎ **设置页面：**若对设置的打印效果仍不满意，可继续在打印页面中间区域的“设置”栏中分别设置打印区域、纸张方向、纸张大小等。

◎ **预览打印效果：**在打印页面的右侧可预览工作表的打印效果。

◎ **打印表格数据：**若对设置的打印效果满意后，可在打印页面的中间区域的“打印”栏的“份数”数值框中输入打印张数，然后单击“打印”按钮连接打印机开始打印。

11.4.4　课堂案例4——预览并打印培训课程表

本案例将对提供的素材文件进行页面设置，完成后预览并打印表格数据，完成后的参考效果如图11-41所示。

素材所在位置　光盘:\素材文件\第11章\课堂案例4\培训课程表.xlsx、图标.png

效果所在位置　光盘:\效果文件\第11章\课堂案例4\培训课程表.xlsx

视频演示　光盘:\视频文件\第11章\预览并打印培训课程表.swf

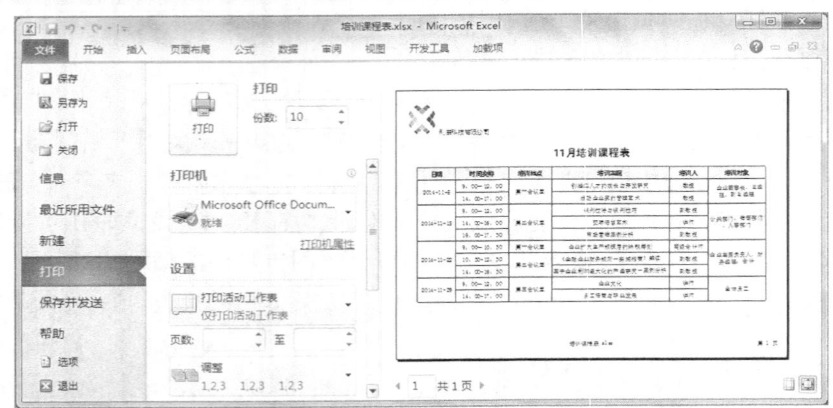

图11-41　预览并打印培训课程表的参考效果

（1）打开素材文件“培训课程表.xlsx”，在【页面布局】→【页面设置】组中单击“页边距”按钮，在打开的下拉列表中选择“窄”选项，如图11-42所示。

（2）单击“纸张方向”按钮，在打开的下拉列表中选择“横向”选项，如图11-43所示。

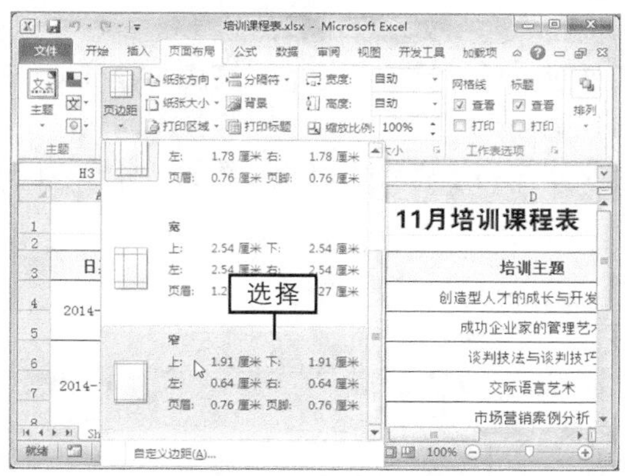

图11-42　设置页边距

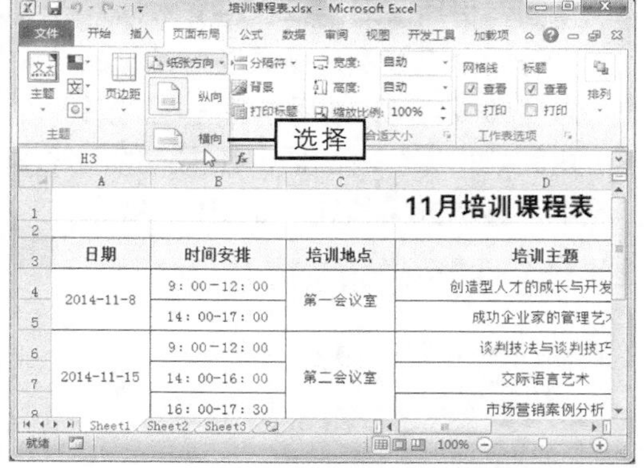

图11-43　设置纸张方向

（3）单击纸张大小按钮，在打开的下拉列表中选择“B5”选项，如图11-44所示。

（4）在【页面布局】→【页面设置】组右下角单击“对话框启动器”按钮，在打开的“页面设置”对话框中单击“页眉/页脚”选项卡，然后单击自定义页眉(C)...按钮，如图11-45所示。

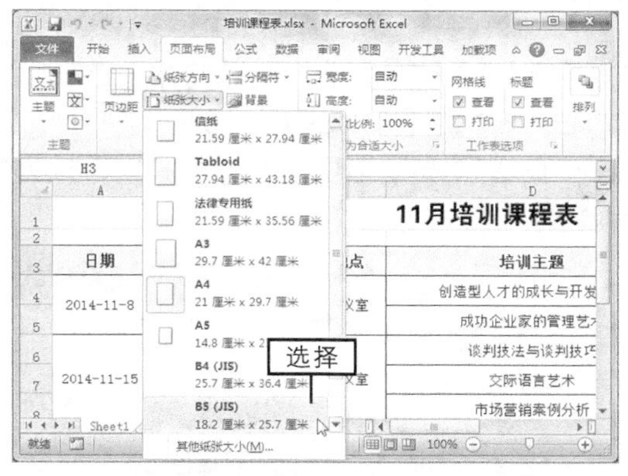

图11-44　设置纸张大小

1.单击
2.单击

图11-45　单击“自定义页眉”按钮

（5）在打开的“页眉”对话框中将文本插入点定位到“左”文本框中，然后单击按钮。

（6）在打开的“插入图片”对话框中选择“图标.png”图片的路径，然后选择该图片，并单击插入(S)按钮，如图11-46所示。

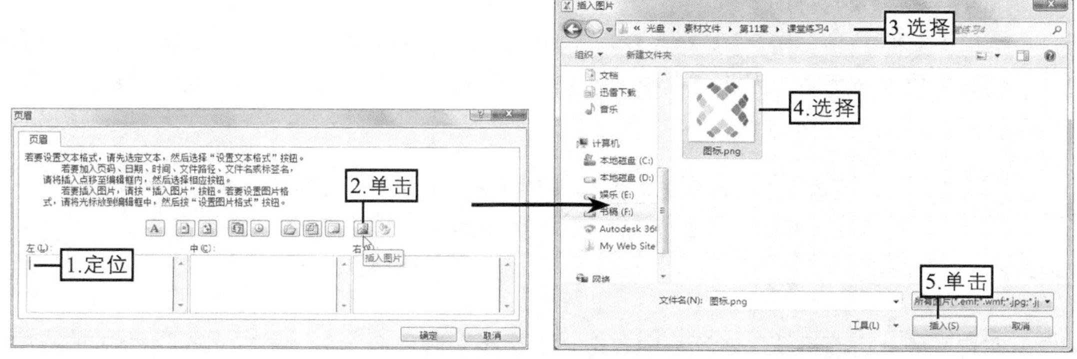

图11-46　在页眉中插入图片

（7）返回“页眉”对话框，将文本插入点继续定位到“左”文本框中，然后单击按钮，在打开的“设置图片格式”对话框的“大小”选项卡的“比例”栏的“高度”数值框中输入“50%”，完成后单击确定按钮，如图11-47所示。

（8）返回“页眉”对话框，在插入的图片后输入文本“科技有限公司”，然后选择输入的文本，再单击A按钮，如图11-48所示。

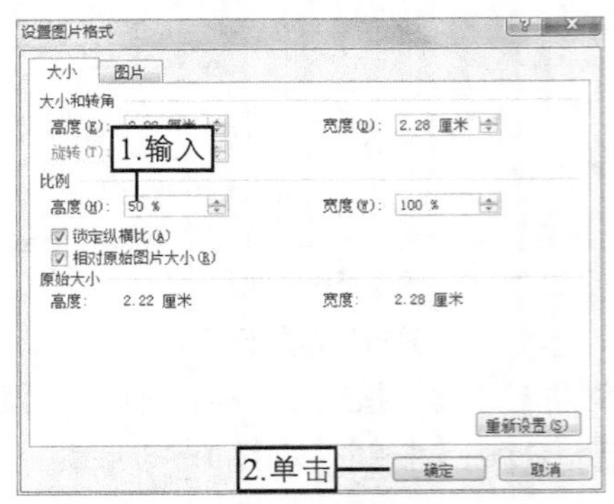

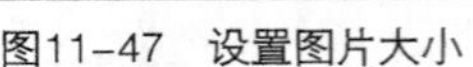
图11-47　设置图片大小

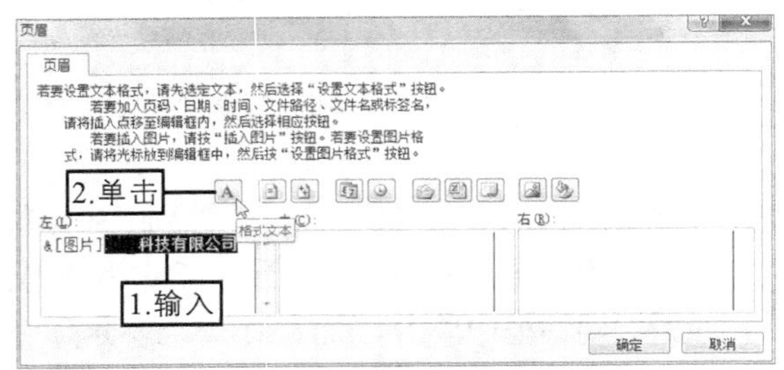

图11-48　输入并选择文本

（9）在打开的“字体”对话框的“字体”列表框中选择“方正兰亭超细黑简体”选项，在“大小”列表框中选择“12”选项，完成后单击确定按钮，如图11-49所示。

（10）返回“页眉”对话框，单击确定按钮，在“页眉/页脚”选项卡的“页脚”下拉列表框中选择图11-50所示的页脚样式，完成后单击确定按钮。

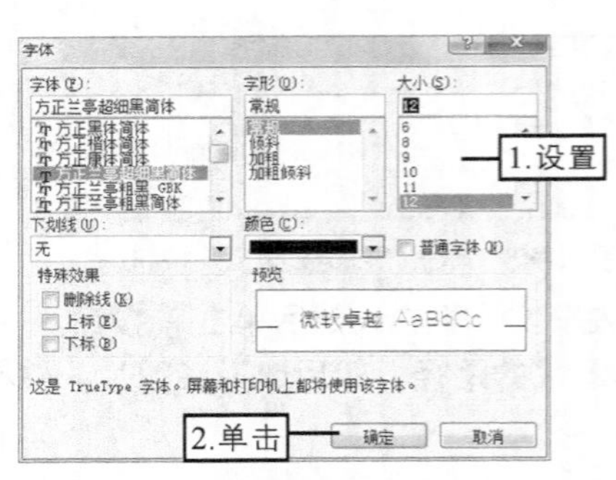

图11-49　设置字体格式

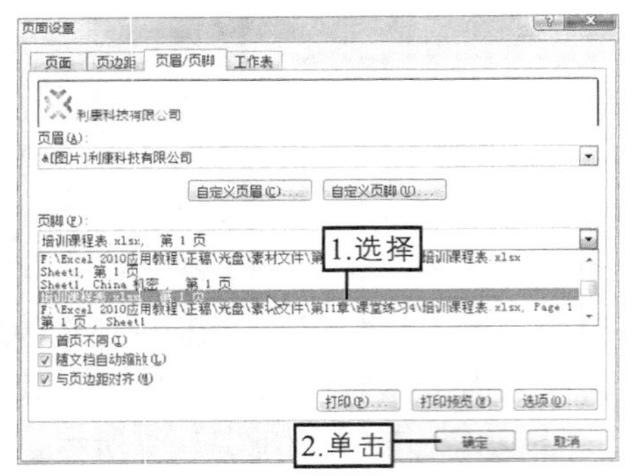

图11-50　设置页脚

（11）选择【文件】→【打印】菜单命令，在打印页面的右侧预览工作表的打印效果，此时可看到表格数据未居中，因此可在中间区域的“设置”栏下单击“页面设置”超链接，如图11-51所示。

知识提示

默认情况下，打印表格数据只打印当前工作表，若要打印整个工作簿，可在中间区域的“设置”栏下的第一个下拉列表框中选择“打印整个工作簿”选项；若要打印的工作表有多页，则可在“页数”栏的数值框中进行设置，即指定打印的起始页面和结束页面。

（12）在打开的“页面设置”对话框中单击“页边距”选项卡，在“居中方式”栏中单击选中“水平”和“垂直”复选框，然后单击确定按钮，如图11-52所示。

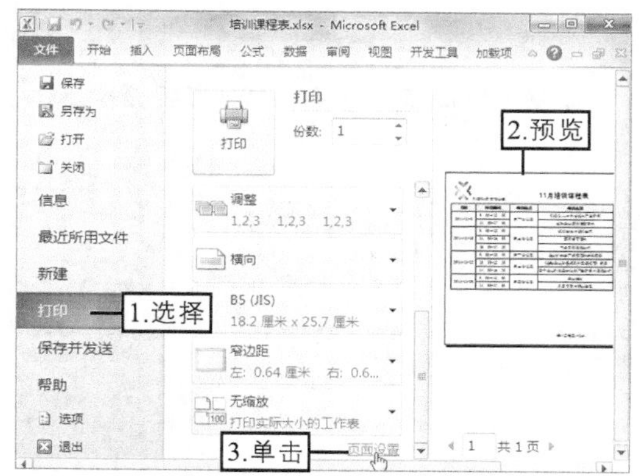

图11-51　预览打印效果

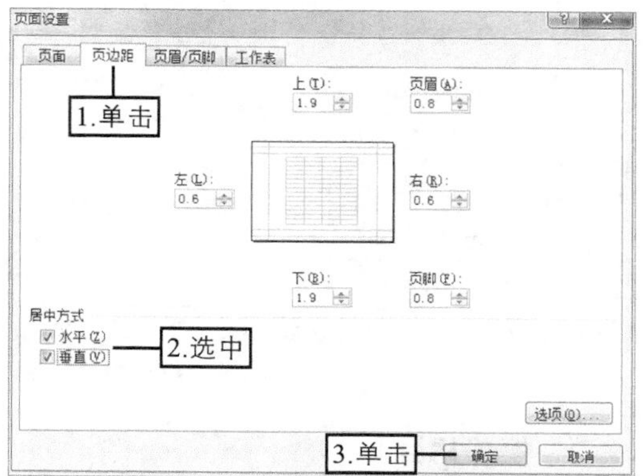

图11-52　设置页边距

（13）在打印页面的“打印”栏的“份数”数值框中输入表格的打印张数为“10”，然后单击“打印”按钮开始打印表格，如图11-53所示。

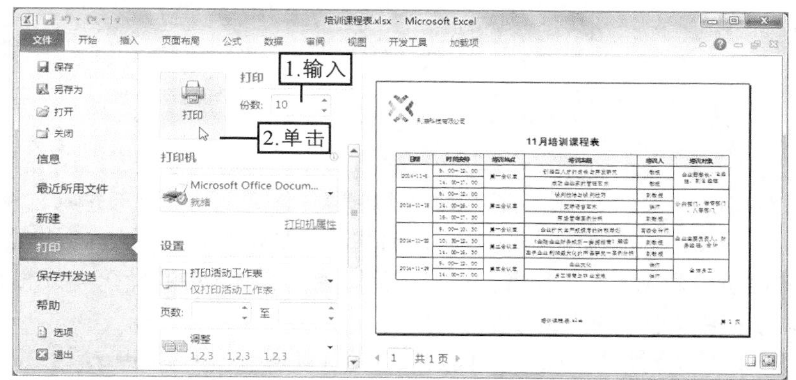

图11-53　开始打印

11.5　课堂练习

本课堂练习将综合使用本章所学的知识链接产品详细信息和打印应聘登记表，使读者熟练掌握Excel的其他应用知识。

11.5.1　链接产品详细信息

1. 练习目标

本练习的目标是通过链接对象和创建超链接指向相应的文件和工作表。本练习完成后的参考效果如图11-54所示。

素材所在位置　光盘:\素材文件\第11章\课堂练习\产品价格表.xlsx、产品说明.docx

效果所在位置　光盘:\效果文件\第11章\课堂练习\产品价格表.xlsx

视频演示　光盘:\视频文件\第11章\链接产品详细信息.swf

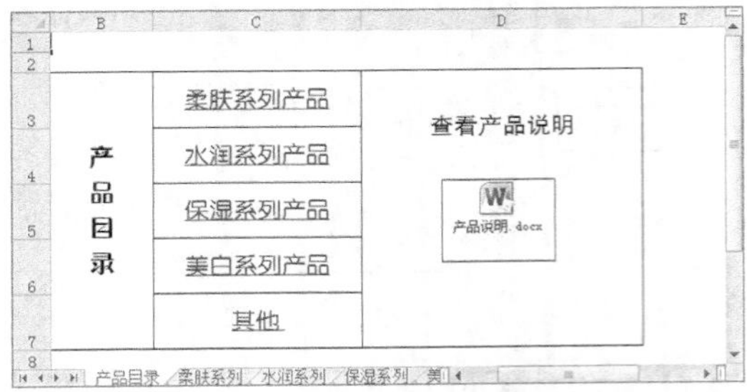

返回目录

柔肤系列产品价格表

货号	产品名称	净含量	包装规格	价格（元）	备注
RF001	柔肤洁面乳	105g	48支/箱	68	
RF002	柔肤紧肤水	110ml	48瓶/箱	88	
RF003	柔肤乳液	110ml	48瓶/箱	68	
RF004	柔肤霜	35g	48瓶/箱	105	
RF005	柔肤眼部修护素	30ml	48瓶/箱	99	
RF006	柔肤深层洁面膏	105g	48支/箱	66	
RF007	柔肤活性按摩膏	105g	48支/箱	98	
RF008	柔肤水分面膜	105g	48支/箱	66	
RF009	柔肤活性营养滋润霜	35g	48瓶/箱	125	
RF010	柔肤精华露	30ml	48瓶/箱	128	

图11-54　链接对象并创建超链接后的参考效果

2. 操作思路

完成本练习需要在提供的素材文件中链接Word对象，然后创建并编辑超链接，其操作思路如图11-55所示。

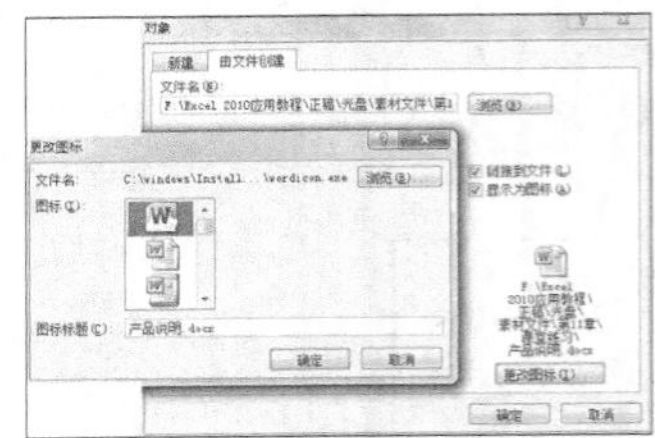

① 链接Word对象

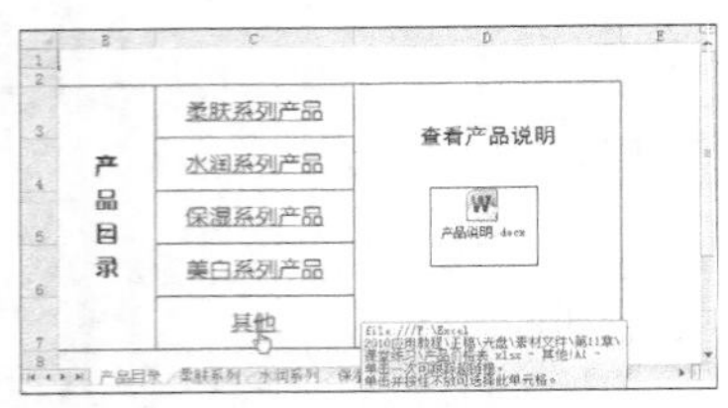

② 创建并编辑超链接

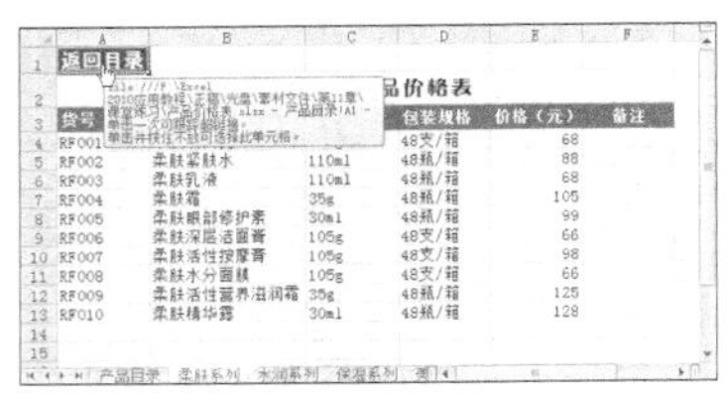

③ 创建并编辑“返回”超链接

图11-55　链接“产品价格表”的制作思路

（1）打开“产品价格表.xlsx”工作簿，在“产品目录”工作表中选择D5单元格，在【插入】→【文本】组中单击“插入对象”按钮。

（2）在打开的“对象”对话框中单击“由文件创建”选项卡，再单击“浏览(B)...”按钮，在打开的“浏览”对话框中选择需链接的文件“产品说明.docx”，然后单击“插入(S)”按钮。

（3）返回“对象”对话框，单击选中“链接到文件”和“显示为图标”复选框，然后单击“更改图标(I)...”按钮，在打开的“更改图标”对话框的“图标标题”文本框中输入“产品说明.docx”，完成后依次单击“确定”按钮。

（4）在工作表中调整链接对象的位置，然后选择C3单元格，并在【插入】→【链接】组中单击“超链接”按钮。

（5）在打开的“插入超链接”对话框的“链接到”栏下单击“本文档中的位置”选项卡，在右侧的列表框中选择“柔肤系列”工作表名称，单击“确定”按钮，返回工作表中，设置超链接的文本格式为“方正准圆简体，16”，用相同的方法为C4、C5、C6、C7单元格中的数据创建并编辑超链接。

（6）在“柔肤系列”工作表中选择A1单元格，在【插入】→【链接】组中单击“超链接”按钮，在打开的“插入超链接”对话框的“要显示的文字”文本框中输入文本“返回目录”，在右下方的列表框中选择“产品目录”工作表名称，然后单击“确定”按钮。

（7）返回工作表中，设置超链接的文本格式为“方正大黑简体，14，白色”，填充颜色为“紫色”，完成后用相同的方法在“水润系列”“保湿系列”“美白系列”“其他”工作表中的A1单元格中创建并编辑“返回目录”超链接。

11.5.2 打印应聘登记表

1. 练习目标

本练习的目标是打印多份应聘登记表供应聘人员填写。本练习完成后的参考效果如图11-56所示。

素材所在位置　光盘:\素材文件\第11章\课堂练习\应聘登记表.xlsx、公司图标.png
效果所在位置　光盘:\效果文件\第11章\课堂练习\应聘登记表.xlsx
视频演示　光盘:\视频文件\第11章\打印应聘登记表.swf

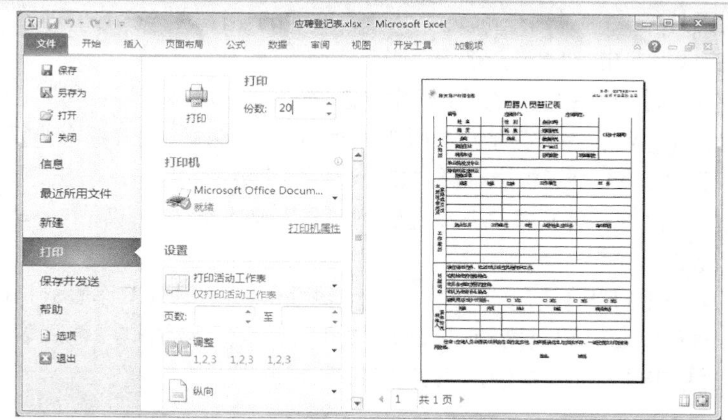

图11-56　预览并打印应聘登记表的参考效果

职业素养

由于参加应聘的人员众多，且层次各有不同，为了帮助企业快速从诸多应聘者中挑选出企业需要的合适人才，一般情况下，应聘人员去公司应聘时都需要填写应聘人员登记表，以方便管理人员查看应聘人员信息，为企业的人才库做好人才储备工作。因此提前将应聘登记表打印到纸张上非常有用。

2. 操作思路

完成本练习需要在提供的素材文件中先进行页面设置，然后预览并打印表格数据，其操作思路如图11-57所示。

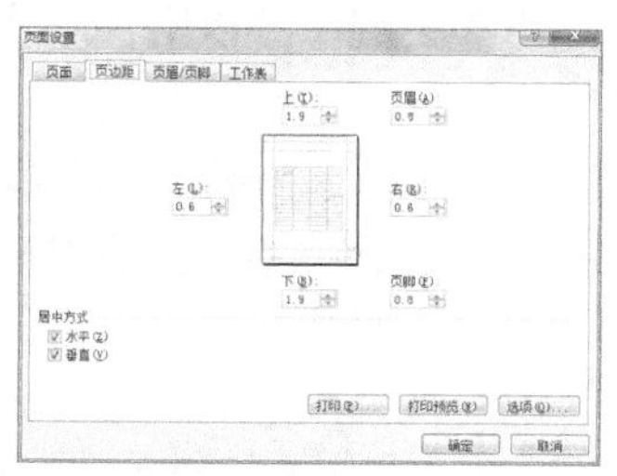

① 设置页边距

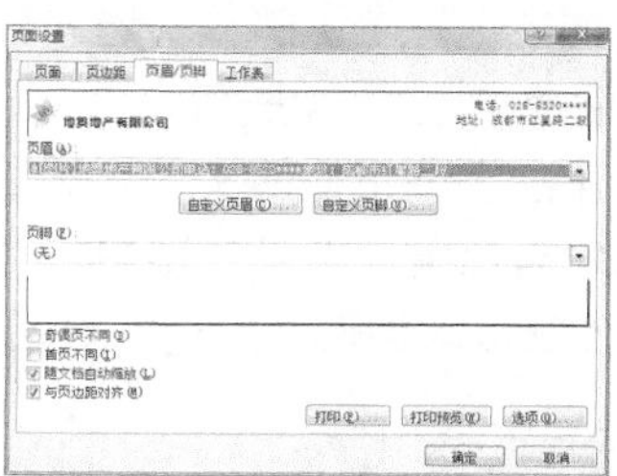

② 设置页眉/页脚

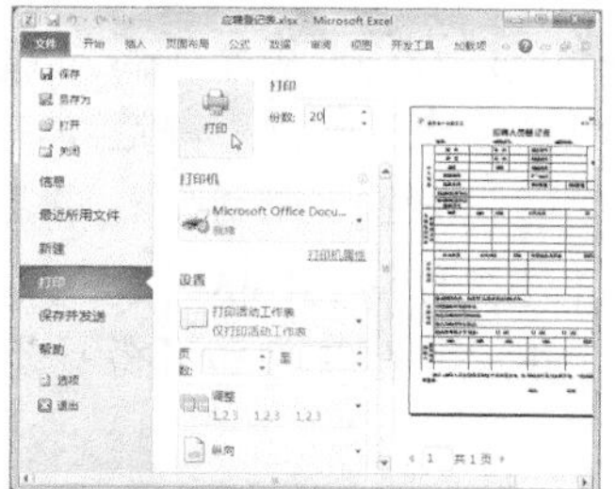

③ 预览并打印表格数据

图11-57　“应聘登记表”的制作思路

（1）打开“应聘登记表.xlsx”工作簿，在【页面布局】→【页面设置】组中单击“页边距”按钮，在打开的下拉列表中选择“窄”选项，然后在【页面布局】→【页面设置】组右下角单击“对话框启动器”按钮。

（2）在打开的“页面设置”对话框中单击“页边距”选项卡，在“居中方式”栏中单击选中“水平”和“垂直”复选框。

（3）单击“页眉/页脚”选项卡，然后单击自定义页眉(C)...按钮，在打开的“页眉”对话框中将文本插入点定位到“左”文本框中，然后单击按钮，在打开的“插入图片”对话框中选择“公司图标.png”图片的路径，然后选择该图片，并单击插入(S)按钮。

（4）返回“页眉”对话框，将文本插入点继续定位到“左”文本框中，然后单击按钮，在打开的“设置图片格式”对话框的“大小”选项卡的“比例”栏的“高度”数值框中输入“30%”，完成后单击确定按钮。

（5）返回“页眉”对话框，在插入的图片后输入文本“××地产有限公司”，然后选择输入的文本，再单击按钮，在打开的“字体”对话框的“字体”列表框中选择“方正粗活意简体”选项，在“大小”列表框中选择“12”选项，完成后单击确定按钮。

（6）返回“页眉”对话框，将文本插入点定位到“右”文本框中，并输入公司电话和地址，完成后依次单击确定按钮。

（7）选择【文件】→【打印】菜单命令，在打印页面的右侧预览工作表的打印效果，对设置的效果满意后直接在打印页面的“打印”栏的“份数”数值框中输入表格的打印张数为“20”，然后单击“打印”按钮开始打印。

11.6 拓展知识

在Excel中可以将工作簿以正文或附件的形式通过电子邮件发送出去。当对方收到该邮件后，可以直接在附件栏中对其进行编辑。要通过电子邮件发送Excel工作簿，首先应添加“发送至邮件收件人”按钮快速访问工具栏中，其具体操作如下。

（1）选择【文件】→【选项】菜单命令，在打开的对话框中单击“快速访问工具栏”选项卡，在“从下拉位置选择命令”下拉列表框中选择“不在功能区中的命令”选项，在中间的列表框中选择“发送至邮件收件人”选项，单击添加(A) >>按钮，将其添加到右侧的列表框中，完成后单击确定按钮。

（2）返回工作簿中，在快速访问工具栏中查看并单击“发送至邮件收件人”按钮。

（3）在打开的“电子邮件”对话框中选择电子邮件发送方式，这里单击选中“以附件形式发送整个工作簿”单选项，然后单击确定按钮。

（4）在打开的“邮件”栏中自动添加了该工作簿文件，然后在“收件人”文件框中输入收取该工作簿文件的邮件地址，然后单击“发送”按钮，在打开的对话框中将显示发送进度，稍等片刻即可将所选工作簿以附件形式发送，如图11-58所示。

知识提示

若在“电子邮件”对话框中单击选中“以邮件正文形式发送当前工作表”单选项，则只能发送当前工作表。

图11-58　通过电子邮件发送Excel工作簿

11.7　课后习题

（1）打开“产品报价单.xlsx”工作簿，将其共享到局域网中，并修订工作簿内容，完成后的参考效果如图11-59所示。

提示： 将“产品报价单.xlsx”工作簿设置为共享工作簿，然后将该工作簿保存到其他用户能够访问的网络位置，并设置突出显示修订，继续在工作簿中编辑表格内容，如将G5和G12单元格中的数据修改为“20”和“10”，完成后接受所有对工作簿所作的修订。

素材所在位置　光盘:\素材文件\第11章\课后习题\产品报价单.xlsx

效果所在位置　光盘:\效果文件\第11章\课后习题\产品报价单.xlsx

视频演示　光盘:\视频文件\第11章\共享与修订产品报价单.swf

图11-59　在共享工作簿中接受修订前后的参考效果

（2）打开“图书借阅登记表.xlsx”工作簿，在其中创建并编辑超链接，完成后的参考效果如图11-60所示。

提示：在“图书借阅登记表.xlsx”工作簿的“目录”工作表的“图书类别”列创建超链接，并设置字体格式为“方正中等线简体，14”，然后在其他相应工作表的F1单元格中创建“返回目录”超链接，并设置字体格式为“方正综艺简体，14，深红”，填充颜色为“黄色”，完成后调整相应单元格的列宽。

素材所在位置 光盘:\素材文件\第11章\课后习题\图书借阅登记表.xlsx
效果所在位置 光盘:\效果文件\第11章\课后习题\图书借阅登记表.xlsx
视频演示 光盘:\视频文件\第11章\为图书借阅登记表创建超链接.swf

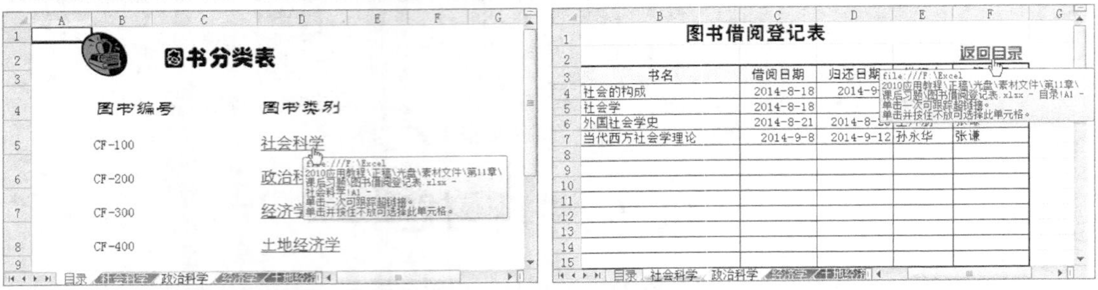

图11-60 创建并编辑超链接后的参考效果

（3）打开“产品宣传资料.xlsx”工作簿进行页面设置，然后预览并打印表格数据，完成后的参考效果如图11-61所示。

提示：在“产品宣传资料.xlsx”工作簿中设置页面的纸张方向为“横向”，纸张大小为“A4”，页边距为“水平居中”和“垂直居中”，完成后预览打印效果，并打印20份该工作表。

素材所在位置 光盘:\素材文件\第11章\课后习题\产品宣传资料.xlsx
效果所在位置 光盘:\效果文件\第11章\课后习题\产品宣传资料.xlsx
视频演示 光盘:\视频文件\第11章\产品宣传资料.swf

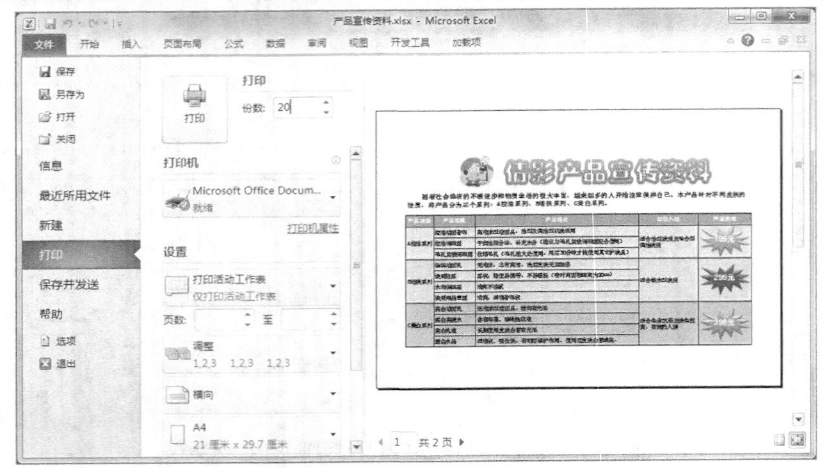

图11-61 预览并打印产品宣传资料的参考效果

第12章

综合案例——制作工资管理系统

员工薪资管理是每个公司财务管理中不可缺少的部分，每个公司的员工职务不同、业务制度不同，员工工资结构也不相同，因此可使用Excel根据实际情况制作工资管理系统对员工薪资进行管理。

学习要点

◎ 创建“工资管理系统”工作簿

◎ 计算并引用相关数据

◎ 使用图表分析数据

◎ 打印表格数据

学习目标

◎ 进一步巩固Excel的基本操作、公式与函数的使用

◎ 掌握Excel数据的管理与分析、打印表格数据等操作

12.1 实例目标

本实例要求制作工资管理系统。在制作过程中除了需要掌握Excel的基本操作外，还必须熟练掌握公式与函数的使用、Excel表格数据的管理与分析以及打印表格数据等。本实例完成后的参考效果如图12-1所示。

素材所在位置 光盘:\素材文件\第12章\综合案例\工资管理系统\

效果所在位置 光盘:\效果文件\第12章\综合案例\工资管理系统\

视频演示 光盘:\视频文件\第12章\制作工资管理系统.swf

员工工资表

工资结算日期: 2014-10-30

员工编号	员工姓名	职务	基本工资	年限工资	生日补助	提成工资	迟到扣款	事假扣款	病假扣款	全勤奖	代扣社保和公积金	应发工资	代扣个税	实发工资
YY-001	孙大伟	总经理	¥8,000.00	¥400.00	¥ -		¥ -	¥ -	¥ -	¥200.00	¥663.00	¥ 7,937.00	¥ 338.70	¥ 7,598.30
YY-002	展玉	总经理助理	¥6,000.00	¥250.00	¥ -		¥ -	¥ 50.00	¥ -	¥ -	¥663.00	¥ 5,537.00	¥ 98.70	¥ 5,438.30
YY-003	王怡	副经理	¥6,000.00	¥200.00	¥ -		¥ -	¥ -	¥50.00	¥ -	¥663.00	¥ 5,487.00	¥ 93.70	¥ 5,393.30
YY-004	刘静	副经理助理	¥5,000.00	¥200.00	¥ -		¥ -	¥ -	¥ -	¥200.00	¥663.00	¥ 4,737.00	¥ 37.11	¥ 4,699.89
YY-005	刘文娟	办公室主任	¥5,000.00	¥400.00	¥ -		¥ -	¥ 50.00	¥ -	¥ -	¥663.00	¥ 4,687.00	¥ 35.61	¥ 4,651.39
YY-006	杜云芳	文员	¥2,500.00	¥150.00	¥ -		¥ -	¥100.00	¥ -	¥ -	¥663.00	¥ 1,887.00	¥ -	¥ 1,887.00
YY-007	章亮	文员	¥2,500.00	¥ 50.00	¥ -		¥ 50.00	¥ -	¥ -	¥ -	¥663.00	¥ 1,837.00	¥ -	¥ 1,837.00
YY-008	张丽	出纳	¥3,500.00	¥200.00	¥ -		¥ -	¥ -	¥50.00	¥ -	¥663.00	¥ 2,987.00	¥ -	¥ 2,987.00
YY-009	王子谦	会计	¥3,500.00	¥250.00	¥ -		¥ 50.00	¥ -	¥ -	¥ -	¥663.00	¥ 3,037.00	¥ -	¥ 3,037.00
YY-010	夏雨阳	主管	¥3,500.00	¥350.00	¥ -	¥ 4,100.00	¥ 50.00	¥ 50.00	¥ -	¥ -	¥663.00	¥ 7,187.00	¥ 263.70	¥ 6,923.30
YY-011	李晟曦	员工	¥2,000.00	¥300.00	¥ -	¥ 3,600.00	¥ 50.00	¥ -	¥ -	¥ -	¥663.00	¥ 5,187.00	¥ 63.70	¥ 5,123.30
YY-012	陈斌	员工	¥2,000.00	¥250.00	¥ -	¥ 4,620.00	¥150.00	¥ -	¥ -	¥ -	¥663.00	¥ 6,057.00	¥ 150.70	¥ 5,906.30
YY-013	姚兴平	员工	¥2,000.00	¥250.00	¥ -	¥ 3,940.00	¥ -	¥ 50.00	¥50.00	¥ -	¥663.00	¥ 5,427.00	¥ 87.70	¥ 5,339.30
YY-014	蒲丽容	员工	¥2,000.00	¥250.00	¥ -	¥ 4,750.00	¥ 50.00	¥ -	#######	¥ -	¥663.00	¥ 6,187.00	¥ 163.70	¥ 6,023.30
YY-015	程希普	员工	¥2,000.00	¥100.00	¥200.00	¥ 4,700.00	¥ -	¥100.00	¥ -	¥ -	¥663.00	¥ 6,237.00	¥ 168.70	¥ 6,068.30
YY-016	汪利	员工	¥2,000.00	¥ -	¥ -	¥ 3,590.00	¥ -	¥ -	¥ -	¥200.00	¥663.00	¥ 5,127.00	¥ 57.70	¥ 5,069.30
YY-017	田坤	经理	¥3,500.00	¥250.00	¥200.00	¥ 7,626.00	¥ -	¥100.00	¥ -	¥ -	¥663.00	¥10,813.00	¥ 907.60	¥ 9,905.40
YY-018	谢天贤	经理助理	¥3,000.00	¥250.00	¥ -	¥ 1,762.00	¥100.00	¥ -	¥ -	¥ -	¥663.00	¥ 4,249.00	¥ 22.47	¥ 4,226.53
YY-019	马天阳	员工	¥2,000.00	¥250.00	¥ -	¥ 3,090.00	¥ -	¥ -	¥50.00	¥ -	¥663.00	¥ 4,627.00	¥ 33.81	¥ 4,593.19
YY-020	张从军	员工	¥2,000.00	¥150.00	¥ -	¥11,270.00	¥ -	¥ -	¥ -	¥200.00	¥663.00	¥12,957.00	¥1,359.25	¥ 11,597.75
YY-021	张赢贵	员工	¥2,000.00	¥100.00	¥ -	¥ 1,628.00	¥150.00	¥ -	¥ -	¥ -	¥663.00	¥ 2,915.00	¥ -	¥ 2,915.00
YY-022	冯芸	员工	¥2,000.00	¥100.00	¥200.00	¥ 3,480.00	¥ 50.00	¥100.00	¥ -	¥ -	¥663.00	¥ 4,967.00	¥ 44.01	¥ 4,922.99
YY-023	肖吉彤	员工	¥2,000.00	¥ -	¥ -	¥ 4,396.00	¥ -	¥ -	¥ -	¥200.00	¥663.00	¥ 5,933.00	¥ 138.30	¥ 5,794.70
YY-024	许静	员工	¥2,000.00	¥ -	¥ -	¥ 2,352.00	¥ -	¥ -	¥ -	¥200.00	¥663.00	¥ 3,889.00	¥ 11.67	¥ 3,877.33
YY-025	鲜欣	主管	¥3,500.00	¥350.00	¥ -		¥ -	¥ -	¥ -	¥200.00	¥663.00	¥ 3,387.00	¥ -	¥ 3,387.00
YY-026	毋奎志	运输人员	¥2,000.00	¥100.00	¥200.00		¥300.00	¥ -	¥ -	¥ -	¥663.00	¥ 1,337.00	¥ -	¥ 1,337.00
YY-027	徐清	运输人员	¥2,000.00	¥ -	¥ -		¥ -	¥100.00	¥ -	¥ -	¥663.00	¥ 1,237.00	¥ -	¥ 1,237.00

员工档案表 / 工资分析图表 / 员工工资表

图12-1 “工资管理系统”的参考效果

12.2 专业背景

在制作工资管理系统之前，了解日期系统与日期函数、社保缴费比例和超额累进税率，可以帮助用户更好地理解并计算员工年限工资、代扣社保和公积金、代扣个人所得税等项目。

12.2.1 了解日期系统与日期函数

在本实例中将涉及与日期有关的计算，因此必须先确定使用的是哪种日期系统，以及了解一些常用的日期函数的使用等。

1. 日期系统

Excel支持两种日期系统：1900年日期系统和1904年日期系统，下面分别进行介绍。

◎ **1900年日期系统**：支持1900年1月1日到9999年12月31日范围的日期，其中1900年1月1日的日期系列编号为1，9999年12月31日的日期系列编号为2958465。默认状态下，采用的是1900年日期系统。

◎ **1904年日期系统**：支持1904年1月1日到9999年12月31日范围的日期，其中1904年1月1日的日期系列编号为0，9999年12月31日的日期系列编号为2957003。

2. 日期函数

在Excel中日期和时间是以数值方式存储的，且日期具有连续性，因此日期实际上就是一个“系列编号”，本实例中将用到的日期函数如下。

◎ **YEAR函数**：用来返回一个序列数所代表的日期的年份值，其语法结构为：YEAR(serial_number)，serial_number表示要计算其年份数的日期。

◎ **MONTH函数**：用来返回一个序列数所代表的日期的月份值，其语法结构为：MONTH(serial_number)，serial_number表示要计算其月份数的日期。

◎ **DAY函数**：用来返回一个序列数所代表的日期在当月的天数。其语法结构为：DAY(serial_number)，serial_number表示要计算所在当月天数的日期。

◎ **DATE函数**：用来返回特定日期的系列数，其语法结构为：DATE（year,month,day），year表示年份，在1900年日期系统中，如果year参数值位于0和1899年之间时，则Excel将自动在年份上加上1900再进行计算，如果year参数值小于0或大于等于10000，则函数返回错误值#NUM！；month表示月份，如果month大于12，系统将从指定年份的一月份开始往上加，推算出确切的月份，如果month等于或小于0，则将从指定年份的上一年的12月开始往下减，推算出确切的月份；day表示天，如果day大于该月份的最大天数，将从指定月份的第一天开始往上累加，推算出确切的月份和日，如果day等于或小于0，则将从指定月份的前一月的最后一天开始往下减，推算出确切的月份和日。

12.2.2 了解社保缴费比例

为了保障劳动者的利益，单位或个人都需要购买社会劳动保障金和公积金。通常说的“五险一金”，五险即养老保险、医疗保险、失业保险、工伤保险和生育保险；一金即住房公积金。社保缴费比例是指单位和个人的缴费数额所占社保基金总额的百分比，它由个人缴费和单位缴费组成，以工资总额为基数，并与上年度在岗职工平均工资相挂钩。表12-1所示是各项缴费标准占缴费工资的百分比。

表12-1 各项缴费标准占缴费工资的百分比

	养老保险	医疗保险	生育保险	工伤保险	失业保险	住房公积金
单位缴费比例	20% 或 18% 或 12%	7%	0.85%	0.4%	0.2%	6% 至 15%
个人缴费比例	8%	2%			0.1%	6% 至 15%
合计	不同行业缴费比例不同	9%	个人不用缴费		0.3%	个人与单位所缴比例相同

知识提示

社保缴纳基数一般是指当月的工资，计算社会保险和住房公积金时，一般以上一年度本人工资收入为缴费基数，且月缴费工资最低不低于社会月平均工资的60%，最高不高于社会月平均工资的300%。如社会平均工资是2000元，缴纳的基数可以是1200元~6000元。

12.2.3 了解超额累进税率

根据国家规定，个人月收入超出规定的金额后，应依法缴纳一定数量的个人收入所得税。但不同的城市根据人均收入水平的不同，个人缴纳的收入所得税也不相同。就个人所得税而言，免征额一般是3500元，超过3500元的则根据超出额的多少按表12-2所示的现行工资、薪金所得适用的个税税率进行计算。

表12-2 7级超额累进税率表

级数	全月应纳税所得额	税率	速算扣除数（元）
1	全月应纳税额不超过 1500 元部分	3%	0
2	全月应纳税额超过 1500~4500 元部分	10%	105
3	全月应纳税额超过 4500~9000 元部分	20%	555
4	全月应纳税额超过 9000~35000 元部分	25%	1005
5	全月应纳税额超过 35000~55000 元部分	30%	2755
6	全月应纳税额超过 55000~80000 元部分	35%	5505
7	全月应纳税额超过 80000 元	45%	13505

12.3 实例分析

制作本实例前，首先应收集相关表格，做好前期准备，然后计算相关表格中的数据，将其引用到“工资管理系统”工作簿中，并管理与分析表格数据，完成后打印表格数据。本实训的操作思路如图12-2所示。

① 收集并计算相关表格中的数据

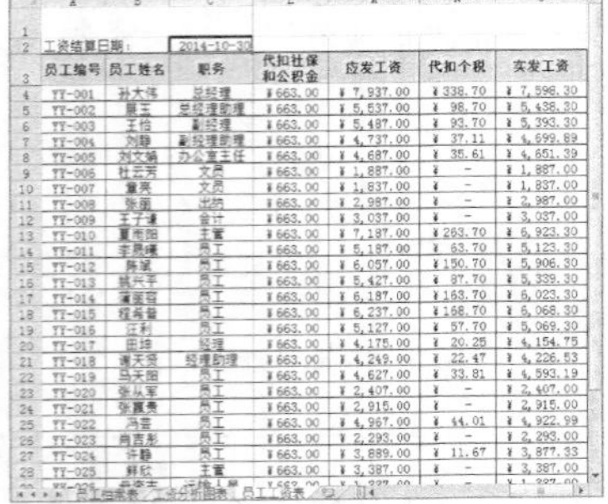

② 引用数据到“工资管理系统”工作簿中

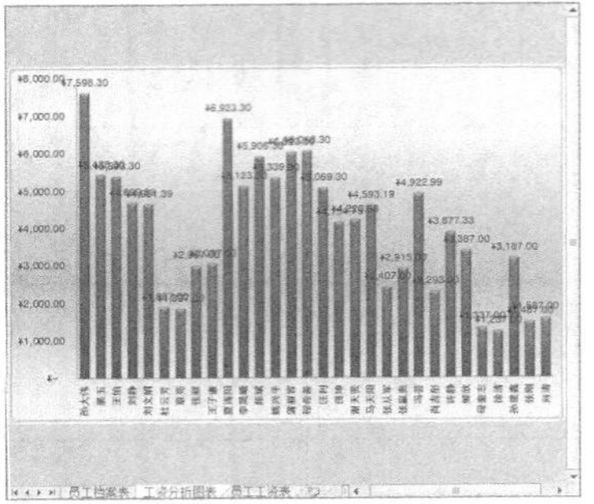

③ 管理并分析表格数据

图12-2 “工资管理系统”工作簿的制作思路

12.4 制作过程

拟定好制作思路后即可按照思路逐步进行操作，下面首先创建“工资管理系统”工作簿，然后在其中执行相应的操作。

12.4.1 创建“工资管理系统”工作簿

下面直接将“员工档案表”工作簿另存为“工资管理系统”工作簿，然后将“Sheet2”工作表重命名为“员工工资表”，并在其中输入并编辑表格数据，其具体操作如下。

（1）在存放素材文件的位置找到并双击“员工档案表.xlsx”工作簿将其打开，然后在Excel工作界面中选择【文件】→【另存为】菜单命令。

（2）在打开的“另存为”对话框左侧的列表框中依次选择保存路径，在“文件名”下拉列表框中输入文件名称“工资管理系统”，完成后单击保存(S)按钮，如图12-3所示。

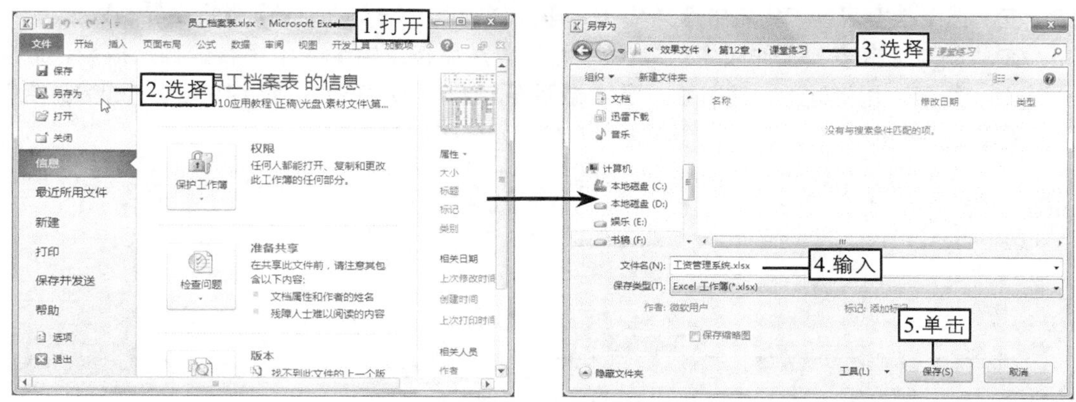

图12-3　另存工作簿

（3）双击“Sheet2”工作表标签，此时该工作表的名称自动呈黑底白字显示，然后在其中输入工作表名称“员工工资表”，完成后按【Enter】键，如图12-4所示。

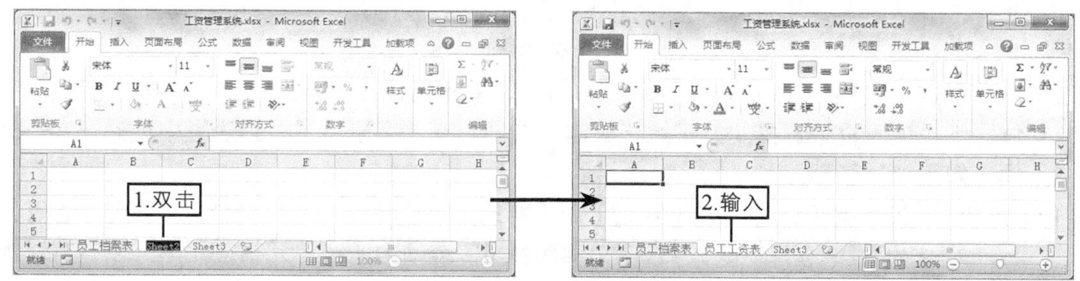

图12-4　重命名工作表

（4）在“Sheet3”工作表标签上单击鼠标右键，在弹出的快捷菜单中选择“删除”命令删除该工作表，如图12-5所示。

（5）选择“员工工资表”工作表，在A1单元格中输入表题文本“员工工资表”，然后按【Enter】键，用相同的方法在A2:O3单元格区域中分别输入所需的数据。

（6）选择A1:O1单元格区域，在【开始】→【对齐方式】组中单击“合并后居中”按钮合并并居中显示单元格中数据，如图12-6所示。

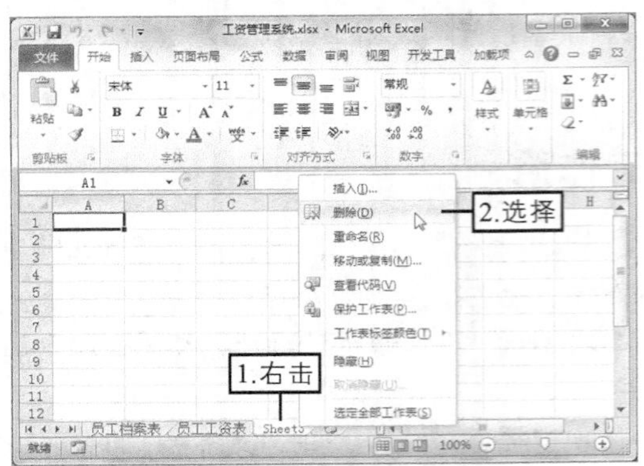

图12-5　删除工作表

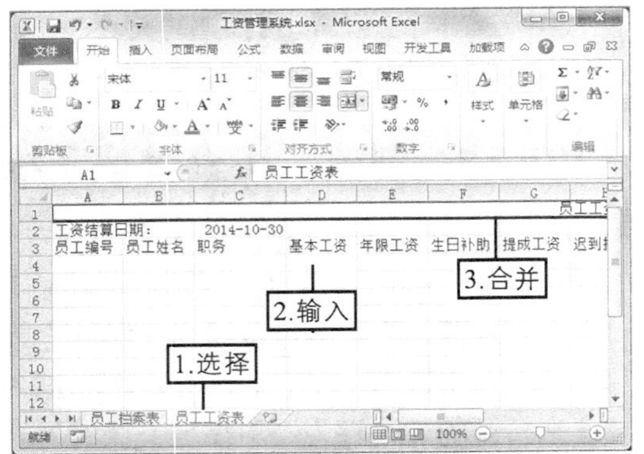

图12-6　输入数据并合并单元格

（7）在“员工档案表”工作表中选择A3:B32单元格区域，按【Ctrl+C】组合键复制数据。

（8）在“员工工资表”工作表中选择A4单元格，然后按【Ctrl+V】组合键粘贴数据，如图12-7所示。用相同的方法将在“员工档案表”工作表中E3:E32单元格区域中的数据复制并粘贴到“员工工资表”工作表的C4:C33单元格区域中。

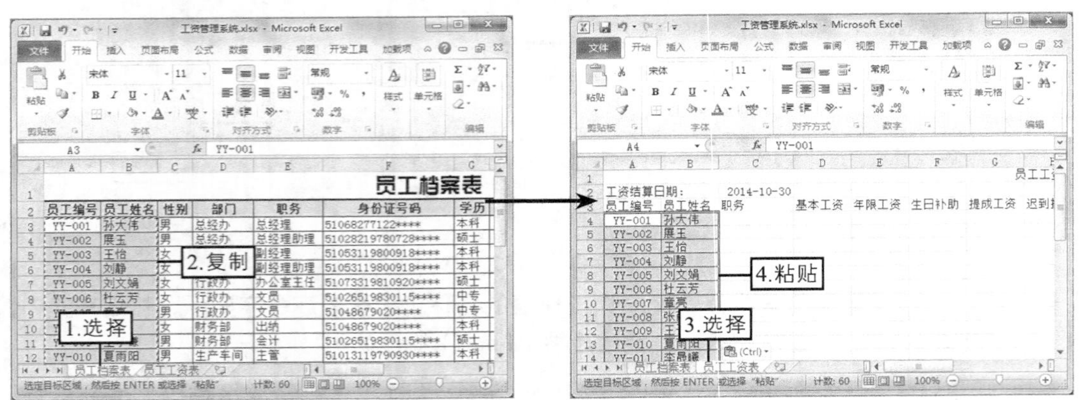

图12-7　复制并粘贴数据

（9）在“员工工资表”工作表中选择合并后的A1单元格，在【开始】→【字体】组的“字体”下拉列表框中选择“方正综艺简体”选项，在“字号”下拉列表框中选择“20”选项，如图12-8所示。

（10）选择A3:O3单元格区域，在【开始】→【样式】组中单击“单元格样式”按钮，在打开的下拉列表中选择“40%-强调文字颜色 6”选项为所选单元格应用单元格样式，如图12-9所示。

操作技巧

在工作表中还可通过组合键将单元格中的数据定位换行，其方法为：选择已输入长数据的单元格，将鼠标光标定位到需进行换行显示的位置处，按【Alt+Enter】组合键即可在定位的鼠标光标位置处换行显示数据。

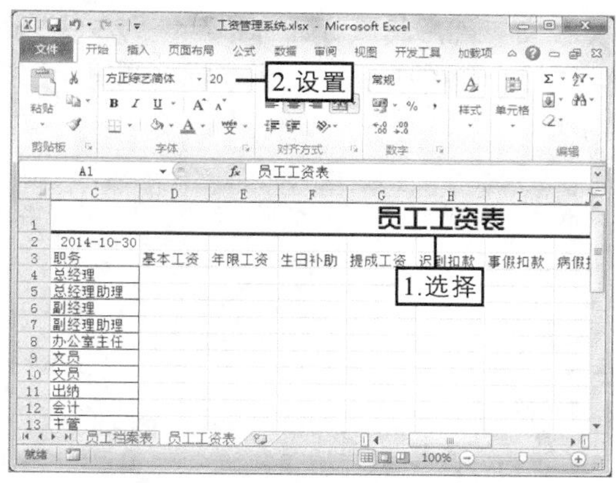

图12-8 设置字体格式

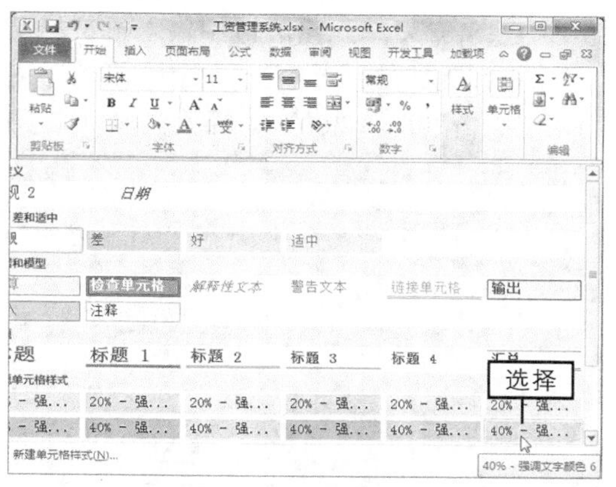

图12-9 应用单元格样式

（11）保持选择A3:O3单元格区域，在【开始】→【字体】组中单击 B 按钮加粗显示表头字体，然后在“对齐方式”组中单击“自动换行”按钮换行显示数据，如图12-10所示。

（12）选择A3:O33单元格区域，在“字体”组中单击 按钮右侧的 按钮，在打开的下拉列表中选择“所有框线”选项，如图12-11所示。

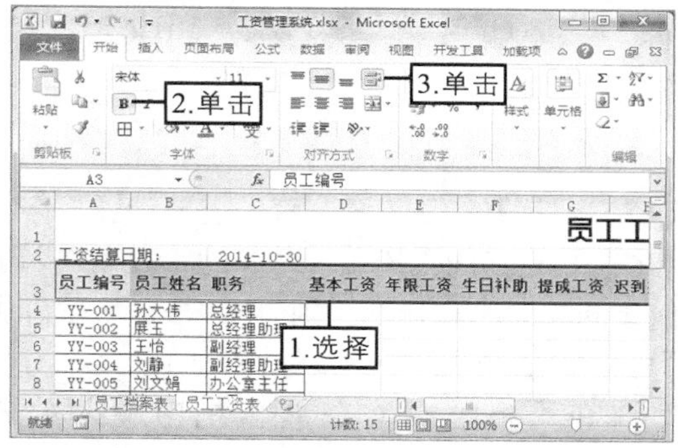

图12-10 设置加粗与自动换行显示

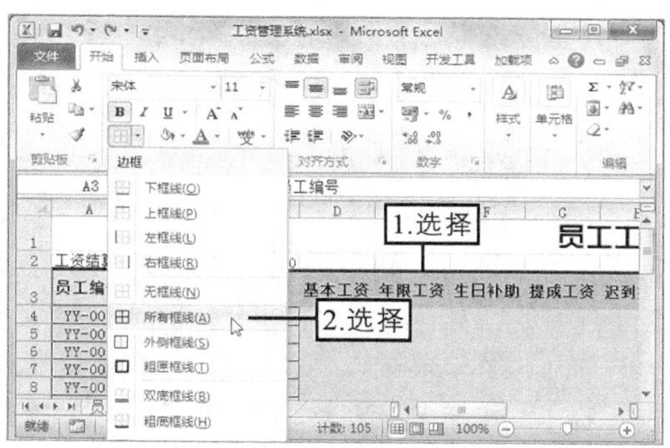

图12-11 设置边框

（13）保持选择A3:O33单元格区域，在【开始】→【对齐方式】组中单击 按钮使所选区域的数据居中显示，如图12-12所示。

（14）选择D4:O33单元格区域，在【开始】→【数字】组中单击 按钮，将所选单元格区域的数据设置为中文的货币样式，如图12-13所示。

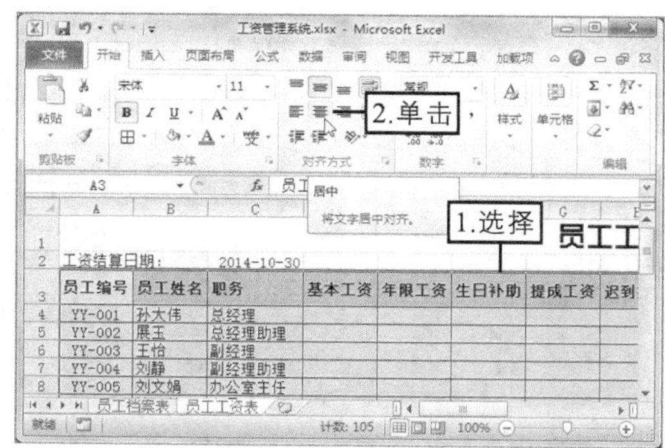

图12-12 设置居中对齐

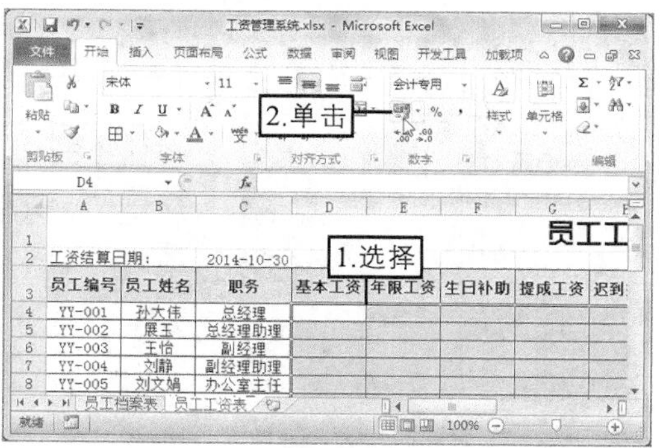

图12-13 设置货币格式

（15）在D4:O33单元格区域中输入每位员工的基本工资，然后将鼠标光标移至该列右侧的列标间隔线处，此时光标变为+形状，按住鼠标左键不放向右拖动，当光标右侧显示数据为“宽度：12.00”时释放鼠标，如图12–14所示。

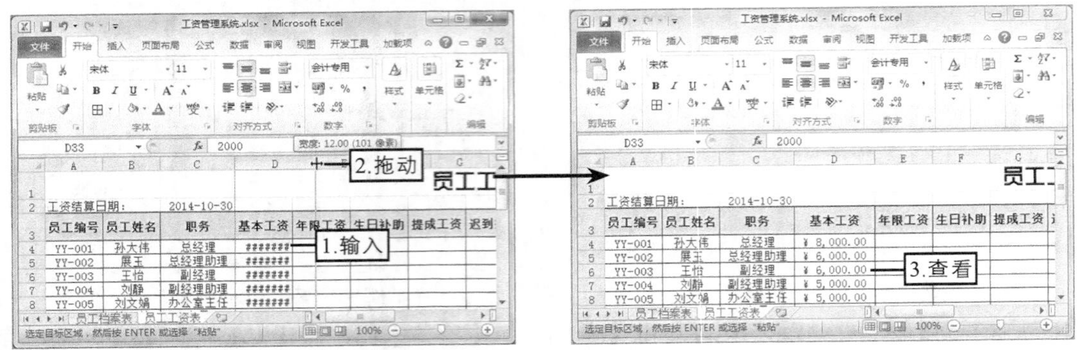

图12–14　输入数据并调整单元格列宽

12.4.2　计算并引用相关数据

下面依次计算并引用员工年限工资、生日补助、提成工资、考勤款项、代扣社保、公积金、应发工资、代扣个人所得税、实发工资。

1. 计算年限工资

目前，很多公司为了留住人才都设立了年限工资。要计算年限工资，首先需要计算工作年限，即用当前的时间减去员工入职时间。在本实例中将用当前的工资结算时间的年数减去入职时间的年数，如果入职时间的月份和日期大于当前时间的月份和日期，则再减去1，然后再用计算出的工作年限乘以每满一年的年限奖金50元即可，计算年限工资的具体操作如下。

（1）在“员工工资表”工作表中选择E4:E33单元格区域，在编辑栏中输入公式“=(YEAR($C$2)-YEAR(员工档案表!H3)-IF(员工档案表!H3>=DATE(YEAR(员工档案表!H3),MONTH($C$2),DAY($C$2)),1,0))*50”。

（2）按【Ctrl+Enter】组合键在E4:E33单元格区域中计算出相应的结果，如图12–15所示。

图12–15　计算年限工资

2. 计算生日补助

现在很多公司的管理越来越人性化，对当月过生日的员工通常会发放生日补助表示慰问。在本实例中可先利用LEN函数计算“身份证号码”列的文本字符串中的字符数，然后利用MID函数返回“身份证号码”列的文本字符串中从指定位置开始的特定数目的字符，如果返回的数字等于当月的月份值，则为该员工发放生日补助200元，计算生日补助的具体操作如下。

（1）在“员工工资表”工作表中选择F4:F33单元格区域，在编辑栏中输入公式“=IF(IF(LEN(员工档案表!F3)=15,MID(员工档案表!F3,9,2),MID(员工档案表!F3,11,2))="10",200,0)”。

（2）按【Ctrl+Enter】组合键在F4:F33单元格区域中计算出相应的结果，如图12-16所示。

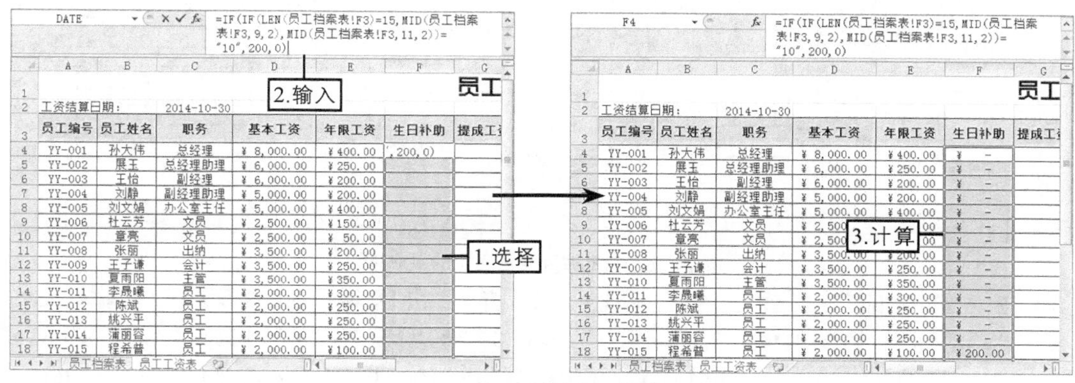

图12-16 计算生日补助

3. 计算提成工资

个人业务提成一般是指根据个人业务中获得的利润提取个人奖励。一般情况下，生产车间是按件计提，因此生产员工的提成工资＝生产数量×每件的提成金额；而销售员工的提成工资则是先完成任务规定的数额后，超出的销售量按提成比率进行计算。在本实例中销售员工的提成工资将按完成任务规定的数额后，超出的销售量小于50，则提成比率为1%；若超过50，而小于100时，则提成比率为2%；若超过100，则提成比率为3%，计算提成工资的具体操作如下。

（1）打开素材文件“员工提成表”，在“生产车间”工作表中选择I4:I10单元格区域，在编辑栏中输入公式“=C4*D4+E4*F4+G4*H4”，完成后按【Ctrl+Enter】组合键计算出本月生产员工的提成工资，如图12-17所示。

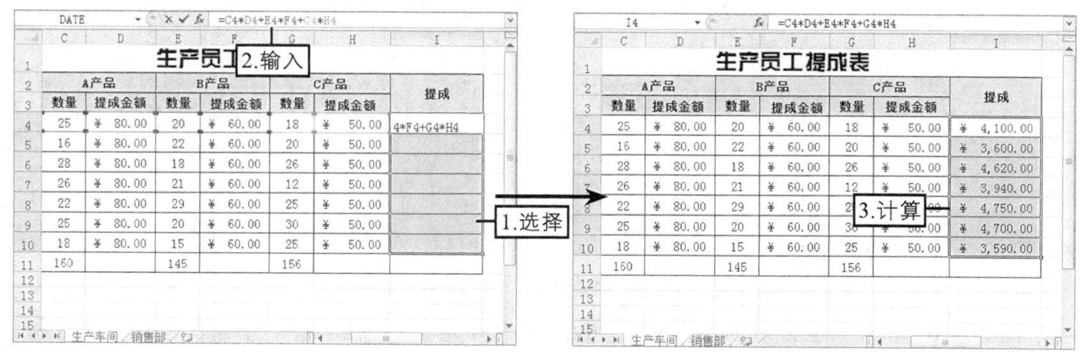

图12-17 计算生产员工的提成工资

（2）在“生产车间”工作表中选择I11单元格，在【开始】→【编辑】组中单击“自动求和”按钮Σ，系统自动将工作表中的I4:I10单元格区域作为该函数的参数值，确认参数值无误后，按【Ctrl+Enter】组合键计算出生产员工的提成总额，如图12–18所示。

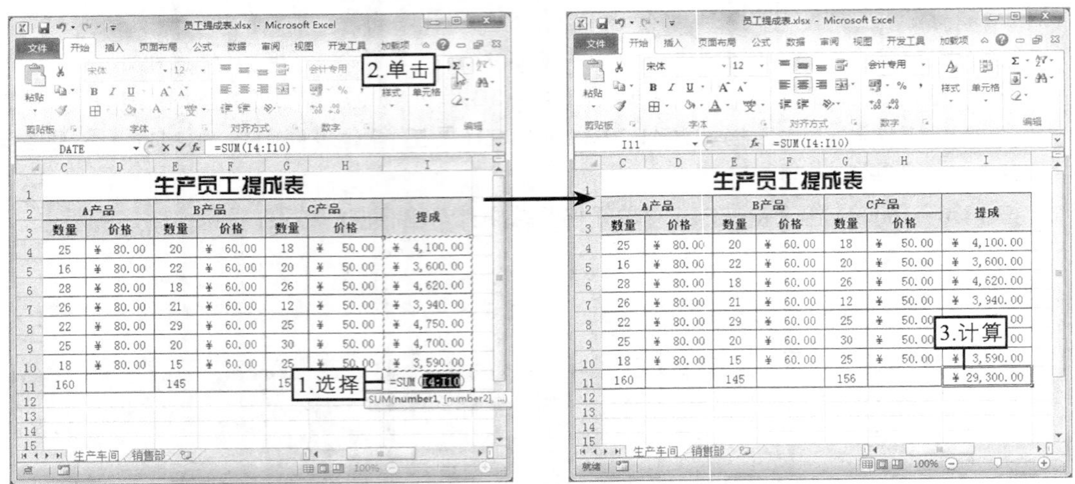

图 12–18　自动求和生产员工的提成总额

（3）在“销售部”工作表中选择I4:I11单元格区域，在编辑栏中输入公式“=(C4–$C$13)*D4*IF(C4–$C$13>100,"3%",IF(C4–$C$13>50,"2%",IF(C4–$C$13>0,"1%",0)))+(E4–$E$13)*F4*IF(E4–$E$13>100,"3%",IF(E4–$E$13>50,"2%",IF(E4–$E$13>0,"1%",0)))+(G4–$G$13)*H4*IF(G4–$G$13>100,"3%",IF(G4–$G$13>50,"2%",IF(G4–$G$13>0,"1%",0)))”，完成后按【Ctrl+Enter】组合键计算出销售员工的提成工资，如图12–19所示。

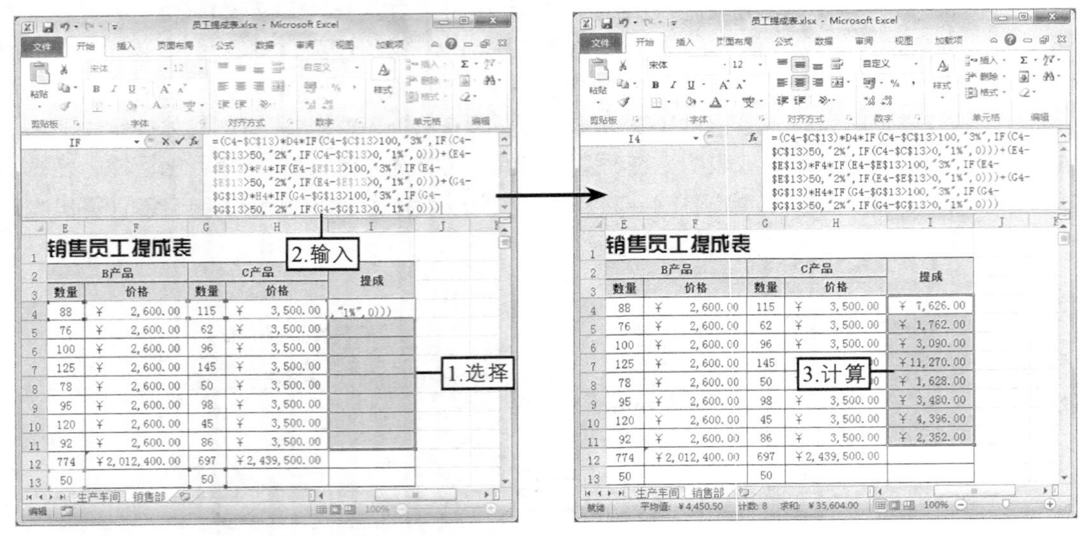

图12–19　计算销售员工的提成工资

（4）在“销售部”工作表中选择I12单元格，在【开始】→【编辑】组中单击“自动求和”

按钮Σ，系统自动将工作表中的I4:I11单元格区域作为该函数的参数值，确认参数值无误后，按【Ctrl+Enter】组合键计算出销售员工的提成总额，如图12-20所示。

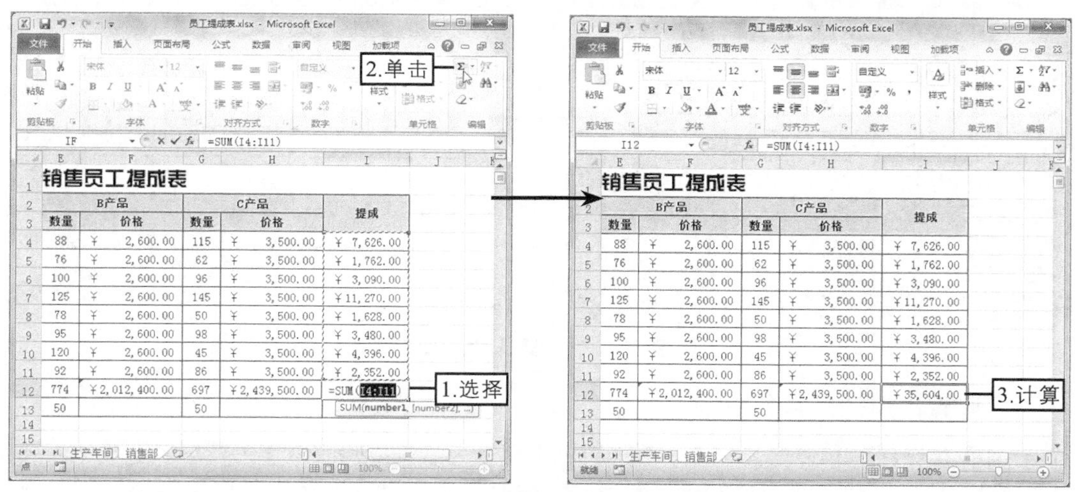

图12-20 自动求和销售员工的提成总额

4. 计算考勤款项

为了规范公司的考勤制度，提升员工的敬业精神，公司的工资表中都列有考勤栏，即对于每天按时上下班的员工设有全勤奖，对于迟到、事假、病假的员工给予一定的扣款处罚。在本实例中假设全勤奖为200元，迟到、事假、病假扣款每次50元，计算考勤情况的具体操作如下。

（1）打开素材文件“员工考勤表”，选择G3:I32单元格区域，在编辑栏中输入公式“=D3*50”，完成后按【Ctrl+Enter】组合键计算出每个员工的迟到、事假、病假扣款，如图12-21所示。

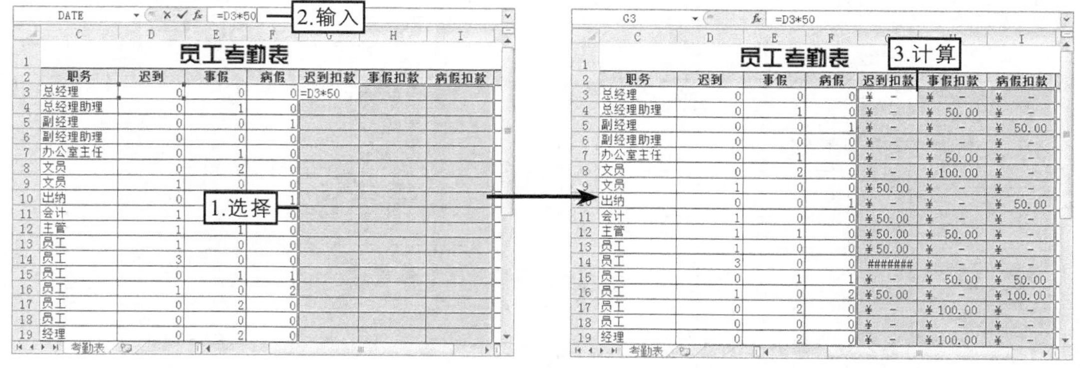

图12-21 计算员工的迟到、事假、病假扣款

（2）调整G列的列宽到数据完全显示，然后选择J3:J32单元格区域，在编辑栏中输入公式“=IF(AND(D3=0,E3=0,F3=0),200,0)”，完成后按【Ctrl+Enter】组合键计算出每个员工的全勤奖，如图12-22所示。

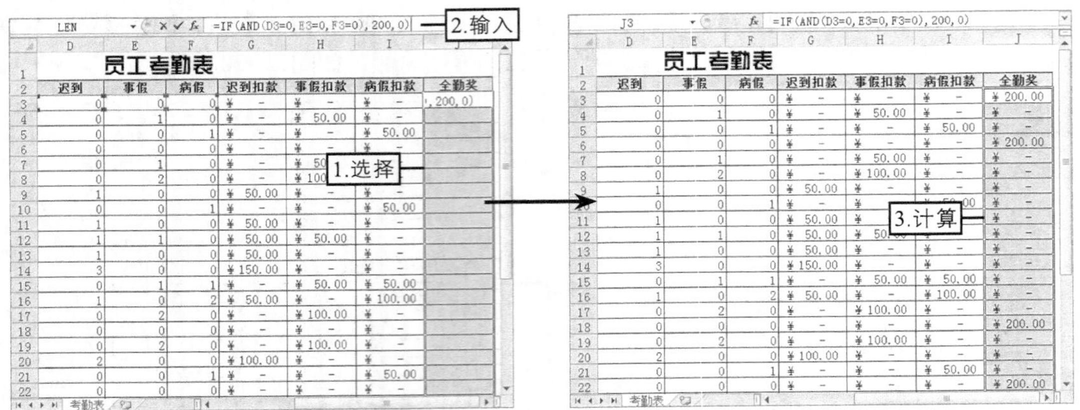

图12-22 计算员工全勤奖

5. 计算代扣社保和公积金

要计算社会保险和住房公积金，首先应以上年度月平均应得收入作为社保缴费基数。在本实例中假设社保缴费基数为3000元，然后养老保险缴费工资以社保缴费基数的8%进行计算，医疗保险缴费工资以社保缴费基数的2%进行计算，失业保险缴费工资以社保缴费基数的0.1%进行计算，住房公积金缴费工资以社保缴费基数的12%进行计算，计算代扣社保和公积金的具体操作如下。

（1）打开素材文件“社保和公积金扣款”，选择C3:C32单元格区域，在编辑栏中输入公式“=3000*8%”，然后按【Ctrl+Enter】组合键计算出员工的养老保险，如图12-23所示。

（2）选择D3:D32单元格区域，在编辑栏中输入公式“=3000*2%”，按【Ctrl+Enter】组合键计算出员工的医疗保险，如图12-24所示。

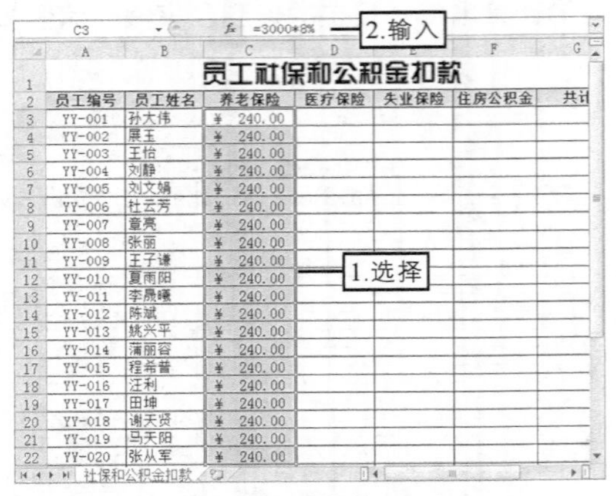

图 12-23 计算养老保险

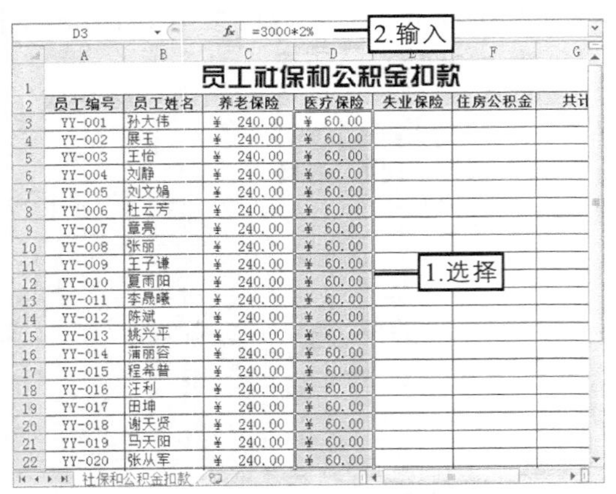

图 12-24 计算医疗保险

（3）用相同的方法分别在E3:E32和F3:F32单元格区域中输入公式“=3000*0.1%”和“=3000*12%”，计算出员工的失业保险和住房公积金，如图12-25所示。

（4）选择G3:G32单元格区域，在编辑栏中输入公式“=C3+D3+E3+F3”，完成后按【Ctrl+Enter】组合键计算出员工的社保和住房公积金合计金额，如图12-26所示。

图 12-25　计算失业保险和住房公积金

图 12-26　计算合计金额

6. 引用数据并计算应发工资

下面首先将“员工提成表”“员工考勤表”“社保和公积金扣款”工作簿中的员工提成工资、考勤款项、代扣社保和公积金款项分别引用到“工资管理系统”工作簿的“员工工资表”工作表中，然后使用公式“应发工资=基本工资+年限工资+生日补助+提成工资-迟到扣款-事假扣款-病假扣款+全勤奖-社保和公积金扣款”计算应发工资，其具体操作如下。

（1）确认已打开“工资管理系统”“员工提成表”“员工考勤表”“社保和公积金扣款”工作簿，然后在“工资管理系统”工作簿的“员工工资表”工作表中选择G13:G19单元格区域，在编辑栏中输入“=”。

（2）在“员工提成表”工作簿的“生产车间”工作表中选择I4:I10单元格区域，如图12-27所示。

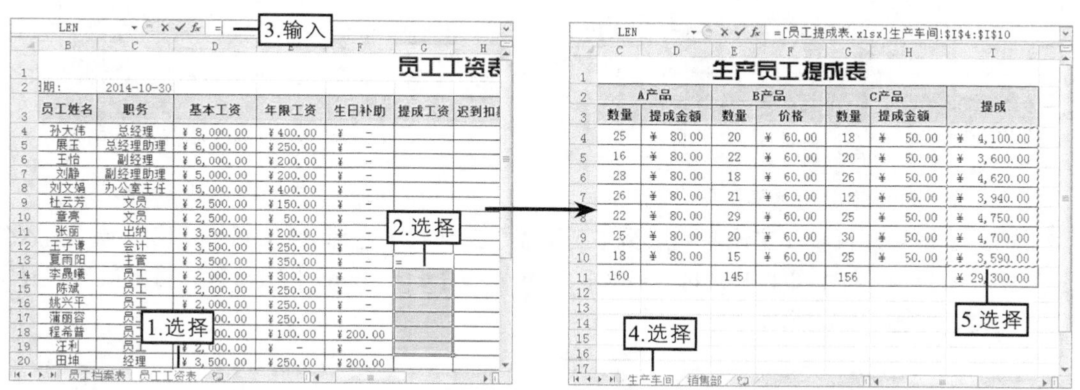

图12-27　选择引用的单元格区域地址

（3）按【Ctrl+Shift+Enter】组合键输入数组公式引用生产员工的提成工资，如图12-28所示。

知识提示

在Excel中，可以用数组公式同时进行多个计算并返回一种或多种结果。数组公式对两组或多组被称为数组参数的数值进行运算，每个数组参数必须有相同数量的行和列。输入数组公式后，必须按【Ctrl+Shift+Enter】组合键才能计算出数组公式的结果，即系统将自动在输入的公式前后添加大括号“{}”，且计算结果将形成一个整体，用户将不能对其中的某一个单元格进行编辑。若要编辑相应的数组公式，则必须选择整个数组公式进行编辑。

（4）用相同的方法将“员工提成表”工作簿的“销售部”工作表中的I4:I11单元格区域中的数据引用到“工资管理系统”工作簿的“员工工资表”工作表的G20:G27单元格区域中，如图12-29所示。

G13 {=[员工提成表.xlsx]生产车间!$I$4:$I$10}

	B	C	D	E	F	G
3	员工姓名	职务	基本工资	年限工资	生日补助	提成工资
4	孙大伟	总经理	¥ 8,000.00	¥400.00	¥ -	
5	展玉	总经理助理	¥ 6,000.00	¥250.00	¥ -	
6	王怡	副经理	¥ 6,000.00	¥200.00	¥ -	
7	刘静	副经理助理	¥ 5,000.00	¥200.00	¥ -	
8	刘文娟	办公室主任	¥ 5,000.00	¥400.00	¥ -	
9	杜云芳	文员	¥ 2,500.00	¥150.00	¥ -	
10	章亮	文员	¥ 2,500.00	¥ 50.00	¥ -	
11	张丽	出纳	¥ 3,500.00	¥200.00	¥ -	
12	王子谦	会计	¥ 3,500.00	¥250.00	¥ -	
13	夏雨阳	主管	¥ 3,500.00	¥350.00	¥ -	¥ 4,100.00
14	李晟曦	员工	¥ 2,000.00	¥300.00	¥ -	¥ 3,600.00
15	陈斌	员工	¥ 2,000.00	¥250.00	¥ -	¥ 4,620.00
16	姚兴平	员工	¥ 2,000.00	¥250.00	¥ -	¥ 3,940.00
17	蒲丽容	员工	¥ 2,000.00	¥250.00	¥ -	¥ 4,750.00
18	程希普	员工	¥ 2,000.00	¥100.00	¥200.00	¥ 4,700.00
19	汪利	员工	¥ 2,000.00	¥ -	¥ -	¥ 3,590.00
20	田坤	经理	¥ 3,500.00	¥250.00	¥200.00	

引用

员工档案表 员工工资表

图12-28 引用生产员工的提成工资

G20 {=[员工提成表.xlsx]销售部!$I$4:$I$11}

	B	C	D	E	F	G
12	王子谦	会计	¥ 3,500.00	¥250.00	¥ -	
13	夏雨阳	主管	¥ 3,500.00	¥350.00	¥ -	¥ 4,100.00
14	李晟曦	员工	¥ 2,000.00	¥300.00	¥ -	¥ 3,600.00
15	陈斌	员工	¥ 2,000.00	¥250.00	¥ -	¥ 4,620.00
16	姚兴平	员工	¥ 2,000.00	¥250.00	¥ -	¥ 3,940.00
17	蒲丽容	员工	¥ 2,000.00	¥250.00	¥ -	¥ 4,750.00
18	程希普	员工	¥ 2,000.00	¥100.00	¥200.00	¥ 4,700.00
19	汪利	员工	¥ 2,000.00	¥ -	¥ -	¥ 3,590.00
20	田坤	经理	¥ 3,500.00	¥250.00	¥200.00	¥ 7,626.00
21	谢天贤	经理助理	¥ 3,000.00	¥250.00	¥ -	¥ 1,762.00
22	马天阳	员工	¥ 2,000.00	¥250.00	¥ -	¥ 3,090.00
23	张从军	员工	¥ 2,000.00	¥150.00	¥ -	¥ 11,270.00
24	张赢贵	员工	¥ 2,000.00	¥100.00	¥ -	¥ 1,628.00
25	冯芸	员工	¥ 2,000.00	¥100.00	¥200.00	¥ 3,480.00
26	肖吉彤	员工	¥ 2,000.00	¥ -	¥ -	¥ 4,396.00
27	许静	员工	¥ 2,000.00	¥ -	¥ -	¥ 2,352.00
28	鲜欣	主管	¥ 3,500.00	¥350.00	¥ -	
29	母奎志	运输人员	¥ 2,000.00	¥100.00	¥200.00	
30	徐清	运输人员	¥ 2,000.00	¥ -	¥ -	

引用

员工档案表 员工工资表

图12-29 引用销售员工的提成工资

（5）将“员工考勤表”工作簿中的G3:J32单元格区域中的数据引用到“工资管理系统”工作簿的“员工工资表”工作表的H4:K33单元格区域中，如图12-30所示。

（6）将“社保和公积金扣款”工作簿中的G3:G32单元格区域中的数据引用到“工资管理系统”工作簿的“员工工资表”工作表的L4:L33单元格区域中，如图12-31所示。

H4 {=[员工考勤表.xlsx]考勤表!$C$3:$J$32}

	G	H	I	J	K	L	
3	提成工资	迟到扣款	事假扣款	病假扣款	全勤奖	代扣社保和公积金	应发
4		¥ -	¥ -	¥ -	¥200.00		
5		¥ -	¥ 50.00	¥ -	¥ -		
6		¥ -	¥ -	¥ 50.00	¥ -		
7		¥ -	¥ -	¥ -	¥200.00		
8		¥ -	¥ 50.00	¥ -	¥ -		
9		¥ -	¥100.00	¥ -	¥ -		
10		¥ 50.00	¥ -	¥ -	¥ -		
11		¥ -	¥ -	¥ 50.00	¥ -		
12		¥ 50.00	¥ -	¥ -	¥ -		
13	¥ 4,100.00	¥ 50.00	¥ 50.00	¥ -	¥ -		
14	¥ 3,600.00	¥ 50.00	¥ -	¥ -	¥ -		
15	¥ 4,620.00	¥150.00	¥ -	¥ -	¥ -		
16	¥ 3,940.00	¥ -	¥ 50.00	¥ 50.00	¥ -		
17	¥ 4,750.00	¥ 50.00	¥ -	¥100.00	¥ -		
18	¥ 4,700.00	¥ -	¥100.00	¥ -	¥ -		
19	¥ 3,590.00	¥ -	¥ -	¥ -	¥200.00		
20	¥ 7,626.00	¥ -	¥100.00	¥ -	¥ -		

图12-30 引用员工考勤款项

L4 {=社保和公积金扣款.xlsx!$G$3:$G$32}

	G	H	I	J	K	L	
3	提成工资	迟到扣款	事假扣款	病假扣款	全勤奖	代扣社保和公积金	应发
4		¥ -	¥ -	¥ -	¥200.00	¥663.00	
5		¥ -	¥ 50.00	¥ -	¥ -	¥663.00	
6		¥ -	¥ -	¥ 50.00	¥ -	¥663.00	
7		¥ -	¥ -	¥ -	¥200.00	¥663.00	
8		¥ -	¥ 50.00	¥ -	¥ -	¥663.00	
9		¥ -	¥100.00	¥ -	¥ -	¥663.00	
10		¥ 50.00	¥ -	¥ -	¥ -	¥663.00	
11		¥ -	¥ -	[illegible]	[illegible]	¥663.00	
12		¥ 50.00	¥ -	[illegible]	[illegible]	¥663.00	
13	¥ 4,100.00	¥ 50.00	¥ 50.00	[illegible]	[illegible]	¥663.00	
14	¥ 3,600.00	¥ 50.00	¥ -	¥ -	¥ -	¥663.00	
15	¥ 4,620.00	¥150.00	¥ -	¥ -	¥ -	¥663.00	
16	¥ 3,940.00	¥ -	¥ 50.00	¥ 50.00	¥ -	¥663.00	
17	¥ 4,750.00	¥ 50.00	¥ -	¥100.00	¥ -	¥663.00	
18	¥ 4,700.00	¥ -	¥100.00	¥ -	¥ -	¥663.00	
19	¥ 3,590.00	¥ -	¥ -	¥ -	¥200.00	¥663.00	
20	¥ 7,626.00	¥ -	¥100.00	¥ -	¥ -	¥663.00	

图12-31 引用社保和公积金扣款

（7）在“工资管理系统”工作簿的“员工工资表”工作表中选择M4:M33单元格区域，输入公式“=D4+E4+F4+G4-H4-I4-J4+K4-L4”，按【Ctrl+Enter】组合键计算出员工的应发工资，如图12-32所示。

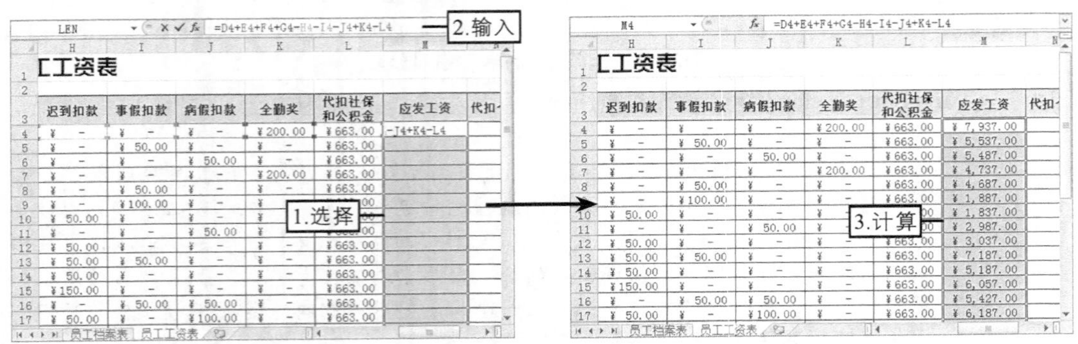
LEN =D4+E4+F4+G4-H4-I4-J4+K4-L4

	H	I	J	K	L	M	
1	工工资表						
2							
3	迟到扣款	事假扣款	病假扣款	全勤奖	代扣社保和公积金	应发工资	代扣
4	¥ -	¥ -	¥ -	¥200.00	¥663.00	-J4+K4-L4	
5	¥ -	¥ 50.00	¥ -	¥ -	¥663.00		
6	¥ -	¥ -	¥ 50.00	¥ -	¥663.00		
7	¥ -	¥ -	¥ -	¥200.00	¥663.00		
8	¥ -	¥ 50.00	¥ -	¥ -	¥663.00		
9	¥ -	¥100.00	¥ -	[illegible]	[illegible]		
10	¥ 50.00	¥ -	¥ -	[illegible]	[illegible]		
11	¥ -	¥ -	¥ 50.00	[illegible]	[illegible]		
12	¥ 50.00	¥ -	¥ -	¥ -	¥663.00		
13	¥ 50.00	¥ 50.00	¥ -	¥ -	¥663.00		
14	¥ 50.00	¥ -	¥ -	¥ -	¥663.00		
15	¥150.00	¥ -	¥ -	¥ -	¥663.00		
16	¥ -	¥ 50.00	¥ 50.00	¥ -	¥663.00		
17	¥ 50.00	¥ -	¥100.00	¥ -	¥663.00		

M4 =D4+E4+F4+G4-H4-I4-J4+K4-L4

	H	I	J	K	L	M	
1	工工资表						
2							
3	迟到扣款	事假扣款	病假扣款	全勤奖	代扣社保和公积金	应发工资	代扣
4	¥ -	¥ -	¥ -	¥200.00	¥663.00	¥ 7,937.00	
5	¥ -	¥ 50.00	¥ -	¥ -	¥663.00	¥ 5,537.00	
6	¥ -	¥ -	¥ 50.00	¥ -	¥663.00	¥ 5,487.00	
7	¥ -	¥ -	¥ -	¥200.00	¥663.00	¥ 4,737.00	
8	¥ -	¥ 50.00	¥ -	¥ -	¥663.00	¥ 4,687.00	
9	¥ -	¥100.00	¥ -	¥ -	¥663.00	¥ 1,887.00	
10	¥ 50.00	¥ -	¥ -	[illegible]	[illegible]	¥ 1,837.00	
11	¥ -	¥ -	¥ 50.00	[illegible]	[illegible]	¥ 2,987.00	
12	¥ 50.00	¥ -	¥ -	¥ -	¥663.00	¥ 3,037.00	
13	¥ 50.00	¥ 50.00	¥ -	¥ -	¥663.00	¥ 7,187.00	
14	¥ 50.00	¥ -	¥ -	¥ -	¥663.00	¥ 5,187.00	
15	¥150.00	¥ -	¥ -	¥ -	¥663.00	¥ 6,057.00	
16	¥ -	¥ 50.00	¥ 50.00	¥ -	¥663.00	¥ 5,427.00	
17	¥ 50.00	¥ -	¥100.00	¥ -	¥663.00	¥ 6,187.00	

图12-32 计算应发工资

7. 计算代扣个税和实发工资

由于个人所得税的计算并不是按照一个固定的金额进行扣除，而是根据不同的应税所得额、不同的税率、速算扣除数进行计算。在本实例中将使用公式“个人所得税=（（总工资）-（五险一金）-（免征额））×税率-速算扣除数”和“实发工资=应发工资-代扣个税”计算代扣个税和实发工资，其具体操作如下。

（1）在“工资管理系统”工作簿的“员工工资表”工作表中选择N4:N33单元格区域，输入公式“=IF(M4-3500<0,0,IF(M4-3500<1500,0.03*(M4-3500)-0,IF(M4-3500<4500,0.1*(M4-3500)-105,IF(M4-3500<9000,0.2*(M4-3500)-555,IF(M4-3500<35000,0.25*(M4-3-500)-1005,IF(M4-3500<55000,0.3*(M4-3500)-2755,IF(M4-3500<80000,0.35*(M4-3500)-5505,IF(M4-3500>80000,0.45*(M4-3500)-13505))))))))”，按【Ctrl+Enter】组合键计算出员工的个人所得税，如图12-33所示。

（2）选择O4:O33单元格区域，输入公式“=M4-N4”，按【Ctrl+Enter】组合键计算出员工的实发工资，如图12-34所示。

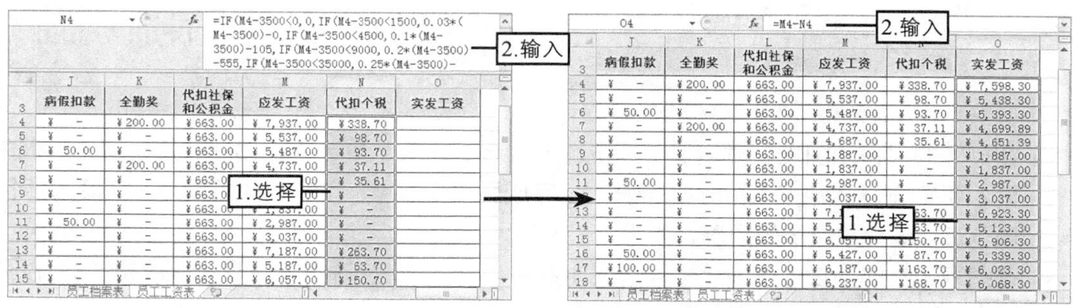

图12-33 计算代扣个税　　图12-34 计算实发工资

12.4.3 使用图表分析数据

由于“员工工资表”工作表中的数据繁多，下面首先冻结并拆分窗格，然后创建并编辑柱形图分析每位员工的实发工资情况，其具体操作如下。

（1）在“员工工资表”工作表中选择D4单元格，在【视图】→【窗口】组中单击 冻结窗格 按钮，在打开的下拉列表中选择“冻结拆分窗格”选项。

（2）返回工作表中拖动水平滚动条或垂直滚动条，即可查看工作表的其他部分而不移动D4单元格上方和左侧的行和列，如图12-35所示。

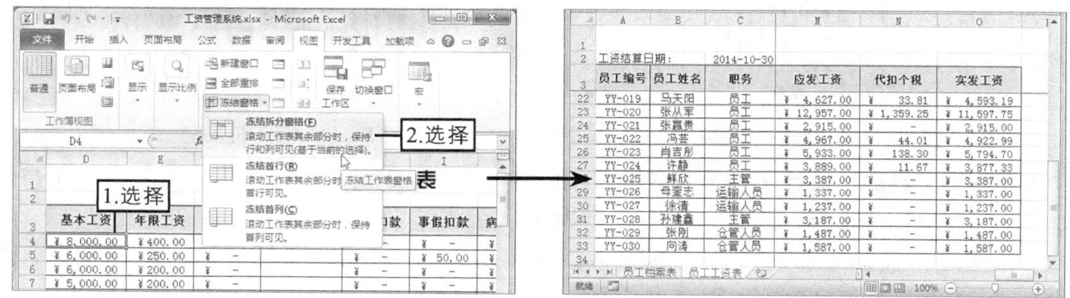

图12-35 冻结拆分窗格

（3）同时选择B4:B33和O4:O33单元格区域，然后在【插入】→【图表】组中单击“柱形图”按钮，在打开的下拉列表中选择“簇状柱形图”选项，如图12–36所示，在工作表中创建出相应的柱形图。

（4）在图表工具的【设计】→【位置】组中单击“移动图表”按钮，如图12–37所示。

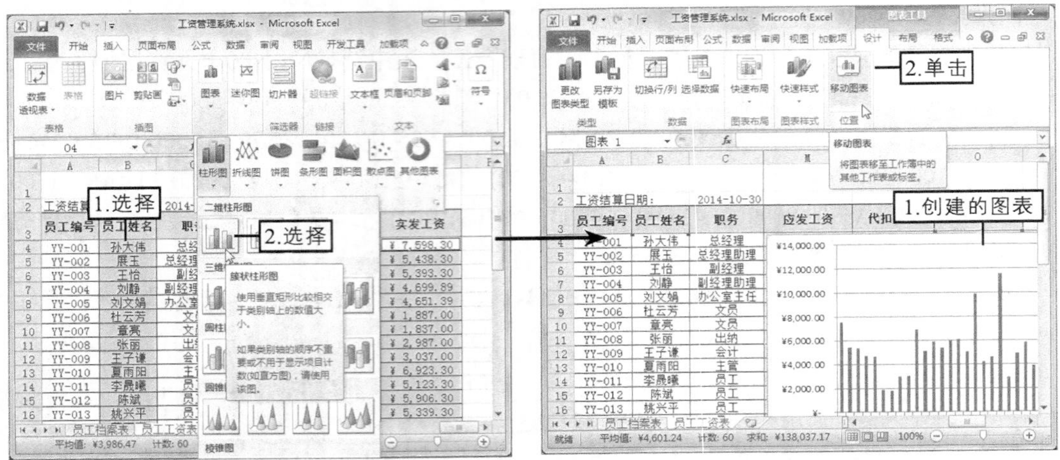

图12–36　选择图表区域与图表类型　　图12–37　单击“移动图表”按钮

（5）在打开的“移动图表”对话框中单击选中“新工作表”单选项，然后在其后的文本框中输入新工作表名称“工资分析图表”，完成后单击确定按钮，即可创建“工资分析图表”工作表存放所需的图表，如图12–38所示。

（6）在图表工具的【设计】→【图表布局】组中单击“快速布局”按钮，在打开的下拉列表中选择“布局 4”选项快速布局图表，如图12–39所示。

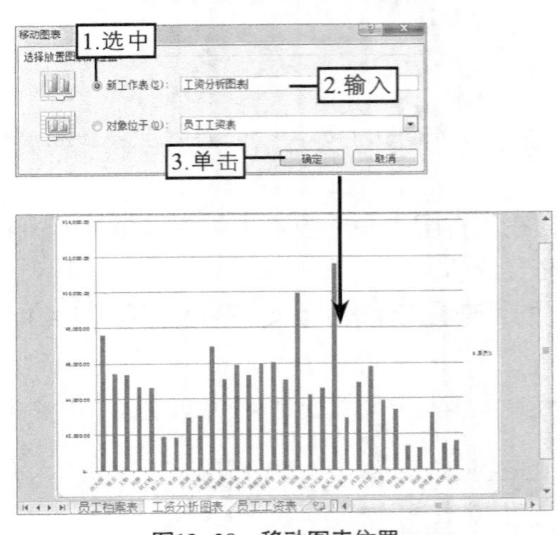

图12–38　移动图表位置

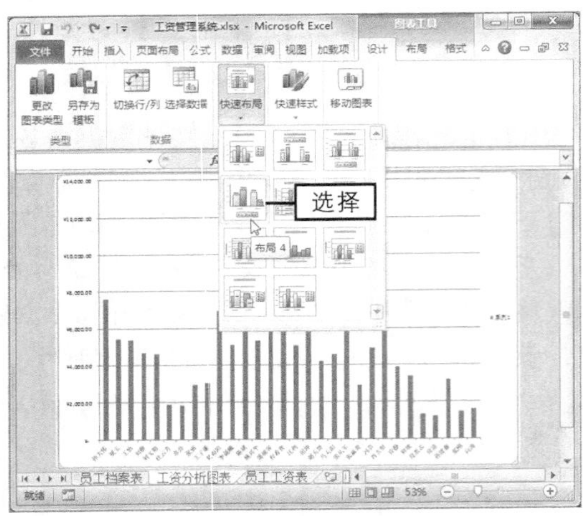

图12–39　快速布局图表

（7）在图表工具的【设计】→【图表样式】组中单击“快速样式”按钮，在打开的下拉列表中选择“样式 28”选项，如图12–40所示。

（8）在图表工具的【布局】→【标签】组中单击图例按钮，在打开的下拉列表中选择“无”选项关闭图例，如图12–41所示。

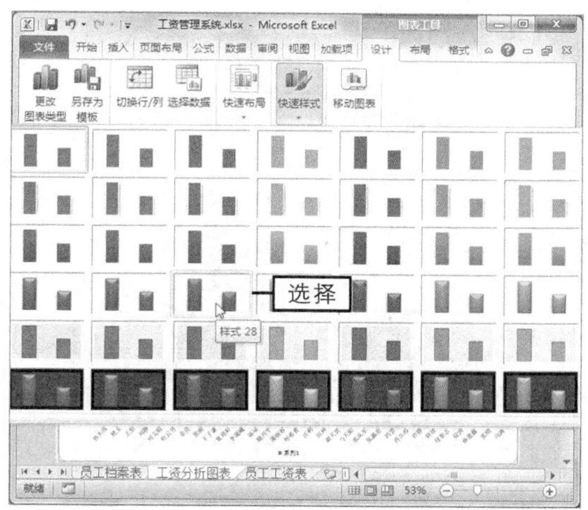

图12-40 设置图表样式

图12-41 关闭图例

（9）选择图表区，然后在【格式】→【当前所选内容】组中单击 设置所选内容格式 按钮。

（10）在打开的“设置绘图区格式”对话框的“填充”选项卡右侧单击选中“渐变填充”单选项，然后在“预设颜色”栏中单击按钮，在打开的下拉列表中选择“麦浪滚滚”选项，如图12-42所示，完成后单击 关闭 按钮。

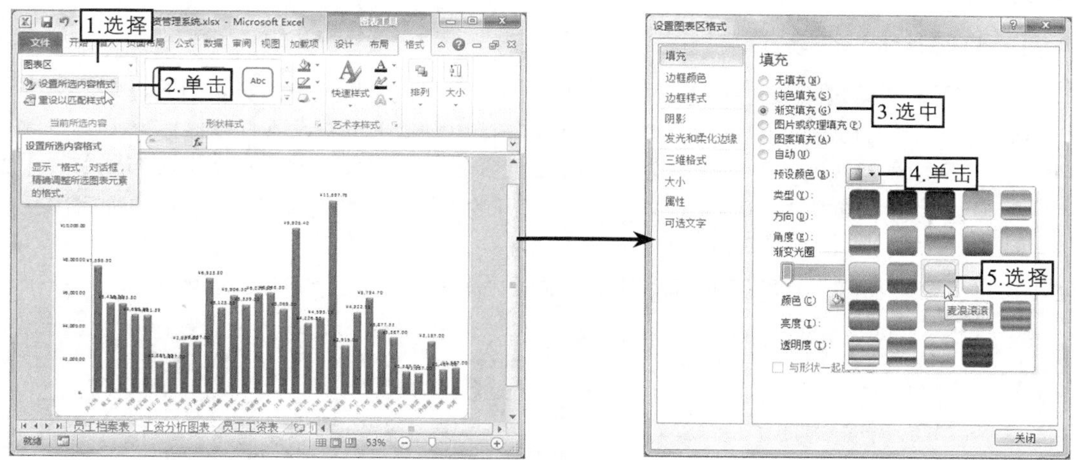

图12-42 设置图表区格式

（11）在图表工具的【布局】→【背景】组中单击“绘图区”按钮，在打开的下拉列表中选择“无”选项清除绘图区填充的颜色效果，如图12-43所示。

知识提示

清除绘图区填充的颜色效果后，再次单击“绘图区”按钮，在打开的下拉列表中选择“显示绘图区”选项，可以默认颜色填充绘图区的颜色效果。

（12）选择图表区，在【开始】→【字体】组中设置其字体格式为“方正黑体简体，14，深蓝”，将数据标签字号更改为“10”，如图12-44所示。

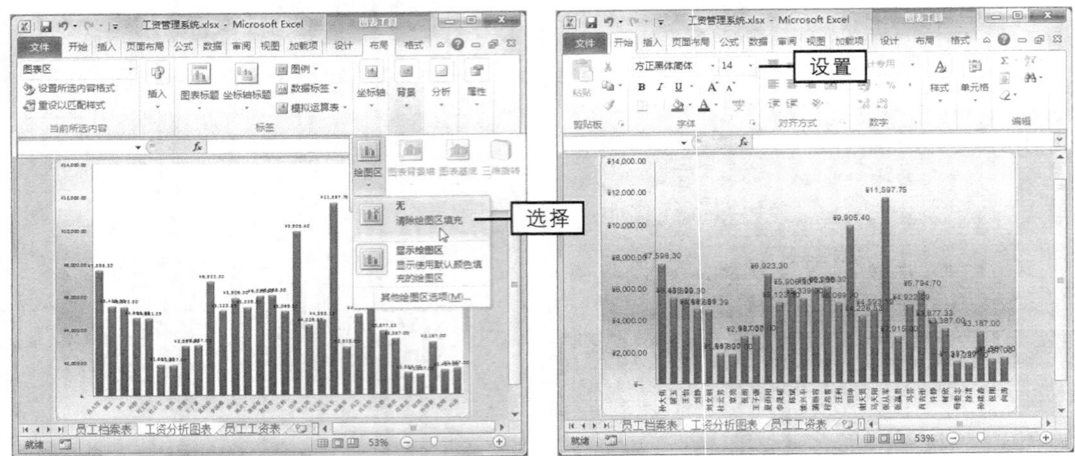

图12-43　清除绘图区背景　　　　图12-44　设置字体格式

12.4.4　打印表格数据

在公司的财务管理中不仅需要打印整张工资表，而且经常需要打印工资条，即一行工资明细项目数据，一行员工工资记录。

1. 打印整张工资表

为了方便财务管理人员对比查看工资表中的相应数据，可将整张工资表中的每条记录打印在一张纸上。下面首先进行页面设置，然后预览并打印整张工资表，其具体操作如下。

（1）在“工资管理系统”工作簿中选择“员工工资表”工作表，然后在【页面布局】→【页面设置】组中单击“页边距”按钮，在打开的下拉列表中选择“窄”选项，如图12-45所示。

（2）单击“纸张方向”按钮，在打开的下拉列表中选择“横向”选项，如图12-46所示。

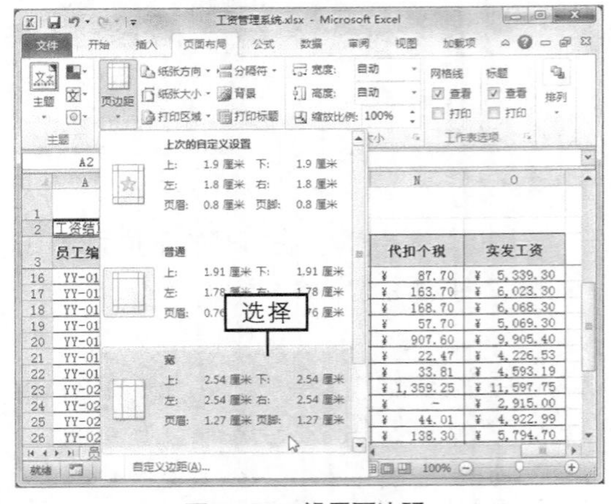

图12-45　设置页边距

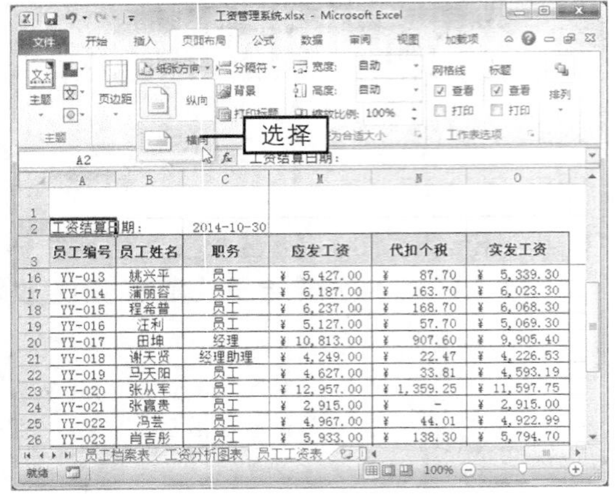

图12-46　设置纸张方向

（3）单击“纸张大小”按钮，在打开的下拉列表中选择“B4”选项，如图12-47所示。

（4）在【页面布局】→【页面设置】组右下角单击“对话框启动器”按钮，在打开的“页面设置”对话框中单击“页边距”选项卡，在“居中方式”栏中单击选中“水平”和“垂直”复选框，然后单击 打印预览(W) 按钮，如图12-48所示。

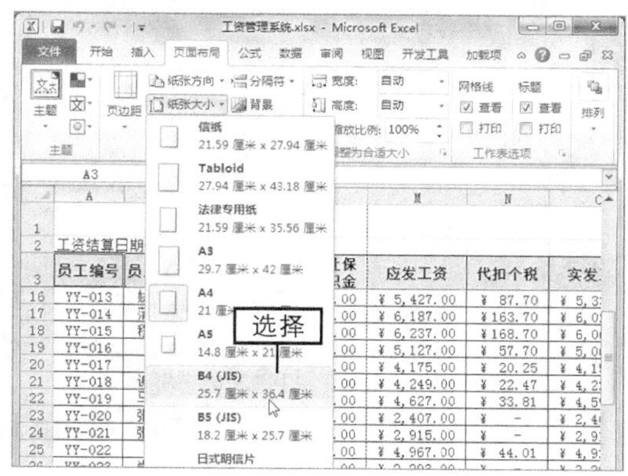

图12-47 设置纸张大小

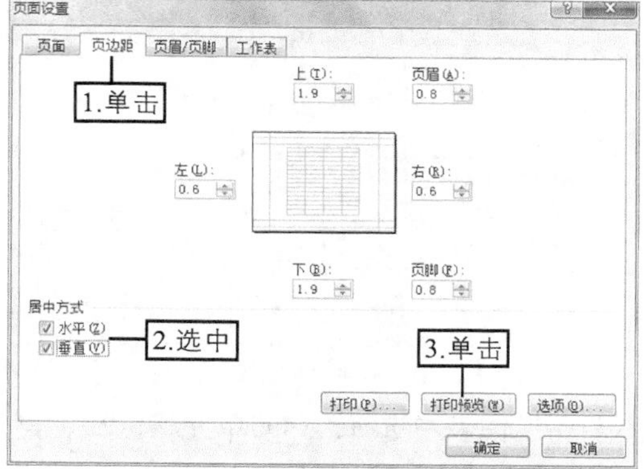

图12-48 设置页边距居中方式

（5）在打开的打印页面的右侧预览工作表的打印效果，对打印效果满意后，在打印页面的“打印”栏的“份数”数值框中输入表格的打印张数为“2”，然后单击“打印”按钮开始打印，如图12-49所示。

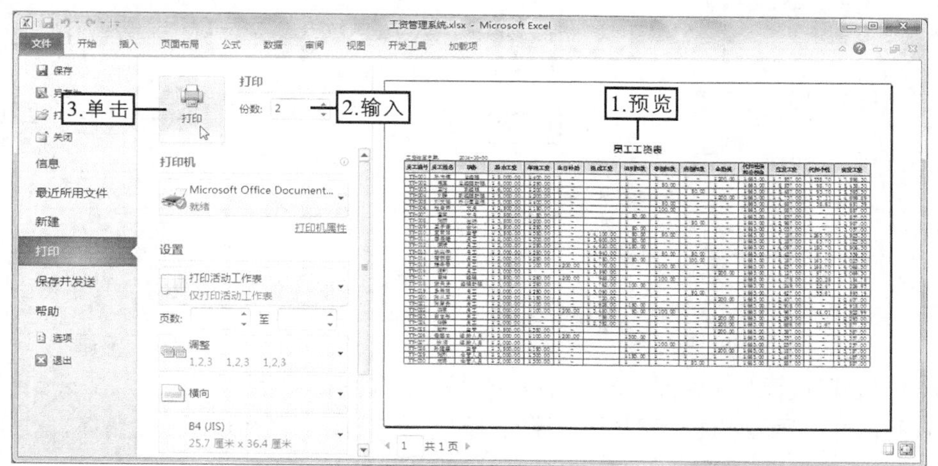

图12-49 预览并打印数据

2. 打印工资条

通常工资表中只有第1行有工资明细项目数据，其他全是员工工资记录。下面将使用设置打印标题的方法实现每行员工工资记录对应一行工资明细项目数据打印员工工资条，其具体操作如下。

（1）在“工资管理系统”工作簿中选择“员工工资表”工作表，然后在【页面布局】→【页面设置】组中单击 打印标题 按钮，如图12-50所示。

（2）打开“页面设置”对话框的“工作表”选项卡，然后在“打印区域”文本框后单击按钮，如图12-51所示。

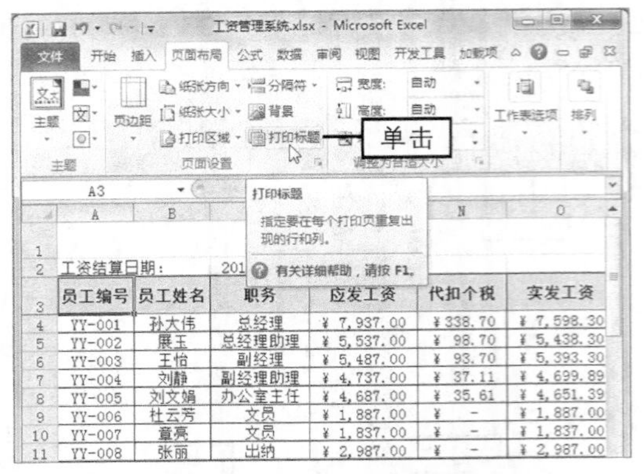

图12-50　单击“打印标题”按钮

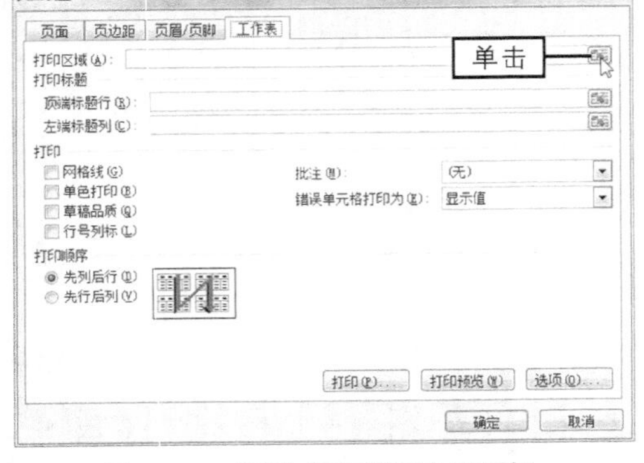

图12-51　打开“页面设置”对话框

（3）在工作表中选择A5:O5单元格区域，然后单击“页面设置－打印区域：”对话框中的按钮，如图12-52所示。

（4）返回“页面设置”对话框，单击“页面设置－顶端标题行：”文本框后面的按钮，在工作表中选择第2行和第3行单元格，然后单击“页面设置－顶端标题行：”对话框中的按钮，如图12-53所示。

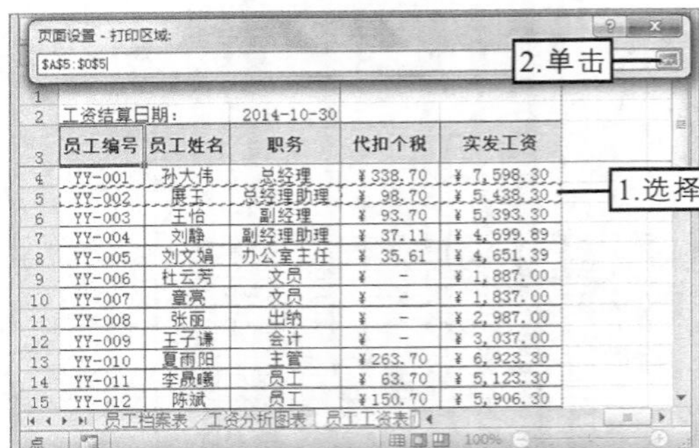

图12-52　设置打印区域

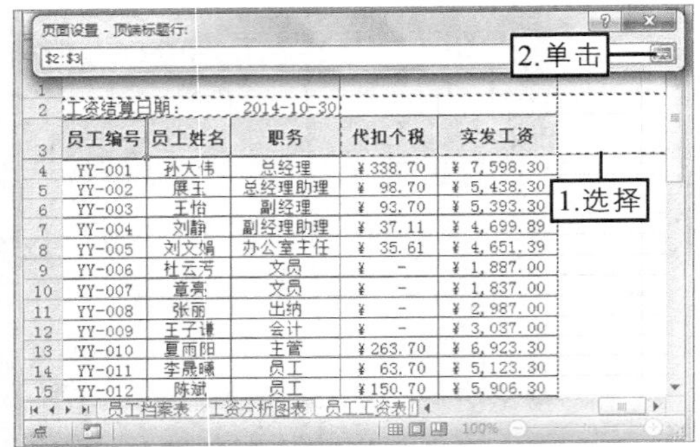

图12-53　设置打印标题

（5）返回“页面设置”对话框，单击打印预览(W)按钮，如图12-54所示。

（6）在打开的打印页面的右侧可预览设置的打印区域与打印标题形成了一个整体，对打印效果满意后，单击“打印”按钮开始打印，如图12-55所示。

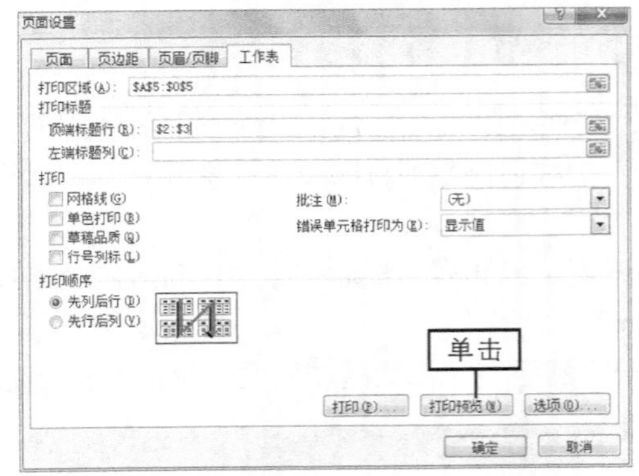

图12-54　单击打印预览(W)按钮

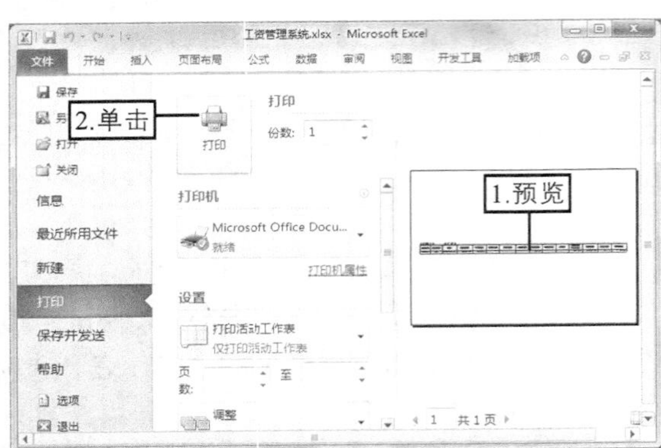

图12-55　预览并开始打印

知识提示

若需打印其他员工的工资条，可在“页面设置”对话框的“工作表”选项卡的“打印区域”文本框中修改员工工资记录对应的单元格区域；若需取消设置的打印区域与标题，只需删除“打印区域”和“顶端标题行”文本框中设置的数据区域即可。

12.5 课堂练习

本课堂练习将制作员工绩效考核表和工资发放表，使读者进一步巩固Excel的操作能力和综合应用能力。

12.5.1 制作员工绩效考核表

1. 练习目标

本练习的目标是根据员工绩效考核成绩计算员工奖金。本练习完成后的参考效果如图12-56所示。

素材所在位置　光盘:\素材文件\第12章\课堂练习\工资管理系统.xlsx

效果所在位置　光盘:\效果文件\第12章\课堂练习\员工提成表.xlsx

视频演示　光盘:\视频文件\第12章\制作员工绩效考核表.swf

员工绩效奖金计算表

员工编号	员工姓名	职务	基本工资	绩效基数	假勤考评	工作能力	工作表现	绩效总分	98分以上人员当月奖金基数	基数占总奖金比重	实得奖金
YY-001	孙大伟	总经理	¥ 8,000.00	¥ 1,600.00	29.1	37	35.5	101.6	1625.6	0.14	¥ 3,057.60
YY-003	王怡	副经理	¥ 6,000.00	¥ 1,200.00	28.9	35.9	35.9	100.7	1208.4	0.11	¥ 2,402.40
YY-005	刘文娟	办公室主任	¥ 5,000.00	¥ 1,000.00	29.5	35.7	33.8	99	990	0.09	¥ 1,965.60
YY-009	王子谦	会计	¥ 3,500.00	¥ 700.00	29.7	34.4	34.7	98.8	691.6	0.06	¥ 1,310.40
YY-010	夏雨阳	主管	¥ 3,500.00	¥ 700.00	28.5	36.5	35	100	700	0.06	¥ 1,310.40
YY-017	田坤	经理	¥ 3,500.00	¥ 700.00	34.5	36.6	28.5	99.6	697.2	0.06	¥ 1,310.40
YY-018	谢天贤	经理助理	¥ 3,000.00	¥ 600.00	29.5	34.5	35.5	99.5	597	0.05	¥ 1,092.00

绩效奖金

图12-56 “员工绩效考核表”的参考效果

职业素养

绩效奖金（也称一次性奖金）是根据员工的绩效考核结果给与的一次性奖励。企业具体需拿出整个工资水平的多少作为考核，还需根据工资具体金额、考核的力度、与被考核员工的可接受程度等因素进行综合考量。这里将从各员工基本工资中提取20%作为绩效基数，然后使用公式“绩效奖金=绩效基数×绩效评价汇总系数（假设该值为1.2）”“绩效基数=岗位工资×该岗位系列折分比例（假设该值为20%）”“个人当月奖金基数=以考评的绩效分数作为系数*绩效基数”“个人绩效系数=个人当月奖金基数/当月总的奖金基数、实得奖金=个人绩效系数*绩效奖金”计算相应的数据。

2. 操作思路

完成本练习首先需要创建“员工绩效考核表.xlsx”工作簿，并将“工资管理系统.xlsx”工作簿中的数据复制到相应的单元格中，然后计算并筛选数据，其操作思路如图12-57所示。

① 创建“员工绩效考核表”工作簿

② 计算数据

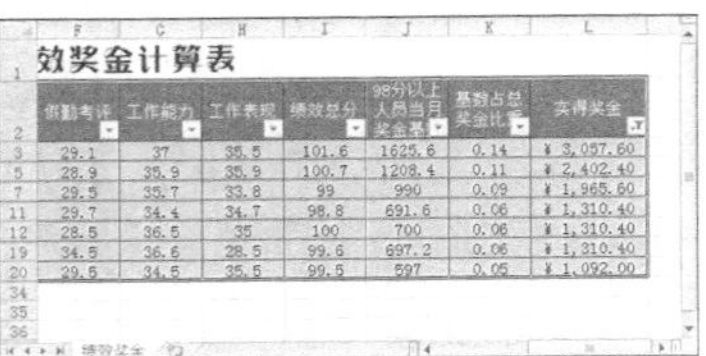

③ 筛选数据

图12-57　“员工绩效考核表”的制作思路

（1）启动Excel，将新建的工作簿以“员工绩效考核表”为名进行保存，然后将“Sheet1”工作表重命名为“绩效奖金”，并删除“Sheet2”和“Sheet3”工作表。

（2）在“绩效奖金”工作表中输入表题与表头数据，并合并A1:L1单元格区域，然后设置表题的字体格式为“方正粗活意简体，22，深蓝”，设置表头数据自动换行，且为其应用单元格样式为“强调文字颜色 4”。

（3）打开素材文件“工资管理系统.xlsx”，将“员工工资表”工作表中的A4:D33单元格区域的数据复制并粘贴到“绩效奖金”工作表的A3:D32单元格区域中，然后在“绩效奖金”工作表中选择A2:L32单元格区域，设置其边框样式为“所有框线”，对齐方式为“居中”，完成后调整单元格列宽使数据完全显示。

（4）在“绩效奖金”工作表中选择E3:E32单元格区域，在编辑栏中输入公式“=D3*20%”，然后按【Ctrl+Enter】组合键。

（5）在F3:H32单元格区域中输入相应的数据，然后分别在I3:I32单元格区域中输入公式“=F3+G3+H3”，在J3:J32单元格区域中输入公式“=IF(I3>=98,E3*I3%,0)”，在E33单元格中输入公式“=SUM(E3:E32)*1.2”，在J33单元格中自动求和，在K3:K32单元格区域中输入公式“=ROUND(J3/$J$33,2)”，在L3:L32单元格区域中输入公式“=K3*$E$33”计算相应的数据。

（6）选择A2:L33单元格区域，在【数据】→【排序和筛选】组中单击“筛选”按钮，返回工作表中在“实得奖金”字段名右侧单击按钮，在打开的下拉列表中选择【数字筛选】→【大于或等于】选项。

（7）在打开的“自定义自动筛选方式”对话框的“大于或等于”下拉列表框右侧的下拉列表框中输入数据“1000”，然后单击确定按钮，返回工作表中筛选出满足自定义条件的数据记录。

12.5.2 制作工资现金发放表

1. 练习目标

本练习的目标是为了避免工资以现金发放时遇到兑换零钱的情况，因此可制作一张工资现金发放表，在其中计算出从银行提取不同货币面额所需的面额张数。本练习完成后的参考效果如图12-58所示。

光盘:\素材文件\第12章\课堂练习\工资管理系统.xlsx

效果所在位置　光盘:\效果文件\第12章\课堂练习\工资现金发放表.xlsx

视频演示　光盘:\视频文件\第12章\制作工资现金发放表.swf

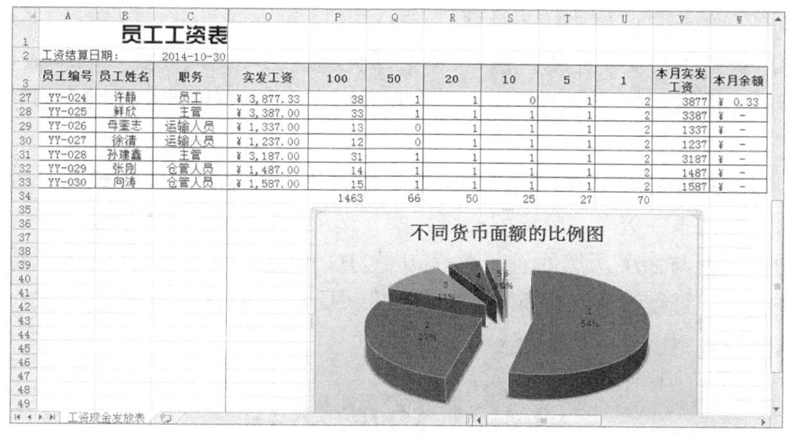

图12-58 “工资现金发放表”的参考效果

2. 操作思路

完成本实训首先需要将“工资管理系统.xlsx”工作簿另存为“工资现金发放表.xlsx”工作簿，然后输入并编辑数据，完成后计算并分析数据，其操作思路如图12-59所示。

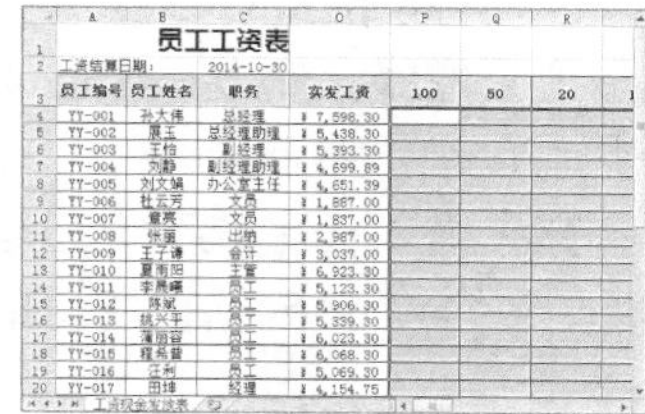

① 创建“工资现金发放表”工作簿

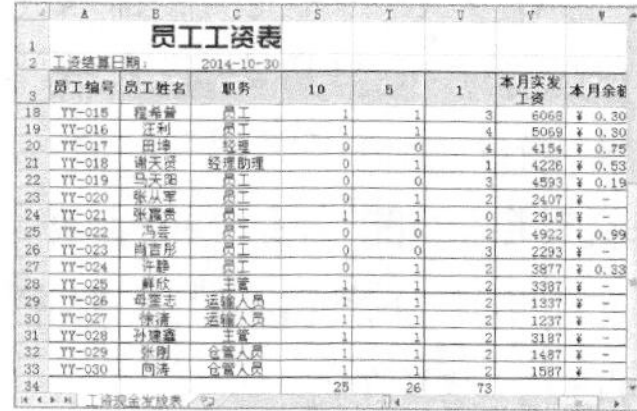

② 计算数据

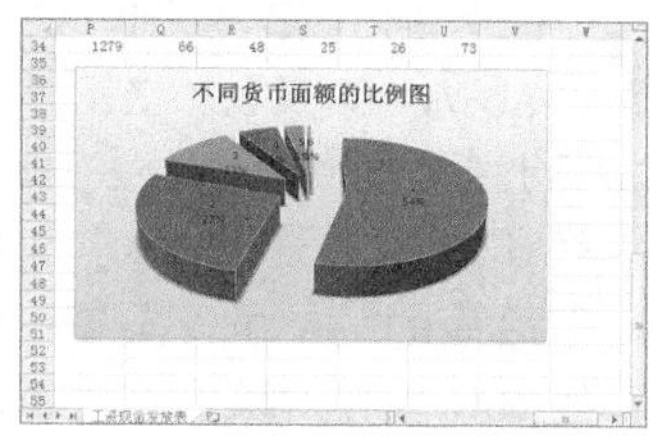

③ 使用饼图分析数据

图12-59 “工资现金发放表”的制作思路

(1) 打开“工资管理系统.xlsx”工作簿，将其以“工资现金发放表”为名进行另存，然后将“员工工资表”工作表重命名为“工资现金发放表”，并隐藏“员工档案表”和“工资分析图表”工作表。

(2) 在“工资现金发放表”工作表中隐藏D~N列，然后在P3:W3单元格区域中输入相应的数据，并使用格式刷功能将A3单元格中的格式复制到P3:W3单元格区域中，继续选择P4:W33单元格区域，设置其边框样式为“所有框线”。

(3) 选择P4:P33单元格区域，输入公式“=INT(O4/$P$3)”表示用实发工资除以100，并向下取整得到100元面额钞票的张数，完成后按【Ctrl+Enter】组合键。

(4) 选择Q4:Q33单元格区域，输入公式“=INT(MOD(O4,$P$3)/$Q$3)”表示实发工资除以100的余数再除以50，向下取整得到50元面额钞票的张数，完成后按【Ctrl+Enter】组合键。

(5) 用相同的方法在R4:R33单元格区域中输入公式“=INT(MOD(O4,$Q$3)/$R$3)”表示实发工资除以50的余数再除以20，向下取整得到20元面额钞票的张数；在S4:S33单元格区域中输入公式“=INT(MOD(MOD(O4,$Q$3),$R$3)/$S$3)”表示实发工资除以50的余数再除以20的余数再除以10，向下取整得到10元面额钞票的张数；在T4:T33单元格区域中输入公式“=INT(MOD(O4,$S$3)/$T$3)”表示实发工资除以10的余数再除以5，向下取整得到5元面额钞票的张数；在U4:U33单元格区域中输入公式“=INT(MOD(O4,$T$3)/$U$3)”表示实发工资除以5的余数再除以1，向下取整得到1元面额钞票的张数。

（6）继续在V4:V33单元格区域中输入公式“=P4*$P$3+Q4*$Q$3+R4*$R$3+S4*$S$3+T4*$T$3+U4*$U$3”计算本月实发工资，在W4:W33单元格区域中输入公式“=O4–V4”计算领取工资后的余额（即提取工资中的角与分），完成后在P34:U34单元格区域中自动求和各类面额的张数。

（7）同时选择P3:U3和P34:U34单元格区域，在【插入】→【图表】组中单击“饼图”按钮，在打开的下拉列表中选择“分离型三维饼图”选项创建出相应的饼图。

（8）调整饼图的位置与大小，然后设置图表布局为“布局 1”，并输入图表标题“不同货币面额的比例图”，继续设置数据标签为“居中”显示，设置图表样式为“样式 10”，形状样式为“细微效果–橙色，强调颜色 6”。

12.6 拓展知识

打印工资条时，除了通过设置打印区域与标题的方法外，还可通过定位空行轻松插入工资明细项目行实现工资条的打印。

使用此方法之前，首先应打开“工资管理系统.xlsx”工作簿，由于前面在“员工工资表”工作表中计算相应的数据时使用了数组公式（后面需插入工作表行时将不能进行操作），因此应先复制A1:O33单元格区域中的数据并将其以数值形式，粘贴到原位置，然后在“提成工资”列的空单元格中输入零值，并撤销设置的打印区域与标题，其具体操作如下。

（1）在“员工工资表.xlsx”工作表工资明细项目的右侧两列中，交叉输入任意数字（它是为了后面的“空位”空值，所以数字可任意输入），然后选择交叉的4个单元格，使用拖动填充柄的方法填充至工资明细表的结束行。

（2）在【开始】→【编辑】组中单击按钮，在打开的下拉列表中选择“定位条件”选项，如图12–60所示，在打开的“定位条件”对话框中单击选中“空值”单选项，然后单击确定按钮，如图12–61所示。

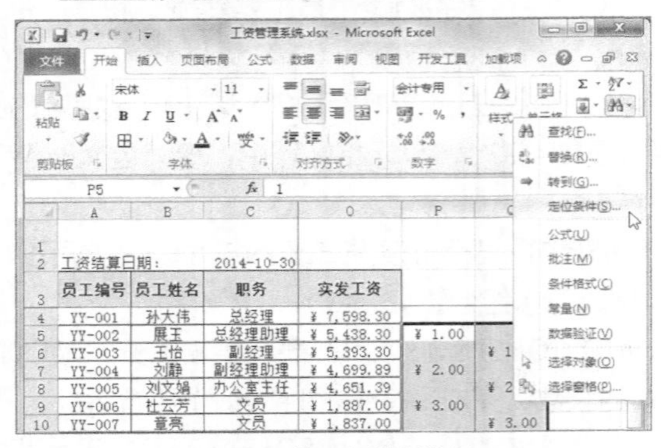

图12–60 输入与填充数据

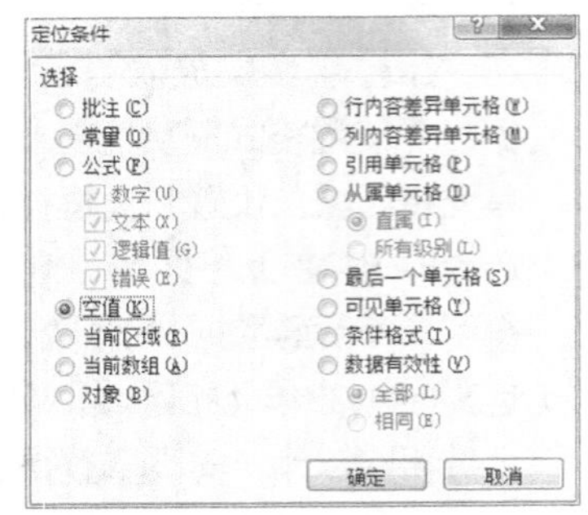

图12–61 定位空值

（3）在【开始】→【单元格】组中单击“插入”按钮下方的按钮，在打开的下拉列表中选择“插入工作表行”选项，此时将从第5行开始每一行的前面插入了一个空行。

（4）复制表头的工资明细项目数据，并选择A5:O62单元格区域，然后在【开始】→【编辑】组中单击按钮，在打开的下拉列表中选择“定位条件”选项，在打开的“定位条件”对话框中单击选中“空值”单选项，完成后单击确定按钮，此时工作表中将选择刚插入的空行。

（5）在【开始】→【剪贴板】组中单击“粘贴”按钮粘贴工资明细项目行，如图12-62所示，完成工资条的制作后，然后选择【文件】→【打印】菜单命令即可预览并打印工资条数据。

工资结算日期：2014-10-30

员工编号	员工姓名	职务	实发工资	P	Q
YY-001	孙大伟	总经理	¥ 7,598.30		
YY-002	展玉	总经理助理	¥ 5,438.30	¥ 1.00	
YY-003	王怡	副经理	¥ 5,393.30		¥ 1.00
YY-004	刘静	副经理助理	¥ 4,699.89	¥ 2.00	
YY-005	刘文娟	办公室主任	¥ 4,651.39		¥ 2.00
YY-006	杜云芳	文员	¥ 1,887.00	¥ 3.00	
YY-007	章亮	文员	¥ 1,837.00		¥ 3.00
YY-008	张丽	出纳	¥ 2,987.00	¥ 4.00	
YY-009	王子谦	会计	¥ 3,037.00		¥ 4.00

工资结算日期：2014-10-30

员工编号	员工姓名	职务	代扣个税	实发工资	P	Q
YY-001	孙大伟	总经理	¥338.70	¥ 7,598.30		
员工编号	员工姓名	职务	代扣个税	实发工资		
YY-002	展玉	总经理助理	¥ 98.70	¥ 5,438.30	¥ 1.00	
员工编号	员工姓名	职务	代扣个税	实发工资		
YY-003	王怡	副经理	¥ 93.70	¥ 5,393.30		¥ 1.00
员工编号	员工姓名	职务	代扣个税	实发工资		
YY-004	刘静	副经理助理	¥ 37.11	¥ 4,699.89	¥ 2.00	
员工编号	员工姓名	职务	代扣个税	实发工资		
YY-005	刘文娟	办公室主任	¥ 35.61	¥ 4,651.39		¥ 2.00
员工编号	员工姓名	职务	代扣个税	实发工资		
YY-006	杜云芳	文员	¥ -	¥ 1,887.00	¥ 3.00	

图12-62　通过定位空行插入工资明细项目行

12.7 课后习题

（1）创建“员工加班记录表.xlsx”工作簿，在其中输入并编辑数据，完成后排序并分类汇总员工的加班计时数据，完成后的参考效果如图12-63所示。

提示： 在创建的“员工加班记录表.xlsx”工作簿中输入并编辑数据，然后以“员工姓名”进行升序排列，完成后以“员工姓名”为分类字段，以“加班时数”为汇总项进行分类汇总。

效果所在位置　光盘:\效果文件\第12章\课后习题\员工加班记录表.xlsx

视频演示　光盘:\视频文件\第12章\管理员工加班记录表.swf

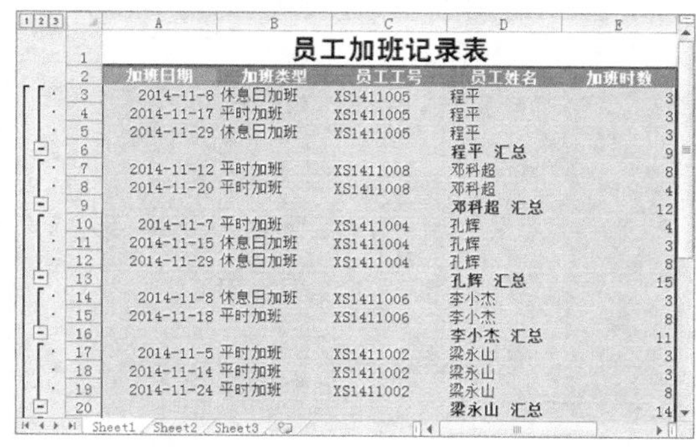

员工加班记录表

加班日期	加班类型	员工工号	员工姓名	加班时数
2014-11-8	休息日加班	XS1411005	程平	3
2014-11-17	平时加班	XS1411005	程平	3
2014-11-29	休息日加班	XS1411005	程平	3
			程平 汇总	9
2014-11-12	平时加班	XS1411008	邓科超	8
2014-11-20	平时加班	XS1411008	邓科超	4
			邓科超 汇总	12
2014-11-7	平时加班	XS1411004	孔辉	4
2014-11-15	休息日加班	XS1411004	孔辉	3
2014-11-29	休息日加班	XS1411004	孔辉	8
			孔辉 汇总	15
2014-11-8	休息日加班	XS1411006	李小杰	3
2014-11-18	平时加班	XS1411006	李小杰	8
			李小杰 汇总	11
2014-11-5	平时加班	XS1411002	梁永山	3
2014-11-14	平时加班	XS1411002	梁永山	3
2014-11-24	平时加班	XS1411002	梁永山	8
			梁永山 汇总	14

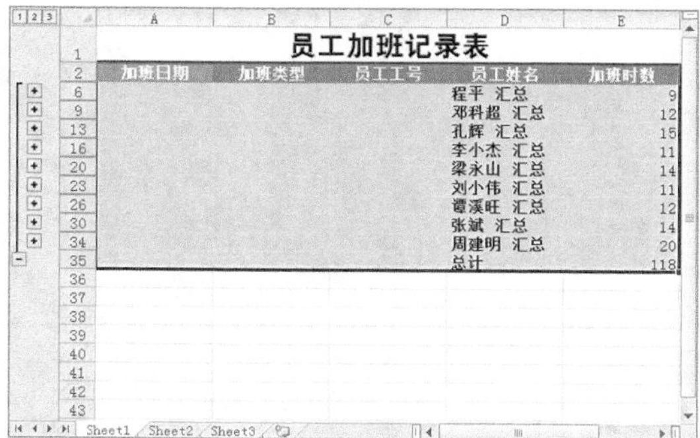

员工加班记录表

加班日期	加班类型	员工工号	员工姓名	加班时数
			程平 汇总	9
			邓科超 汇总	12
			孔辉 汇总	15
			李小杰 汇总	11
			梁永山 汇总	14
			刘小伟 汇总	11
			谭溪旺 汇总	12
			张斌 汇总	14
			周建明 汇总	20
			总计	118

图12-63　“员工加班记录表”的参考效果

（2）打开“试用员工素质测评表.xlsx”工作簿，在其中计算并筛选出“转正”员工记录，然后插入柱形图分析数据，完成后的参考效果如图12-64所示。

提示： 在“试用员工素质测评表.xlsx”工作簿的I5:I20单元格区域中输入公式“=AVERAGE(C5:H5)”计算测评平均分，在J5:J20单元格区域中输入公式

“=SUM(C5:H5)”计算测评总分，在K5:K20单元格区域中输入公式“=IF(J5>=500,"转正","辞退")”判断是否转正，然后同时选择B5:B20和J5:J20单元格区域，插入簇状柱形图，并调整图表的位置与大小，继续设置图表标题“试用员工素质测评对比图”，关闭图例，设置图表样式为“样式 28”，形状样式为“细微效果–黑色，深色1”，完成后选择A3:K20单元格区域，使用筛选功能筛选出“转正”员工记录。

素材所在位置	光盘:\素材文件\第12章\课后习题\试用员工素质测评表.xlsx
效果所在位置	光盘:\效果文件\第12章\课后习题\试用员工素质测评表.xlsx
视频演示	光盘:\视频文件\第12章\计算与分析试用员工素质测评表.swf

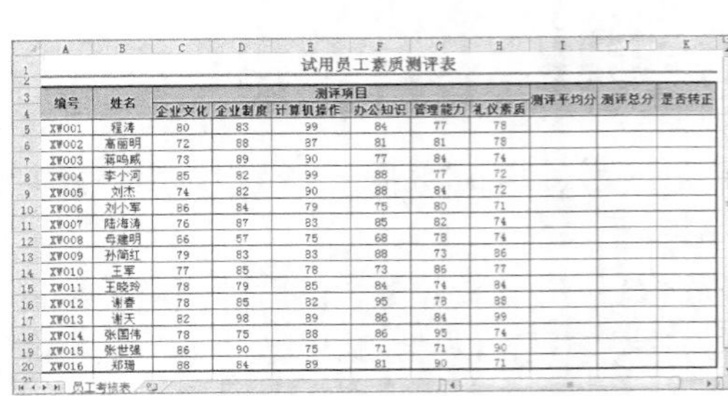

试用员工素质测评表

编号	姓名	测评项目						测评平均分	测评总分	是否转正
		企业文化	企业制度	计算机操作	办公知识	管理能力	礼仪素质			
XW001	程涛	80	83	99	84	77	78			
XW002	高丽明	72	88	87	81	81	78			
XW003	蒋鸣威	73	89	90	77	84	74			
XW004	李小河	85	82	99	88	77	72			
XW005	刘杰	74	82	90	88	84	72			
XW006	刘小军	86	84	79	75	80	71			
XW007	陆海涛	76	87	83	85	82	74			
XW008	母建明	66	57	75	68	78	74			
XW009	孙简红	79	83	83	88	73	86			
XW010	王军	77	85	78	73	86	77			
XW011	王晓玲	78	79	85	84	74	84			
XW012	谢春	78	85	82	95	78	88			
XW013	谢天	82	98	89	86	84	99			
XW014	张国伟	78	75	88	86	95	74			
XW015	张世强	86	90	75	71	71	90			
XW016	郑瑞	88	84	89	81	90	71			

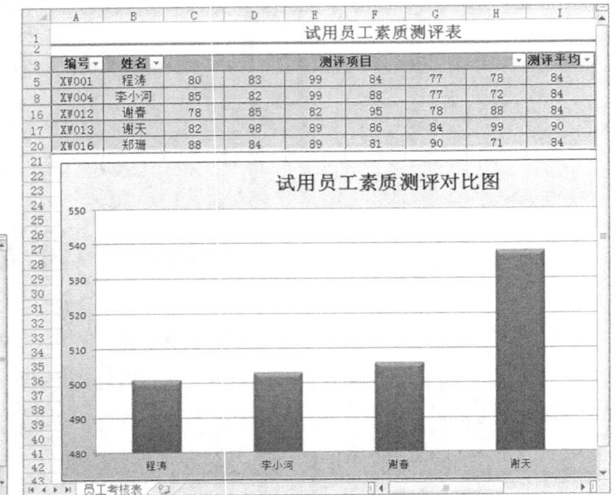

试用员工素质测评表

编号	姓名	测评项目						测评平均
XW001	程涛	80	83	99	84	77	78	84
XW004	李小河	85	82	99	88	77	72	84
XW012	谢春	78	85	82	95	78	88	84
XW013	谢天	82	98	89	86	84	99	90
XW016	郑瑞	88	84	89	81	90	71	84

图12–64 “试用员工素质测评表”前后的对比效果

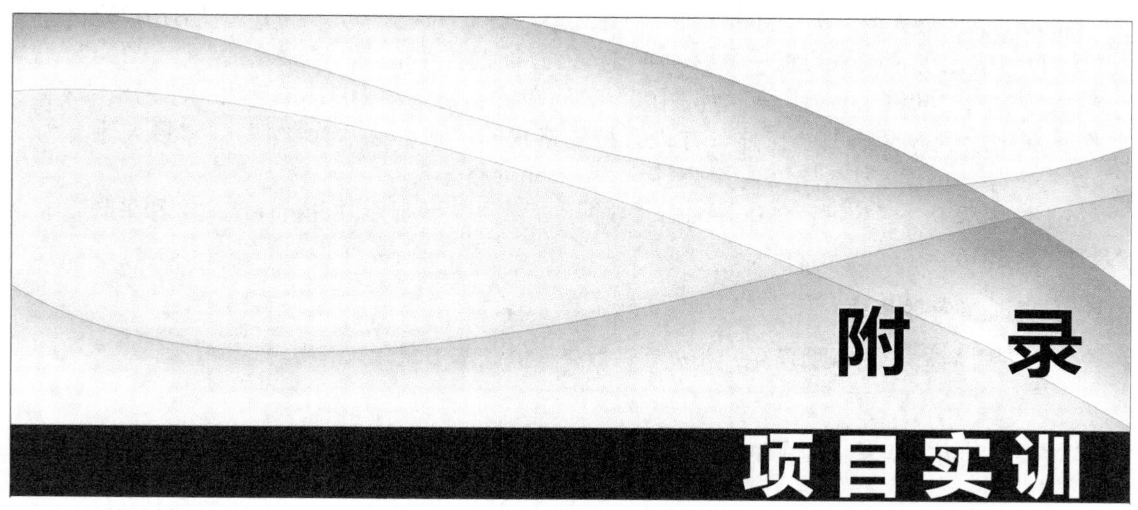

为了培养学生独立完成工作任务的能力，提高就业综合素质和思维能力，加强教学的实践性，本附录精心挑选了3个综合实训“制作采购成本分析表”“管理与打印客户订单统计表”“制作应收账款账龄分析表”。通过实训，使学生进一步掌握和巩固Excel软件综合应用的相关知识。

实训1 制作采购成本分析表

【实训目的】

通过实训掌握Excel的基本操作以及数据的计算、控件的使用、图表分析功能等，具体要求及实训目的如下。

◎ 熟练掌握Excel工作簿的新建与保存，以及工作表的重命名和删除等方法。

◎ 熟练掌握输入表格数据，快速填充规律数据，以及运用不同方法设置单元格格式，如设置字体格式、对齐方式、数字格式、边框等。

◎ 熟练掌握利用公式与函数计算表格数据的方法，得到正确的数据结果。

◎ 熟练掌握滚动条窗体控件的操作方法。

◎ 熟练掌握图表的创建并编辑，如创建和编辑折线图。

【实训实施】

1. 工作簿与工作表的操作：将新建的工作簿以“采购成本分析表”为名进行保存，然后将“Sheet1”工作表重命名为“采购成本分析表”，并删除“Sheet2”和“Sheet3”工作表。

2. 输入和编辑表格数据：在“采购成本分析表”工作表中输入表格数据，分别设置字体格式、对齐方式、边框，并为表头应用单元格样式等，完成后调整单元格行高和列宽。

3. 计算表格数据：分别在相应的单元格中输入公式和函数计算表格中的数据。

4. 添加窗体控件：分别创建与“年采购量”“采购成本”“单位储存成本”数据相关的滚动条窗体控件，即在A18:B18单元格区域中绘制一个滚动条窗体，并设置控件格式的“最小值”

为“1000”，“最大值”为“3000”，“步长”为“200”，“单元格链接”为B16单元格；在C18:D18单元格区域中绘制一个滚动条窗体，并设置控件格式的“最小值”为“200”，“最大值”为“600”，“步长”为“100”，“单元格链接”为D16单元格；在E18:F18单元格区域中绘制一个滚动条窗体，并设置控件格式的“最小值”为“4”，“最大值”为“12”，“步长”为“1”，“单元格链接”为F16单元格。

5. 使用图表分析数据：创建并编辑“数据点折线图”，显示并分析存储成本和采购成本的数据变化情况。

【实训参考效果】

本实训的参考效果如图1所示，相关参考效果提供在本书配套光盘中。

效果所在位置　光盘:\效果文件\项目实训\采购成本分析表.xlsx

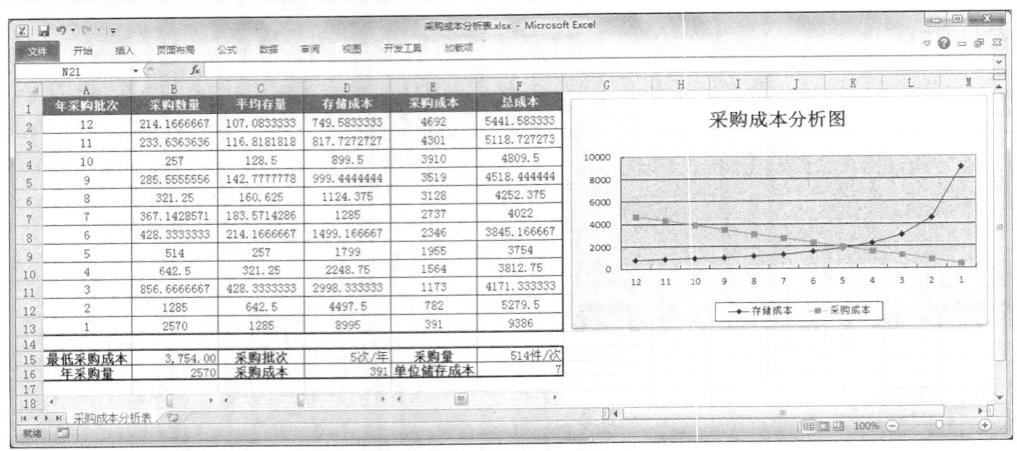

年采购批次	采购数量	平均存量	存储成本	采购成本	总成本
12	214.1666667	107.0833333	749.5833333	4692	5441.583333
11	233.6363636	116.8181818	817.7272727	4301	5118.727273
10	257	128.5	899.5	3910	4809.5
9	285.5555556	142.7777778	999.4444444	3519	4518.444444
8	321.25	160.625	1124.375	3128	4252.375
7	367.1428571	183.5714286	1285	2737	4022
6	428.3333333	214.1666667	1499.166667	2346	3845.166667
5	514	257	1799	1955	3754
4	642.5	321.25	2248.75	1564	3812.75
3	856.6666667	428.3333333	2998.333333	1173	4171.333333
2	1285	642.5	4497.5	782	5279.5
1	2570	1285	8995	391	9386
最低采购成本	3,754.00	采购批次	5次/年	采购量	514件/次
年采购量	2570	采购成本	391	单位储存成本	7

图1　“采购成本分析表”参考效果

实训2 管理与打印客户订单统计表

【实训目的】

通过实训主要掌握对Excel表格数据的管理，以及图片与图形的使用，具体要求及实训目的如下。

◎ 熟练掌握图片与图形的使用，如剪贴画的使用。

◎ 熟练掌握记录单的使用、排序和分类汇总数据的方法。

【实训实施】

1. 图片与图形的使用：打开“客户订单统计表.xlsx”工作簿，在其中插入并编辑剪贴画。

2. 记录单的使用：添加“记录单”按钮到快速访问工具栏中，并使用记录单在数据区域下方添加相应的记录。

3. 对数据进行排序：将工作表中的数据以“订货单位”和“订货数量”为排序依据进行

排列。

4. 分类汇总表格数据：将工作表中的数据以“订货单位”为分类字段，“订货数量”和“付款金额”为选定汇总项进行求和汇总。

5. 打印表格数据：对工作表进行页面设置，完成后预览并打印工作表中的数据。

【实训参考效果】

本实训的参考效果如图2所示，相关素材及参考效果提供在本书配套光盘中。

素材所在位置 光盘:\素材文件\项目实训\客户订单统计表.xlsx

效果所在位置 光盘:\效果文件\项目实训\客户订单统计表.xlsx

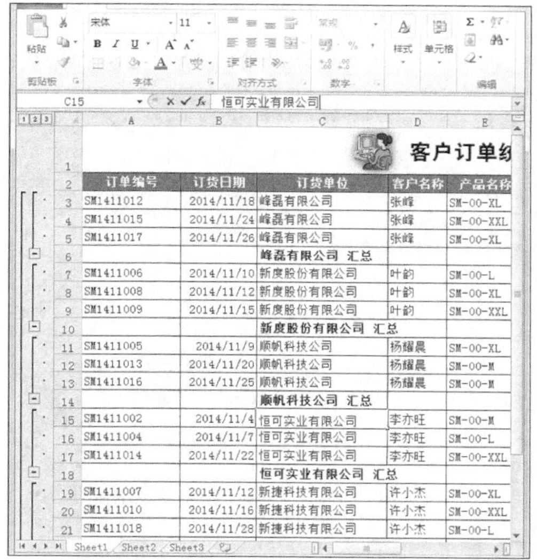

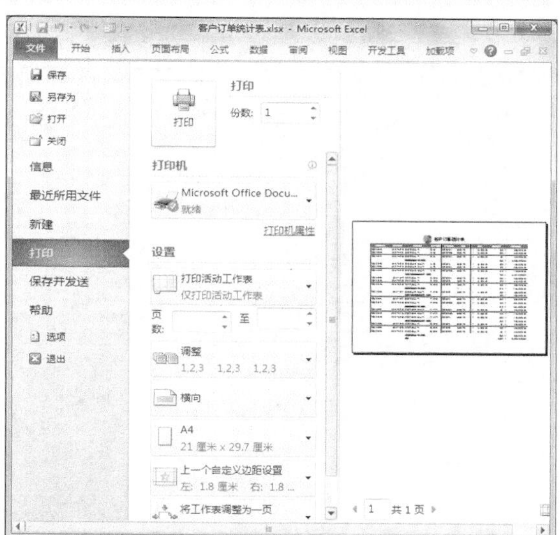

图2 “客户订单统计表”参考效果

实训3 制作应收账款账龄分析表

【实训目的】

通过实训主要掌握Excel表格数据的计算及使用数据透视图表分析数据的方法，具体要求及实训目的如下。

◎ 熟练掌握Excel工作簿的打开以及工作表的窗口管理等。

◎ 熟练掌握利用公式与函数计算表格数据的方法。

◎ 熟练掌握数据透视图表的创建与编辑。

【实训实施】

1. 管理工作表窗口：打开“应收账款账龄分析表.xlsx”工作簿，选择相应的单元格，冻结并拆分窗格。

2. 计算表格数据：分别在相应的单元格中输入公式和函数，计算并分析应收账款的拖欠情况。

3．使用数据透视图表分析数据：根据表格中的数据创建并编辑数据透视图表，然后查看各客户应收账款、已收账款、结余、未到期金额，以及0~30天、30~60天、60~90天、90天以上的未收款的合计数据。

【实训参考效果】

本实训的参考效果如图3所示，相关素材及参考效果提供在本书配套光盘中。

素材所在位置　光盘:\素材文件\项目实训\应收账款账龄分析表.xlsx

效果所在位置　光盘:\效果文件\项目实训\应收账款账龄分析表.xlsx

应收账款账龄分析表

当前日期：2014-11-10　　单位：元

客户名称	赊销日期	经手人	结余	到期日期	是否到期	未到期金额	0～30	30～60	60～90	90天以上	合计	百分比
F公司	2014-3-27	孙维	¥ -	2014-6-25	Y	¥ -	¥ -	¥ -	¥ -	¥ -	¥ -	0%
F公司	2014-4-2	李海睿	¥ -	2014-7-1	Y	¥ -	¥ -	¥ -	¥ -	¥ -	¥ -	0%
A公司	2014-4-10	张小平	¥ 10,000.00	2014-7-9	Y	¥ -	¥ -	¥ -	¥ -	¥ 10,000.00	¥ 10,000.00	7%
F公司	2014-4-29	孙维	¥ 5,000.00	2014-7-28	Y	¥ -	¥ -	¥ -	¥ -	¥ 5,000.00	¥ 5,000.00	3%
E公司	2014-5-2	李海睿	¥ -	2014-7-31	Y	¥ -	¥ -	¥ -	¥ -	¥ -	¥ -	0%
F公司	2014-5-8	张小平	¥ 20,000.00	2014-8-6	Y	¥ -	¥ -	¥ -	¥ -	¥ 20,000.00	¥ 20,000.00	13%
F公司	2014-5-24	孙维	¥ 15,000.00	2014-8-22	Y	¥ -	¥ -	¥ -	¥15,000.00	¥ -	¥ 15,000.00	10%
D公司	2014-5-29	李海睿	¥ 30,000.00	2014-8-27	Y	¥ -	¥ -	¥ -	¥30,000.00	¥ -	¥ 30,000.00	20%
C公司	2014-6-15	孙维	¥ -	2014-9-13	Y	¥ -	¥ -	¥ -	¥ -	¥ -	¥ -	0%
C公司	2014-6-18	李海睿	¥ 10,000.00	2014-9-16	Y	¥ -	¥ -	¥ 10,000.00	¥ -	¥ -	¥ 10,000.00	7%
D公司	2014-7-10	张小平	¥ -	2014-10-8	Y	¥ -	¥ -	¥ -	¥ -	¥ -	¥ -	0%
B公司	2014-7-24	李海睿	¥ 20,000.00	2014-10-22	Y	¥ -	¥ 20,000.00	¥ -	¥ -	¥ -	¥ 20,000.00	13%
A公司	2014-8-8	李海睿	¥ 10,000.00	2014-11-6	Y	¥ -	¥ 10,000.00	¥ -	¥ -	¥ -	¥ 10,000.00	7%
F公司	2014-8-15	孙维	¥ 50,000.00	2014-11-13		¥ 50,000.00	¥ -	¥ -	¥ -	¥ -	¥ -	0%
E公司	2014-9-29	张小平	¥ 20,000.00	2014-12-28		¥ 20,000.00	¥ -	¥ -	¥ -	¥ -	¥ -	0%
B公司	2014-10-16	李海睿	¥ 50,000.00	2015-1-14		¥ 50,000.00	¥ -	¥ -	¥ -	¥ -	¥ -	0%
合计			¥ 270,000.00			¥ 120,000.00	¥ 30,000.00	¥ 10,000.00	¥45,000.00	¥ 65,000.00	¥150,000.00	

数据透视图　数据透视表　应收账款账龄分析表

经手人　(全部)

行标签	求和项:应收账款	求和项:已收账款	求和项:结余	求和项:未到期金额
A公司	**120000**	**80000**	**40000**	**0**
2014-1-26	20000	20000	0	0
2014-2-27	30000	10000	20000	0
2014-4-10	50000	40000	10000	0
2014-8-8	20000	10000	10000	0
B公司	**190000**	**110000**	**80000**	**50000**
2014-2-10	50000	40000	10000	0
2014-3-6	40000	40000	0	0
2014-7-24	50000	30000	20000	0
2014-10-16	50000	0	50000	50000
C公司	**40000**	**30000**	**10000**	**0**
2014-6-15	10000	10000	0	0
2014-6-18	30000	20000	10000	0
D公司	**40000**	**10000**	**30000**	**0**
2014-5-29	30000	0	30000	0
2014-7-10	10000	10000	0	0
E公司	**140000**	**120000**	**20000**	**20000**
2014-2-15	60000	60000	0	0
2014-3-12	30000	30000	0	0
2014-5-2	20000	20000	0	0
2014-9-29	30000	10000	20000	20000
F公司	**270000**	**180000**	**90000**	**50000**

数据透视图　数据透视表　应收账款账龄分析表

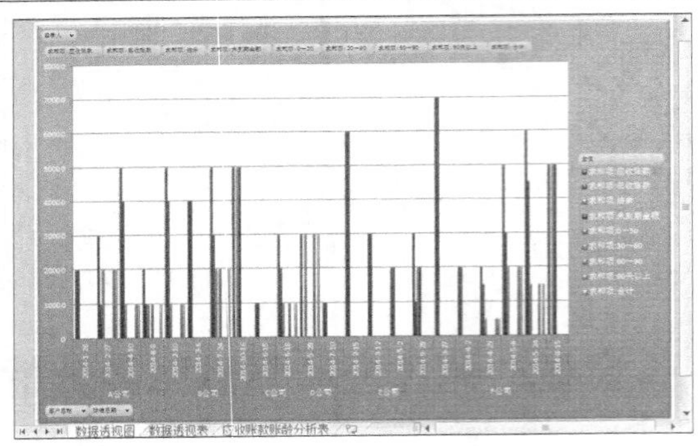

图3　“应收账款账龄分析表”参考效果